高职高专计算机任务驱动模式教材

计算机网络基础项目教程

贾如春　张　莉　主　编

朱伟华　陈富汉　何新洲　副主编

U0264036

清华大学出版社

北京

内 容 简 介

本书采用项目驱动模式,从"项目导读"入手,使读者首先清楚本项目的知识背景及概况,然后展开相关知识的学习。主要的项目内容如下:计算机网络概述、计算机网络的协议与体系结构、网络传输控制、局域网技术、网络服务器的配置和管理、广域网技术、X.25 分组交换网技术、DDN 网络技术、帧中继网络技术、ATM 网络技术、计算机网络接入、无线网络技术、网络管理、网络安全、云计算运维管理。

本书内容由浅入深,可作为高校计算机相关专业,特别是网络工程、网络运维专业有关课程的教学用书,也可作为从事网络相关工作的专业技术人员作为参考资料。

图书在版编目(CIP)数据

计算机网络基础项目教程/贾如春,张莉主编. —北京:清华大学出版社,2017
(高职高专计算机任务驱动模式教材)
ISBN 978-7-302-47878-2

Ⅰ. ①计…　Ⅱ. ①贾… ②张…　Ⅲ. ①计算机网络－高等职业教育－教材　Ⅳ. ①TP393

中国版本图书馆 CIP 数据核字(2017)第 184399 号

责任编辑:张龙卿
封面设计:徐日强
责任校对:刘　静
责任印制:王静怡

出版发行:清华大学出版社
　　　　网　　　址:http://www.tup.com.cn,http://www.wqbook.com
　　　　地　　　址:北京清华大学学研大厦 A 座　　　　　邮　　编:100084
　　　　社 总 机:010-62770175　　　　　　　　　　　邮　　购:010-62786544
　　　　投稿与读者服务:010-62776969,c-service@tup.tsinghua.edu.cn
　　　　质量反馈:010-62772015,zhiliang@tup.tsinghua.edu.cn
　　　　课件下载:http://www.tup.com.cn,010-62770175-4278
印 装 者:三河市吉祥印务有限公司
经　　销:全国新华书店
开　　本:185mm×260mm　　　　印　　张:22　　　　字　　数:528 千字
版　　次:2017 年 9 月第 1 版　　　　　　　　　　　印　　次:2017 年 9 月第 1 次印刷
印　　数:1~2500
定　　价:49.00 元

产品编号:075629-01

编审委员会

出版说明

　　我国高职高专教育经过十几年的发展,已经转向深度教学改革阶段。教育部于 2006 年 12 月发布了教高〔2006〕第 16 号文件《关于全面提高高等职业教育教学质量的若干意见》,大力推行工学结合,突出实践能力培养,全面提高高职高专教学质量。

　　清华大学出版社作为国内大学出版社的领跑者,为了进一步推动高职高专计算机专业教材的建设工作,适应高职高专院校计算机类人才培养的发展趋势,根据教高〔2006〕第 16 号文件的精神,2007 年秋季开始了切合新一轮教学改革的教材建设工作。该系列教材一经推出,就得到了很多高职院校的认可和选用,其中部分书籍的销售量都超过了 3 万册。现重新组织优秀作者对部分图书进行改版,并增加了一些新的图书品种。

　　目前国内高职高专院校计算机网络与软件专业的教材品种繁多,但符合国家计算机网络与软件技术专业领域技能型紧缺人才培养培训方案,并符合企业的实际需要,能够自成体系的教材还不多。

　　我们组织国内对计算机网络和软件人才培养模式有研究并且有过一段实践经验的高职高专院校,进行了较长时间的研讨和调研,遴选出一批富有工程实践经验和教学经验的"双师型"教师,合力编写了这套适用于高职高专计算机网络、软件专业的教材。

　　本套教材的编写方法是以任务驱动、案例教学为核心,以项目开发为主线。我们研究分析了国内外先进职业教育的培训模式、教学方法和教材特色,消化吸收优秀的经验和成果。以培养技术应用型人才为目标,以企业对人才的需要为依据,把软件工程和项目管理的思想完全融入教材体系,将基本技能培养和主流技术相结合,课程设置中重点突出、主辅分明、结构合理、衔接紧凑。教材侧重培养学生的实战操作能力,学、思、练相结合,旨在通过项目实践,增强学生的职业能力,使知识从书本中释放并转化为专业技能。

一、教材编写思想

　　本套教材以案例为中心,以技能培养为目标,围绕开发项目所用到的知识点进行讲解,对某些知识点附上相关的例题,以帮助读者理解,进而将知识转变为技能。

考虑到是以"项目设计"为核心组织教学,所以在每一学期配有相应的实训课程及项目开发手册,要求学生在教师的指导下,能整合本学期所学的知识内容,相互协作,综合应用该学期的知识进行项目开发。同时,在教材中采用了大量的案例,这些案例紧密地结合教材中的各个知识点,循序渐进,由浅入深,在整体上体现了内容主导、实例解析、以点带面的模式,配合课程后期以项目设计贯穿教学内容的教学模式。

软件开发技术具有种类繁多、更新速度快的特点。本套教材在介绍软件开发主流技术的同时,帮助学生建立软件相关技术的横向及纵向的关系,培养学生综合应用所学知识的能力。

二、丛书特色

本系列教材体现目前工学结合的教改思想,充分结合教改现状,突出项目面向教学和任务驱动模式教学改革成果,打造立体化精品教材。

(1) 参照和吸纳国内外优秀计算机网络、软件专业教材的编写思想,采用本土化的实际项目或者任务,以保证其有更强的实用性,并与理论内容有很强的关联性。

(2) 准确把握高职高专软件专业人才的培养目标和特点。

(3) 充分调查研究国内软件企业,确定了基于 Java 和.NET 的两个主流技术路线,再将其组合成相应的课程链。

(4) 教材通过一个个的教学任务或者教学项目,在做中学,在学中做,以及边学边做,重点突出技能培养。在突出技能培养的同时,还介绍解决思路和方法,培养学生未来在就业岗位上的终身学习能力。

(5) 借鉴或采用项目驱动的教学方法和考核制度,突出计算机网络、软件人才培训的先进性、工具性、实践性和应用性。

(6) 以案例为中心,以能力培养为目标,并以实际工作的例子引入概念,符合学生的认知规律。语言简洁明了、清晰易懂,更具人性化。

(7) 符合国家计算机网络、软件人才的培养目标;采用引入知识点、讲述知识点、强化知识点、应用知识点、综合知识点的模式,由浅入深地展开对技术内容的讲述。

(8) 为了便于教师授课和学生学习,清华大学出版社正在建设本套教材的教学服务资源。在清华大学出版社网站(www.tup.com.cn)免费提供教材的电子课件、案例库等资源。

高职高专教育正处于新一轮教学深度改革时期,从专业设置、课程体系建设到教材建设,依然是新课题。希望各高职高专院校在教学实践中积极提出意见和建议,并及时反馈给我们。清华大学出版社将对已出版的教材不断地修订、完善,提高教材质量,完善教材服务体系,为我国的高职高专教育继续出版优秀的高质量的教材。

清华大学出版社
高职高专计算机任务驱动模式教材编审委员会
2016 年 3 月

前　言

　　本书以信息化、智慧城市建设发展为背景,重点介绍计算机网络的基本原理和技术,以简明、全面为特色安排全书内容,帮助读者轻松学习计算机网络的基本概念、计算机网络的体系结构、局域网技术、广域网技术、网络互联、网络管理、无线网络技术和网络安全、云计算等相关知识。以目前云计算自动化运维为技术背景,借鉴国内阿里云、腾讯云等众多数据中心相关运维中心,开发出了理实一体化的计算机网络基础运维实用教材。

　　计算机网络已成为计算机专业的一门核心课程,其任务是介绍计算机网络的原理与技术。本书以现代计算机网络为基础,以 TCP/IP 模型为线索,以 Internet/Intranet 为对象,全面系统地讲述计算机网络的基本原理、基本技术和系统组成;在内容选取上注重基础性、系统性、方向性、先进性和实用性,理论联系实际,努力反映现代计算机网络技术的最新发展。在文字表述上,力求条理清楚、概念准确、深入浅出、通俗易懂,尽量利用直观图形描述所讨论的问题。

　　本书的特点如下:

　　(1) 本书采用任务驱动、案例引导的写作方式,从工作过程出发,从项目出发,以现代办公应用为主线,通过"提出问题""分析问题""解决问题""总结提高"四部分内容展开。突破传统以知识点的层次递进为理论体系的传统模式,将职业工作过程系统化,以工作过程为基础,按照工作过程来组织和讲解知识,培养学生的职业技能和职业素养。

　　(2) 本书根据读者的学习特点,通过案例适当拆分、知识点分类进行介绍。考虑到因学生基础参差不齐而给教师授课带来的困扰,本书在写作的过程中划分为多个任务,每一个任务又划分了多个小任务。以"做"为中心,"教"和"学"都围绕着"做"展开,在学中做,做中学,以便完成知识学习、技能训练,从而提高学生的自我学习、自我管理学习知识体系的能力。

　　(3) 本书体例采用项目、任务形式。每一个项目分解成若干个任务。教学内容由易到难、由简单到复杂,内容循序渐进。学生能够通过项目学习,完成相关知识的学习和技能的训练。本书每一个项目都基于企业工作过程,具有典型性和实用性。

　　(4) 本书采用项目任务式,增加了学习的趣味性、实用性,使学生能学以致用;可操作性强,保证每个项目/任务能顺利完成。本书的讲解贴近口语,让学生感到易学、乐学,在宽松的环境中理解知识、掌握技能。

（5）紧跟行业技能发展。计算机技术发展很快，本书着重于当前主流技术和新技术的讲解，与行业联系密切，使所有内容紧跟行业技术的发展。

本书符合高校学生认知规律，有助于实现有效教学、提高教学的效率、效益、效果。本书打破传统的学科体系结构，将各知识点与操作技能恰当地融入各个项目中，突出了现代职业教育产教融合的特征。

本书由具有多年企业网络管理经验的工程师及担任计算机网络基础的任课老师共同编写，由贾如春、张莉主编，并负责整本书规划及统稿，由朱伟华、陈富汉、何新洲、钮靖、陈军民、刘铭、何春元一起参与编写而成。

本书可作为本科及职业院校计算机相关专业，特别是网络工程、网络运维专业有关课程的教学用书，也可作为从事或即将从事网络运维工作的专业技术人员的技术培训或工作参考用书。

由于编写时间仓促，又因为计算机软硬件技术发展迅猛，所以书中有不足和疏漏之处在所难免，敬请广大读者批评指正，以便再版时修订，在此表示衷心的感谢。

编　者
2017 年 4 月

目　录

项目 1　计算机网络概述 ……………………………………………………… 1

1.1　计算机网络简介 ……………………………………………………… 2
　　1.1.1　计算机网络的发展 ………………………………………………… 2
　　1.1.2　计算机网络的功能和"互联网＋"的特征 ………………………… 3
　　1.1.3　计算机网络的组成 ………………………………………………… 5
　　1.1.4　中国计算机网络的发展历程 ……………………………………… 5
　　1.1.5　Internet 与 Intranet ………………………………………………… 6
1.2　计算机网络的分类 …………………………………………………… 7
　　1.2.1　按网络覆盖的地理范围分类 ……………………………………… 7
　　1.2.2　按网络的拓扑结构分类 …………………………………………… 7
　　1.2.3　按物理结构和传输技术分类 ……………………………………… 10
　　1.2.4　按传输介质分类 …………………………………………………… 10
1.3　数据通信 ……………………………………………………………… 13
　　1.3.1　数据通信的基本概念 ……………………………………………… 14
　　1.3.2　信号与信道 ………………………………………………………… 15
　　1.3.3　数据传输 …………………………………………………………… 17
　　1.3.4　同步技术 …………………………………………………………… 17
　　1.3.5　编码与差错控制 …………………………………………………… 18
　　1.3.6　多路复用 …………………………………………………………… 21
1.4　数据传输方式 ………………………………………………………… 23
　　1.4.1　单工、半双工和全双工 …………………………………………… 23
　　1.4.2　异步传输和同步传输 ……………………………………………… 23
　　1.4.3　宽带传输、频带传输和基带传输 ………………………………… 25

项目 2　计算机网络的协议与体系结构 …………………………………… 26

2.1　网络体系结构概述 …………………………………………………… 26
　　2.1.1　基本概念 …………………………………………………………… 26
　　2.1.2　协议分层 …………………………………………………………… 28
　　2.1.3　实体、协议、服务和服务访问点 ………………………………… 30
2.2　ISO/OSI 参考模型 …………………………………………………… 31
　　2.2.1　OSI 参考模型的概念 ……………………………………………… 31

　　　　2.2.2　OSI 参考模型的各个层 ……………………………………………… 33

　　2.3　TCP/IP 参考模型 ……………………………………………………………… 35

　　　　2.3.1　TCP/IP 参考模型及协议集 …………………………………………… 35

　　　　2.3.2　两种分层结构的比较 …………………………………………………… 37

　　2.4　网络协议 ………………………………………………………………………… 38

　　　　2.4.1　NetBEUI 协议 …………………………………………………………… 38

　　　　2.4.2　IPX/SPX 协议 …………………………………………………………… 39

　　　　2.4.3　TCP/IP 协议簇 …………………………………………………………… 39

项目 3　网络传输控制 …………………………………………………………………… 45

　　3.1　TCP 协议 ……………………………………………………………………… 45

　　　　3.1.1　TCP 协议的特点 ………………………………………………………… 45

　　　　3.1.2　TCP 报文结构 …………………………………………………………… 46

　　　　3.1.3　TCP 的流量控制 ………………………………………………………… 49

　　　　3.1.4　TCP 的建链过程 ………………………………………………………… 50

　　　　3.1.5　TCP 连接管理 …………………………………………………………… 51

　　　　3.1.6　有限状态机 ……………………………………………………………… 52

　　　　3.1.7　TCP 的可靠性控制 ……………………………………………………… 55

　　　　3.1.8　TCP 的流量控制与拥塞控制 …………………………………………… 56

　　　　3.1.9　糊涂窗口综合征 ………………………………………………………… 57

　　3.2　IP 协议 ………………………………………………………………………… 58

　　　　3.2.1　IP 协议简介 ……………………………………………………………… 58

　　　　3.2.2　IP 地址 …………………………………………………………………… 59

　　　　3.2.3　IP 地址及子网 …………………………………………………………… 61

　　　　3.2.4　IP 数据包报文结构 ……………………………………………………… 61

　　　　3.2.5　IP 数据包选路 …………………………………………………………… 64

　　　　3.2.6　IP 分片及重组 …………………………………………………………… 66

　　　　3.2.7　IP 层协议 ………………………………………………………………… 67

　　　　3.2.8　ping 命令 ………………………………………………………………… 69

　　3.3　UDP 协议 ……………………………………………………………………… 70

　　　　3.3.1　UDP 协议概述 …………………………………………………………… 70

　　　　3.3.2　UDP 报文的结构 ………………………………………………………… 70

　　　　3.3.3　UDP 的特点 ……………………………………………………………… 71

　　　　3.3.4　UDP 的分段 ……………………………………………………………… 72

　　　　3.2.5　UDP 和 TCP 的对比 …………………………………………………… 72

项目 4　局域网技术 ……………………………………………………………………… 74

　　4.1　局域网概述 ……………………………………………………………………… 74

　　　　4.1.1　局域网的特点及功能 …………………………………………………… 74

    4.1.2　局域网的传输介质与传输形式 ································· 76

4.2　局域网体系结构 ··· 78

    4.2.1　局域网参考模型 ··· 78

    4.2.2　介质访问控制方式 ······································· 79

4.3　局域网组网 ··· 81

    4.3.1　以太网组网 ··· 81

    4.3.2　高速局域网 ··· 83

    4.3.3　虚拟局域网 ··· 84

项目 5　网络服务器的配置和管理 ································· 88

5.1　安装与配置 AD 域 ··· 89

    5.1.1　Windows 的网络类型 ····································· 89

    5.1.2　活动目录 ··· 90

    5.1.3　域控制器 ··· 90

    5.1.4　域树 ··· 90

    5.1.5　在新林中安装 test.com 域控制器 ···························· 91

    5.1.6　域组织单位与用户管理 ··································· 98

5.2　DHCP 服务 ··· 104

    5.2.1　DHCP 的基本概念 ·· 104

    5.2.2　DHCP 工作原理 ·· 104

    5.2.3　DHCP 服务器的安装 ······································ 106

    5.2.4　配置 DHCP 服务器 ······································· 108

5.3　DNS 服务 ·· 111

    5.3.1　域名系统 ··· 111

    5.3.2　因特网的域名结构 ······································· 112

    5.3.3　域名服务器 ··· 113

    5.3.4　域名的解析过程 ··· 113

    5.3.5　DNS 服务器的安装 ······································· 114

    5.3.6　DNS 服务器的配置 ······································· 116

5.4　Web 服务 ··· 120

    5.4.1　Web 服务器的基本概念 ···································· 120

    5.4.2　安装 Web 服务器角色 ····································· 120

    5.4.3　配置 Web 服务器 ··· 120

5.5　FTP 服务 ··· 124

    5.5.1　FTP 的基本概念 ··· 124

    5.5.2　FTP 工作模式与原理 ····································· 125

    5.5.3　FTP 服务器的安装 ······································· 125

    5.5.4　FTP 服务器的配置 ······································· 126

项目 6　广域网技术 ··· 130

　6.1　广域网概述 ·· 131
　　6.1.1　广域网的基本概念 ·· 131
　　6.1.2　广域网链路连接方式 ·· 133
　6.2　广域网协议 ·· 140
　　6.2.1　HDLC 协议 ·· 140
　　6.2.2　PPP 协议 ·· 143
　　6.2.3　X.25 协议 ··· 146
　　6.2.4　帧中继 ·· 148
　6.3　广域网接入技术 ·· 152
　　6.3.1　公共电话交换网 ·· 152
　　6.3.2　综合业务数字网 ·· 153
　　6.3.3　数字数据网 ··· 154
　　6.3.4　数字用户线 ··· 155
　　6.3.5　HFC ··· 157
　　6.3.6　FTTX 技术 ·· 158
　　6.3.7　SDH 技术 ··· 160

项目 7　X.25 分组交换网技术 ··· 163

　7.1　分组交换基本原理 ··· 164
　　7.1.1　分组交换技术的发展 ·· 164
　　7.1.2　分组交换原理 ·· 164
　7.2　X.25 协议 ··· 167
　　7.2.1　X.25 协议概述 ··· 167
　　7.2.2　X.25 的物理层 ··· 169
　　7.2.3　X.25 的数据链路层 ·· 169
　　7.2.4　X.25 的分组层 ··· 170
　　7.2.5　网间互联协议 X.75 ·· 171
　7.3　分组交换网 ·· 171
　　7.3.1　分组交换网的组成 ··· 171
　　7.3.2　分组交换网的特点 ··· 173
　　7.3.3　分组交换网编号 X.121 ······································ 174
　　7.3.4　分组交换网的业务类型 ······································ 174
　　7.3.5　分组交换网的应用 ··· 175
　7.4　分组交换网的结构及现状 ··· 175
　　7.4.1　分组交换网的基本结构 ······································ 175
　　7.4.2　我国公用分组交换网现状 ···································· 176
　　7.4.3　帧中继 ·· 177

　　7.5　广域网接入技术 ……………………………………………… 180
　　　　7.5.1　公共电话交换网 ………………………………………… 180
　　　　7.5.2　综合业务数字网 ………………………………………… 183

项目 8　DDN 网络技术 ……………………………………………… 188

　　8.1　DDN 基本原理 ……………………………………………… 188
　　　　8.1.1　DDN 网络的产生与发展 ………………………………… 188
　　　　8.1.2　DDN 网络的定义和组成 ………………………………… 189
　　　　8.1.3　DDN 网络的特性 ………………………………………… 196
　　　　8.1.4　X.50 建议 ………………………………………………… 196
　　　　8.1.5　X.58 建议 ………………………………………………… 197
　　8.2　数字交叉连接系统 …………………………………………… 199
　　　　8.2.1　数字交叉连接系统的产生 ……………………………… 199
　　　　8.2.2　数字交叉连接系统的基本功能 ………………………… 201
　　　　8.2.3　数字交叉连接系统在通信网中的作用与应用 ………… 202
　　8.3　DDN 提供业务及特点 ……………………………………… 204
　　　　8.3.1　DDN 网络可提供的业务 ………………………………… 204
　　　　8.3.2　DDN 网络业务服务质量标准 …………………………… 204
　　8.4　DDN 网络的结构及现状 …………………………………… 205
　　　　8.4.1　DDN 网络的结构 ………………………………………… 205
　　　　8.4.2　DDN 网络的网络管理和控制 …………………………… 207
　　　　8.4.3　DDN 用户接入 …………………………………………… 208

项目 9　帧中继网络技术 …………………………………………… 211

　　9.1　帧中继概述 …………………………………………………… 212
　　　　9.1.1　帧中继的定义和特点 …………………………………… 212
　　　　9.1.2　帧中继网络技术的应用 ………………………………… 213
　　9.2　帧中继的标准和协议 ………………………………………… 214
　　　　9.2.1　帧中继国际标准 ………………………………………… 214
　　　　9.2.2　帧中继的协议结构 ……………………………………… 216
　　　　9.2.3　数据链路层帧方式接入协议 …………………………… 217
　　　　9.2.4　数据链路层核心协议 …………………………………… 223
　　9.3　帧中继的基本呼叫控制 ……………………………………… 225
　　　　9.3.1　拥塞和拥塞控制 ………………………………………… 225
　　　　9.3.2　带宽管理 ………………………………………………… 226
　　　　9.3.3　PVC 管理 ………………………………………………… 228
　　　　9.3.4　帧中继的寻址 …………………………………………… 231
　　　　9.3.5　UNI 与 NNI ……………………………………………… 231
　　9.4　帧中继网络控制和管理 ……………………………………… 233

9.4.1　帧中继网络控制 ·· 233

9.4.2　帧中继网络管理 ·· 235

项目 10　ATM 网络技术 ·· 237

10.1　ATM 网络基本原理 ·· 238

10.1.1　基本概念 ·· 238

10.1.2　虚通道和虚信道 ·· 239

10.1.3　VP/VC 连接 ·· 240

10.1.4　ATM 技术特点 ·· 241

10.2　ATM 协议参考模型与层协议 ·· 242

10.2.1　ATM 协议标准 ·· 242

10.2.2　ATM 协议模型 ·· 243

10.2.3　ATM 信元类别 ·· 244

10.2.4　ATM 信元 ·· 245

10.3　ATM 流量管理 ·· 247

10.3.1　流量控制 ·· 247

10.3.2　拥塞控制 ·· 249

10.4　ATM 网络与其他网络互联技术 ·· 251

10.4.1　帧中继互联 ·· 251

10.4.2　汇聚子层 ·· 252

10.4.3　网络互联 ·· 252

10.4.4　业务互联 ·· 253

10.4.5　基于帧的用户网络接口 ·· 255

10.4.6　局域网仿真 ·· 256

10.5　ATM 网络组织 ·· 258

10.5.1　ATM 骨干网网络组织 ·· 258

10.5.2　省网网络组织 ·· 259

项目 11　计算机网络接入 ·· 261

11.1　网络接入技术概述 ·· 261

11.1.1　拨号接入 ·· 261

11.1.2　局域网专线接入 ·· 262

11.2　拨号上网的操作 ·· 263

11.2.1　安装调制解调器 ·· 263

11.2.2　网络设置 ·· 265

11.2.3　设置拨号连接 ·· 266

11.2.4　安装并设置 TCP/IP ·· 269

11.3　宽带接入 ·· 270

11.3.1　ISDN 接入 ·· 271

11.3.2　ADSL 接入 ································· 271

11.3.3　数字数据网 DDN 接入 ················· 272

11.3.4　有线电视网络 cable Modem 接入 ········· 272

11.3.5　无线接入 ······························ 272

11.4　局域网接入 Internet ······················· 273

11.5　社区宽带接入技术 ························· 275

11.5.1　社区宽带上网概述 ···················· 276

11.5.2　社区宽带的接入特点 ·················· 276

11.5.3　使用长城宽带上网的方法 ·············· 276

项目 12　无线网络技术 ····························· 280

12.1　无线网络概述 ····························· 281

12.2　无线通信技术 ····························· 281

12.3　无线局域网 ······························· 284

12.3.1　无线局域网概述 ······················ 284

12.3.2　无线局域网的相关标准 ················ 284

12.3.3　无线局域网的结构 ···················· 285

12.3.4　无线局域网的组网设备 ················ 287

12.3.5　典型的无线局域网连接方案 ············ 289

12.4　无线城域网 ······························· 291

12.4.1　无线城域网概述 ······················ 291

12.4.2　无线城域网相关标准 ·················· 291

12.5　无线广域网 ······························· 293

12.5.1　无线广域网标准 ······················ 293

12.5.2　第二代移动通信系统 ·················· 293

12.5.3　第三代移动通信系统 ·················· 293

12.5.4　第四代移动通信系统 ·················· 294

项目 13　网络管理 ································· 295

13.1　网络管理的基本概念 ······················ 296

13.1.1　网络管理的定义 ······················ 296

13.1.2　网络管理的内容 ······················ 296

13.1.3　网络管理系统基本模型 ················ 296

13.2　网络管理的功能 ·························· 298

13.2.1　配置管理 ···························· 298

13.2.2　性能管理 ···························· 298

13.2.3　故障管理 ···························· 298

13.2.4　记账管理 ···························· 298

13.2.5　安全管理 ···························· 299

13.3　简单网络管理协议 SNMP ………………………………………………… 299
　　13.3.1　网络管理协议 ………………………………………………………… 299
　　13.3.2　SNMP 版本 …………………………………………………………… 299
　　13.3.3　SNMP 的协议数据单元 ……………………………………………… 300
　　13.3.4　管理信息结构 SMI …………………………………………………… 301
13.4　网络管理平台 ……………………………………………………………… 301
　　13.4.1　网络管理系统的运行机制 …………………………………………… 301
　　13.4.2　常用的网络管理系统 ………………………………………………… 302
　　13.4.3　网络管理系统的发展趋势 …………………………………………… 302

项目 14　网络安全 ………………………………………………………………… 304
14.1　网络安全问题概述 ………………………………………………………… 305
　　14.1.1　网络安全的概念 ……………………………………………………… 305
　　14.1.2　网络安全面临的主要威胁 …………………………………………… 305
　　14.1.3　网络安全的内容 ……………………………………………………… 307
　　14.1.4　网络安全的特征 ……………………………………………………… 307
　　14.1.5　网络安全体系和措施 ………………………………………………… 308
14.2　网络安全加密技术 ………………………………………………………… 309
　　14.2.1　对称加密技术 ………………………………………………………… 309
　　14.2.2　非对称加密/公开密钥加密 …………………………………………… 309
　　14.2.3　不可逆加密 …………………………………………………………… 310
　　14.2.4　数字签名技术 ………………………………………………………… 311
14.3　防火墙技术 ………………………………………………………………… 311
　　14.3.1　防火墙功能 …………………………………………………………… 311
　　14.3.2　防火墙的分类 ………………………………………………………… 314
　　14.3.3　防火墙结构 …………………………………………………………… 315
14.4　主动防御技术 ……………………………………………………………… 317
　　14.4.1　入侵检测技术 IDS …………………………………………………… 318
　　14.4.2　入侵防御技术 IPS …………………………………………………… 318
　　14.4.3　云安全技术 …………………………………………………………… 318
　　14.4.4　蜜罐和蜜网技术 ……………………………………………………… 319
　　14.4.5　计算机取证技术 ……………………………………………………… 320
14.5　虚拟专用网(VPN) ………………………………………………………… 321
　　14.5.1　VPN 的特点 …………………………………………………………… 321
　　14.5.2　VPN 安全技术 ………………………………………………………… 322
　　14.5.3　VPN 技术的实际应用 ………………………………………………… 322
14.6　网络防病毒技术 …………………………………………………………… 324
　　14.6.1　计算机病毒及危害 …………………………………………………… 324
　　14.6.2　网络防病毒措施 ……………………………………………………… 325

　　　　14.6.3　木马病毒的清除 ……………………………………………………… 326

项目 15　云计算运维管理 ………………………………………………………………… 328

　　15.1　云计算自动化运维 ………………………………………………………………… 329

　　　　15.1.1　云计算的概念及特征 ……………………………………………………… 329

　　　　15.1.2　云计算的特征 ……………………………………………………………… 329

　　15.2　云计算自动化运维管理 …………………………………………………………… 330

　　　　15.2.1　云计算自动化运维管理的要点 …………………………………………… 330

　　　　15.2.2　云计算一体化的管理模式 ………………………………………………… 330

参考文献 ……………………………………………………………………………………… 332

项目1 计算机网络概述

 项目导读

　　计算机网络是计算机技术和通信技术紧密结合的产物,它涉及计算机、通信等多个领域。计算机网络的诞生使计算机体系结构发生了巨大的变化,它在当今社会生活中起着非常重要的作用,并对人类社会的进步做出了巨大的贡献。从某种意义上讲,计算机网络的发展水平不仅反映一个国家的计算机科学和通信技术水平,而且还是衡量其国力及现代化程度的重要标志。

 项目目标

知识目标:

- 了解计算机网络的发展历史。
- 了解计算机网络的功能和组成。
- 了解中国计算机网络的发展历程。
- 掌握计算机网络的拓扑结构及网络的分类。
- 理解数据通信的基本概念。
- 了解数据传输方式。
- 了解数据编码技术。
- 了解信道及其复用技术。
- 了解差错控制技术。

能力目标:

- 熟练掌握网络传输介质制作及选取方法等。
- 熟练掌握计算机网络的典型应用。
- 会分辨数据通信的概念和技术。

素质目标:

- 具有勤奋学习的态度,严谨求实、创新的工作作风。
- 具有良好的心理素质和职业道德素质。
- 具有高度责任心和良好的团队合作精神。
- 具有一定的科学思维方式和判断分析问题的能力。
- 具有较强的解决网络问题的能力。

1.1 计算机网络简介

1.1.1 计算机网络的发展

当今社会已经进入网络时代,各行各业都和网络结下了不解之缘,学生可以通过网络进行网络考试,职员可以通过网络进行网络办公,居民可以通过网络进行网络购物,政府可以通过网络进行网络政务等,所有的这一切都离不开计算机网络的支持。

由于计算机和相关网络技术的不断发展,使得计算机网络从出现到现在已经经历了许多次重大的变化和发展。根据不同时期计算机网络的变化特点,可将其分为以下 4 个阶段。

1. 面向终端的第一代计算机网络

1946 年世界上第一台计算机 ENIAC 问世。在最初的几年中,计算机因受价格和数量等多方面因素的制约,计算机之间并没有建立相互的联系。

直到 1954 年,随着收发器(transceiver)终端的研制成功,人们实现了将穿孔卡片上的数据通过电话线路发送到远程计算机。

之后,电传打字机也作为远程终端和计算机实现了相连,面向终端的第一代计算机网络就这样诞生了。它的主要形式是用一台主机通过电话线连接若干个远程的终端,但用户并不具备存储和处理能力。

2. 以 ARPANET 与分组交换技术为重要标志的第二代计算机网络

第二代计算机网络诞生于 1969 年。因为早先的第一代计算机网络是面向终端的,是一种以单个主机为中心的星形网络,所以各个终端都是通过通信线路来共享主机的硬件和软件资源。

第二代计算机网络则采用了更适合于数据通信的分组交换方式,以"通信子网"为中心,使多个主机与终端设备在通信子网的外围构成一个"用户资源子网",如图 1-1 所示。

第二代计算机网络的工作方式一直延续到现在,它使用的协议即是 TCP/IP 协议。如今的计算机网络特别是中小型局域网都特别注重其整体性,因为它可以扩大系统资源的共享范围。

3. 以 OSI/RM 模型为基础的第三代计算机网络

在早期的计算机组网中是有种种条件限制的,即同一网络中只能使用同一厂家生产的计算机,其他计算机厂家的计算机是无法介入的。

对于这种现象,主要是基于以下两个原因:

(1) 由于当时的计算机还并不像现在这样普及。

(2) 没有建立相关的标准。

为了解决这种情况,1977 年前后国际标准化组织成立了专门机构,提出了一个各种计算机能够在世界范围内互联成网的标准框架,即著名的开放系统互联参考模型(open system interconnection/reference model,OSI 模型)。OSI 模型的提出为计算机网络技术的

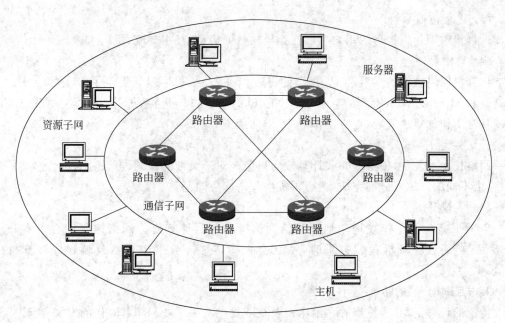

图 1-1　数据通信的分组交换

研究与发展开创了一个新思路。

与此同时,现在使用的 Internet 以 TCP/IP 为标准进行工作正在不断壮大。我们广泛使用的国际互联网络 Internet 就属于第三代计算机网络。

4. 综合化和高速化的第四代计算机网络

第四代计算机网络是在进入 20 世纪 90 年代后随着数字通信的出现而产生的,它的特点是综合化和高速化。

综合化是指采用交换的数据传输方式将多种业务综合到一个网络中完成。例如,使用不同于计算机网络的电话网传送语音信息。但是,对于现在的网络来说,它完全可以将多种不同的信息,如常见的图像、数据和语音等信息以二进制代码 0 和 1 的形式综合到一个网络中来进行传送。这样的网络就叫作综合业务数字网(ISDN,现在电信部门所提供的"一线通"通信方式即为 ISDN 中的一种)。

因此,可以说综合化、信息化方向发展的网络与当今的多媒体等技术的迅速发展是密不可分的。

1.1.2　计算机网络的功能和"互联网＋"的特征

1. 计算机网络的功能

(1) 数据通信

数据通信即实现计算机与终端、计算机与计算机间的数据传输。它是计算机网络的最基本的功能,也是实现其他功能(如电子邮件、传真、远程数据交换等)的基础。

(2) 资源共享

实现计算机联网的主要目的是共享资源。一般情况下,网络中可共享的资源有硬件资源和软件资源,其中软件资源共享最为重要。

3

（3）远程传输

远程传输即相距很远的用户可以互相传输数据信息，互相交流，协同工作。

（4）集中管理

计算机网络技术的发展和应用，已使得现代办公、经营管理等发生了很大的变化。目前，已经有了许多 MIS（管理信息系统）系统、OA（办公自动化）系统等，通过这些系统可以实现日常工作的集中管理，提高工作效率，增加经济效益。

（5）实现分布式处理

网络技术的发展，使得分布式计算成为可能。对于大型的课题，可以分为许许多多的小题目，由不同的计算机分别完成，然后再集中起来解决问题。

（6）负载平衡

负载平衡是指工作被均匀地分配给网络上的各台计算机。网络控制中心负责分配和检测，当某台计算机负载过重时，系统会自动转移部分工作到负载较轻的计算机中去处理。

2. "互联网＋"的特征

传统的计算机网络，重点关注给用户及企业提供网络服务。随着时代的发展，出现了新的名词，叫作"互联网＋"。

"互联网＋"是创新 2.0 的互联网发展的新业态，是知识社会创新 2.0 推动下的互联网形态演进及其催生的经济社会发展新形态。"互联网＋"是互联网思维的进一步实践成果，推动经济形态不断地发生演变，从而为改革、创新、发展提供了广阔的网络平台。

通俗地说，"互联网＋"就是"互联网＋各个传统行业"，但这并不是两者简单地相加，而是利用信息通信技术以及互联网平台，让互联网与传统行业进行深度融合，创造新的发展生态。它代表一种新的社会形态，即充分发挥互联网在社会资源配置中的优化和集成作用，将互联网的创新成果深度融合于经济、社会各领域之中，提升全社会的创新力和生产力，形成更广泛的以互联网为基础设施和实现工具的经济发展新形态。

"互联网＋"的特征如下。

（1）跨界融合。"＋"就是跨界，就是变革，就是开放，就是重塑融合。敢于跨界了，创新的基础就更坚实；融合协同了，群体智能才会实现，从研发到产业化的路径才会更垂直。融合本身也指身份的融合，客户消费转化为投资、伙伴参与创新等，不一而足。

（2）创新驱动。中国粗放的资源驱动型增长方式早就难以为继，必须转变到创新驱动发展这条正确的道路上来。这正是互联网的特质，用所谓的互联网思维来求变、自我革命，也更能发挥创新的力量。

（3）重塑结构。信息革命、全球化、互联网业已打破了原有的社会结构、经济结构、地缘结构、文化结构。权力、议事规则、话语权不断在发生变化。"互联网＋"社会治理、虚拟社会治理会有很大的不同。

（4）尊重人性。人性的光辉是推动科技进步、经济增长、社会进步、文化繁荣的最根本的力量，互联网的力量之强大，最根本的也是来源于对人性最大限度的尊重、对人本身体验的敬畏、对人的创造性发挥的重视。如 UGC、卷入式营销、分享经济。

（5）开放生态。关于"互联网＋"，生态是非常重要的特征，而生态的本身就是开放的。我们推进"互联网＋"，其中一个重要的方向就是要把过去制约创新的环节化解掉，把孤岛式创新连接起来,让研发有人性决定的市场驱动,让创业并努力者有机会实现价值。

(6) 连接一切。连接是有层次的,可连接性是有差异的,连接的价值是相差很大的,但是连接一切是"互联网+"的目标。

1.1.3　计算机网络的组成

计算机网络的组成如图 1-2 所示。

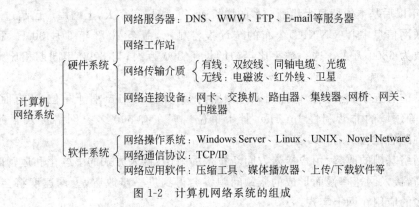

图 1-2　计算机网络系统的组成

1. 网络硬件

网络硬件是计算机网络系统的物质基础,一个正常的计算机网络系统,最基本的功能就是通过网络设备和通信线路连接处于不同地区的计算机等硬件,在物理上实现连接。

网络硬件主要由可独立工作的计算机、网络设备、传输介质、外部设备等组成。

2. 网络软件

网络软件包括网络操作系统、网络通信协议和网络应用软件。网络软件主要用于合理调度、分配、控制网络系统资源,并采取一系列的保密安全措施,保证系统运行的稳定性和可靠性。

网络操作系统 NOS(network operating system)是计算机网络系统的核心,主要部分存放在服务器上,目前主流的网络操作系统有 Linux/UNIX、Windows Server 2016。

网络通信协议主要实现网络的通信功能,如 TCP/IP、IPX/SPX、NETBEUI 等。

通信软件是一种用于通信交流的互动式软件。

网络应用软件是能够与服务器通信,并为用户提供网络服务的软件。

1.1.4　中国计算机网络的发展历程

我国的 Internet 的发展以 1987 年通过中国学术网 CANET 向世界发出第一封 E-mail 为标志。经过几十年的发展,形成了四大主流网络体系,即中科院的科学技术网 CSTNET,国家教育部的教育和科研网 CERNET,原邮电部的 CHINANET 和原电子部的金桥网 CHINAGBN。

Internet 在中国的发展历程可以大略地划分为三个阶段:

第一阶段为 1987 年至 1993 年,也是研究试验阶段。在此期间中国一些科研部门和高等院校开始研究 Internet/Intranet 技术,并开展了科研课题和科技合作工作,但这个阶段的网络应用仅仅限于小范围内的电子邮件服务。

5

第二阶段为 1994 年至 1996 年,同样是起步阶段。1994 年 4 月,中关村地区教育与科研示范网络工程进入 Internet,从此中国被国际上正式承认为有 Internet 的国家。之后,CHINANET、CERNET、CSTNET、CHINAGBN 等多个 Internet 网络项目在全国范围相继启动,Internet 开始进入公众生活,并在中国得到了迅速的发展。至 1996 年年底,中国 Internet 用户数已达 20 万,利用 Internet 开展的业务与应用逐步增多。

第三阶段为 1997 年至今,是 Internet 在我国发展最为快速的阶段。国内 Internet 用户数自 1997 年以后基本保持每半年翻一番的增长速度。增长到今天,上网用户已超过 1000 万。据中国互联网信息中心(CNNIC)公布的统计报告显示,截至 2003 年 6 月 30 日,我国上网用户总人数为 6800 万人。这一数字比年初增长了 890 万人,与 2002 年同期相比则增加了 2220 万人。

中国目前有五家具有独立国际出入口线路的商用性 Internet 骨干单位,还有面向教育、科技、经贸等领域的非营利性 Internet 骨干单位。现在有 600 多家网络接入服务提供商 (ISP),其中跨省经营的有 140 家。

随着网络基础的改善、用户接入方面新技术的采用、接入方式的多样化和运营商的服务能力的提高,接入网速率慢而形成的瓶颈问题将会得到进一步改善,上网速度将会更快,从而促进更多的应用在网上实现。

1.1.5　Internet 与 Intranet

Internet 即国际互联网,通常称为因特网,是各种网络互联的一个大系统。Internet 是用 TCP/IP 协议将不同结构的网络连接起来的计算机信息网络。在 Internet 中任何一个用户都可以使用网络上的资源。

Intranet 即企业内部互联网,是使用了 TCP/IP 技术的和信息技术的局域网。该网具有与 Internet 连接的功能,是随着 Internet 的发展而建立起来的。

Internet 与 Intranet 的区别如下:

(1) Intranet 是属于某个企业事业单位自己组建的内部计算机信息网络,而 Internet 不属于任何一个部门所独有的计算机信息网络。

(2) Intranet 上的企业内部私有的资源信息,需要严格地保护;企业内部的公开信息,则希望社会上的用户尽可能多地访问。在 Internet 中任何一个用户都可以使用网络上的资源,如访问网页资源。

 小结

通过本部分的学习,应掌握下列知识和技能:

* 掌握计算机网络的发展历程。
* 掌握计算机网络的功能。
* 掌握计算机网络的组成。
* 了解中国计算机网络发展历程。
* 能区分 Internet 与 Intranet。

1.2 计算机网络的分类

1.2.1 按网络覆盖的地理范围分类

按照计算机网络覆盖的地理范围对其进行分类,可以很好地反映不同类型网络的技术特征。由于网络覆盖的地理范围不同,所采用的传输技术也不相同,因而形成了不同的网络技术特点和网络服务功能,按覆盖地理范围的大小,可以把计算机网络分为广域网、城域网和局域网(表 1-1)。

表 1-1 根据网络的覆盖范围进行分类

网 络 类 型	覆 盖 范 围	区 域
局域网	小于 10km	建筑物、公司驻地、校园
城域网	大于 10km 并小于 50km	城市
广域网	大于 50km	国家、洲际、全球

1. 局域网

局域网(local area network,LAN)地理范围一般在几百米到 10km 之内,属于小范围内的联网。如一个建筑物内、一个学校内、一个工厂的厂区内等。局域网的组建简单、灵活,使用方便。

2. 城域网

城域网(metropolitan area network,MAN)地理范围可从几十千米到上百千米,可覆盖一个城市或地区,是一种中等形式的网络。

3. 广域网

广域网(wide area network,WAN)地理范围一般在几千千米,属于大范围联网,如几个城市,一个或几个国家。广域网是网络系统中最大型的网络,能实现大范围的资源共享。

1.2.2 按网络的拓扑结构分类

网络拓扑结构是抛开网络电缆的物理连接来讨论网络系统的连接形式,指网络连接线路所构成的几何拓扑图形,它能表示网络服务器、工作站的网络配置和互相之间的连接关系。但要注意,它只表示连接的关系,不能表示实际的位置关系。

网络拓扑结构按形状可分为 5 种类型,分别是总线型结构、星形结构、环形结构、树状结构和网状结构。基本的网络拓扑为总线型、星形和环形,其余结构均以这三种拓扑进行变化。

1. 总线型拓扑结构

用一条称为总线的中央主电缆,将各节点以线性方式连接起来的布局方式,称为总线型拓扑,如图 1-3 所示。在总线型拓扑结构中,所有网上计算机都通过相应的硬件接口直接连接在总线上,任何一个节点的信息都可以沿着总线向两个方向传输扩散,并且能被总线中任何一个节点所接收。由于其信息向四周传播,类似于广播电台,因此总线网络也称为广播式网络。

总线有一定的负载能力,因此,总线长度有一定限制,一条总线也只能连接一定数量的节点。

总线布局的特点是:结构简单灵活,非常便于扩充;可靠性高,网络响应速度快;设备量少、价格低、安装使用方便;共享资源能力强,极便于广播式工作,即一个节点发送、所有节点都可以接收。

总线型拓扑结构是目前使用最广泛的结构,也是最传统的一种主流网络结构,适合于信息管理系统、办公自动化系统领域的应用。

2. 星形拓扑结构

星形拓扑结构以中央节点为中心,其他各节点与中央节点通过点与点方式连接,中央节点执行集中式通信控制策略,因此中央节点相当复杂,负载也重,如图 1-4 所示。

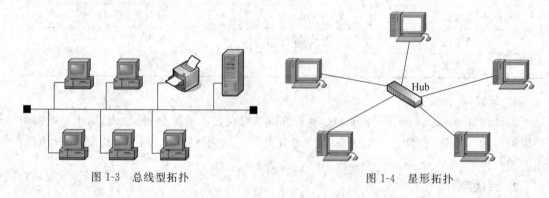

图 1-3　总线型拓扑　　　　　　　　　　　图 1-4　星形拓扑

以星形拓扑结构组网时,任何两个站点要进行通信,都必须通过中央节点控制。中央节点主要功能有:为需要通信的设备建立物理连接,在两台设备通信过程中维持这一通路,在完成通信或不成功时拆除通道。

星形拓扑结构特点是:网络结构简单,便于管理,集中控制,组网容易;网络延迟时间短、误码率低;网络共享能力较差,通信线路利用率不高,中央节点负载过重;可同时连接双绞线、同轴电缆及光纤等多种媒介。

3. 环形拓扑结构

环形拓扑结构中各节点通过环路接口连在一条首尾相接的闭合环路通信线路中。环路上任何节点均可以请求发送信息,请求一旦被批准,便可以向环路发送信息。环形网中的数据沿着固定方向传输。由于环线公用,一个节点发出的信息必须穿越环中所有的环路接口,信息流中的目的地址与环上某节点地址相符时,信息被该节点的环路接口所接收,然后信息继续流向下一环路接口,一直流回到发送该信息的环路接口节点为止,如图 1-5 所示。

环形拓扑结构的特点是:信息在网络中沿固定方向流动,两个节点间仅有唯一的通路,大大简化了路径选择的控制;由于信息是串行穿过多个节点环路接口,当节点过多时,影响传输效率,使网络响应时间变长。但当网络确定时,其延时固定。由于环路封闭,故扩充不方便。

环形拓扑结构也是计算机局域网常用的拓扑结构之一,适合信息处理系统和工厂自动

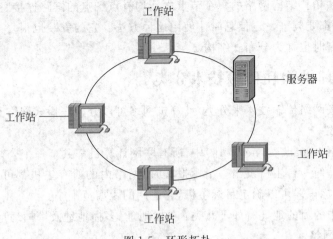

图 1-5　环形拓扑

化系统。

4. 树状拓扑结构

树状结构是星形结构的扩展,它是把多个星形结构的中心节点连接起来形成的,其传输介质可有多条分支,但不形成闭合回路,如图 1-6 所示。

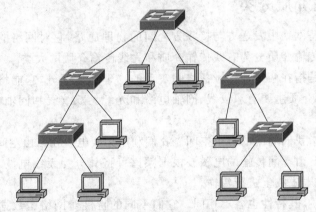

图 1-6　树状拓扑结构

树状网是一种分层网,其结果可以对称,联系固定,具有一定容错能力,一般一个分支和节点的故障不影响另一分支和节点的工作。一般来说,树状网上的链路具有一定的专用性,无须对原来的网络做任何改动就可以扩充工作站。缺点是除了叶节点及其相连的线路之外,任一节点或其相连的线路故障都会使系统受到影响。

5. 网状拓扑结构

将多个子网或多个局域网连接起来,便构成网状形结构。网状拓扑结构根据各个节点之间是否都有线路连接,又可分为不规则网状拓扑结构和全部互联网状拓扑结构。

不规则网状拓扑结构是指网络中各节点的连接没有一定的规则,一般节点的地理位置分散,连接网络的各个节点之间可以互相通信但不可直接相互通信。不规则网状拓扑结构连接通信介质用量较少,其主要缺点是通信的算法实现起来比较复杂。

全部互联网状拓扑结构网络的每个节点之间均有点到点的链路连接。这种连接并不经济,只有每个站点都要频繁发送信息时才使用这种方法。它的安装也很复杂,但系统可靠性高,容错能力强,有时也称为分布式结构。

1.2.3 按物理结构和传输技术分类

计算机网络按网络传输技术来分类,计算机网络可以分为广播式网络和点对点式网络。

1. 广播式网络

在广播式网络(broadcast network)中,所有联网计算机都共享一个公共信道。

当从网络中任何一台主机发出一个短报文时,网络内的所有主机都可以接收到。但通过报文中的"地址标识",可以确定目标主机,它适用的距离范围小。

广播式网络中的目的地址有如下几类:单播地址、多播地址及广播地址。

2. 点对点式网络

当在一个网络中成对的主机间存在着若干对的相互连接关系时,便组成了点到点式网络(point-to-point network)。

当源主机想向目的主机发送"分组"信息时,分组信息可能经由一个或多个中间节点才能到达。

1.2.4 按传输介质分类

网络传输介质是网络中发送方与接收方之间的物理通路,它对网络的数据通信具有一定的影响。常用的传输介质分为有线传输介质和无线传输介质两大类。

有线传输介质是指在两个通信设备之间实现的物理连接部分,它能将信号从一方传输到另一方,有线传输介质主要有双绞线、同轴电缆和光纤。双绞线和同轴电缆传输电信号,光纤传输光信号。

无线传输介质指我们周围的自由空间。我们利用无线电波在自由空间的传播可以实现多种无线通信。在自由空间传输的电磁波根据频谱可将其分为无线电波、微波、红外线、激光等,信息被加载在电磁波上进行传输。

不同的传输介质,其特性也各不相同。它们不同的特性对网络中数据通信质量和通信速度有较大影响。通常来说,根据重要性粗略地列举,选择数据传输介质时必须考虑5种特性:吞吐量和带宽、成本、尺寸和可扩展性、连接器以及抗噪性。

1. 双绞线

双绞线简称TP,将一对以上的双绞线封装在一个绝缘外套中,为了降低信号的干扰程度,电缆中的每一对双绞线一般是由两根绝缘铜导线相互扭绕而成,也因此把它称为双绞线。

双绞线可分为非屏蔽双绞线UTP和屏蔽双绞线STP,适合于短距离通信。

非屏蔽双绞线UTP价格便宜,传输速度偏低,抗干扰能力较差。

屏蔽双绞线STP抗干扰能力较好,具有更高的传输速度,但价格相对较贵。

双绞线需用RJ-45或RJ-11连接头插接。

市面上出售的UTP分为3类、4类、5类和超5类四种。

(1) 3类:传输速率支持10Mbps,外层保护胶皮较薄,皮上注有cat3。

（2）4 类：网络中不常用。

（3）5 类（超 5 类）：传输速率支持 100Mbps 或 10Mbps，外层保护胶皮较厚，皮上注有 cat5，如图 1-7 所示。

超 5 类双绞线在传送信号时比普通 5 类双绞线的衰减更小，抗干扰能力更强，在 100M 网络中，受干扰程度只有普通 5 类线的 1/4，这类已较少应用。

STP 分为 3 类和 5 类两种。STP 的内部与 UTP 相同，外包铝箔，抗干扰能力强、传输速率高但价格昂贵。

图 1-7　超 5 类双绞线

双绞线一般用于星形网的布线连接，两端安装有 RJ-45 头（水晶头）、连接网卡与集线器，最大网线长度为 100m。如果要加大网络的范围，在两段双绞线之间可安装中继器，最多可安装 4 个中继器，如安装 4 个中继器连 5 个网段，最大传输范围可达 500m。

2. 同轴电缆

同轴电缆由绕在同一轴线上的两个导体组成。具有抗干扰能力强、连接简单等特点，信息传输速度可达每秒几百兆位，是中、高档局域网的首选传输介质。

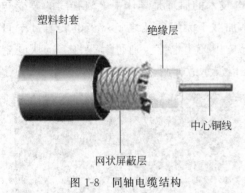

图 1-8　同轴电缆结构

同轴电缆由一根空心的外圆柱导体和一根位于中心轴线的内导线组成，内导线和圆柱导体及外界之间用绝缘材料隔开。同轴电缆结构如图 1-8 所示。按直径的不同，可分为粗缆和细缆两种。

（1）粗缆

传输距离长，性能好但成本高、网络安装、维护困难，一般用于大型局域网的干线，连接时两端需终接器。

粗缆与外部收发器相连。收发器与网卡之间用 AUI 电缆相连。

网卡必须有 AUI 接口（15 针 D 型接口）：每段 500m，100 个用户，4 个中继器可达 2500m，收发器之间最小 2.5m，收发器电缆最大 50m。

（2）细缆

细缆与 BNC 网卡相连，两端装 50Ω 的终端电阻。用 T 形头，T 形头之间最小 0.5m。细缆网络每段干线长度最大为 185m，每段干线最多接入 30 个用户。如采用 4 个中继器连接 5 个网段，网络最大距离可达 925m。

细缆安装较容易，造价较低，但日常维护不方便，一旦一个用户出故障，便会影响其他用户的正常工作。

根据传输频带的不同，可分为基带同轴电缆和宽带同轴电缆两种类型。

① 基带：数字信号，信号占整个信道，同一时间内能传送一种信号。

② 宽带：可传送不同频率的信号。

同轴电缆需用带 BNC 头的 T 形连接器连接。

3. 光纤

光纤又称为光缆或光导纤维，由光导纤维纤芯、玻璃网层和能吸收光线的外壳组成，是由一组光导纤维组成的用来传播光束的、细小而柔韧的传输介质。应用光学原理,由光发送机产生光束,将电信号变为光信号,再把光信号导入光纤,在另一端由光接收机接收光纤上传来的光信号,并把它变为电信号,经解码后再处理。光纤如图1-9所示。

与其他传输介质比较,光纤的电磁绝缘性能好、信号衰小、频带宽、传输速度快、传输距离大,主要用于要求传输距离较长、布线条件特殊的主干网连接。具有不受外界电磁场的影响、无限制的带宽等特点,可以实现每秒万兆位的数据传送,尺寸小、重量轻,数据可传送几百千米,但价格昂贵。

光纤分为单模光纤和多模光纤。

(1) 单模光纤:由激光作光源,仅有一条光通路,传输距离长,一般为20~120km。

(2) 多模光纤:由二极管发光,速度慢,传输距离近,在2km以内。

光纤需用ST形头连接器连接。

4. 无线电波

无线电波是指在自由空间(包括空气和真空)传播的射频频段的电磁波。无线电技术是通过无线电波传播声音或其他信号的技术。无线电技术的原理是导体中电流强弱的改变会产生无线电波。利用这一现象,通过调制可将信息加载于无线电波之上。当电波通过空间传播到达收信端,电波引起的电磁场变化又会在导体中产生电流。通过解调将信息从电流变化中提取出来,就达到了信息传递的目的。无线电波示意如图1-10所示。

图1-9　光纤

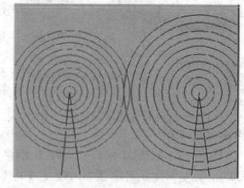

图1-10　无线电波

5. 微波

微波是指频率为300MHz~300GHz的电磁波,是无线电波中一个有限频带的简称,即波长在1m(不含1m)到1mm之间的电磁波,是分米波、厘米波、毫米波和亚毫米波的统称。微波频率比一般的无线电波频率高,通常也称为超高频电磁波。微波作为一种电磁波也具有波粒二象性。微波的基本性质通常呈现为穿透、反射、吸收三个特性。对于玻璃、塑料和瓷器,微波几乎是穿越而不被吸收;对于水和食物等就会吸收微波而使自身发热;而对金属类东西,则会反射微波。

6. 红外线

红外线是太阳光线中众多不可见光线中的一种,由德国科学家霍胥尔于1800年发现,又称为红外热辐射。太阳光谱中,红光的外侧必定存在看不见的光线,这就是红外线。也可以当作传输媒介。太阳光谱上红外线的波长大于可见光线，波长为 $0.75 \sim 1000 \mu m$。红外线可分为三部分，即近红外线，波长为 $0.75 \sim 1.50 \mu m$；中红外线，波长为 $1.50 \sim 6.0 \mu m$；远红外线，波长为 $6.0 \sim 1000 \mu m$。红外线光波谱如图 1-11 所示。

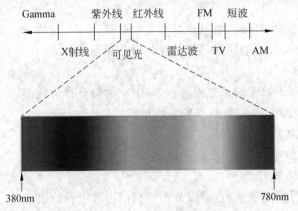

图 1-11　红外线光波谱

 小结

通过本部分的学习，应掌握下列知识和技能：
- 掌握计算机网络的分类。
- 掌握局域网的特点。
- 掌握网络拓扑结构。
- 了解网络传输技术。
- 掌握网络传输介质。

1.3　数据通信

数据通信是通信技术和计算机技术相结合而产生的一种新的通信方式。要在两地间传输信息，必须有传输信道，根据传输媒体的不同，数据通信被分为有线数据通信与无线数据通信。但它们都是通过传输信道将数据终端与计算机联结起来，而使不同地点的数据终端实现软、硬件和信息资源的共享。

通信系统组成三要素：信源、信宿和信道。简单的数据通信系统模型如图 1-12 所示。

图 1-12　简单的数据通信系统模型

13

1.3.1 数据通信的基本概念

1. 信息和数据

（1）信息

信息是对客观事物的反映，可以是对物质的形态、大小、结构、性能等全部或部分特性的描述，也可表示物质与外部的联系。信息有各种存在形式。

（2）数据

信息可以用 0 和 1 数字的形式来表示，数字化的信息称为数据。

数据可以分成两类：模拟数据和数字数据。

2. 信道和信道容量

（1）信道

① 信道按呈现方式分类

信道是传送信号的一条通道，可以分为物理信道和逻辑信道。

物理信道是指用来传送信号或数据的物理通路，由传输及其附属设备组成。

逻辑信道也是指传输信息的一条通路，但在信号的收、发节点之间并不一定存在与之对应的物理传输介质。而是在物理信道基础上，由节点设备内部的连接来实现。

② 信道的其他分类

信道按使用权限可分为专业信道和共用信道。

信道按传输介质可分为有线信道、无线信道和卫星信道。

信道按传输信号的种类可分为模拟信道和数字信道。

（2）信道容量

信道容量是指信道传输信息的最大能力，通常用数据传输率来表示。即单位时间内传送的比特数越大，那么信息的传输能力也就越大，表示信道容量越大。公式如下：

$$C = B\log_2(1 + S/N)$$

式中，B 为信道带宽；S 为接收端信号的平均功率；N 为信道内噪声平均功率；C 为信道容量。

3. 码元和码字

在数字传输中，有时把一个数字脉冲称为一个码元，它是构成信息编码的最小单位。

计算机网络传送中的每一位二进制数字被称为"码元"或"码位"，例如，二进制数字 10000001 是由 7 个码元组成的序列，通常称为"码字"。

4. 数据通信系统主要技术指标

（1）比特率：比特率是一种数字信号的传输速率，它表示单位时间内所传送的二进制代码的有效位（bit）数，单位用比特每秒（bps）或千比特每秒（kbps）表示。

（2）波特率：波特率是一种调制速率，也称波形速率。在数据传输过程中，线路上每秒钟传送的波形个数就是波特率，其单位为波特（baud）。

（3）误码率：误码率指信息传输的错误率，也称误码率，是数据通信系统在正常工作情况下，衡量传输可靠性的指标。公式如下：

$$Pe = Ne/N$$

式中，Pe 为误码率；N 为传输的二进制码元总数；Ne 为被传错的码元数。

（4）吞吐量：吞吐量是单位时间内整个网络能够处理的信息总量，单位是字节/秒或位/秒。在单信道总线型网络中，吞吐量＝信道容量×传输效率。

（5）通道的传播延迟：信号在信道中传播，从信源端到达信宿端需要一定的时间，这个时间叫作传播延迟（或时延）。

5. 信道带宽与数据传输率

（1）信道带宽

信道带宽是指信道所能传送的信号频率宽度，它的值为信道上可传送信号的最高频率减去最低频率之差。

带宽越大，所能达到的传输速率就越大，所以通道的带宽是衡量传输系统的一个重要指标。

（2）数据传输率

数据传输率是指单位时间内信道传输的信息量，即比特率，单位为比特/秒。

一般来说，数据传输率的高低由传输每一位数据所占用的时间决定，如果每一位所占时间越小，则速率越高。公式如下：

$$S = B\log_2 N$$

式中，B 为比特率；N 为调制电平数。

1.3.2　信号与信道

信号，也称为讯号，是运载消息的工具，是消息的载体。从广义上讲，它包含光信号、声信号和电信号等。例如，古代人利用点燃烽火台而产生的滚滚狼烟，向远方军队传递敌人入侵的消息，这属于光信号；当我们说话时，声波传递到他人的耳朵，使他人了解我们的意图，这属于声信号；遨游太空的各种无线电波、四通八达的电话网中的电流等，都可以用来向远方表达各种消息，这属电信号。人们通过对光、声、电信号进行接收，才知道对方要表达的消息。

信号是数据在传输过程中的电磁波表示形式。信号形式根据数据表示方式的不同，可以分为数字信号和模拟信号两种。其中，数字信号是一种离散式的电脉冲信号，而模拟信号是一种连续变化的电磁波信号。

通信信道（communication channel）是数据传输的通路，在计算机网络中信道分为物理信道和逻辑信道。物理信道指用于传输数据信号的物理通路，它由传输介质与有关通信设备组成；逻辑信道指在物理信道的基础上，发送与接收数据信号的双方通过中间节点所实现的逻辑通路，由此为传输数据信号形成的逻辑通路。

逻辑信道可以是有连接的，也可以是无连接的。物理信道还可根据传输介质的不同而分为有线信道和无线信道，也可按传输数据类型的不同分为数字信道和模拟信道。

通信信道可以由下述传输设备之一或它们的某种组合所组成：电话线路、电报线路、卫星、激光、同轴电缆、微波、光纤等。

数据是按位（0、1信号）存储和传送的，信道速度是指每秒钟可以传输的位数，又称它为波特率。位/秒与比特率并不完全等同，但在实际使用时二者是通用的。根据比特率，一般可以将信道分成三类：次声级、声级和宽频带级。

（1）次声级。次声级线路比电话线还低一级。通常，因硬件技术的限制使得每秒钟只

15

能输出 7 个字符时才使用这种线路,但是目前已经很少,甚至没有这种需要了。

(2) 声级。这是常规的电话线路,其速率在 600～9600 比特(位/秒)。一条常规的电话线可以被"调节"为以高达 9600 比特的速率传送数据,而且相当准确。当然随着这种能力的增加,必然带来用户成本的相应提高。如果具体看声级线路速度,那么,一条具有 1200 比特速率的线路每秒钟大约可以传送 120 个字符。声级线路主要用于计算机与群控器之间的高速链路,但是它也能用于低速的、计算机到计算机的通信。

(3) 宽频带级。宽频带级信道具有超出 1 兆比特的容量,而且主要用于计算机到计算机的通信上。

信道是对无线通信中发送端和接收端之间通路的一种形象比喻,对于无线电波而言,它从发送端传送到接收端,其间并没有一个有形的连接,它的传播路径也有可能不止一条。为了形象地描述发送端与接收端之间的工作,可以想象两者之间有一个看不见的道路衔接,把这条衔接通路称为信道。

信道容量反映了信道所能传输的最大信息量。

信道容量可以表示为单位时间内可传输的二进制位的位数(称信道的数据传输速率,位速率,以位/秒(bps)形式予以表示,简记为 bps)。

信道带宽是限定允许通过该信道的信号下限频率和上限频率,可以理解为一个频率通带。比如,一个信道允许的通带为 1.5～15kHz,则其带宽为 13.5kHz。

无线信道中电波的传播不是单一路径,而是许多路径形成的众多反射波的合成。

由于电波通过各个路径的距离不同,因而各个路径来的反射波到达时间不同,也就是各信号的时延不同。当发送端发送一个极窄的脉冲信号时,移动台接收的信号由许多不同时延的脉冲组成,我们称为时延扩展。

由于各个路径来的反射波到达时间不同,相位也就不同。不同相位的多个信号在接收端叠加,有时叠加而加强(方向相同),有时叠加而减弱(方向相反),导致接收信号的幅度急剧变化,即产生了快衰落。这种衰落是由多种路径引起的,所以称为多径衰落。

接收信号除瞬时值出现快衰落之外,场强中值(平均值)也会出现缓慢变化,主要是由地区位置的改变以及气象条件变化造成的,以致电波的折射传播随时间变化而变化,多径传播到达固定接收点的信号的时延随之变化。这种由阴影效应和气象原因引起的信号变化,称为慢衰落。

在 GSM 通信中的信道可分为物理信道和逻辑信道。一个物理信道就是一个时隙,通常被定义为给定 TDMA(时分多址)帧上的固定位置上的时隙(TS)。而逻辑信道是根据 BTS(基站)与 MS(终端)之间传递的消息种类不同而定义的不同的逻辑信道。这些逻辑信道是通过 BTS 来影射到不同的物理信道上来传送。

与其他通信信道相比,移动通信信道是最为复杂的一种。多径衰落和复杂恶劣的电波环境是移动通信信道区别于其他信道最显著的特征,这是由运动中进行无线通信这一方式本身所决定的。在典型的城市环境中,一辆快速行驶的车辆上的移动台所接收到的无线电信号在一秒钟之内的显著衰落可达数十次,衰落深度可达 20～30dB。这种衰落现象将严重降低接收信号的质量,影响通信的可靠性。为了有效地克服衰落带来的不利影响,必须采用各种抗衰落技术,包括分集接收技术、均衡技术和纠错编码技术等。

1.3.3 数据传输

数据传输(data transmission)指的是依照适当的规程,经过一条或多条链路,在数据源和数据库之间传送数据的过程。数据传输也表示借助信道上的信号将数据从一处送往另一处的操作。

数据传输是数据从一个地方传送到另一个地方的通信过程。数据传输系统通常由传输信道和信道两端的数据电路终端设备(DCE)组成,在某些情况下,还包括信道两端的复用设备。传输信道可以是一条专用的通信信道,也可以由数据交换网、电话交换网或其他类型的交换网路来提供。数据传输系统的输入/输出设备为终端或计算机,统称数据终端设备(DTE),它所发出的数据信息一般都是字母、数字和符号的组合,为了传送这些信息,就需将每一个字母、数字或符号用二进制代码来表示。常用的二进制代码有国际五号码(IA5)、EBCDIC码、国际电报二号码(ITA2)和汉字信息交换码(见数据通信代码)。数据传输可以方便地实现。

1.3.4 同步技术

同步技术是调整通信网中的各种信号使之协同工作的技术。诸信号协同工作是通信网正常传输信息的基础。同步是指收发双方在时间上步调一致,故也称为定时。

1. 同步的功用分类

在数字通信中,按照功用可以将同步技术分为:载波同步、位同步、帧同步和网同步。

(1) 载波同步:载波同步是指在相干解调时,接收端需要提供一个与接收信号中的调制载波同频同相的相干载波。这个载波的获取称为载波提取或载波同步。在模拟调制以及数字调制过程中,要想实现相干解调,必须有相干载波。因此,载波同步是实现相干解调的先决条件。

(2) 位同步:位同步又称为码元同步。在数字通信系统中,任何消息都是通过一连串码元序列传送的,所以接收时需要知道每个码元的起止时刻,以便在恰当的时刻进行取样判决。这就要求接收端必须提供一个位定时脉冲序列,该序列的重复频率与码元速率相同,相位与最佳取样判决时刻一致。提取这种定时脉冲序列的过程即称为位同步。

(3) 帧同步:在数字通信中,信息流是用若干码元组成一个帧。在接收这些数字信息时,必须知道这些帧的起止时刻,否则接收端无法正确恢复信息。对于数字时分多路通信系统,如 PCM30/32 电话系统,各路码元都安排在指定的时隙内传送,形成一定的帧结构。为了使接收端能正确分离各路信号,在发送端必须提供每帧的起止标记,在接收端检测并获取这一标志的过程,称为帧同步。

(4) 网同步:在获得了以上讨论的载波同步、位同步、帧同步之后,两点间的数字通信就可以有序、准确、可靠地进行了。然而,随着数字通信的发展,尤其是计算机通信的发展,多个用户之间的通信和数据交换构成了数字通信网。显然,为了保证通信网内各用户之间可靠地通信和数据交换,全网必须有一个统一的时间标准时钟,这就是网同步的问题。

2. 同步的获取和传输信息方式分类

同步也可以看作是一种信息,按照获取和传输同步信息方式的不同,又可分为外同步法和自同步法。

17

（1）外同步法：由发送端发送专门的同步信息（常被称为导频），接收端把这个导频提取出来作为同步信号的方法。

（2）自同步法：发送端不发送专门的同步信息，接收端设法从收到的信号中提取同步信息的方法。自同步法是人们最希望的同步方法，因为可以把全部功率和带宽分配给信号传输。在载波同步和位同步中，两种方法都有采用，但自同步法正得到越来越广泛的应用。而帧同步一般都采用外同步法。

同步本身虽然不包含所要传送的信息，但只有收发设备之间建立了同步后才能开始传送信息，所以同步是进行信息传输的必要和前提。同步性能的好坏又将直接影响着通信系统的性能。如果出现同步误差或失去同步就会导致通信系统性能下降或通信中断。因此，同步系统应具有比信息传输系统更高的可靠性和更好的质量指标，如同步误差小、相位抖动小以及同步建立时间短、保持时间长等。

直接法也称为自同步法。这种方法是设法从接收信号中提取同步载波。有些信号，如抑制载波的双边带（DSB-SC）信号、相移键控（PSK）信号等，它们虽然本身不直接含有载波分量，但经过某种非线性变换后，将具有载波的谐波分量，因而可从中提取出载波分量来。

抑制载波的双边带（DSB-SC）信号本身不含有载波，而残留边带（VSB）信号虽含有载波分量，但很难从已调信号的频谱中把它分离出来。对这些信号的载波提取，可以用插入导频法（外同步法）。尤其是单边带（SSB）信号，它既没有载波分量又不能用直接法提取载波，只能用插入导频法。

位同步是指在接收端的基带信号中提取码元定时信息的过程。它与载波同步有一定的相似和区别。载波同步是相干解调的基础，不论模拟通信还是数字通信，只要是采用相干解调都需要载波同步，并且在基带传输时没有载波同步问题；所提取的载波同步信息是载频的正弦波，实现方法有插入导频法和直接法。位同步是正确取样判决的基础，只有数字通信才需要，并且不论基带传输还是频带传输都需要位同步；所提取的位同步信息是频率等于码速率的定时脉冲，相位则根据判决时信号波形决定，可能在码元中间，也可能在码元终止时刻或其他时刻。实现方法也有插入导频法和直接法。

目前最常用的位同步方法是直接法，即接收端直接从接收到的码流中提取时钟信号，作为接收端的时钟基准，去校正或调整接收端本地产生的时钟信号，使收发双方保持同步。直接法的优点是既不消耗额外的发射功率，也不占用额外的信道资源。采用这种方法的前提条件是码流中必须含有时钟频率分量，或者经过简单变换之后可以产生时钟频率分量，为此常需要对信源产生的信息进行重新编码。

1.3.5 编码与差错控制

编码是信息从一种形式或格式转换为另一种形式的过程，也称为计算机编程语言的代码。编码是用预先规定的方法将文字、数字或其他对象编成数码，或将信息、数据转换成规定的电脉冲信号。编码在电子计算机、电视、遥控和通信等方面广泛使用。编码是信息从一种形式或格式转换为另一种形式的过程。解码是编码的逆过程。

在计算机硬件中，编码（coding）是指用代码来表示各组数据资料，使其成为可利用计算机进行处理和分析的信息。代码是用来表示事物的记号,它可以用数字、字母、特殊的符号或它们之间的组合来表示。

将数据转换为代码或编码字符,并能译为原数据形式,是计算机书写指令的过程,也是程序设计中的一部分。在地图自动制图中,按一定规则用数字与字母表示地图的内容,通过编码,使计算机能识别地图的各地理要素。

n 位二进制数可以组合成 2^n 个不同的信息,给每个信息规定一个具体码组,这种过程也叫编码。

数字系统中常用的编码有两类,一类是二进制编码;另一类是十进制编码。

我们日常接触到的文件分 ASCII 和 binary 两种。ASCII 是美国信息交换标准编码的英文字头缩写,可称为美标。美标规定了用从 0~127 的 128 个数字来代表信息的规范编码,其中包括 33 个控制码、一个空格码和 94 个形象码。形象码中包括了英文大小写字母、阿拉伯数字、标点符号等。我们平时在计算机中阅读的英文文本,就是以形象码的方式传递和存储的。美标是国际上大部分大小计算机的通用编码。

然而计算机中的一个字符大都是用一个八位数的二进制数字表示。这样每一字符便可能有 256 个不同的数值。由于美标只规定了 128 个编码,剩下的另外 128 个数码没有规范,各厂家用法不一。另外美标中的 33 个控制码,各厂家用法也不尽一致。这样我们在不同计算机间交换文件的时候,就有必要区分两类不同的文件。第一类文件中每一个字都是美标形象码或空格码。这类文件称为"美标文本文件"(ASCII text files),或简称为"文本文件",通常可在不同计算机系统间直接交换。第二类文件,也就是含有控制码或非美标码的文件,通常不能在不同计算机系统间直接交换。这类文件通称为"二进制文件"(binary files)。

差错控制(error control)是在数字通信中利用编码方法对传输中产生的差错进行控制,以提高数字消息传输的准确性。

差错控制在数字通信中利用编码方法对传输中产生的差错进行控制,以提高传输正确性和有效性的技术。差错控制包括差错检测、前向纠错(FEC)和自动请求重发(ARQ)。

根据差错性质不同,差错控制分为对随机误码的差错控制和对突发误码的差错控制。随机误码指信道误码较均匀地分布在不同的时间间隔上;而突发误码指信道误码集中在一个很短的时间段内。有时把几种差错控制方法混合使用,并且要求对随机误码和突发误码均有一定差错控制能力。

通信过程中的差错大致可分为两类:一类是由热噪声引起的随机错误;另一类是由冲突噪声引起的突发错误。突发性错误影响局部,而随机性错误影响全局。

差错控制系统的组成及其作用原理如图 1-13 所示。

图中虚线内的部分就是数字通信中的差错控制系统。当没有差错控制时,信源输出的数字(也称符号或码元)序列将直接送往信道。由于信道中存在干扰,信道的输出将发生差错。数字在传输中发生差错的概率(误码率)是传输准确性的一个主要指标。在数字通信中信道给定以后,如果误码率不能满足要求,就要采取差错控制。按具体实现方法的不同,差错控制可以分为前向纠错法、反馈重传法和混合法三种类型。

(1)前向纠错法。差错控制系统只包含信道编码器和译码器。从信源输出的数字序列在信道编码器中被编码(见信道编码),然后送往信道。由于信道编码器使用的是纠错码,译

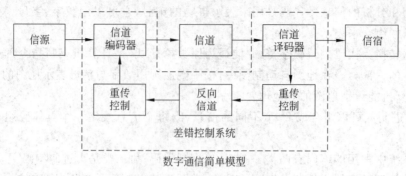

图 1-13　差错控制系统的组成

码器可以纠正传输中带来的大部分差错而使信宿得到比较正确的序列。

前向纠错在接收端检测到接收码元差错后，通过一定的运算，确定差错的具体位置，并自动加以纠正。又称自动纠错，是提高信道利用率的一种有效手段。信息论中的信道编码理论是研究对给定信道的前向纠错能力的极限，而纠错编码理论是研究用于前向纠错的纠错码的具体编译码方法。传统的纠错编码理论认为，为了使一种码具有纠错能力，必须对原码字增加多余的码元以扩大码字间的差别(称为码距离)。一般认为发送时因纠错所增加的多余码元将引起占用带宽的增加而减少单位带宽的传信率。组合编码调制理论是把调制与纠错编码综合起来考虑，通过扩大调制信号集合而能在不增加所需信道带宽的条件下提高编码调制系统的纠错能力。前向纠错已被广泛用于卫星通信、移动通信和频带数据传输之中。

(2) 反馈重传法。只利用检错码以发现传输中带来的差错，同时在发现差错以后通过反向信道通知发信端重新传输相应的一组数字，以此来提高传输的准确性。根据重传控制方法的不同，反馈重传法还可以分成若干种实现方式。其中最简单的一种称为等待重传方式。采用这种方式时发信端每送出一组数字就停下来等待收信端的回答。这时信道译码器如未发现差错，便通过收信端重传控制器和反向信道向发信端发出表示正确的回答。发信端收到后通过发信端重传控制器控制信源传输下一组数字，否则信源会重新传输原先那组数字。

反馈重传在接收端检测出传输中的差错后，自动通知发送端重发出现差错的消息。与前向纠错不同，自动请求重发能在固定的差错率要求下根据信道传输质量的变化而动态地调整传信率，是一种自适应的差错控制手段，但必须在收发之间有一条反馈信道。自动请求重发在对误码要求严格的端到端差错控制中应用最多。

上述两种方法的主要差别是：①前向纠错不需要反向信道，而反馈重传必须有反向信道。②前向纠错利用纠错码，而反馈重传利用检错码。一般来讲，纠错码的实现比较复杂，可纠正的差错少，而检错码的实现比较容易，可发现的差错也多。③前向纠错带来的消息延迟是固定的，传输消息的速率也是固定的，而反馈重传中的消息延迟和消息的传输速率都会随重传频度的变化而变化。④前向纠错不要求对信源控制，而反馈重传要求信源可控。⑤经前向纠错的被传消息的准确性仍然会随着信道干扰的变化而发生很大变化，而经反馈重传的被传消息的准确性比较稳定，一般不随干扰的变化而变化。因此，两者的适用场合很不相同。

（3）混合法。在信道干扰较大时，单用反馈重传会因不断重传而使消息的传输速率下降过多，而仅用前向纠错又不能保证足够的准确性，这时两者兼用比较有利，这就是混合法。此法所用的信道编码是一种既能纠正部分差错又能发现大部分差错的码。信道译码器首先纠正那些可以纠正的差错，只对那些不能纠正但能发现的差错才要求重传，这会大大降低重传的次数。同时，由于码的检错能力很强，最后得到的数字消息的准确性是比较高的。

差错控制已经成功地应用于卫星通信和数据通信。在卫星通信中一般用卷积码或级连码进行前向纠错，而在数据通信中一般用分组码进行反馈重传。此外，差错控制技术也广泛应用于计算机，其具体实现方法大致有两种：①利用纠错码由硬件自动纠正产生的差错；②利用检错码在发现差错后，通过指令的重复执行或程序的部分返回以消除差错。

1.3.6　多路复用

数据通信系统或计算机网络系统中，传输媒体的带宽或容量往往会大于传输单一信号的需求，为了有效地利用通信线路，希望一个信道同时传输多路信号，这就是所谓的多路复用技术（multiplexing）。采用多路复用技术能把多个信号组合起来在一条物理信道上进行传输，在远距离传输时可大大节省电缆的安装和维护费用。频分多路复用 FDM（frequency division multiplexing）和时分多路复用 TDM（time division multiplexing）是两种最常用的多路复用技术。

多路复用技术的基本原理是：各路信号在进入同一个有线的或无线的传输媒质之前，先采用调制技术把它们调制为互相不会混淆的已调制信号，然后进入传输媒介中并传送到对方，在对方再用解调（反调制）技术对这些信号加以区分，并使它们恢复成原来的信号，从而达到多路复用的目的。

常用的多路复用技术有频分多路复用技术和时分多路复用技术。

频分多路复用是将各路信号分别调制到不同的频段进行传输，多用于模拟通信。频分复用（FDM，frequency division multiplexing）就是将用于传输信道的总带宽划分成若干个子频带（或称子信道），每一个子信道传输一路信号。频分复用要求总频率宽度大于各个子信道频率之和，同时为了保证各子信道中所传输的信号互不干扰，应在各信道之间设立隔离带，这样就保证了各路信号互不干扰（条件之一）。频分复用技术的特点是所有子信道传输的信号以并行的方式工作，每一路信号传输时可不考虑传输时延，因而频分复用技术取得了非常广泛的应用。频分复用技术除传统意义上的频分复用（FDM）外，还有一种是正交频分复用（OFDM）。频分多路复用的原理如图 1-14 所示。

时分多路复用技术是利用时间上离散的脉冲组成相互不重叠的多路信号，广泛应用于数字通信。时分多路复用适用于数字信号的传输。由于信道的位传输率超过每一路信号的数据传输率，因此可将信道按时间分成若干片段并轮换地给多个信号使用。每一时间片由复用的一个信号单独占用，在规定的时间内，多个数字信号都可按要求传输到达，从而也实现了一条物理信道上传输多个数字信号。假设每个输入的数据比特率是 9.6kbps，线路的最大比特率为 76.8kbps，则可传输 8 路信号。

除了频分和时分多路复用技术外，还有一种波分复用技术。这是在光波频率范围内，把不同波长的光波，按一定间隔排列在一根光纤中传送。这种用于光纤通信的"波分复用"技

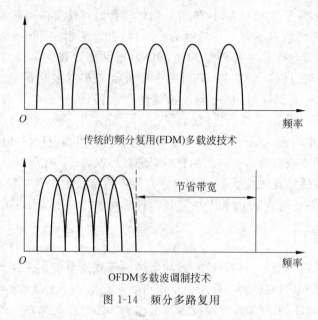

传统的频分复用(FDM)多载波技术

OFDM多载波调制技术

图 1-14　频分多路复用

术,现在正在迅速发展之中。波分复用(WND)是将两种或多种不同波长的光载波信号(携带各种信息)在发送端经复用器(也称合波器,multiplexer)汇合在一起,并耦合到光线路的同一根光纤中进行传输的技术;在接收端,经解复用器(也称分波器或称去复用器,demultiplexer)将各种波长的光载波分离,然后由光接收机做进一步处理以恢复原信号。这种在同一根光纤中同时传输两个或众多不同波长光信号的技术,称为波分复用,频分多路复用与时分多路复用的区别如下:

- 微观上,频分多路复用的各路信号是并行的,而时分多路复用是串行的。
- 频分多路复用较适合于模拟信号,而时分多路复用较适用于数字信号。

频分多路复用是将传输介质的可用带宽分割成一个个"频段",以便每个输入装置都分配到一个"频段"。传输介质容许传输的最大带宽构成一个信道,因此每个"频段"就是一个子信道。频分多路复用的特点是:每个用户终端的数据通过专门分配给它的信道传输,在用户没有数据传输时,别的用户也不能使用。频分多路复用适合于模拟信号的频分传输,主要用于电话和电缆电视(CATV)系统,在数据通信系统中应和调制解调技术结合使用。

 小结

通过本部分的学习,应掌握下列知识和技能:

- 掌握信号与信道的特点。
- 掌握数据传输过程。
- 了解同步技术。
- 掌握编码与差错控制。
- 掌握多路复用技术。

1.4　数据传输方式

根据不同的分类依据,数据有不同的传输方式。

1.4.1　单工、半双工和全双工

根据数据信息在传输线上的传送方向,数据通信方式有单工通信、半双工通信、全双工通信,数据线路传输方式如图 1-15 所示。

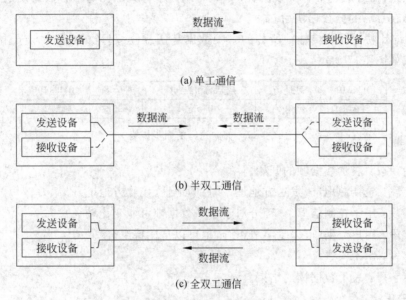

(a) 单工通信

(b) 半双工通信

(c) 全双工通信

图 1-15　数据线路传输方式

单工通信:在通信线路上,数据只可按一个固定的方向传送而不能进行相反方向的传送,如广播、遥控通信。

半双工通信:数据可以双向传输,但不能同时进行,在任一时刻只允许在一个方向上传输信息。

全双工通信:可同时双向传输数据。

1.4.2　异步传输和同步传输

数据同步方式的目的是使接收端与发送端在时间基准上一致(包括开始时间、位边界、重复频率等)。其有如下两种同步方法。

1. 同步传输

不是以字符为单位而是以数据块(一组字符)为单位传输的。在每个数据块前后加上起始和结束标志,使接收和发送能够同步。

有两种形式的同步传输:面向字符的同步传输和面向比特的同步传输。

(1) 面向字符的同步传输。它是一次传送由若干字符组成的数据块,并规定十个特殊字符作为数据块的起始和结束标志以及整个传输过程的控制信息。其组成如图 1-16 所示。

SYN	SYN	SOH	标题	STX	数据块	ETB/ETX	块校验

图 1-16　面向字符的同步传输

SYN 是同步字符。一个 SYN 是单同步,两个 SYN 是双同步。

SOH 是序始字符,表示标题开始。标题包括信息源地址、目的地址和路由指示等。

STX 叫文始字符标志传送文字的开始。

正文很长,需分成若干个分数据块,ETB 是组终字符。加在每个分数据块的后面,ETX 文终字符加在最后的分数据块后。

(2) 面向比特的同步传输。所传的一帧数据是任意位,起止标志由约定的位模式来标志。其组成如图 1-17 所示。

0111110	地址场	控制场和数据场	校验场	0111110
帧起始	8位	0~n位	8~32位	帧结束

图 1-17　面向比特的同步传输

帧起始字段:表示数据帧的开始。

地址字段:包括源地址(发送方地址)和目的地址(接收方地址)。

控制字段:用于控制信息(该部分对于不同数据帧可能变化较大)。

数据字段:用户数据(可以是字符组合,也可以是比特组合)。

检验字段:用于检错。

帧结束字段:表示数据帧的结束。

2. 异步传输

异步传输(asynchronous transmission):异步传输将比特分成小组进行传送,小组可以是 8 位的 1 个字符或更长。发送方可以在任何时刻发送这些比特组,而接收方从不知道它们会在什么时候到达。一个常见的例子是计算机键盘与主机的通信。按下一个字母键、数字键或特殊字符键,就发送一个 8 比特位的 ASCII 代码。键盘可以在任何时刻发送代码,这取决于用户的输入速度,内部的硬件必须能够在任何时刻接收一个输入的字符。

异步传输是数据传输的一种方式。由于数据一般是一位接一位串行传输的,例如,在传送一串字符信息时,每个字符代码由 7 位二进制位组成。但在一串二进制位中,每个 7 位又从哪一个二进制位开始算起呢?异步传输时,在传送每个数据字符之前,先发送一个叫作开始位的二进制位。当接收端收到这一信号时,就知道相继送来 7 位二进制位是一个字符数据。在这以后,接着再给出 1 位或 2 位二进制位,称作结束位。接收端收到结束位后,表示一个数据字符传送结束。这样,在异步传输时,每个字符是分别同步的,即字符中的每个二进制位是同步的,但字符与字符之间的间隙长度是不固定的。异步传输示意如图 1-18 所示。

异步传输一般以字符为单位,不论所采用的字符代码长度为多少位,在发送每一字符代码时,前面均加上一个"起"信号,其长度规定为 1 个码元,极性为 0,即空号的极性;字符代

图 1-18　异步传输

码后面均加上一个"止"信号,其长度为 1 个或者 2 个码元,极性皆为 1,即与信号极性相同,加上起、止信号的作用就是为了能区分串行传输的"字符",也就是实现了串行传输收、发双方码组或字符的同步。

　　使用异步串口传送一个字符的信息时,对数据格式有如下约定:规定有空闲位、起始位、数据位、奇偶校验位、停止位。

　　其中各位的意义如下。

　　空闲位:处于逻辑 1 状态,表示当前线路上没有资料传送。

　　起始位:先发出一个逻辑 0 信号,表示传输字符的开始。

　　数据位:紧接着起始位之后。资料位的个数可以是 4、5、6、7、8 等,构成一个字符。通常采用 ASCII 码。从最低位开始传送,靠时钟定位。

　　奇偶校验位:资料位加上这一位后,使得 1 的位数应为偶数(偶校验)或奇数(奇校验),以此来校验资料传送的正确性。

　　停止位:它是一个字符数据的结束标志。可以是 1 位、1.5 位、2 位的高电平。

　　比特率是衡量数据传送速率的指针。表示每秒钟传送的二进制位数。例如,资料传送速率为 120 字符/秒,而每一个字符为 10 位,则其传送的比特率为 $10 \times 120 = 1200$ 位/秒 = 1200 比特。

　　注意:异步通信是按字符传输的,接收设备在收到起始信号之后只要在一个字符的传输时间内能和发送设备保持同步就能正确接收。下一个字符起始位的到来又使同步重新校准(依靠检测起始位来实现发送与接收方的时钟是自同步的)。

1.4.3　宽带传输、频带传输和基带传输

　　数据传输方式依其数据在传输线原样不变地传输还是调制变样后再传输,可分为基带传输、频带传输和宽带传输这几种方式。

- 基带传输:在基带信道中直接传输这种基带信号的传输方式。
- 频带传输:在信道中传输频带信号的传输方式。
- 宽带传输:宽带是指比音频带宽更宽的频带,它包括大部分电磁波频谱。利用宽带进行的传输称为宽带传输。

 小结

通过本部分的学习,应掌握下列知识和技能:

- 掌握单工、半双工和全双工数据传输方式。
- 掌握异步传输和同步传输的传输方式。
- 掌握宽带传输、频带传输和基带传输的传输方式。

项目 2　计算机网络的协议与体系结构

项目导读

　　计算机网络是由数台、数十台乃至上千台计算机系统通过通信网络连接而成的一个非常复杂的系统,如何构造计算机系统的通信功能,才能实现这些计算机系统之间,尤其是异构计算机系统之间的相互通信,这是网络体系结构着重要解决的问题。网络体系结构与网络协议是网络技术中两个最基本的概念,也是初学者比较难以理解的概念。本章将从层次、服务与协议的基本概念出发,对 OSI 参考模型、TCP/IP 协议与参考模型,以及网络协议标准化与制定国际标准的组织进行介绍,以便读者能够循序渐进地学习与掌握以上主要内容。

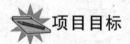

项目目标

知识目标：

- 了解协议、层次、接口与网络体系结构的基本概念。
- 理解网络的体系结构及分层原则。
- 了解 ISO 的 OSI 七层参考模型。
- 了解 TCP/IP 参考模型。

能力目标：

- 能熟练掌握网络协议、层次与网络体系结构等。
- 熟练掌握 OSI 与 TCP/IP 参考模型。
- 熟练掌握各层的网络协议。

素质目标：

- 具有勤奋学习的态度,严谨求实、创新的工作作风。
- 具有良好的心理素质和职业道德素质。
- 具有高度的责任心和良好的团队合作精神。
- 具有一定的科学思维方式和判断分析问题的能力。
- 具有较强的解决网络问题的能力。

2.1　网络体系结构概述

2.1.1　基本概念

　　计算机网络通信系统与邮政通信系统的工作过程十分相似,它们都是一个复杂的系统。

如图 2-1 所示是目前实际运行的邮政系统结构,以及发送与接收过程的示意图。

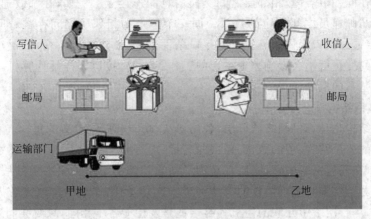

图 2-1　邮政系统信件传递过程

几乎人人对利用现行的邮政系统发送、接收信件的过程都很熟悉。当给远在外地的家人写信时,第一步需要写一封信;第二步书写信封;第三步将信件装入信封,贴上邮票;第四步将信件投入邮箱。这样发信人的工作就完成了,而无须知道收件邮局如何收集、分拣、打包、运输等过程。

在信件投入邮箱后,邮递员将按时从各个邮箱收集信件,检查邮票是否正确,盖邮戳后转送地区邮政枢纽局,邮政枢纽局的工作人员再根据信件的目的地址与传输的路线,将送到相同地区的邮件打成一个邮包,并在邮包上贴上运输的路线、中转点的地址,再送到邮件转运中心。在接收信件的地区邮政枢纽局,邮政枢纽局的分拣员将邮包拆包,并将信件按目的地址分拣传送到各邮政分局,再由投递员将信件送到收信人的邮箱。收信人接到信件,确认是自己的信件后,再拆信、读信。这样一封信的发送与接收过程才全部完成。

1. 协议

协议是一种通信规约。例如,在邮政通信系统中,写信的格式、信封的标准和书写格式、信件打包以及邮包封面的规定等,这些都是邮政通信系统的通信规约。因此,在计算机网络通信过程中,为了保证计算机之间能够准确地进行数据通信,也必须制定一套通信规则,这套规则就是通信协议。

2. 层次

分层次是人们对复杂问题处理的基本方法。当人们遇到一个复杂问题的时候,通常习惯将其分解为若干个小问题,再一一进行处理。例如,对于邮政通信系统这样一个涉及全国乃至世界各地区亿万人之间信件传送的复杂问题,解决方法是:将总体要实现的很多功能分配在不同的层次中;每个层次要完成的服务及服务实现的过程都有明确规定;不同地区的系统分成相同的层次;不同系统的同等层具有相同的功能;高层使用低层提供的服务时,并不需要知道低层服务的具体实现方法。

邮政通信系统使用的层次化体系结构,与计算机网络的体系结构有很多相似之处,其实质是对复杂问题采取的“分而治之”的结构化处理方法。层次化处理方法可以大大降低问题的处理难度,这正是网络研究中采用层次结构的直接动力。因此,层次是计算机网络体系结构中又一个重要和基本的概念。

3. 接口

接口就是在同一节点内,相邻层之间交换信息的连接点。例如,在邮政通信系统中,邮箱就是发信人与邮递员之间规定的接口。同一个节点的相邻层之间存在着明确规定的接口,低层向高层通过接口提供服务。只要接口条件不变、低层功能不变,低层功能的具体实现方法与技术的变化就不会影响整个系统的工作。因此,接口同样是计算机网络实现技术中一个重要与基本的概念。

4. 网络体系结构

网络体系结构是计算机网络的分层、各层协议、功能和层间接口的集合。不同的计算机网络具有不同的体系结构,层的数量、各层的名称、内容和功能以及各相邻层之间的接口都不一样。然而,在任何网络中,每一层都是为了向它相邻的上层提供一定的服务而设置的,而且每一层都对上层屏蔽实现协议的具体细节。这样,网络体系结构就能够做到与具体的物理实现无关,尽管网络中互联的主机和终端型号及性能各不相同,只要共同遵守相同的协议就可以实现互通信和互操作。

由此可见,计算机网络体系结构实际上是一组设计原则,它包括功能组织、数据结构和过程的说明以及用户应用网络的设计和实现基础。网络体系结构是一个抽象的概念,因为它不涉及具体的实现细节,只是说明网络体系结构必须包括的信息,以便网络设计者能为每一层编写符合相应协议的程序,它解决的是"做什么"的问题。

2.1.2 协议分层

1. 网络协议的含义

当前,计算机技术飞速发展的一个标志就是计算机网络化,于是人们提出"网络就是计算机"。那么计算机怎样才能构成网络呢?网络的本质是什么?为了解决上述问题,人们首先应该了解的就是协议。

计算机网络是由多个互联的节点组成的,网络中的节点之间进行通信时,每个节点都必须遵守一些事先约定好的规则。一个协议就是一组控制数据通信的规则。这些规则明确地规定了所交换数据的格式和时序。这些为网络数据交换而制定的规则、约定与标准被称为网络协议。正是由于有了网络协议,在网络中各种大小不同、结构不同、操作系统不同、处理能力不同、厂家不同的系统才能够连接起来,互相通信,实现资源共享。从这个意义上讲,"协议"是网络的本质。

2. 组成网络协议的要素

(1) 协议的语义问题(做什么)。

语义用于解释比特流的每一部分的意义。它规定了需要发出何种控制信息,以及要完成的动作与做出的响应。例如,对于报文,它由什么部分组成、哪些部分用于控制数据、哪些部分是真正的通信内容,这些就是协议的语义问题。

(2) 协议的语法问题(如何做)。

协议的语法定义了通信双方的用户数据与控制信息的结构与格式,以及数据出现的顺序的意义。

(3) 协议的时序问题(什么时候做)。

时序是对事件实现顺序的详细说明,即何时进行通信,先讲什么、后讲什么,讲话的速度等。

3. 为什么要研究网络协议

计算机网络是一个庞大而且复杂的系统。要保证计算机网络能够有条不紊地工作,就必须制定出一系列的通信协议。每一种协议在设计时都是针对某一个特定的目标和需要解决的问题。目前已有很多的网络协议,它们已经组成了一个完整的体系。网络协议同时又是需要不断发展和完善的。当一种新的网络服务出现时,人们必然要制定新的协议。因此,只要研究计算机网络,就需要研究网络协议。只要开发新的网络服务功能,就必须研究、应用或制定新的网络协议。

4. 协议、层次、接口与体系结构的概念

随着计算机网络技术的不断发展,计算机网络的规模越来越大,各种应用不断增加,网络也因此变得越来越复杂。面对日益复杂化的网络系统,必须采用工程系统中常用的结构化的方法,将一个复杂的问题分解成若干个容易处理的子问题,然后"分而治之"逐个加以解决,分层就是系统分解的最好方法之一。

由此可见,网络协议是计算机网络的不可缺少的组成部分。实际上,只要我们想让连接在网络上的另一台计算机做点什么事情(例如,从网络上的某台主机下载文件),都需要有协议。但是当我们经常在自己的 PC 上进行文件存盘操作时,就不需要任何网络协议,除非这个用来存储文件的磁盘是网络上的某个文件服务器的磁盘。

协议通常有两种不同的形式。一种是使用便于人来阅读和理解的文字描述;另一种是使用让计算机能够理解的程序代码。这两种不同形式的协议都必须对网络信息交换过程做出精确的解释。

我们可以举一个简单的例子来说明划分层次的概念。现在假定主机 1 和主机 2 之间通过一个通信网络传送文件。这是一件比较复杂的工作,因此需要做不少的工作。

我们可以将要做的工作划分为三类。第一类工作与传送文件直接相关。例如,发送端的文件传送应用程序应当确信接收端的文件管理程序已做好接收和存储文件的准备。若两个主机所用的文件格式不一样,则至少其中的一个主机应完成文件格式的转换。这两件工作可用一个文件传送模块来完成。这样,两个主机可将文件传送模块作为最高的一层(见图 2-2)。在这两个模块之间的虚线表示两个主机系统交换文件和一些有关文件交换的命令。

图 2-2　划分层次的举例

但是,我们并不想让文件传送模块完成全部工作的细节,这样会使文件传送模块过于复杂。可以再设立一个通信服务模块,用来保证文件和文件传送命令可靠地在两个系统之间

交换。也就是说,让位于上面的文件传送模块利用下面的通信服务模块所提供的服务。我们还可以看出,如果将位于上面的文件传送模块换成电子邮件模块,那么电子邮件模块同样可以利用在它下面的通信服务模块所提供的可靠通信的服务。

同样道理,我们再构建一个网络接入模块,让这个模块负责做与网络接口细节有关的工作,并向上层提供服务,使上面的通信服务模块能够完成可靠通信的任务。

从上述简单例子可以更好地理解分层带来的好处。举例如下。

(1) 各层之间是独立的。

某一层并不需要知道它的下一层是如何实现的,而仅仅需要知道该层通过层间的接口(即界面)所提供的服务。由于每一层只实现一种相对独立的功能,因而可将一个难以处理的复杂问题分解为若干个较容易的更小一些的问题。这样,整个问题的复杂程度就下降了。

(2) 灵活性好。

当然任何一层发生变化时(如由于技术的变化),只要层间接口关系保持不变,则这层以上或以下各层均不受影响。此外,对某一层提供的服务还可进行修改。当某层提供的服务不再需要时,甚至可以将这层取消。

(3) 易于实现和维护。

这种结构使得实现和调试一个庞大而又复杂的系统变得易于处理,因为整个的系统已被分解为若干个相对独立的子系统。

(4) 促进标准化工作。

因为每一层的功能及其所提供的服务都已有了精确的说明。

2.1.3 实体、协议、服务和服务访问点

当研究开放系统中的信息交换时,往往使用实体(entity)这一较为抽象的名词表示任何可发送或接收信息的硬件或软件进程。在许多情况下,实体就是一个特定的软件模块。

协议是控制两个对等实体(或多个实体)进行通信的规则的集合。协议的语法方面的规则定义了所交换的信息的格式,而协议的语义方面的规则就定义了发送者或接收者所要完成的操作,例如,在任何条件下数据必须重传或丢弃。

在协议的控制下,两个对等实体间的通信使得本层能够向上一层提供服务。要实现本层协议,还需要使用下面一层所提供的服务。

一定要弄清楚,协议和服务在概念上是很不一样的。

首先,协议的实现保证了能够向上一层提供服务。使用本层服务的实体只能看见服务而无法看见下面的协议。下面的协议对上面的实体是透明的。

其次,协议是"水平"的,即协议是控制对等实体之间通信的规则。但服务是"垂直的",即服务是由下层向上层通过层间接口提供的。另外,并非在一个层内完成的全部功能都称为服务。只有那些能够被高一层实体"看得见"的功能才能称为"服务"。上层使用下层所提供的服务必须通过与下一层交换一些命令,这些命令在 OSI 中称为服务原语。

在同一系统中相邻两层的实体进行交互(即交换信息)的地方,通常称为服务访问点 SAP(service access point)。服务访问点 SAP 是一个抽象的概念,它实际上就是一个逻辑接口,有点像邮政信箱(可以把邮件放入信箱和从信箱中取走邮件),但这种层间接口和两个设备之间的硬件接口(并行的或串行的)并不一样。OSI 把层与层之间交换的数据的单位称

为服务数据单元 SDU(service data unit),它可以与 PDU 不一样。例如,可以是多个 SDU 合成为一个 PDU,也可以是一个 SDU 划分为几个 PDU。

这样,在任何相邻两层之间的关系可概括为图 2-3 所示的那样。这里要注意的是,第 n 层的两个"实体(n)"之间通过"协议(n)"进行通信,而第 $n+1$ 层的两个"实体($n+1$)"之间则通过另外的"协议($n+1$)"进行通信(每一层都使用不同的协议)。第 n 层向上面的第 $n+1$ 层所提供的服务实际上已包括了在它之下各层所提供的服务。第 n 层的实体对第 $n+1$ 层的实体就相当于一个服务提供者。在服务提供者的上一层的实体又称为"服务用户",因为它使用下层服务提供者所提供的服务。

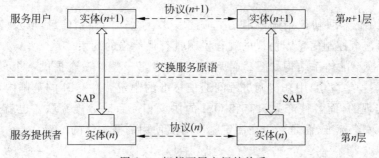

图 2-3　相邻两层之间的关系

计算机网络的协议还有一个很重要的特点,就是协议必须把所有不利的条件事先都估计到,而不能假定一切都是正常的和非常理想的。例如,两个朋友在电话中约好,下午 3 时在某公园门口碰头,并且约定"不见不散"。这就是一个很不科学的协议,因为任何一方临时有急事来不了而又无法通知对方时(如对方的电话或手机都无法接通),则另一方按照协议就必须永远等待下去。因此,看一个计算机网络协议是否正确,不能只看在正常情况下是否正确,而且还必须非常仔细地检查这个协议能否应付各种异常情况。

小结

通过本部分的学习,应掌握下列知识和技能:

- 了解网络体系结构的概念。
- 理解网络协议与层次的关系。
- 掌握实体、协议、服务和服务访问点之间的关系。

2.2　ISO/OSI 参考模型

2.2.1　OSI 参考模型的概念

1974 年,ISO 发布了著名的 ISO/IEC 7498 标准,它定义了网络互联的七层框架,也就是开放系统互联参考模型(OSI/RM)。在 OSI 框架下,进一步详细规定了每一层的功能,以实现开放系统环境中的互联性、互操作性与应用的可移植性。

OSI 中的"开放"是指只要遵循 OSI 标准,一个系统就可以与位于世界上任何地方、同样遵循同一标准的其他任何系统进行通信。在 OSI 标准的制定过程中,采用的方法是将整个庞大而复杂的问题划分为若干个容易处理的小问题,这就是分层体系结构方法。

OSI 参考模型定义了开放系统的层次结构、层次之间的相互关系及各层所包括的可能的服务。它作为一个框架来协调和组织各层协议的制定,也是对网络内部结构最精练的概括与叙述。

OSI 的服务定义详细地说明了各层所提供的服务。某一层的服务就是该层及其以下各层的一种能力,它通过接口提供给更高一层。各层所提供的服务与这些服务的具体实际无关。同时,各种服务定义了层与层之间的接口及各层使用的原语,但不涉及接口的具体实现。

OSI 标准中的各种协议精确地定义了应当发送什么样的控制信息,以及应当用什么样的过程来解释这个控制信息。协议的规程说明具有最严格的约束。

OSI 参考模型的体系结构如图 2-4 所示。OSI 参考模型并没有提供一个可以实现的方法,只是描述了一些概念,用来协调进程间通信标准的制定。在 OSI 的范围内,只有各种协议是可以被实现的,而各种产品只有和 OSI 的协议相一致时才能互联。也就是说,OSI 参考模式并不是一个标准,而是一个在制定标准时所使用的概念性的框架。

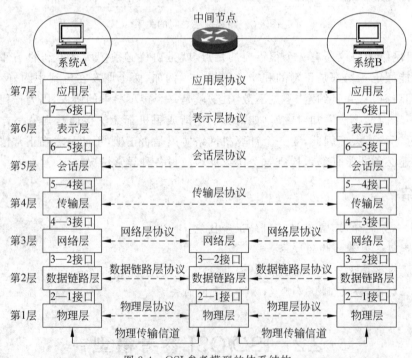

图 2-4　OSI 参考模型的体系结构

OSI 分层体系结构每一层是一个模块,用于执行某种主要功能,并具有自己的一套通信指令格式(称为协议)。用于相同层的两个功能之间通信的协议称为对等协议。根据“分而治之”的原则,ISO 将整个通信功能分为 7 个层次,其划分层次的主要原则是:

(1) 网中各节点都具有相同的层次。

(2) 不同节点的同等层具有相同的功能。

(3) 同一节点内相邻层之间通过接口通信。

（4）每一层可以使用下层提供的服务，并向其上层提供服务。

（5）不同节点的同等层通过协议来实现对等层之间的通信。

2.2.2   OSI 参考模型的各个层

1. 物理层

物理层是 OSI 参考模型的最底层，也是 OSI 模型的第一层。主要功能是利用传输介质为数据链路层提供物理连接，实现比特流的透明传输。

物理层的作用是实现相邻计算机节点之间比特流的透明传送，尽可能屏蔽掉具体传输介质和物理设备的差异。需要注意的是，物理层并不是指连接计算机的具体物理设备或传输介质，如双绞线、同轴电缆、光纤等，而是要使其上面的数据链路层感觉不到这些差异，这样可使数据链路层只需要考虑如何完成本层的协议与服务，而不必考虑网络具体的传输介质是什么。"透明传送比特流"表示经实际电路传送后的比特流没有发生变化，对传送的比特流来说，这个电路好像是看不见的，当然，物理层并不需要知道哪几个比特代表什么意思。总的来说，物理层提供为建立、维护和拆除物理链路所需的机械，电气、功能和规程特性。

（1）机械特性。机械特性规定物理连接时接插件的规格尺寸、引脚数量和排列情况等。

（2）电气特性。电气特性规定物理连接上传输二进制位流时线路上信号电压的高低、阻抗匹配、传输速率和距离限制等。

（3）功能特性。功能特性规定了物理接口上各条信号线的功能分配和确切定义。

（4）规程特性。规程特性定义了利用信号线进行二进制位流传输的一组操作流程，即各信号线的工作规则和先后顺序。

2. 数据链路层

数据链路层是 OSI 模型的第二层，负责建立和管理节点间的链路。该层的主要功能是通过各种控制协议，将有差错的物理信号变为无差错的、能可靠传输数据帧的数据链路。

在计算机网络中，由于各种干扰的存在，物理链路是不可靠的。因此这一层的主要功能是在物理层提供的比特流的基础上，通过差错控制、流量控制方法，使有差错的物理线路变为无差错的数据链路，即提供可靠的通过物质介质传输数据的方法。

数据链路层的具体工作是接收来自物理层的位流形式的数据，并加工（封装）成帧，传送到上一层；同样，也将来自上层的数据帧，拆装为位流形式的数据转发到物理层；还负责处理接收端发回的确认帧的信息，以便提供可靠的数据转发到物理层；并且还负责处理接收端发回的确认帧的信息，以便提供可靠的数据传输。该层的功能如下：

（1）数据帧的处理。处理数据帧的封装与分解。

（2）数据地址寻址。通过数据帧头部中的物理地址信息，建立源节点到目的节点的数据链路，并进行维护与释放链路的管理工作。

（3）流量控制。对链路中所发送的数据帧的速率进行控制，以达到数据帧流量控制的目的。

（4）帧同步。对数据帧传输顺序进行控制（即帧的同步和顺序控制）。

（5）差错检测与控制。通常在帧的尾部加入用于差错控制的信息，并采用差错检测和重发式的差错控制技术。如处理接收端发回的确认帧。

3. 网络层

网络层关心的是通信子网的运行控制,是 OSI 参考模型中比较复杂的一层。它是在下两层的基础上向资源子网提供两种类型服务:数据报和虚电路服务。其主要任务是通过路由选择算法,为报文或分组通过通信子网选择最适当的路径。该层控制数据链路层与传输层之间的信息转发、建立、维持和终止网络的连接。具体地说,通过路径选择、分段组合、顺序、进/出路由等控制,将信息从一个网络设备传送到另一个网络设备。网络层主要功能有:

(1)为传输层建立连接、维持和释放网络连接的手段,完成路径选择、拥挤控制、网络互联等功能。这些对于传输层来说是完全透明的。

(2)根据传输层的要求来选择网络服务质量。

(3)向传输层报告未恢复的差错。

4. 传输层

传输层是 OSI 模型的第 4 层。因此该层是通信子网和资源子网的接口和桥梁,起到承上启下的作用。该层的主要任务是向用户提供可靠的端到端的差错和流量控制,保证报文的正确传输。传输层的目的是向高层屏蔽下层数据通信的细节,以及向用户透明地传送报文。传输层的服务,使高层的用户可以完全不考虑信息在物理层、数据链路层和网络层通信的详细情况,方便用户使用。传输层主要功能有:

(1)提供建立、维护、拆除传输层的连接。

(2)提供端到端的错误恢复和流控制。

(3)向会话层提供独立于网络层的传送服务和可靠的透明数据传送。

5. 会话层

会话层是 OSI 模型的第五层,它是用户应用程序和网络之间的接口,其主要任务是向两个实体的表示层提供建立和使用连接的方法。将不同实体之间的表示层的链接称为会话。因此会话层的任务就是组织和协调两个会话进程之间的通信,并对数据交换进行管理。会话层的具体功能有:

(1)会话管理。允许用户在两个实体设备之间建立、维持和终止会话,并支持它们之间的数据交换。如提供单方向会话或双方向同时会话,并管理会话中的发送顺序,以及会话所占用时间的长短。

(2)会话流量控制。提供会话流量控制和交叉会话功能。

(3)寻址。使用远程地址建立会话连接。

(4)出错控制。从逻辑上讲,会话层主要负责数据交换的建立、保持和终止,但实际的工作却是接收来自传输层的数据,并负责纠正错误。会话控制和远程过程调用均属于这一层的功能。

6. 表示层

表示层是 OSI 模型的第六层,它对来自应用层的命令和数据进行解释,对各种语法赋予相应的含义,并按照一定的格式传送给会话层。其主要功能是"处理用户信息的表示问题,如编码、数据格式转换和加密解密"等。表示层的具体功能有:

(1)数据格式处理。协商和建立数据交换的格式,解决各应用程序之间在数据格式表示上的差异。

(2)数据的编码。处理字符集和数字的转换。如用户程序中的数据类型(整行或实行、有符号或无符号等)、用户标识等都可以有不同的表示方式,因此在设备之间需要具有在不同字符集或格式之间的转换功能。

(3) 压缩和解压缩。为了减少数据的传输量,这一层还负责数据压缩与恢复。

(4) 数据的加密和解密。可以提高网络的安全性。

7. 应用层

应用层是 OSI 参考模型的最高层,它是计算机用户以及各种应用程序和网络之间的接口,其功能是直接向用户提供服务,完成用户希望在网络上完成的各种工作。它在其他 6 层工作的基础上,负责完成网络中应用程序与网络操作系统之间的联系,建立与结束使用者之间的联系,并完成网络用户提出的各种网络服务及应用所需要的监督、管理和服务等各种协议。此外,该层还负责协调各个应用程序间的工作。

应用层为用户提供各种常见的服务和协议有文件服务、目录服务、文件传输服务、远程登录服务、电子邮件服务、打印服务、安全服务、网络管理服务、数据库服务等。上述的各种网络服务由该层的不同应用协议和程序完成,不同的网络操作系统之间在功能、界面、实现技术、对硬件的支持、安全可靠性以及具有的各种应用程序接口等各个方面的差异是很大的。应用层的主要功能有:

(1) 用户接口。应用程式用户与网络,以及应用程序与网络间的直接接口,使得用户能够与网络进行交互式联系。

(2) 实现各种服务。该层具有的各种应用程序完成和实现用户请求的各种服务。

 小结

通过本部分的学习,应掌握下列知识和技能:

- 了解 OSI 参考模型的概念。
- 理解 OSI 参考模型的层次结构。
- 理解 OSI 参考模型的工作原理。
- 掌握 OSI 参考模型各层的主要功能。

2.3   TCP/IP 参考模型

2.3.1   TCP/IP 参考模型及协议集

1. TCP/IP 参考模型简介

TCP/IP 是一组通信协议的代名词,它是因特网的核心,利用 TCP/IP 协议可以很方便地实现多个网络的无缝连接,通常所谓的"某台机器上因特网上",就是指该主机具有一个因特网地址(也称 IP 地址),使用 TCP/IP 协议,并可向因特网上所有其他主机发送 IP 数据报。TCP/IP 有如下特点。

- 开放的协议标准,可以免费使用,并且独立于特定的计算机硬件与操作系统。
- 独立于特定的网络硬件,可以运行在局域网、广域网、互联网中。

- 统一的网络地址分配方案,使得整个 TCP/IP 设备在网络中都具有唯一的地址。
- 标准化的高层协议,可以提供多种可靠的用户服务。

TCP/IP 分为四个层次,分别是网络接口层、网际层、传输层、应用层。TCP/IP 的层次结构与 OSI 层次结构的对照关系如图 2-5 所示。

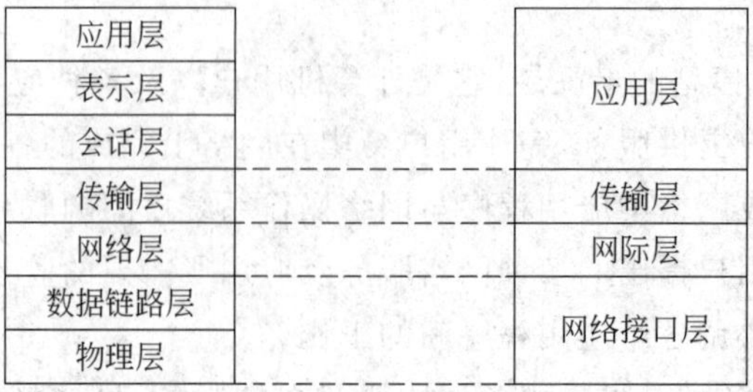

应用层	
表示层	应用层
会话层	
传输层	传输层
网络层	网际层
数据链路层	网络接口层
物理层	

图 2-5　TCP/IP 与 OSI 层次结构对照

（1）网络接口层

网络接口层是 TCP/IP 协议的最底层,负责接收 IP 数据包并通过网络发送 IP 数据包,或者从网络上接收物理帧,取出 IP 数据包,并把它交给 IP 层。网络接口层一般设备驱动程序,如以太网的网卡驱动程序。

（2）网际层

网际层(IP)所执行的主要功能是处理来自传输层的分组,将分组形成的数据包(IP 数据包),并为数据包进行路径选择,最终将数据包从源主机发送到目的主机。在网际层中,最常见的协议是网际协议 IP,其他一些协议用来协助 IP 的操作。

（3）传输层

传输层(TCP 和 UDP)提供应用程序间的通信,提供了可靠的传输(UDP 提供不可靠的传输)。为了实现可靠性,传输层要进行收发确认,若数据包丢失则重传、信息校验等。

（4）应用层

在 TCP/IP 模型中,应用程序接口是最高层,它与 OSI 模型中的高 3 层的任务相同,用于提供网络服务,如文件传输、远程登录、域名服务和简单网络管理等。

2. TCP/IP 协议集

（1）网络接口层协议

网络接口层上的 TCP/IP 协议用于使用串行线路连接主机与网络或连接网络与网络的场合,这就是 SLIP 协议和 PPP 协议。使用串行线路进行连接的例子,如家庭用户使用电话线和调制解调器接入网络,或两个相距较远的网络利用数据专线进行互联等。

（2）网际层协议

网际层包含 5 个协议:IP 协议、ARP 协议、RARP 协议、ICMP 协议和 IGMP 协议。IP 协议是用于传输 IP 数据报的协议,ARP 协议实现 IP 地址到物理地址的映射,RARP 协议实现物理地址到 IP 地址的映射,ICMP 协议使用于网际层上控制信息的产生和接收分析,IGMP 协议是实现组选功能的协议。

（3）传输层协议

传输层有两个主要的协议:TCP 协议和 UDP 协议。UDP 协议是一种简单的网络面向数据报的传输协议,它提供的是无连接的、不可靠的数据报服务,通常用于在不要求可靠传输的场合;TCP 协议被用来在一个不可靠的网络中为应用程序提供可靠的站点间的字节流服务。

(4) 应用层协议

应用层包含了许多使用广泛的协议,传统的协议有提供远程登录的 Telnet 协议、提供文件传输的 FTP 协议、提供域名服务的 DNS 协议、提供邮件传输的 SMIP 协议等,近年来,又出现了如网络新闻的 NTTP 协议、超文本传输 HTTP 协议等许多新的协议。

2.3.2 两种分层结构的比较

从前面的叙述中我们可以看出 OSI 参考模型与 TCP/IP 参考模型的一些异同点。

相同点有:它们都是层次结构的模型;最低层都是面向通信子网的;它们都有传输层,且都是第一个提供端到端数据传输服务的层次,都能提供面向连接或无连接传输服务;最高层都是向各种用户应用进程提供服务的应用层等。

不同点有:两者所划分的层次数不同,即 TCP/IP 中没有表示层和会话层;TCP/IP 没有明确规定通信子网的协议,也不再区分通信子网中的物理层、数据链路层和网络层;TCP/IP 中特别强调了互联网层,其中运行的 IP 是 Internet 的核心协议,且互联网层向上一层(即传输层)只提供无连接的服务,而不提供面向连接的服务等。

开放系统互联参考模型是由 ISO 和原 CCITT(现 ITU-T)共同制定的国际标准,提供了一个比较系统完整的反映计算机网络体系结构的参考模型。它吸收了当时已有的由各个公司制定的网络体系结构的基本思想与优点,但又不赞同于其中任何一个。后来,ISO 和原 CCITT 又在这个参考模型的框架内为各个层次制定了一系列的协议标准和服务规范,构成了庞大的 OSI 基本标准集。在 20 世纪 80 年代末和 90 年代初,许多专家都认为 OSI 模型及其协议将取代所有其他模型及协议,但是这并没有成为事实。虽然现在 OSI 参考模型仍为国际上普遍认同,并且许多网络在描述和说明时仍以这个参考模型作为标准来对照,OSI 标准集中的某些协议也得到实现和广泛的应用,但是至今并没有一个实际运行的网络是完全按照 OSI 模型和协议来构建的。这既有技术上的原因,比如,这个模型和协议过于庞大复杂,如何对其进行裁剪以及在实现后如何对符合标准的程度进行一致性测试(conformance testing)等尚未完全解决,也有不适当的策略和时机等因素。OSI 模型和协议虽然得到了各国政府部门和官方的明确支持,但是仅靠官方来推动的策略并不一定能决定技术的发展方向。特别是,到 20 世纪 90 年代以后,Internet 迅速发展,已经形成了一股难以阻挡的潮流。

TCP/IP 和 OSI 完全不一样,不是先给出参考模型而后再规定每层的协议,而是先有协议,网络实际运行后再总结出参考模型。TCP/IP 中的核心协议 IP 和 TCP 是被仔细设计的,并且很好地实现了。其他协议就不一定如此,比如,远程终端登录协议 Telnet 最早是为电传终端设计的,不能使用图形用户界面(graphic user interface,GUI)和鼠标,但是目前仍在使用。在 TCP/IP 参考模型中并没有明显地区分服务和协议,它不是通用的,不适宜于用来描述其他的网络系统,甚至没有区分数据链路层和物理层。最后,严格来说 TCP/IP 模型不是一个官方的国际标准,但是由于 TCP/IP 影响巨大,已成为一种事实上的国际工业标准。

小结

通过本部分的学习,应掌握下列知识和技能:

- 了解 TCP/IP 参考模型的概念。
- 掌握 TCP/IP 参考模型的层次结构。
- 掌握 TCP/IP 参考模型的工作原理。
- 掌握 TCP/IP 参考模型各层的主要功能。

2.4 网 络 协 议

随着网络的发展,不同开发商开发了不同的通信方式。为了使通信方式通信可靠,网络中的所有的主机都必须使用同一门语言。因而必须开发严格的标准定义主机之间的每个包中每个字中的每一位。这些标准来自多个组织的努力,约定好通信的方式,即协议。这些都使通信更为容易。

目前已经开发了许多协议,但是只有少数被保存下来。那些协议的淘汰有许多种原因,如设计缺陷、难以实现或缺乏支持。而保留下来的协议经历了时间的考验并成为有效的通信方法。当今局域网中常见的 3 个协议是 Microsoft 的 NetBEUI、Novell 的 IPX/SPX 和交叉平台 TCP/IP。

2.4.1 NetBEUI 协议

用户拓展接口协议(NetBIOS extended user interface,NetBEUI)是由 IBM 于 1985 年开发完成的,它是一种体积小、效率高、速度快的通信协议,在 Windows 9x/Me/NT/Windows 2000 Server 中,是内置的网络通信协议。NetBEUI 是专门为几台到百余台 PC 所组成的部门级小型局域网而设计的,它不具有跨网段工作的功能,即 NetBEUI 不具备路由功能。如果你在一个服务器上安装了多块网卡,或要采用路由器等设备进行两个局域网的互联时,将不能使用 NetBEUI 通信协议。

虽然 NetBEUI 存在许多不尽人意的地方,但它也具有其他协议所不具备的优点。在 3 种通信协议中,NetBEUI 占用内存最少,在网络中基本不需要任何配置。因此,它很适合于广大的网络初学者使用。

在 Windows XP 中,系统已不再对 NetBEUI 网络协议提供支持。这对于某些需要使用 NetBEUI 协议的用户来说,按照如下操作方法可实现在 Windows XP 中安装该协议。

在 Windows XP 安装光盘中的 VALUEADD\MSFT\NET\NETBEUI 文件夹中,可看到 netnbf. inf、netbeui. txt 和 nbf. sys 这 3 个文件,其中 netnbf. inf 和 nbf. sys 是安装 NetBEUI 协议所必需的文件,将 nbf. sys 文件复制到 Windows XP 安装目录的 SYSTEM32\DRIVERS\文件夹中,将 netnbf. inf 复制到 Windows XP 安装目录的 INF 文件夹中。

右击桌面上的"网络邻居"图标,在弹出的快捷菜单中选择"属性"命令,打开"网络连接"窗口。在该窗口中右击"本地连接"图标,在弹出的快捷菜单中选择"属性"命令,打开"本地连接属性"对话框。切换到"常规"选项卡中,然后单击"安装"按钮,打开"选择网络组件类型"对话框。在该列表框中选择"协议"选项,然后单击"添加"按钮,在网络协议列表框中选中 NetBEUI protocol(NetBEUI 协议),最后单击"确定"按钮安装该协议。

NetBEUI 协议安装完成后,重新启动计算机即可。

2.4.2   IPX/SPX 协议

IPX/SPX 是 Novell 公司为了适应网络的发展而开发的通信协议,具有很强的适应性,安装方便,同时还具有路由功能,可以实现多网段间的通信。其中,IPX 协议负责数据包的传送;SPX 负责数据包传输的完整性。在微软的 Windows NT 操作系统中,一般使用 NWLink IPX/SPX 兼容协议和 NWLink NetBIOX 两种 IPX/SPX 的兼容协议,即 NWLink 协议,该兼容协议还继承了 IPX/SPX 协议的优点,更适应 Windows 的网络环境。IPX/SPX 协议一般可以应用于大型网络(如 Novell)和局域网游戏环境中(如反恐精英、星际争霸)。不过,如果不是在 Novell 网络环境中,一般不使用 IPX/SPX 协议,而是使用 IPX/SPX 兼容协议,尤其是在 Windows 9x/2000 组成的对等网中。

1. SPX

SPX(顺序包交换)是面向连接的协议,管理数据包传送并要求回复确认以保证包的传递。在几次重传和收到失败回复后,SPX 会警告操作失败。SPX 使用 IPX 进行数据包的发送和接收。对于 IPX 直连模式打印(对等模式)及 Novell NetWare remote printer 模式,HP jetdirect 打印服务器使用 SPX。

2. NCP

NCP(NetWare 核心协议)为节点提供对 NetWare 服务器上服务的访问。结点按照服务器的 NCP 定义将服务请求打包,并使用 IPX 传送请求。服务器将请求解包并做出相应的响应。对于节点向服务器请求的每一个服务(如文件访问或打印队列访问)都存在相应的 NCP。

3. SAP

SAP(服务公告协议)允许 NetWare 服务器公告其服务,并允许路由器维护最新和同步的网络资源数据库。当登录到 NetWare 网络时,节点使用 IPX 广播 SAP 请求包,以查找并连接到服务器上。

4. RIP

RIP(路由信息协议)允许路由器交换机和维护网络的最新路由信息。默认情况下,路由器每隔 60s 向连接的每个网段发送 RIP 包。那些一直不出现的路由信息会被老化并最终被删除。节点向路由器发送 RIP 请求包以获得远程网络的路由信息。

2.4.3   TCP/IP 协议簇

TCP/IP 协议其实是一组协议,它包括许多协议,组成了 TCP/IP 协议簇。但传输控制协议(TCP)和网络协议(IP)是其中最重要的、确保了数据完整传输的两个协议。

TCP/IP 协议的基本传输单位是数据包,TCP/IP 协议负责把数据分成若干数据包,并给每个数据包加上包头,每个数据包的包头再加上接收端的地址。如果传输过程中出现数据丢失、数据失真等情况,TCP/IP 协议会自动要求数据重新传输,并重新组包。

IP 协议保证数据的传输,TCP 协议确保数据传输的质量。

1. TCP/IP 的数据链路层

数据链路层不是 TCP/IP 协议的一部分,但它是 TCP/IP 赖以存在的各种通信网络和 TCP/IP 之间的接口,这些通信网络包括各种广域网如 ARPANFT、MILNET 和 X. 25 公用数据网,以及各种局域网,如 Ethernet、IEEE 的各种标准局域网等。IP 层提供了专门的功能,解决与各种网络物理地址的转换。

一般情况下,各物理网络可以使用自己的数据链路层的协议和物理协议,不需要在数据链路层上设置专门的 TCP/IP 协议。但是,当使用串行线路连接主机与网络,或连接网络与网络时,例如,用户使用电话线和 Modem 接入或两个相距较远的网络通过数据专线互联时,则需要在数据链路层运行专门的 SLIP(serial line IP)协议和 PPP(point to point protocol)协议。

（1）SLIP 协议

SLIP 提供在串行通信线路上封装 IP 分组的简单方法,以便使远程用户通过电话线和 Modem 方便地接入 TCP/IP 网络。

SLIP 是一种简单的组帧方式,使用时还存在一些问题。首先,SLIP 不支持在连接过程中的动态 IP 分配,通信双方必须事先通告对方 IP 地址,这给没有固定 IP 地址的个别用户访问 Internet 带来了很大的不便;其次,SLIP 帧中无协议类型字段,因此它只能支持 IP;最后,SLIP 帧中无法校验字段,因此链路层上无法检测出传输差错,必须由上层实体或具有纠错能力的 Modem 来解决传输差错问题。

（2）PPP 协议

为了解决 SLIP 存在的问题,在串行通信应用中又开发了 PPP。PPP 是一种有效的点到点通信协议,它由串行通信线路上的组帧方式,用于建立、配置、检测和拆除数据链路的链路控制协议 LCP 及一组用以支持不同网络层协议的网络控制协议 NCPs3 部分组成。

由于 PPP 帧中设置了校验字段,因而 PPP 在链路层上具有差错校验的功能,PPP 中的 LCP 提供了通信双方进行参数协商的手段,并且提供了一组 NCPs 协议,使得 PPP 可以支持多种网络层协议,如、IP、IPX、OSI 等。另外,支持 IP 的 NCP 提供了在建立连接上时动态分配 IP 地址的功能,解决了个人用户访问 Internet 的问题。

2. TCP/IP 网络层

网络层中含有 4 个重要的协议:互联网协议 IP、互联网能够控制报文协议 ICMP、地址转换协议 ARP 和反向地址转换协议 RARP。

网络层的功能主要由 IP 来提供。除了提供端对端的分组分发功能外,IP 还提供了很多扩种功能。例如,为了克服数据链路层对帧大小的限制,网络层提供了数据分块和重组功能,这使得很大的 IP 数据报能以较小的分组在网上传输。

网络层的另一个重要服务是在互相独立的局域网上建立互联网络,即网际网。网间的报文来往根据它的目的 IP 地址通过路由器传到另一个网络。

（1）互联网协议 IP

网络层最重要的协议是 IP(internet protocol),它将多个网络联成一个互联网,可以把高层的数据以多个数据报的形式通过互联网分发出去。

IP 协议的基本任务是通过互联网传送数据报,各个 IP 数据报之间的是互相独立的。主机上的 IP 层向传输层提供服务。IP 从源传输实体取得数据,通过它的数据链路层服务传给目的主机的 IP 层。IP 不保证服务的可靠性,在主机资源不足的情况下,它可能丢弃某些数据报,同时 IP 也不检查被数据链路层丢弃的报文。

在传送时,高层协议将数据传给 IP,IP 再将数据封装为互联网数据报,并交给数据链路层协议并通过局域网传送。若目的主机直接连在本网中,IP 可直接通过网络将数据报传送给目的主机;若目的主机在远程网络中,则 IP 路由器传送数据报,而路由器则依次通过下一网络将数据传送到目的主机或再下一个路由器。也即一个 IP 数据报是通过互联网络,从一个 IP 模块传到另一个 IP 模块,直到终点为止。

需要连接独立管理的网络的路由器,可以选择它所需要的任何协议,这样的协议称为内部网间连接器协议(interior gateway protocol,IGP)。在 IP 环境中,一个独立管理的系统称为自治系统跨越不同的管理域的路由器(如从专用网到 PDN)所使用的协议,称为外部网间连接器协议(exterior gateway protocol,EGP)。EGP 是一组简单的定义完备的正式协议。

(2) 互联网控制报文协议 ICMP

从 IP 互联网协议的功能,可以知道 IP 提供的是一种不可靠的无法接受报文分组传送服务。若路由器故障使网络阻塞,就需要通知发送主机采取相应措施。为了使互联网能报告差错,或提供有关意外情况的信息,在 IP 层加入了一类特殊用途的报文机制,即互联网控制报文协议 ICMP(Internet control message protocol)。分组接收方利用 ICMP 来通知 IP模块发送方某些方面所需的修改。ICMP 通常是由发现发来的报文有问题的站产生的,例如,可由目的主机或中继路由器来发现问题并产生有关的 ICMP。如果一个分组不能传送,ICMP 便可以被用来警告分组源,说明有网络、主机或端口不可达。ICMP 也可以用来报告网络阻塞。ICMP 是 IP 正式协议的一部分,ICMP 数据报通过 IP 送出,因此它在功能上属于网络第三层,但实际上它是像第四层协议一样被编码的。

(3) 地址转换协议 ARP

在 TCP/IP 网络环境下,每个主机都分配了一个 32 位的 IP 地址,这种互联网地址是在国际范围标识主机的一种逻辑地址。为了让报文在物理网上传送,必须知道彼此的物理地址。这样就存在把互联网地址变换为物理地址的地址转换问题。以以太网(Ethernet)环境为例,为了正确地向目的站传送报文,必须把目的站的 32 位 IP 地址转换成 48 位的以太网目的地址 DA。这就需要在网络层有一组服务将 IP 地址转换为相应的物理网络地址,这组协议即是 ARP(address resolution protocol)在进行报文发送时,如果源网络层给的报文只有 IP 地址,而没有对应的以太网地址,则网络层广播 ARP 请求以获取目的站信息,而目的站必须回答该 ARP 请求。这样源站点可以收到以太网 48 位地址,并将地址放入相应的高速缓存(cache)中。下一次源站点对同一目的站点的地址转换可直接引用高速缓存中的地址内容。地址转换协议 ARP 使主机可以找出同一物理网络中任一个物理主机的物理地址,只需给出目的主机的 IP 地址即可。这样,网络的物理编址可以对网络层服务透明。

在互联网环境下,为了将报文送到另一个网络的主机,数据报先定位发送方所在网络IP 路由器。因此,发送主机首先必须确定路由器的物理地址,然后依次将数据发往接收端。除基本 ARP 机制外,有时还需在路由器上设置代理 ARP,其目的是由 IP 路由器代替目的站丢发送方的 ARP 请求做出响应。

（4）反向地址转换协议 RARP

反向地址转换协议用于一种特殊情况，如果站点初始化以后，只有自己的物理地址而没有 IP 地址，则站点可以通过反向地址转换协议（RARP）发出广播请求，征求自己的 IP 地址，而 RARP 服务器则负责回答。这样，无 IP 地址的站点可以通过 RARP 取得自己的 IP 地址，这个地址在下一次系统重新开始以前都有效，不用连续广播请求。RARP 广泛用于获取无盘工作站的 IP 地址。

3. TCP/IP 的传输层

TCP/IP 在这一层提供了两个主要的协议：传输控制协议（TCP）和用户数据协议（UDP），另外还有一些别的协议，如用于传送数字化语音的 NVP 协议。

（1）传输控制协议 TCP

TCP 提供的是一种可靠的数据流服务。当传送收差错干扰的数据，或基础网络故障，或网络负荷太重而使网际基本传输系统（无连接报文递交系统）不能正常工作时，就需要通过其他协议来保证通信的可靠。TCP 就是这样的协议，它对应于 OSI 模型的运输层，它在 IP 协议的基础上，提供端到端的面向连接的可靠传输。

TCP 采用"带重传的肯定确认"技术来实现传输的可靠性。简单的"带重传的肯定确认"是指与发送方通信的接收者，每接收一次数据，就送回一个确认报文，发送者对每个发出去的报文都保留一份记录，等到收到确认以后在发出下一报文分组。发送者发出一个报文分组时，启动一个计时器，若计时器技术完毕，确认还未送达，则发送者重新发送该报文分组。

简单的确认重传严重浪费带宽，TCP 还采用一种称为"滑动窗口"的流量控制机制来提高网络的吞吐量，窗口的范围决定了发送方发送的但未被接收方确认的数据报的数量。每当接收方正确接收到一则报文时，窗口便向前滑动，这种机制使网络中未被确认的数据报数量增加，提高了网络的吞吐量。

TCP 通信建立在面向连接的基础上，实现了一种"虚电路"的概念。双方通信之前，先建立一条连接，然后双方就可以在其上发送数据流。这种数据交换方式能提高效率，但事先建立连接和事后拆除连接需要开销。TCP 连接的建立采用 3 次握手的过程，整个过程由发送方请求连接、接收方再发送一则关于确认的确认 3 个过程组成。

（2）用户数据报协议 UDP

用户数据报协议是对 IP 协议组的扩充，它增加了一种机制，发送方使用这种机制可以区分一台计算机上的多个接收者。每个 UDP 报文除了包含某用户进程发送数据外，还有报文目的端口的编号和报文源端口的编号，从而使 UDP 的这种扩充，使得在这两个用户进程之间的递送数据成为可能。

UDP 是依靠 IP 协议来传送报文的，因而它的服务和 IP 一样是不可靠的，这种服务不用确认，不对报文排序，也不进行流量控制，UDP 报文可能会出现丢失、重复、失序等现象。

4. TCP/IP 的应用层

TCP/IP 的上三层与 OSI 参考模型有较大区别，也没有非常明确的层次划分。其中文件传输协议（FTP）、远程终端访问（Telnet）、简单邮件传送协议（SMTP）、域名服务（DNS）是几个在各种不同机型上广泛实现的协议，TCP/IP 中还定义了许多别的高层协议。

（1）文件传输协议

文件传输协议（FTP）是网际提供的用于访问远程机器的一个协议，它使用户可以在本地机与远程机之间进行有关文件的操作。FTP 工作时建立两条 TCP 连接，一条用于传送文件，另一条用于传送控制。

FTP 采用客户/服务器模式，它包含客户 FTP 和服务器 FTP。客户 FTP 启动传送过程，而服务器对其做出应答。客户 FTP 大多有一个交互式界面，具有使用权的客户可以灵活地传文件或从远地取文件。

（2）远程终端访问

远程终端访问（Telnet）的连接是一个 TCP 连接，用于传送具有 Telnet 控制信息的数据，它提供了与终端设备或终端进行交互的标准方法，支持终端到终端的连接及进程到进程分布式计算的通信。

（3）域名服务

域名服务（DNS）是一个域名服务的协议，提供域名到 IP 地址的转换，允许对域名资源进行分散管理。DNS 是最初设计的目的是使邮件发送方知道邮件接收主机及邮件发送主机的 IP 地址，后来发展成为可服务于其他许多目标的协议。

（4）简单邮件传送协议（SMTP）

互联网标准中的电子邮件是一个单向的基于文件的协议，用于可靠、有效的数据传输。SMTP 作为应用层的服务，并不关心它下面采用的是何种传输服务，它可能通过网络在 TCP 连接上传送邮件，或者简单地在同一机器的进程之间通过进程通信的通道来传送邮件。这样，邮件传输就独立于传输子系统，可在 TCP/IP 环境，OSI 传输层或 X.25 协议环境中传输邮件。

邮件发送之前必须协商好发送者、接收者。SMTP 服务进程同意为某个发送邮件时，它将邮件直接交给接收方用户或将邮件逐个经过网络连接器，直到邮件交给接收方用户。在邮件传送过程中，所经过的路由被记录下来。这样，当邮件不能正常传输时可按原路由找到发送方。

5. 选择网络通信协议时应遵循的原则

（1）尽量仅选择一种通信协议。除特殊情况之外，一个局域网中尽量仅选择一种通信协议，因为通信协议越多，占用的计算机内存就越多，既影响计算机的运行速度，也不利于网络管理。

（2）要注意协议的版本。从整体上来看，高版本协议的功能和性能要比低版本好，因此一般都选用高版本的协议。但是选择哪个版本更能发挥网络的性能，则要看具体的网络环境。

（3）要注意网络协议的一致性。因为网络中计算机之间互相传递数据信息时必须使用相同的协议，否则中间还需要一个"翻译"进行不同协议的转换，这不仅影响通信数度，同时也不利于网络的安全和稳定运行。

（4）所选协议要与网络结构和功能相一致。对于一个没有对外连接要求的小型局域网，NetBEUI 协议是最佳的选择。如果网络要通过路由器与其他计算机通信，则应该选择 NWLink IPX/SPX/NetBUEI 兼容协议或者 TCP/IP 协议。如果要与 NetWare 服务器相连，就必须安装 NWLink IPX/SPX/NetBUEI 兼容协议。当网络规模较大，且网络结构复杂时,应该选择可管理性与扩从性较好的 TCP/IP 协议。

（5）如果难以选择通信协议,则选择 TCP/IP 协议。因为该协议的适应性非常强,可以应用于各种类型和规模的网络。

 小结

通过本部分的学习,应掌握下列知识和技能:

- 了解网络协议的概念。
- 掌握局域网中常见的网络协议。
- 掌握 TCP/IP 各层的主要协议。

项目 3 网络传输控制

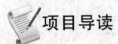项目导读

局域网是将较小地理区域的各种数据通信设备连接在一起的通信网络。局域网的出现,使计算机网络的功能得到充分发挥,局域网是目前应用最为广泛的一类网络。局域网具有覆盖地理范围有限、传输速率高、延时小、误码率低、网络管理权属单一等重要特点。常被用于连接企业、工厂或学校等的小型网络。

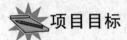项目目标

知识目标:

- 掌握 TCP/IP 的协议体系。
- 掌握 IP 协议报文结构。
- 掌握 IP 地址分类及掩码计算。
- 了解 TCP、UDP 协议的基本原理。

能力目标:

- 掌握 IP 分片和重组的理论。
- 掌握 TCP、UDP 的报文结构。
- 掌握 TCP、UDP 的工作原理。
- 熟悉使用抓包工具对 TCP/IP 报文进行抓包分析。

素质目标:

- 具有刻苦钻研、勤学好问的学习精神。
- 具有良好的心理素质和职业道德素质。
- 具有高度的责任心和良好的团队合作精神。

3.1 TCP 协议

TCP(transmission control protocol,传输控制协议)是一种面向连接的、可靠的、基于字节流的传输层通信协议,由 IETF 的 RFC 793 定义。

3.1.1 TCP 协议的特点

TCP 提供了一种面向连接的、可靠的字节流服务。面向连接比较好理解,就是连接双方

在通信前需要预先建立一条连接,这犹如实际生活中的打电话。TCP 协议中涉及了诸多规则来保障通信链路的可靠性,总结起来,主要有以下几点:

(1) 应用数据分割成 TCP 认为最适合发送的数据块。这部分是通过 MSS(最大数据包长度)选项来控制的,通常这种机制也被称为一种协商机制,MSS 规定了 TCP 传往另一端的最大数据块的长度。值得注意的是,MSS 只能出现在 SYN 报文段中,若一方不接收来自另一方的 MSS 值,则 MSS 就定为 536 字节。一般来讲,在不出现分段的情况下,MSS 值还是越大越好,这样可以提高网络的利用率。

(2) 重传机制。设置定时器,等待确认包。

(3) 对首部和数据进行校验。

(4) TCP 对收到的数据进行排序,然后交给应用层。

(5) TCP 的接收端丢弃重复的数据。

(6) TCP 还提供流量控制(通过每一端声明的窗口大小来提供的)。

3.1.2 TCP 报文结构

TCP 的报文结构如图 3-1 所示。

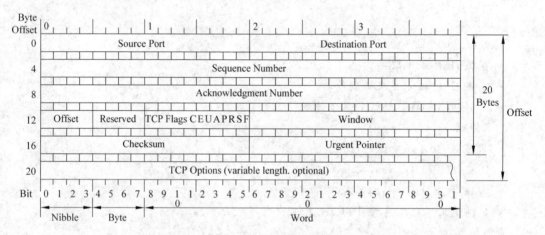

图 3-1　TCP 的报文结构

TCP 报文段首部的前 20 个字节是固定的,后面有 $4N$ 字节是根据需要而增加的选项,因此首部的最小长度是 20 字节。

1. TC 报文段首部固定部分各个字段的意义

首部固定部分的各个字段的意义介绍如下。

(1) 源端口和目的端口字段:各占 2 字节。端口是传输层与应用层的服务接口。传输层的复用和分用功能都要通过端口才能实现。

(2) 序号字段:占 4 字节。TCP 是面向字节流的,一个 TCP 连接中传送的字节流中的每一个字节都按顺序编号。整个要传送的字节流的起始序号必须在连接建立时设置。首部中的序号值是指本报文段所发送的数据的第一个字节的序号。

(3) 确认号:占 4 字节,期待收到对方下一个报文段的第一个数据字节的序号。若确认号 $=N$,表明到序号 $N-1$ 为止的所有数据都已经正确收到。

(4) 数据偏移(即首部长度):占 4 字节,它指出 TCP 报文段的数据起始处距离 TCP 报文段的起始处有多远。"数据偏移"的单位是 32 位字(以 4 字节为计算单位)。

因首部中还有长度不确定的选项字段,故数据偏移字段是必要的。而数据偏移的单位是 4 字节,则此字段是用来表 TCP 首部的长度的,最大长度是 4×15(60)字节,即选项长度不超过 40 字节。

(5) 保留字段:占 6 字节,保留为以后使用,但目前应置为 0。

(6) 紧急 URG:当 URG=1 时,表明紧急指针字段有效。

它告诉系统此报文段中有紧急数据,应尽快传送(相当于高优先级的数据)。而不是按原来的排队顺序传送。

当 URG=1,发送进程就告诉 TCP 有紧急数据需传送,TCP 就会将紧急数据插入本报文段的最前面,这需要和首部中的紧急指针字段配合使用。

(7) 确认 ACK(acknowlegment):当 ACK=1,确认号字段才有效;当 ACK=0,确认号字段无效。

TCP 规定,在连接建立后所有传送的报文段都必须把 ACK 置为 1。

(8) 推送 PSH(push):当两个进程通信时,有时一端的进程希望输入一个命令后,能立即收到对方的响应,这时 TCP 就可以将 PSH 置为 1,并立即创建一个报文段发送出去。接收方 TCP 收到的 PSH 为 1,就会尽快交付给接收端进程,而不会再等整个缓存填满后再交付。

(9) 复位 RST(Reset):当 RST=1 时,表明 TCP 连接中出现严重差错(如由于主机崩溃或其他原因),必须释放连接,然后再重新建立运输连接。

RST 置 1 可以用来拒绝一个非法的报文段或者拒绝打开一个连接。

(10) 同步 SYN:在建立连接时用来同步序号,当 SYN=1 并且 ACK=0,表示这是一个请求连接的报文段。若对方同意建立连接,则在响应报文段中使得 SYN=1 且 ACK=1。

故 SYN=1 表示这是一个连接请求和连接接收报文。

(11) 终止 FIN:用来释放一个连接,当 FIN=1,表示此报文段发送方的数据发送完毕,并要求释放连接。

(12) 窗口:窗口指的是发送本报文段的这一方的接收窗口(而不是自己的发送窗口)。占 2 个字节,从 0 开始。

窗口值告诉对方:从本报文段首部的确认号开始算起,接收方目前允许(窗口值是经常动态变化的)对发送方发送的数据量。窗口字段明确指出了现在允许对方发送的数据量。

(13) 检验和:占 2 字节。检验和字段检验的范围包括首部和数据这两部分。在计算检验和时,要在 TCP 报文段的前面加上 12 字节的伪首部。

(14) 紧急指针:占 2 字节,当 URG=1,紧急指针才有意义,指出本报文段中的紧急数据的字节数。

注意:当窗口值为 0,也可以发送紧急数据。

(15) 选项:最长为 40 字节。当没有选项时,TCP 首部长度为 20 字节。

2. TCP 对应的协议

(1) FTP:定义了文件传输协议,使用 21 号端口。

(2) Telnet:一种用于远程登录的端口,使用 23 号端口,用户可以以自己的身份远程连接到计算机上,可提供基于 DOS 模式下的通信服务。

（3）SMTP：邮件传送协议，用于发送邮件。服务器开放的是 25 号端口。

（4）POP3：它是和 SMTP 对应的，POP3 用于接收邮件。POP3 协议所用的是 110 号端口。

（5）HTTP：是从 Web 服务器传输超文本到本地浏览器的传送协议。

3. TCP 报文中每个字段的含义

（1）端口号（16bit）：我们知道，网络实现的是不同主机的进程间通信。在一个操作系统中，有很多进程，当数据到来时要提交给哪个进程进行处理呢？这就需要用到端口号。在 TCP 头中，有源端口号（source port）和目标端口号（destination port）。源端口号标识了发送主机的进程，目标端口号标识接受方主机的进程。

（2）序号（32bit）：序号分为发送序号（sequence number）和确认序号（acknowledgment number）。

① 发送序号：用来标识从 TCP 源端向 TCP 目的端发送的数据字节流，它表示在这个报文段中的第一个数据字节的顺序号。如果将字节流看作在两个应用程序间的单向流动，则 TCP 用顺序号对每个字节进行计数。序号是 32bit 的无符号数，序号到达最大值后又从 0 开始。当建立一个新的连接时，SYN 标志变为 1，顺序号字段包含由这个主机选择的该连接的初始顺序号 ISN（initial sequence number）。

② 确认序号：包含发送确认的一端所期望收到的下一个顺序号。因此，确认序号应当是上次已成功收到数据字节顺序号加 1。只有 ACK 标志为 1 时确认序号字段才有效。TCP 为应用层提供全双工服务，这意味着数据能在两个方向上独立地进行传输。因此，连接的每一端必须保持每个方向上的传输数据顺序号。

（3）片偏移（4bit）：这里的偏移实际指的是 TCP 首部的长度，它用来表明 TCP 首部中 32 bit 字的数目，通过它可以知道一个 TCP 数据包中的用户数据是从哪里开始的。这个字段占 4bit，如 4bit 的值是 0101，则说明 TCP 首部长度是 $5 \times 4 = 20$ 字节。所以 TCP 的首部长度最大为 $15 \times 4 = 60$ 字节。然而没有可选字段，正常长度为 20 字节。

（4）Reserved（6bit）：保留字段，目前没有使用，它的值都为 0。

（5）标志（6bit）：在 TCP 首部中有 6 个标志比特，它们中的多个可同时被置为 1。

① URG：紧急指针（urgent pointer）有效。

② ACK：确认序号有效。

③ PSH：指示接收方应该尽快将这个报文段交给应用层而不用等待缓冲区装满。

④ RST：一般表示断开一个连接。

⑤ SYN：同步序号用来发起一个连接。

⑥ FIN：发送端完成发送任务（即断开连接）。

例如，一个 TCP 的客户端向一个没有监听的端口的服务器端发起连接，并通过 WirsharR 抓取数据包，如图 3-2 所示。

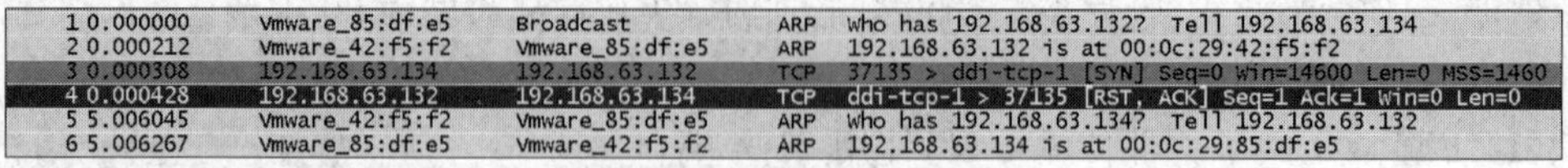

1 0.000000	Vmware_85:df:e5	Broadcast	ARP	Who has 192.168.63.132? Tell 192.168.63.134
2 0.000212	Vmware_42:f5:f2	Vmware_85:df:e5	ARP	192.168.63.132 is at 00:0c:29:42:f5:f2
3 0.000308	192.168.63.134	192.168.63.132	TCP	37135 > ddi-tcp-1 [SYN] Seq=0 Win=14600 Len=0 MSS=1460
4 0.000428	192.168.63.132	192.168.63.134	TCP	ddi-tcp-1 > 37135 [RST, ACK] Seq=1 Ack=1 Win=0 Len=0
5 5.006045	Vmware_42:f5:f2	Vmware_85:df:e5	ARP	Who has 192.168.63.134? Tell 192.168.63.132
6 5.006267	Vmware_85:df:e5	Vmware_42:f5:f2	ARP	192.168.63.134 is at 00:0c:29:85:df:e5

图 3-2　TCP 的请求连接

可以看到主机 192.168.63.134 向主机 192.168.63.132 发起连接请求,但是主机 192.168.63.132 并没有处于监听对应端口的服务器端,这时主机 192.168.63.132 发一个 RST 置位的 TCP 包来断开连接。

(6) 窗口大小(window)(16bit):窗口的大小,表示源方法最多能接收的字节数。

(7) 校验和(16bit):校验和覆盖了整个的 TCP 报文段,即 TCP 首部和 TCP 数据。这是一个强制性的字段,一定是由发端计算和存储,并由接收端进行验证。

(8) 紧急指针(16bit):只有当 URG 标志置为 1 时紧急指针才有效。紧急指针是一个正的偏移量,和序号字段中的值相加,表示紧急数据最后一个字节的序号。TCP 的紧急方式是发送端向另一端发送紧急数据的一种方式。

(9) TCP 选项:是可选的参数项。

3.1.3　TCP 的流量控制

对数据流量的控制就是让发送方的发送速率不要过快,让接收方来得及接收。利用滑动窗口机制就可以实施流量控制。

原理就是运用 TCP 报文段中的窗口大小字段来控制,发送方的发送窗口不可以大于接收方发回的窗口大小。

考虑一种特殊的情况,就是接收方若没有足够的缓存使用,就会发送零窗口大小的报文,此时发送放将发送窗口设置为 0,停止发送数据。之后接收方有足够的缓存,发送了非零窗口大小的报文,但是这个报文在中途丢失的,那么发送方的发送窗口就一直为零,从而导致死锁。

解决这个问题,TCP 为每一个连接设置一个持续计时器(persistence timer)。只要 TCP 的一方收到对方的零窗口通知,就启动该计时器,周期性地发送一个零窗口探测报文段。对方就在确认这个报文的时候给出现在的窗口大小。

注意:TCP 规定,即使设置为零窗口,也必须接收以下几种报文段:零窗口探测报文段、确认报文段和携带紧急数据的报文段。

滑动窗口技术是简单的带重传的肯定确认机制的一个更复杂的变形,它允许发送方在等待一个确认信息之前可以发送多个分组。如图 3-3 所示,发送方要发送一个分组序列,滑动窗口协议在分组序列中放置一个固定长度的窗口,然后将窗口内的所有分组都发送出去;当发送方收到对窗口内第一个分组的确认信息时,它可以向后滑动并发送下一个分组。随着确认的不断到达,窗口也在不断地向后滑动。

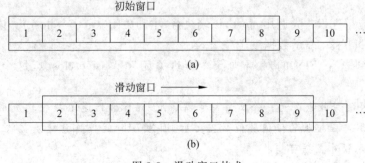

图 3-3　滑动窗口技术

3.1.4　TCP 的建链过程

在可靠的 TCP 网络通信中,客户端和服务器端通信建立连接的过程可简单表述为三次握手(建立连接的阶段)和四次挥手(释放连接阶段)。

TCP 是因特网中的传输层协议,使用三次握手协议建立连接。当通信方发出 SYN 连接请求后,等待对方回答,如图 3-4 所示。

接收方回应 SYN+ACK,最终发送方向对方的 SYN 执行 ACK 确认。这种建立连接的方法可以防止产生错误的连接,TCP 使用的流量控制协议是可变大小的滑动窗口协议。

TCP 三次握手的过程如下:

(1) 客户端发送 SYN(SEQ=x)报文给服务器端,进入 SYN_SEND 状态。

(2) 服务器端收到 SYN 报文,回应一个 SYN (SEQ=y)+ACK(ACK=$x+1$)报文,进入 SYN_RECV 状态。

(3) 客户端收到服务器端的 SYN 报文,回应一个 ACK(ACK=$y+1$)报文,进入建立连接的状态。

三次握手完成,TCP 客户端和服务器端成功地建立连接,可以开始传输数据了。

建立一个连接需要三次握手,而终止一个连接要经过四次握手,这是由 TCP 的半关闭(half-close)造成的。具体过程如图 3-5 所示。

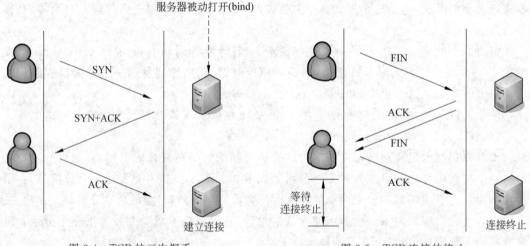

图 3-4　TCP 的三次握手　　　　　图 3-5　TCP 连接的终止

(1) 某个应用进程首先调用 close,该端执行"主动关闭"(active close)。该端的 TCP 于是发送一个 FIN 分节,表示数据发送完毕。

(2) 接收到这个 FIN 的对端执行"被动关闭"(passive close),这个 FIN 由 TCP 确认。

注意:FIN 的接收也作为一个文件结束符(end-of-file)传递给接收端应用进程,放在已排队等候该应用进程接收的任何其他数据之后,因为 FIN 的接收意味着接收端应用进程在相应连接上再无额外数据可接收。

(3) 一段时间后,接收到这个文件结束符的应用进程将调用 close 关闭它的套接字。这导致它的 TCP 也发送一个 FIN。

(4) 接收这个最终 FIN 的原发送端 TCP(即执行主动关闭的那一端)确认这个 FIN。

既然每个方向都需要一个 FIN 和一个 ACK,因此通常需要 4 个分节。

注意:

(1) "通常"是指,在某些情况下,步骤(1)的 FIN 随数据一起发送,另外,上面描述的步骤(2)和步骤(3)发送的分节都出自执行被动关闭那一端,有可能被合并成一个分节。

(2) 在步骤(2)与步骤(3)之间,从执行被动关闭一端到执行主动关闭一端流动数据是可能的,这称为"半关闭"(half-close)。

(3) 当一个 UNIX 进程无论自愿地(调用 exit 或从 main 函数返回)还是非自愿地(收到一个终止本进程的信号)终止时,所有打开的描述符都被关闭,这也导致仍然打开的任何 TCP 连接上也发出一个 FIN。

无论是客户还是服务器,任何一端都可以执行主动关闭。通常情况是,客户执行主动关闭,但是某些协议,例如,HTTP/1.0 却由服务器执行主动关闭。

3.1.5   TCP 连接管理

为什么客户在收到服务器的确认后,还要向服务器发送一次确认呢? 这主要是为了防止已失效的连接请求报文段突然又传送到了服务器,因而发生错误。考虑一种情况,客户发出连接请求后,但因连接请求报文丢失而未收到确认,于是客户再重传一次连接请求。后来收到了确认,建立了连接。数据传输完毕后,就释放了连接。客户共发送了两个连接请求报文段,其中第一个丢失,第二个到达了服务器。没有"已失效的连接请求报文段"。

现假定一种异常情况,即客户发出的第一个连接请求报文段并没有丢失,而是在某些网络节点长时间滞留了,以致延误到连接释放以后的某个时间才到达服务器。本来这是一个早已失效的报文段,但服务器收到此失效的连接请求后,就误认为是客户又一次发出一次新的连接请求。于是就向客户发出确认报文段,同意建立连接。假定不采用三次握手,那么只要服务器发出确认,新的连接就建立了。由于现在客户端并没有发出建立连接的请求,因此不会理睬服务器的确认,也不会向服务器发送数据。但服务器却以为新的连接已经建立了,并一直等待客户发送数据。服务器的许多资源就这样白白浪费了。

采用三次握手的办法可以防止上述现象的发生。例如,刚才的情况下,客户不会向服务器的确认发出确认,由于服务器收不到确认,就知道客户并没有要求建立连接。

如图 3-6 所示画出了 TCP 连接建立的过程。假定图中左端是客户 A,右端是服务器 B,一开始时,两端都处于 closed(关闭)状态,图中的方框分别是端点所处的状态。

(1) 服务器进程准备好接受外来的连接,这通常是通过调用 socket、bind、listen 这三个函数来完成,我们称为被动打开(passive open)。然后服务器进程就处于 listen 状态,等待客户的连接请求,如有请求则做出响应。

(2) 客户通过调用 connect 发起主动打开(active open),向服务器发出连接请求报文段,请求中的首部的同步位 SYN=1,同时选择一个初始序号 SEQ=x。TCP 规定,SYN 报文段不能携带数据,则要消耗一个序号。这时,TCP 客户进入 SYN-send(同步已发送)状态。

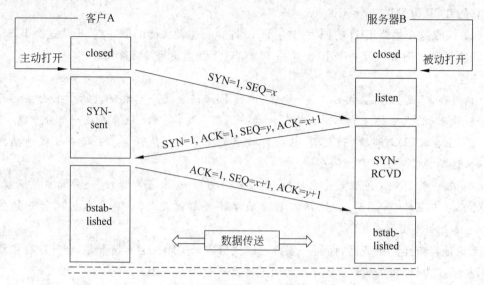

图 3-6　TCP 连接建立的过程

TCP 规定,首部中序号字段值是本报文段所发送数据的第一个字节的序号。

（3）服务器收到客户端连接请求后,必须确认（ACK）客户的 SYN 报文段。在确认报文段中,把 SYN 和 ACK 位都置为 1,确认号为 ACK=x+1,同时也为自己选择一个初始序号 SEQ=y。请注意,这个报文段也不能携带数据,但同样要消耗掉一个序号。这时,TCP 服务器进入 SYN-RCVD（同步收到）状态。

TCP 规定,若确认号为 N,则表明到序号 $N-1$ 为止的所有数据都已正确收到。

（4）客户在收到服务器的确认后,还要向服务器进程给出确认。确认报文段的 ACK 置 1,确认号 ACK=y+1,而自己的序号 SEQ=x+1。TCP 规定,这个报文段可以携带数据,也可以不携带数据。如果不携带数据,下一个数据报文段的序号仍是 SEQ=x+1。这时,TCP 连接已经建立,客户进入 established（已建立连接）状态。

（5）服务器收到客户的确认后,也进入 established 状态。

在上述的建立连接的过程中,前后发送了三个报文段,因此 TCP 建立连接的过程也称为三次握手（three-way handshake）。

3.1.6　有限状态机

TCP 为一个连接定义了 11 种状态,这些状态可使用 netstat 显示,它是一个在调试客户/服务器应用时很有用的工具,并且 TCP 规则规定如何基于当前状态及在该状态下所接收的分节从一个状态转换到另一个状态。

这些状态机的来源是:TCP Socket 服务原语有 8 个,但是在这 8 种 TCP Socket 服务原语中,有的原语又可以有不同的状态,如表 3-1 所示。TCP 传输连接的建立和释放中的通信双方主机的这些状态称为"有限状态机"（finite state machine,FSM）。下面我们来具体阐述一下在 TCP 传输连接建立、释放过程中这些原语状态的变化。

表 3-1　TCP 连接状态

状　态	描　述
closed	呈阻塞、关闭状态,表示主机当前没有活动的传输连接或正在进行传输连接
listen	呈监听状态,表示服务器正在等待新的传输连接进入
SYN RCVD	表示主机已收到一个传输连接请求,但尚未确认
SYN sent	表示主机已经发出一个传输连接请求,等待对方确认
established	建立传输连接,通信双方进入正常数据传输状态
FIN wait 1	(主动关闭)主机已经发送关闭连接请求,等待对方确认
FIN wait 2	(主动关闭)主机已收到对方关闭传输连接确认,等待对方发送关闭传输连接请求
timed wait	完成双向传输连接关闭,等待所有分组消失
closing	双方同时尝试关闭传输连接,等待对方确认
close wait	(被动关闭)收到对方发来的关闭传输连接请求,并已确认
last ACK	(被动关闭)等待最后一个关闭传输连接确认,并等待所有分组消失

图 3-7 描述了 TCP 通信主机在传输连接建立和释放过程中的各种有限状态机,图中的方框中表示的是通信主机在不同时期的状态,箭头表示状态之间的转换,旁边的注释表示状态转换过程中所需进行动作(包括调用 socket 服务原语和 TCP 数据段的发送和接收等)。图中用粗线表示客户端主动和被动的服务器端连接建立的正常过程,其中客户端的状态转移用带箭头的粗实线表示,服务器端的状态转换用带箭头的粗虚线表示。带箭头的细线表示一些不常见的事件,如复位、同时打开、同时关闭等。

每个连接均开始于 closed 状态。当一方执行了被动的连接原语(listen)或主动的连接原语(connect)时,它便会离开 closed 状态。如果此时另一方执行了相对应的连接原语,连接便建立了,并且状态变为 established。任何一方均可以首先请求释放连接,当连接被释放后,状态又回到了 closed。

为了看清楚客户端和服务器各自的状态转移流程,我们先沿着带箭头的粗实线路径来看客户端的状态转移过程,然后再沿着带箭头的虚实线路径来看服务器的状态转移过程。

(1) 一开始,服务器应用层首先调用 listen 原语从 closed 状态进入被动打开状态(listen),等待客户端的连接。

(2) 当客户端的一个应用程序调用 connect 原语后,本地的 TCP 实体为其创建一个连接记录并标记为 SYN sent 状态,然后给服务器发送一个 SYN 数据段(SYN 字段置 1)。这是 TCP 传输连接建立的第一次握手。

(3) 服务器在收到一个客户端的 SYN 数据段后,其 TCP 实体给客户端发送确认 ACK 数据段(ACK 字段置 1),同时发送一个 SYN 数据段(SYN 字段置 1,表示接受同步请求),进入 SYN RCVD 状态。这是 TCP 传输连接的第 2 次握手。

说明:这里可能有一个非正常事件发生,那就是如果此时服务器不想建立传输连接,由其应用层调用 close 原语,向客户端发送一个 FIN 数据段(FIN 字段置 1),然后进入 FIN wait 1 状态,等待客户端确认。当客户端收到服务器发来的 FIN 数据段后,向服务器发送

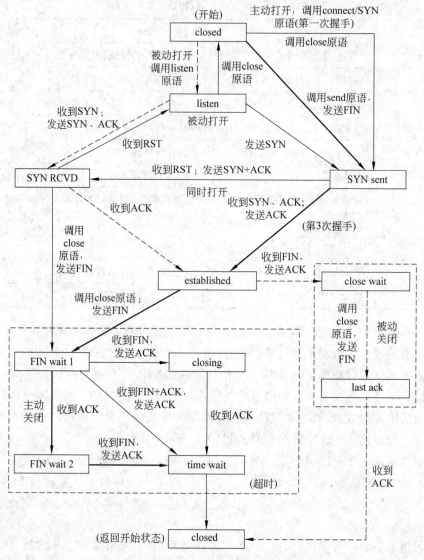

图 3-7　TCP 的有限状态

一个 ACK 确认数据段后进入 closing 状态,表示双方同时尝试关闭传输连接,等待对方确认。在服务器收到客户端发来的 ACK 数据段后即进入 timed wait 状态,在超时后双方即关闭连接。这是一种突发、非正常的连接关闭事件。

(4) 客户端在收到服务器来的 SYN 和 ACK 数据段后,其 TCP 实体给服务器端发送一个 ACK 数据段,并进入 established 状态。这是 TCP 连接的第 3 次握手。

(5) 服务器在收到来自客户端的 ACK 确认数据段后,完成整个 TCP 传输连接的全部三次握手过程,也进入 established 状态。

此时,双方可以自由进行数据传输了。当一个应用程序完成数据传输任务后,它需要关闭 TCP 连接。假设仍由客户端发起主动关闭连接。

(6) 客户端应用层调用 close 原语,本地的 TCP 实体发送一个 FIN 数据段(FIN 字段置1),并等待服务器的确认响应,进入 FIN wait 1 状态。

说明：这里又可能有一个非正常的事件发生，那就是客户端在 FIN wait 1 状态收到服务器的 FIN 和 ACK 数据段后(而不是像从 FIN wait 2 状态进入那样只收到服务器的 ACK 确认数据段)，向服务器发送一个 ACK 数据段，直接就进入了 timed wait 状态。在超时后双方即关闭连接。

(7) 服务器在收到来自客户端的 FIN 数据段后，它给客户端发回一个 ACK 数据段(ACK 字段置 1)，进入 close wait 状态。

(8) 客户端在收到来自服务器的 ACK 确认数据段后就进入了 FIN wait 2 状态，此时连接在一个方向上就断开了，但仍可以接收服务器端发来的数据段。

(9) 当服务器收到客户端发来的 FIN 数据段时就知道客户端已有数据发送了，在本端已接收完全部的数据后，也由应用层调用 close 原语，请求关闭另一个方向的连接，其本地 TCP 实体向客户端发送一个 FIN 数据段，并进入 last ACK 状态，等待最后一个 ACK 确认数据段。

(10) 在客户端收到来自服务器的 FIN 数据段后，向服务器发送最后一个 ACK 确认数据段，进入 timed wait 状态。此时双方连接均已经断开，但 TCP 实体仍要等待一个 2 倍数据段 MSL(maximum segment lifetime，最大数据段生存时间)，以确保该连接的所有分组全部消失，防止出现确认丢失的情况。当定时器超时后，TCP 删除该连接记录，返回到初始状态(closed)。

(11) 服务器收到客户端最后一个 ACK 确认数据段后，其 TCP 实体便释放该连接，并删除连接记录，也返回到初始状态(closed)。

3.1.7　TCP 的可靠性控制

TCP 通过下列方式来提供可靠性：

应用数据被分割成 TCP 认为最适合发送的数据块。这和 UDP 完全不同，应用程序产生的数据报长度将保持不变(将数据截断为合理的长度)。

当 TCP 发出一个段后，它启动一个定时器，等待目的端确认收到这个报文段。如果不能及时收到一个确认，将重发这个报文段(超时重发)。

当 TCP 收到发自 TCP 连接另一端的数据，它将发送一个确认。这个确认不是立即发送，通常将推迟几分之一秒(对于收到的请求，给出确认响应。之所以推迟，可能是要对包做完整校验。

TCP 将保持它首部和数据的检验和。这是一个端到端的检验和，目的是检测数据在传输过程中的任何变化。如果收到段的检验和有差错，TCP 将丢弃这个报文段和不确认收到此报文段(校验出包有错，丢弃报文段，不给出响应，TCP 发送数据端，超时时会重发数据)。

既然 TCP 报文段作为 IP 数据报来传输，而 IP 数据报的到达可能会失序，因此 TCP 报文段的到达也可能会失序。如果必要，TCP 将对收到的数据进行重新排序，将收到的数据以正确的顺序交给应用层(对失序数据进行重新排序，然后才交给应用层)。

既然 IP 数据报会发生重复，TCP 的接收端必须丢弃重复的数据(对于重复数据，能够丢弃重复数据)。

TCP 还能提供流量控制。TCP 连接的每一方都有固定大小的缓冲空间。TCP 的接收端只允许另一端发送接收端缓冲区所能接纳的数据。这将防止较快主机致使较慢主机的缓冲区溢出(TCP 可以进行流量控制,防止较快主机致使较慢主机的缓冲区溢出)。TCP 使用的流量控制协议是可变大小的滑动窗口协议。

3.1.8 TCP 的流量控制与拥塞控制

1. TCP 的流量控制

(1) 利用滑动窗口实现流量控制

如果发送方把数据发送得过快,接收方可能会来不及接收,这就会造成数据的丢失。所谓流量控制就是让发送方的发送速率不要太快,要让接收方来得及接收。

利用滑动窗口机制可以很方便地在 TCP 连接上实现对发送方的流量控制。

设 A 向 B 发送数据。在连接建立时,B 告诉了 A:"我的接收窗口是 rwnd=400"(这里的 rwnd 表示 receiver window)。因此,发送方的发送窗口不能超过接收方给出的接收窗口的数值。请注意,TCP 的窗口单位是字节,不是报文段。TCP 连接建立时的窗口协商过程在图中没有显示出来。再设每一个报文段为 100 字节长,而数据报文段序号的初始值设为 1。大写 ACK 表示首部中的确认位 ACK,小写 ack 表示确认字段的值 ack,如图 3-8 所示。

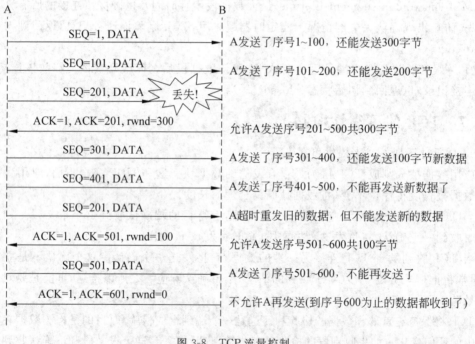

图 3-8 TCP 流量控制

从图中可以看出,B 进行了三次流量控制。第一次把窗口减少到 rwnd=300,第二次又减到了 rwnd=100,最后减到 rwnd=0,即不允许发送方再发送数据了。这种使发送方暂停发送的状态将持续到主机 B 重新发出一个新的窗口值为止。B 向 A 发送的三个报文段都设置了 ACK=1,只有在 ACK=1 时确认号字段才有意义。

TCP 为每一个连接设有一个持续计时器(persistence timer)。只要 TCP 连接的一方收到对方的零窗口通知,就启动持续计时器。若持续计时器设置的时间到期,就发送一个零窗口控测报文段(携带 1 个字节的数据),那么收到这个报文段的一方就重新设置持续计时器。

（2）必须考虑传输速率

可以用不同的机制来控制 TCP 报文段的发送时机。例如：①TCP 维持一个变量，它等于最大报文段长度 MSS。只要缓存中存放的数据达到 MSS 字节时，就组装成一个 TCP 报文段发送出去。②由发送方的应用进程指明要求发送报文段，即 TCP 支持的推送（push）操作。③发送方的一个计时器期限到了，这时就把已有的缓存数据装入报文段（但长度不能超过 MSS）发送出去。

Nagle 算法规定：若发送应用进程把要发送的数据逐个字节地送到 TCP 的发送缓存，则发送方就把第一个数据字节先发送出去，把后面到达的数据字节都缓存起来。当发送方接收对第一个数据字符的确认后，再把发送缓存中的所有数据组装成一个报文段再发送出去，同时继续对随后到达的数据进行缓存，只有在收到对前一个报文段的确认后才继续发送下一个报文段。当数据到达较快而网络速率较慢时，用这样的方法可明显地减少所用的网络带宽。另外，当到达的数据已达到发送窗口大小的一半或已达到报文段的最大长度时，就立即发送一个报文段。

2. TCP 的拥塞控制

（1）拥塞：即对资源的需求超过了可用的资源。若网络中许多资源同时供应不足，网络的性能就要明显变坏，整个网络的吞吐量随着负荷的增大而下降。

（2）拥塞控制：防止过多的数据注入网络中，这样可以使网络中的路由器或链路不致过载。拥塞控制所要做的都有一个前提：网络能够承受现有的网络负荷。拥塞控制是一个全局性的过程，涉及所有的主机、路由器，以及与降低网络传输性能有关的所有因素。

（3）流量控制：指点对点通信量的控制，是端到端正的问题。流量控制所要做的就是抑制发送端发送数据的速率，以便使接收端来得及接收。

（4）拥塞控制代价：需要获得网络内部流量分布的信息。在实施拥塞控制之前，还需要在节点之间交换信息和各种命令，以便选择控制的策略和实施控制，这样就产生了额外的开销。拥塞控制还需要将一些资源分配给各个用户单独使用，使得网络资源不能更好地实现共享。

3.1.9 糊涂窗口综合征

TCP 的数据传输分为交互数据流和成块数据流，交互数据流一般是一些交互式应用程序的命令，所以这些数据很小，而考虑到 TCP 报头和 IP 报头的总和就有 40 字节，如果数据量很小，那么网络的利用效率就较低。数据传输使用 Nagle 算法，Nagle 算法很简单，就是规定一个 TCP 连接最多只能有一个未被确认的未完成的小分组。在该分组的确认到达之前不能发送其他的小分组。

但是也要考虑另一个问题，叫作糊涂窗口综合征。当接收方的缓存已满的时候，交互应用程序一次只从缓存中读取一个字节（这时候缓存中腾出一个字节），然后向发送方发送确认信息，此时发送方再发送一个字节（收到的窗口大小为 1），这样网络的效率很低。

所以要解决这个问题，可以让接收方等待一段时间，使得接收缓存已有最够的空间容纳一个最长报文段，或者等到接收缓存已有一半的空间。只要这两种情况出现一种，就发送确认报文，同时发送方可以把数据积累成大的报文段发送。

小结

通过本部分的学习,应掌握下列知识和技能:

- 掌握计算机 TCP 协议的特点。
- 了解 TCP 协议报文结构。
- 熟悉 TCP 协议报文。
- 掌握 TCP 协议连接。

3.2 IP 协议

传输层的任务是根据通信子网的特性,最佳地利用网络资源,为两个端系统的会话层之间,提供建立、维护和取消传输连接的功能,负责端到端的可靠数据传输。在这一层,信息传送的协议数据单元称为数据段。传输层从底层获取的信息叫作 packet,数据包(或数据报)来自网络层。而网络层最重要的协议就是 IP 协议。

3.2.1 IP 协议简介

IP 协议最早可追溯到 20 世纪的 70 年代。IP 协议最早应用于美国国防部研发的阿帕网(ARPanet)。随着互联网在民用领域的推广,IP 协议也越来越被人们熟知。与大多数网络协议一样,IP 协议同样把要传输的数据放入有固定格式的数据包,即符合 IP 协议规定的 0/1 序列。我们后面简称 IP 数据包为 IP 包。IP 包分为头部(header)和数据(Data)两部分。数据部分是要传送的信息,头部是为了能够实现传输而附加的信息。

IP 协议可以分为 IPv4 和 IPv6 两种。IPv6 是 IPv4 的改进版本,但 IPv4 依然使用广泛。

IP(Internet protocol)协议的英文名直译就是"因特网互联协议",简称为"网际协议",也就是为计算机网络相互连接进行通信而设计的协议。在 Internet 中,它是能使连接到网上的所有计算机网络实现相互通信的一套规则,规定了计算机在因特网上进行通信时应当遵守的规则。任何厂家生产的计算机系统,只要遵守 IP 协议就可以与因特网互联互通。

IP 协议的主要功能是在相互联结的网络之间传递 IP 数据报。主要包括以下两个功能。

(1) 寻址与路由:首先要用 IP 地址来标识 Internet 的主机,即在每个 IP 数据报中,都会携带源 IP 地址和目标 IP 地址来标识该 IP 数据报的源和目的主机。IP 协议可以根据路由选择协议提供的路由信息对 IP 数据报进行转发,直至抵达目的主机。然后 IP 地址和 MAC 地址的匹配。数据链路层使用 MAC 地址来发送数据帧,因此在实际发送 IP 报文时,还需要进行 IP 地址和 MAC 地址的匹配,由 TCP/IP 协议簇中的 ARP 完成。

(2) 分段与重组:IP 数据报通过不同类型的通信网络发送,IP 数据报的大小会受到这些网络所规定的最大传输单元(MTU)的限制。再将 IP 数据报拆分成一个个能够适合下层技术传输的小数据报,被分段后的 IP 数据报可以独立地在网络中进行转发,在到达目的主机后被重组,恢复成原来的 IP 数据报。

3.2.2　IP 地址

IP 地址是指互联网协议地址,是 IP address 的缩写。IP 地址是 IP 协议提供的一种统一的地址格式,它为互联网上的每一个网络和每一台主机分配一个逻辑地址,以此来屏蔽物理地址的差异。目前还有些 IP 代理软件,但大部分收费。

IP 地址被用来给 Internet 上的计算机一个编号。大家日常见到的情况是每台联网的 PC 上都需要有 IP 地址,才能正常通信。地址格式为:

$$IP 地址＝网络地址＋主机地址$$

或

$$IP 地址＝主机地址＋子网地址＋主机地址$$

IP 地址(Internet protocol address)是一种在 Internet 上的给主机编址的方式,也称为网络协议地址。常见的 IP 地址,分为 IPv4 与 IPv6 两大类。

IPV4 中的 IP 地址是一个 32 位的二进制数,通常被分割为 4 个“8 位二进制数”(也就是 4 个字节)。IP 地址一般用“点分十进制”表示成($a.b.c.d$)的形式,其中,a、b、c、d 都是 0～255 的十进制整数。

1. IP 地址的分类

最初设计互联网络时,为了便于寻址以及层次化构造网络,每个 IP 地址包括两个标识码(ID),即网络 ID 和主机 ID。同一个物理网络上的所有主机都使用同一个网络 ID,网络上的一个主机(包括网络上工作站、服务器和路由器等)有一个主机 ID 与其对应。IP 地址根据网络 ID 的不同分为 5 种类型,A 类地址、B 类地址、C 类地址、D 类地址和 E 类地址。IP 地址分类如图 3-9 所示。

(1) A 类 IP 地址

一个 A 类 IP 地址由 1 字节的网络地址和 3 字节主机地址组成,网络地址的最高位必须是 0,地址范围为 1.0.0.0～126.255.255.255。可用的 A 类网络有 126 个,每个网络能容纳 1 亿多台主机。

数字 0 和 127 不作为 A 类地址,数字 127 保留给内部回送函数,而数字 0 则表示该地址是本地宿主机,不能传送。

A 类地址默认网络掩码为 255.0.0.0;A 类地址分配给规模特别大的网络使用。A 类网络用第一组数字表示网络本身的地址,后面三组数字作为连接于网络上的主机的地址。分配给具有大量主机(直接针对个人用户)而局域网络个数较少的大型网络,如 IBM 公司的网络。

(2) B 类 IP 地址

一个 B 类 IP 地址由 2 个字节的网络地址和 2 个字节的主机地址组成,网络地址的最高位必须是 10,地址范围为 128.0.0.0～191.255.255.255。可用的 B 类网络有 16382 个,每个网络能容纳 6 万多台主机。

B 类地址的表示范围为 128.0.0.0～191.255.255.255,默认网络掩码为 255.255.0.0;B 类地址分配给一般的中型网络。B 类网络用第一、二组数字表示网络的地址,后面两组数字代表网络上的主机地址。

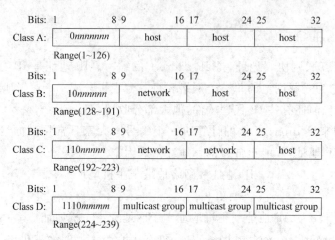

图 3-9　IP 地址分类

（3）C 类 IP 地址

一个 C 类 IP 地址由 3 字节的网络地址和 1 字节的主机地址组成,网络地址的最高位必须是 110。范围为 192.0.0.0～223.255.255.255。C 类网络可达 209 万余个,每个网络能容纳 254 台主机。

C 类地址的表示范围为 192.0.0.0～223.255.255.255,默认网络掩码为 255.255.255.0;C 类地址分配给小型网络,如一般的局域网和校园网,它可连接的主机数量是最少的,采用把所属的用户分为若干的网段进行管理。C 类网络用前三组数字表示网络的地址,最后一组数字作为网络上的主机地址。

（4）D 类地址用于多点广播（multicast）

D 类 IP 地址第一个字节以 1110 开始,它是一个专门保留的地址,它并不指向特定的网络,目前这一类地址被用在多点广播中。多点广播地址用来一次寻址一组计算机,它标识共享同一协议的一组计算机。

（5）E 类 IP 地址

E 类 IP 地址以 11110 开始,为将来使用保留。

全零（0.0.0.0）地址对应于当前主机。全 1 的 IP 地址（"255.255.255.255"）是当前子网的广播地址。

2. 私有地址

在 IP 地址 3 种主要类型里,各保留了 3 个区域作为私有地址,其地址范围如下。

A 类地址：10.0.0.0～10.255.255.255

B 类地址：172.16.0.0～172.31.255.255

C 类地址：192.168.0.0～192.168.255.255

私有地址一般使用在局域网内,私有地址的数据包不会经过路由器。

3. IP 地址的管理

IP 地址现由互联网名字与号码指派公司 ICANN（Internet corporation for assigned names and numbers）分配。

IPV4 由于是 4 段数字,每一段最大不超过 255。由于互联网的蓬勃发展,IP 地址的需求量越来越大,使得 IP 地址的发放越趋严格,各项资料显示全球 IPv4 地址是在 2011 年 2 月 3 日分配完毕。

地址空间的不足必将妨碍互联网的进一步发展。为了扩大地址空间,目前通过 IPv6 重新定义地址空间。IPv6 采用 128 位地址长度。在 IPv6 的设计过程中除了一劳永逸地解决了地址短缺问题以外,还考虑了在 IPv4 中解决不好的其他问题。

3.2.3   IP 地址及子网

传统 IP 地址分类的缺点是不能在网络内部使用路由,这样一来,对于比较大的网络,例如,一个 A 类网络,会由于网络中主机数量太多而变得难以管理。为此,引入子网掩码(netmask),从逻辑上把一个大网络划分成一些小网络。子网掩码是由一系列的 1 和 0 构成,通过将其同 IP 地址做"与"运算来指出一个 IP 地址的网络号是什么。具体地说,将 IP 地址和子网掩码按二进制进行位的"与"运算,获得该设备在网络中的网络号,子网掩码取反,与该 IP 按二进制进行位的"与"运算,得到该设备在网络中的主机地址。对于传统 IP 地址分类来说,A 类地址的子网掩码是 255.0.0.0;B 类地址的子网掩码是 255.255.0.0;C 类地址的子网掩码是 255.255.255.0。

例如,如果要将一个 B 类网络 166.111.0.0 划分为多个 C 类子网来用,只要将其子网掩码设置为 255.255.255.0 即可,这样 166.111.1.1 和 166.111.2.1 就分属于不同的网络了。像这样,通过较长的子网掩码将一个网络划分为多个网络的方法就叫作划分子网(subnetting)。

在选择专用(私有)IP 地址时,应当注意以下几点:

(1) 为每个网段都分配一个 C 类 IP 地址段,建议使用 192.168.2.0~192.168.254.0 段 IP 地址。由于某些网络设备(如宽带路由器或无线路由器)或应用程序(如 ICS)拥有自动分配 IP 地址功能,而且默认的 IP 地址池往往位于 192.168.0.0~192.168.1.0 段,因此,在采用该 IP 地址段时,往往容易导致 IP 地址冲突或其他故障。所以,除非必要,应当尽量避免使用上述两个 C 类地址段。

(2) 可采用 C 类地址的子网掩码,如果有必要,可以采用变长子网掩码。通常情况下,不要采用过大的子网掩码,每个网段的计算机数量都不要超过 250 台计算机。同一网段的计算机数量越多,广播包的数量越大,有效带宽就损失得越多,网络传输效率也越低。

(3) 即使选用 10.0.0.1~10.255.255.254 或 172.16.0.1~172.31.255.254 段 IP 地址,也建议采用 255.255.255.0 作为子网掩码,以获取更多的 IP 网段,并使每个子网中所容纳的计算机数量都较少。当然,如果必要,可以采用变长子网掩码,适当增加可容纳的计算机数量。

(4) 为网络设备的管理 WLAN 分配一个独立的 IP 地址段,以避免发生与网络设备管理 IP 的地址冲突,从而影响远程管理的实现。基于同样的原因,也要将所有的服务器划分至一个独立的网段。

3.2.4   IP 数据包报文结构

TCP/IP 协议定义了一个在因特网上传输的包,称为 IP 数据包,也叫 IP 数据报。而 IP 数据报(IP datagram)是个比较抽象的内容,是对数据包的结构进行分析。由首部和数据两部分组成,其格式如图 3-10 所示。首部的前一部分是固定长度,共 20 字节,是所有 IP 数据报必须具有的。在首部的固定部分的后面是一些可选字段,其长度是可变的。首部中的源地址和目的地址都是 IP 协议地址。

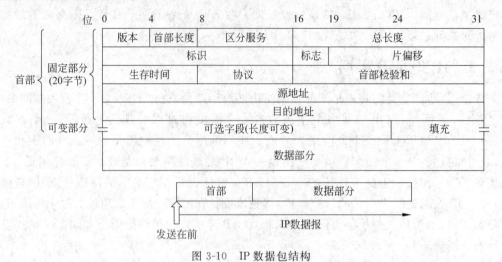

图 3-10 IP 数据包结构

1. 固定部分

（1）版本。占 4 位，指 IP 协议的版本。通信双方使用的 IP 协议版本必须一致。目前广泛使用的 IP 协议版本号为 4（即 IPv4）。关于 IPv6，目前还处于草案阶段。

（2）首部长度。占 4 位，可表示的最大十进制数值是 15。请注意，这个字段所表示数的单位是 32 位字长（1 个 32 位字长是 4 字节），因此，当 IP 的首部长度为 1111 时（即十进制的 15），首部长度就达到 60 字节。当 IP 分组的首部长度不是 4 字节的整数倍时，必须利用最后的填充字段加以填充。因此数据部分永远在 4 字节的整数倍开始，这样在实现 IP 协议时较为方便。首部长度限制为 60 字节的缺点是有时可能不够用。但这样做是希望用户尽量减少开销。最常用的首部长度就是 20 字节（即首部长度为 0101），这时不使用任何选项。

（3）区分服务。占 8 位，用来获得更好的服务。这个字段在旧标准中叫作服务类型，但实际上一直没有被使用过。1998 年 IETF 把这个字段改名为区分服务 DS（differentiated services）。只有在使用区分服务时，这个字段才起作用。

（4）总长度。总长度指首部和数据之和的长度，单位为字节。总长度字段为 16 位，因此数据报的最大长度为 $2^{16}-1=65535$ 字节。

在 IP 层下面的每一种数据链路层都有自己的帧格式，其中包括帧格式中的数据字段的最大长度，这称为最大传送单元 MTU（maximum transfer unit）。当一个数据报封装成链路层的帧时，此数据报的总长度（即首部加上数据部分）一定不能超过下面的数据链路层的 MTU 值。

（5）标识（identification）。占 16 位。IP 软件在存储器中维持一个计数器，每产生一个数据报，计数器就加 1，并将此值赋给标识字段。但这个"标识"并不是序号，因为 IP 是无连接服务，数据报不存在按序接收的问题。当数据报由于长度超过网络的 MTU 而必须分片时，这个标识字段的值就被复制到所有的数据报的标识字段中。相同的标识字段的值使分片后的各数据报片最后能正确地重装成为原来的数据报。

（6）标志（flag）。占 3 位，但目前只有 2 位有意义。

标志字段中的最低位记为 MF（more fragment）。MF＝1 即表示后面"还有分片"的数据报。MF＝0 表示这已是若干数据报片中的最后一个。

标志字段中间的一位记为 DF(Don't fragment)，意思是"不能分片"。只有当 DF＝0 时才允许分片。

(7) 片偏移。占 13 位。片偏移指出：较长的分组在分片后，某片在原分组中的相对位置。也就是说，相对用户数据字段的起点，该片从何处开始。片偏移以 8 个字节为偏移单位。这就是说，除了最后一个分片外，每个分片的长度一定是 8 字节(64 位)的整数倍。

(8) 生存时间。占 8 位，生存时间字段常用的英文缩写是 TTL(time to live)，表明是数据报在网络中的寿命。由发出数据报的源点设置这个字段。其目的是防止无法交付的数据报无限制地在因特网中兜圈子，因而白白消耗网络资源。最初的设计是以秒作为 TTL 的单位。每经过一个路由器时，就把 TTL 减去数据报在路由器消耗掉的一段时间。若数据报在路由器消耗的时间小于 1s，就把 TTL 值减 1。当 TTL 值为 0 时，就丢弃这个数据报。后来把 TTL 字段的功能改为"跳数限制"(但名称不变)。路由器在转发数据报之前就把 TTL 值减 1。若 TTL 值减少到零，就丢弃这个数据报，不再转发。因此，现在 TTL 的单位不再是秒，而是跳数。TTL 的意义是指明数据报在网络中至多可经过多少个路由器。显然，数据报在网络上经过的路由器的最大数值是 255。若把 TTL 的初始值设为 1，就表示这个数据报只能在本局域网中传送。

(9) 协议。占 8 位，协议字段指出此数据报携带的数据是使用何种协议，以便使目的主机的 IP 层知道应将数据部分上交给哪个处理过程。

(10) 首部检验和。占 16 位。这个字段只检验数据报的首部，但不包括数据部分。这是因为数据报每经过一个路由器，路由器都要重新计算一下首部检验和(一些字段，如生存时间、标志、片偏移等都可能发生变化)。不检验数据部分可减少计算的工作量。

(11) 源地址。占 32 位。

(12) 目的地址。占 32 位。

2. IP 数据报可变部分

IP 首部的可变部分就是一个可选字段。选项字段用来支持排错、测量以及安全等措施，内容很丰富。此字段的长度可变，从 1 个字节到 40 个字节不等，取决于所选择的项目。某些选项项目只需要 1 个字节，它只包括 1 个字节的选项代码。但还有些选项需要多个字节，这些选项一个个拼接起来，中间不需要有分隔符，最后用全 0 的填充字段补齐成为 4 字节的整数倍。

增加首部的可变部分是为了增加 IP 数据报的功能，但这同时也使得 IP 数据报的首部长度成为可变的。这就增加了每一个路由器处理数据报的开销。实际上这些选项很少被使用。新的 IP 版本 IPv6 就将 IP 数据报的首部长度做成固定的。

目前，这些任选项定义如下：

(1) 安全和处理限制(用于军事领域)。

(2) 记录路径(让每个路由器都记下它的 IP 地址)。

(3) 时间戳(time stamp)(让每个路由器都记下 IP 数据报经过每一个路由器的 IP 地址和当地时间)。

(4) 宽松的源站路由(loose source route)(为数据报指定一系列必须经过的 IP 地址)。

(5) 严格的源站路由(strict source route)(与宽松的源站路由类似，但是要求只能经过指定的这些地址,不能经过其他的地址)。

这些选项很少被使用,并非所有主机和路由器都支持这些选项。

3.2.5 IP 数据包选路

在分组交付系统中,选路(routing)是指选择一条用于发送分组的路径的过程。

路由器(router)是指做出这种选择的一台计算机。

为了完全理解 IP 的选路,我们必须回顾 TCP/IP 互联网的结构。首先,互联网由多个物理网络组成,这些物理网络通过称为路由器的若干个计算机相互连接起来。每个路由器与两个或更多的物理网络有直接的连接。与此相对比的是,主机通常只连接到一个物理网络。但是,也有直接与多个网络相连的多地址主机。

可以把路由器分成两种形式:直接交付(direct delivery)和间接交付(indirect delivery)。直接交付是指在一个物理网络上把数据从一台机器上直接传输到另一台机器,这是所有互联网通信的基础。只有当两台机器同时连到同一底层物理传输系统时(例如,一个以太网),才能进行直接交付。当目的站不在一个直接相连的网络上时,就要进行间接交付,强制要求发送方把数据报发给一个路由器进行交付。TCP/IP 互联网中的路由器形成了一个协作的互联结构。数据报从一个路由器传输到下一个路由器,直到到达某个可直接交付数据报的路由器。

路由器如何知道把每个数据报发往何处呢?主机如何知道对于给定目的地究竟使用哪一个路由器呢?

1. 下一站选路的基本思想

路由表仅指定从该路由器到目的地路径上的下一步,而不知道到达目的地的完整路径。

2. 标准的 IP 路由表包含许多(N,R)对序偶

N:目的网络的 IP 地址。

R:到 N 路径上的下一个路由器的 IP 地址。

基本的下一站路由选择算法如下:

```
RouteDatagram(Datagram, RoutingTable)
{
    从 Datagram 中提取目的 IP 地址 D,计算 netid 网络号 N;
    if N 与路由器直接连接的网络地址匹配
      Then 在该网络上直接投递(封装、物理地址绑定、发送等)
    ElseIf RoutingTable 中包含到 N 的路由
      Then 将 Datagram 发送到 RoutingTable 中指定的下一站
    Else 路由选择错误
}
```

3. 静态路由和动态路由

静态路由是由人工建立和管理的,不会自动发生变化,必须手工更新以反映互联网拓扑结构或连接方式变化。

(1) 静态路由的特点

优点:安全可靠、简单直观,避免了动态路由选择的开销。

劣势:不适用于复杂的互联网结构;建立和维护工作量大,容易出现路由环,互联网出现故障,静态路由不会自动做出更改。

适用环境:不太复杂的互联网结构。

动态路由可以通过自身学习,自动修改和刷新路由表。动态路由要求路由器之间不断地交换路由信息。

(2) 动态路由的特点

优点:更多的自主性和灵活性。

劣势:交换路由信息需要占用网络带宽;路由表的动态修改和刷新需要占用路由器的内存和 CPU 处理时间,消耗路由器的资源。

适用环境:拓扑结构复杂、网络规模庞大的互联网自动排除错误路径,自动选择性能更优的路径。

(3) 路径度量值 metric

metric 是表示路径优劣的数值,metric 值越小,说明路径越好。

metric 的计算可以基于路径的一个特征,也可以基于路径的多个特征。

- 跳数:IP 数据报到达目的地必须经过的路由器个数。
- 带宽:链路的数据能力。
- 延迟:将数据从源送到目的地所需的时间。
- 负载:网络中(如路由器中或链路中)信息流的活动数量。
- 可靠性:数据传输过程中的差错率。
- 开销:一个变化的数值,通常可以根据带宽、建设费用、维护费用、使用费用等因素由网络管理员指定。

4. 路由选择协议

(1) 使用动态路由的基本条件

路由器运行相同的路由选择协议,执行相同的路由选择算法。

(2) 广泛采用的路由选择协议

- 路由信息协议 RIP:利用向量—距离算法。
- 开放式最短路径优先协议 OSPF:利用链路—状态算法。

5. 路由收敛

路由收敛表示因特网中的所有路由器都运行着相同的、精确的、足以反映当前互联网拓扑结构的路由信息。

快速收敛是路由选择协议最希望具有的特征。

6. 路由选择算法

(1) 向量—距离路由选择算法

基本思想:路由器周期性地向其相邻路由器广播自己知道的路由信息,用以通知相邻路由器自己可以到达的网络以及到达该网络的距离。相邻路由器可以根据收到的路由信息修改和刷新自己的路由表。

优点:算法简单、易于实现。

缺点:慢收敛问题。路由器的路径变化需要像波浪一样从相邻路由器传播出去,过程缓慢需要交换的信息量大,与自己的路由表的大小相似。

适用环境：路由变化不剧烈的中小型互联网。

（2）链路—状态路由选择算法

基本思想：互联网上的每个路由器周期性地向其他路由器广播自己与相邻路由器的连接关系，互联网上的每个路由器利用收到的路由信息画出一张互联网拓扑结构图。利用画出的拓扑结构图和最短路径优先算法，计算自己到达各个网络的最短路径。

① OSPF 路由选择协议。

优点：收敛速度快；支持服务类型选择；提供负载均衡和身份认证。

缺点：要求较高的路由器处理能力；一定的带宽需求。

适用环境：规模庞大、环境复杂的互联网。

② 两者原理性差异。

向量—距离路由选择算法：不需要路由器了解整个互联网的拓扑结构；通过相邻的路由器了解到达每个网络的可能路径。

（3）链路—状态路由选择算法。

依赖于整个互联网的拓扑结构图；利用整个互联网的拓扑结构图得到 SPF 树，进而由 SPF 树生成路由表。

（4）有限 IP 广播地址和直接 IP 广播地址。

① 受限广播：它不被路由发送，但会被送到相同物理网络段上的所有主机。IP 地址的网络字段和主机字段全为 1 就是地址 255.255.255.255。

② 直接广播：网络广播会被路由，并会发送到专门网络上的每台主机。IP 地址的网络字段定义这个网络，主机字段通常全为 1，如 192.168.10.255。

3.2.6　IP 分片及重组

链路层具有最大传输单元 MTU 这个特性，它限制了数据帧的最大长度，不同的网络类型都有一个上限值。以太网的 MTU 是 1500，可以用 netstat -i 命令查看这个值。如果 IP 层有数据包要传，而且数据包的长度超过了 MTU，那么 IP 层就要对数据包进行分片（fragmentation）操作，使每一片的长度都小于或等于 MTU。我们假设要传输一个 UDP 数据包，以太网的 MTU 为 1500 字节，一般 IP 首部为 20 字节，UDP 首部为 8 字节，数据的净荷（payload）部分预留是：1500－20－8＝1472 字节。如果数据部分大于 1472 字节，就会出现分片现象。

当提交给数据链路层进行传送时，一个 IP 分片或一个很小的无须分片的 IP 数据报称为分组。数据链路层在分组前面加上它自己的首部，并发送得到的帧。

IP 首部（5～8 字节）包含了分片和重组所需的信息，如图 3-11 所示。

（1）identification：发送端发送的 IP 数据包标识字段都是一个唯一值，该值在分片时被复制到每个片中。

（2）R：保留未用。

（3）DF：Don't fragment，即不分片位。如果将这一比特置 1，IP 层将不对数据报进行分片。

（4）MF：more fragment，即更多的片。除了最后一片外，其他每个组成数据报的片都要把该比特置 1。

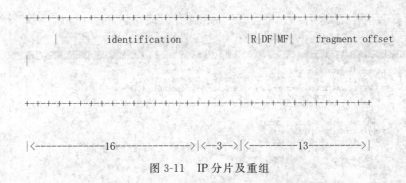

图 3-11　IP 分片及重组

（5）fragment offset：该片偏移原始数据包开始处的位置。偏移的字节数是该值乘以 8。

两个 flags 和 fragment offset 结合使用,进行分片时,DF 比特设置为 0,表示可以进行分片,这时如果 MF 的值为 1,则表示当前 IP 报文是一个 IP 包的其中一段分片,并且不是最后一个分片,这时结合 fragment offset 域继续判断。如果 MF 为 1 而 fragment offset 为 0,表示该 IP 报文为第一个分片,而且后续有分片;如果 MF 为 1 而 fragment offset 不是 0,表示该 IP 报文为中间的一个分片;如果 MF 为 0 而 fragment offset 不是 0,表示该报文是最后一个分片。

另外,当数据报被分片后,每个片的总长度值要改为该片的长度值。

3.2.7　IP 层协议

IP 层也就是网际层,主要的协议有 IP 协议、ICMP 协议、ARP 协议、RARP 协议及 IGMP 协议。TCP/IP 协议族中各协议间的关系如图 3-12 所示。

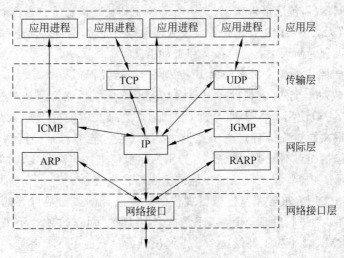

图 3-12　TCP/IP 协议中各协议间的关系

1. IP 协议

IP 层的协议最重要的就是 IP 协议,开启 wires hark 抓包工具,访问 http://www.sohu.com,抓取 IP 协议的数据,如图 3-13 所示。

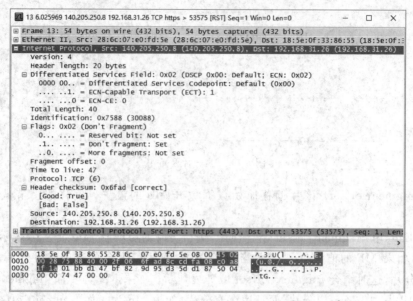

图 3-13　IP 协议实例

2. ICMP 协议

ICMP 是（Internet control message protocol）Internet 控制报文协议。它是 TCP/IP 协议族的一个子协议，用于在 IP 主机、路由器之间传递控制消息。控制消息是指网络通不通、主机是否可达、路由是否可用等网络本身的消息。这些控制消息虽然并不传输用户数据，但是对于用户数据的传递起着重要的作用。

ICMP 协议是一种面向无连接的协议，用于传输出错报告控制信息，主要用于在主机与路由器之间传递控制信息，包括报告错误、交换受限控制和状态信息等。当遇到 IP 数据无法访问目标、IP 路由器无法按当前的传输速率转发数据包等情况时，会自动发送 ICMP 消息。

ICMP 报文可分为两大类：差错报文和查询报文。

差错报文报告路由器或主机在处理 IP 数据报时遇到的问题。

查询报文是成对出现的，它帮助主机或网络管理员从一个路由器或另一个主机得到特定的信息。例如，主机使用 ICMP 回显请求和回显应答报文发现它们的邻站。

ICMP 查询报文能够获得特定主机或路由器的信息，能够对某些网络问题进行诊断。ICMP 查询报文包括 4 对不同类型的报文，分别为回显请求和应答报文、时间戳请求和应答报文、地址掩码请求和应答报文以及路由器询问和通告报文。

ICMP 差错报文用来报告差错。虽然现代的技术已经制造出很可靠的传输媒体，但差错仍然存在，因而必须进行处理。其实，IP 是个不可靠的协议，这就表示 IP 不考虑差错校验和差错控制，ICMP 就是为了补偿这个缺点而设计的。然而 ICMP 不能纠正差错，它只是报告差错，差错纠正留给高层协议去做。ICMP 使用源 IP 地址把差错报文发送给数据报的源点（发出者）。

一共有 5 种差错报文：目的端不可达、源点抑制、超时、参数问题以及改变路由。

3. ARP 协议

地址解析协议，即 ARP（address resolution protocol），是根据 IP 地址获取物理地址的

一个 TCP/IP 协议。主机发送信息时将包含目标 IP 地址的 ARP 请求广播到网络上的所有主机,并接收返回消息,以此确定目标的物理地址;收到返回消息后将该 IP 地址和物理地址存入本机 ARP 缓存中并保留一定时间,下次请求时直接查询 ARP 缓存以节约资源。地址解析协议是建立在网络中各个主机互相信任的基础上的,网络上的主机可以自主发送 ARP 应答消息,其他主机收到应答报文时不会检测该报文的真实性就会将其记入本机 ARP 缓存;由此攻击者就可以向某一主机发送伪 ARP 应答报文,使其发送的信息无法到达预期的主机或到达错误的主机,这就构成了一个 ARP 欺骗。ARP 命令可用于查询本机 ARP 缓存中 IP 地址和 MAC 地址的对应关系、添加或删除静态对应关系等。相关协议有 RARP、代理 ARP。NDP 用于在 IPv6 中代替地址解析协议。

4. RARP 协议

地址解析协议是根据 IP 地址获取物理地址的协议,而反向地址转换协议(RARP)是局域网的物理机器从网关服务器的 ARP 表或者缓存上根据 MAC 地址请求 IP 地址的协议,其功能与地址解析协议相反。与 ARP 相比,RARP 的工作流程也相反。首先是查询主机向网路送出一个 RARP request 广播封包,向别的主机查询自己的 IP 地址。这时候网络上的 RARP 服务器就会将发送端的 IP 地址用 RARP Reply 封包回应给查询者,这样查询主机就获得自己的 IP 地址了。

5. IGMP 协议

IGMP(Internet group manage protocol)即 Internet 组管理协议,提供 Internet 网际多点传送的功能,是一个尚处于实验阶段的协议,容易引起 TCP/IP 堆栈的阻塞,或者 Windows 系统的蓝屏。

3.2.8　ping 命令

实际应用中,经常需要使用 ping 命令来测试源主机和目标主机之间的可达性。选择"开始"→"运行",输入 cmd,打开 DOS 窗口,输入 ping 目标的域名地址(或者 IP 地址),可以测试网络的连通性。

一般地,源主机会发送 4 个 32 个字节的请求报文,如果网络连通良好,目标主机会回应每个请求一个应答报文,我们可以根据测试结果来判断两个主机间的连通性。测试从本机到 SOHU 的连通性,如图 3-14 所示。

图 3-14　用 ping 命令测试连通性

使用了 ICMP 回送请求与回送回答报文是应用层直接使用网络层 ICMP 的例子,它没有通过运输层的 TCP 或 UDP。

小结

通过本部分的学习,应掌握下列知识和技能:
- 掌握计算机 IP 协议的概念、IP 地址及子网。
- 了解 IP 数据报文结构及 IP 数据包。
- 掌握 IP 层协议。
- 学会用 ping 命令测试网络的连通性。

3.3　UDP 协议

UDP 是 user datagram protocol 的简称,用户数据报协议,在网络中它与 TCP 协议一样用于处理数据包,是一种无连接的协议。UDP 协议基本上是 IP 协议与上层协议的接口。UDP 协议适用端口分别运行在同一台设备上的多个应用程序。

3.3.1　UDP 协议概述

UDP 协议也是传输层协议,它是无连接,不保证可靠的传输层协议。"不可靠"是因为 UDP 把数据发送出去,并不保证它们能到达目的地。在传输数据之前不需要建立连接,接收方在收到 UDP 报文后,不需要提供确认机制;如果数据发生错误或丢失,UDP 不提供超时重传机制,UDP 使用尽最大努力交付。

UDP 提供了无连接通信,且不对传送数据包进行可靠性保证,适合于一次传输少量数据,UDP 传输的可靠性由应用层负责。常用的 UDP 端口号有:

应用协议	端口号
DNS	53
TFTP	69
SNMP	161

UDP 报文没有可靠性保证、顺序保证和流量控制字段等,可靠性较差。但是正因为 UDP 协议的控制选项较少,在数据传输过程中延迟小、数据传输效率高,适合用于可靠性要求不高的应用程序,或者可以保障可靠性的应用程序,如 DNS、TFTP、SNMP 等。

3.3.2　UDP 报文的结构

UDP 报文结构如图 3-15 所示。

每个 UDP 报文分 UDP 报头和 UDP 数据区两部分。报头由四个 16 位长(2 字节)字段组成,分别说明该报文的源端口、目的端口、报文长度以及校验值。

UDP 报头由 4 个域组成,其中每个域各占用 2 个字节,具体如下:
- 源端口号。
- 目标端口号。

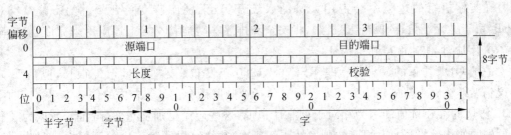

图 3-15 UDP 报文结构

- 数据报长度。
- 校验值。

UDP 协议使用端口号为不同的应用保留其各自的数据传输通道。UDP 和 TCP 协议正是采用这一机制实现对同一时刻内多项应用同时发送和接收数据的支持。数据发送一方(可以是客户端或服务器端)将 UDP 数据包通过源端口发送出去,而数据接收一方则通过目标端口接收数据。有的网络应用只能使用预先为其预留或注册的静态端口;而另外一些网络应用则可以使用未被注册的动态端口。因为 UDP 报头使用两个字节存放端口号,所以端口号的有效范围是 0～65535。一般来说,大于 49151 的端口号都代表动态端口。

数据报的长度是指包括报头和数据部分在内的总字节数。因为报头的长度是固定的,所以该域主要被用来计算可变长度的数据部分(又称为数据负载)。数据报的最大长度根据操作环境的不同而各异。从理论上说,包含报头在内的数据报的最大长度为 65535 字节。不过,一些实际应用往往会限制数据报的大小,有时会降低到 8192 字节。

UDP 协议使用报头中的校验值来保证数据的安全。校验值首先在数据发送方通过特殊的算法计算得出,在传递到接收方之后,还需要再重新计算。如果某个数据报在传输过程中被第三方篡改或者由于线路噪声等原因受到损坏,发送方和接收方的校验计算值将不会相符,由此 UDP 协议可以检测是否出错。这与 TCP 协议是不同的,后者要求必须具有校验值。

许多链路层协议都提供错误检查,包括流行的以太网协议,也许你想知道为什么 UDP 也要提供检查和校验,其原因是链路层以下的协议在源端和终端之间的某些通道可能不提供错误检测。虽然 UDP 提供有错误检测,但检测到错误时,UDP 不做错误校正,只是简单地把损坏的消息段扔掉,或者给应用程序提供警告信息。

UDP helper 是实现对指定 UDP 端口广播报文的中继转发,即将指定 UDP 端口的广播报文转换为单播报文发送给指定的服务器,起到中继的作用。

3.3.3 UDP 的特点

设计比较简单的 UDP 协议的目的是希望以最小的开销来达到网络环境中的进程通信目的。UDP 是一种无连接的、不可靠的传输层协议,在完成进程到进程的通信中提供了有限的差错检验功能。如果进程发送的报文较短,同时对报文的可靠性要求不高,那么可以使用 UDP 协议。UDP 使用底层的互联网协议来传送报文,同 IP 一样提供不可靠的无连接数据包传输服务。它不提供报文到达确认、排序及流量控制等功能。

UDP 具有 TCP 所望尘莫及的速度优势。虽然 TCP 协议中植入了各种安全保障功能,但是在实际执行的过程中会占用大量的系统开销,无疑使速度受到严重的影响。反观UDP,由于排除了信息可靠传递机制,将安全和排序等功能移交给上层应用来完成,极大降低了执行时间,使速度得到了保证。

关于 UDP 协议的最早规范是 RFC768,1980 年发布。尽管时间已经很长,但是 UDP协议仍然继续在主流应用中发挥着作用。包括视频电话会议系统在内的许多应用都证明了UDP 协议的存在价值。因为相对于可靠性来说,这些应用更加注重实际性能,所以为了获得更好的使用效果(例如,更高的画面帧刷新速率)往往可以牺牲一定的可靠性(例如,画面质量)。这就是 UDP 和 TCP 两种协议的权衡之处。根据不同的环境和特点,两种传输协议都将在今后的网络世界中发挥更加重要的作用。

3.3.4 UDP 的分段

1. UDP 的数据段格式

UDP 的数据段格式如表 3-2 所示。

表 3-2 UDP 数据段格式

源端口号(16)	目的端口号(16)
长度(16)	校验和(16)
数据(如果有)	

用户数据报 UDP 有两个字段:<数据>字段和<首部>字段。

首部字段很简单,只有 8 个字节,由 4 个字段组成,每个字段的长度都是两个字节。各字段的意义如下。

(1) 源端口:源端口号,在需要对方回信的时候选用,不需要的时候可用全 0。

(2) 目的端口:目的端口号,这在终点交付报文时必须要使用到。

(3) 长度:UDP 用户数据报的长度(首部字段和数据字段),其最小值是 8,也即只有首部。

(4) 检验和:检测 UDP 用户数据报在传输的过程中是不是有错,有错就丢弃。

2. UDP 对应的协议

(1) DNS:用于域名解析服务,将域名地址转换为 IP 地址。DNS 用的是 53 号端口。

(2) SNMP:简单网络管理协议,使用 161 号端口,是用来管理网络设备的。由于网络设备很多,无连接的服务就体现出其优势。

(3) TFTP(trivial file transfer protocol),简单文件传输协议,该协议在熟知端口 69 上使用 UDP 服务。

3.2.5 UDP 和 TCP 的对比

UDP 和 TCP 是我们最常用的两种通信方式,下面就两者之间的特点做一个对比:

(1) UDP 主要用在实时性要求高以及对质量相对较弱的地方,如流媒体。

(2) TCP 既然是面向连接的,那么运行环境必然要求其保证可靠性,具有不可丢包、有良好的拥塞控制机制,如 HTTP、Ftp、Telnet。

（3）TCP 容易阻塞，UDP 容易丢包。

（4）TCP 是保证质量不保证速度，UDP 保证速度但不保证质量。

（5）TCP 消耗系统资源多，UDP 消耗系统资源少。

（6）TCP 需要应用层做消息定界，而 UDP 不需要。

（7）对于需要保证可靠性的应用，在 UDP 的基础上再实现轻量级错误重传机制是一种折中的做法，这样既像 UDP 那样方便使用，又能像 TCP 那样满足可靠性要求。

（8）TCP 面向连接（如打电话要先拨号建立连接）。UDP 是无连接的，即发送数据之前不需要建立连接。

（9）TCP 提供可靠的服务。也就是说，通过 TCP 连接传送的数据，无差错、不丢失、不重复，且按序到达　UDP 尽最大努力交付，即不保证可靠交付。

（10）TCP 面向字节流，实际上是 TCP 把数据看成一连串无结构的字节流　UDP 是面向报文的 UDP 没有拥塞控制，因此网络出现拥塞不会使源主机的发送速率降低（对实时应用很有用，如 IP 电话、实时视频会议等）。

（11）每一条 TCP 连接只能是点到点的。UDP 支持一对一、一对多、多对一和多对多的交互通信。

（12）TCP 首部开销 20 字节。UDP 的首部开销小，只有 8 个字节。

（13）TCP 的逻辑通信信道是全双工的可靠信道，UDP 则是不可靠信道。

小结

通过本部分的学习，应掌握下列知识和技能：

* 掌握计算机 UDP 协议的概念。
* 了解中 UDP 报文结构、特点及分段。
* 掌握 UDP 与 TCP 之间的区别。

项目 4　局域网技术

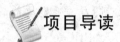 项目导读

　　局域网是将较小地理区域的各种数据通信设备连接在一起的通信网络。局域网的出现,使计算机网络的功能得到充分发挥,局域网是目前应用最为广泛的一类网络。局域网具有覆盖地理范围有限、传输速率高、延时小、误码率低、网络管理权属单一等重要特点。常被用于连接企业、工厂或学校等的小型网络。

 项目目标

　　知识目标:
- 了解局域网的基本概念。
- 了解局域网体系结构。
- 了解局域网的网络拓扑结构。
- 了解局域网的介质访问控制方法。
- 了解局域网的传输介质。
- 了解虚拟局域网的特点及应用。

　　能力目标:
- 能熟练掌握局域网的体系结构等。
- 能熟练掌握局域网的介质访问控制方法。
- 学会局域网的组网方法。
- 学会 VLAN 的划分方法。

　　素质目标:
- 具有勤奋学习的态度,严谨求实、创新的工作作风。
- 具有良好的心理素质和职业道德素质。
- 具有高度责任心和良好的团队合作精神。
- 具有一定的科学思维方式和判断分析问题的能力。
- 具有较强的解决网络问题的能力。

4.1　局域网概述

4.1.1　局域网的特点及功能

　　局域网是计算机网络的一种,它既具有一般计算机网络的特点,又有自己的特征。局域

网技术在计算机网络中是一个至关重要的技术领域,也是应用最为普遍的网络技术。它是国家机关、学校和企事业单位信息化建设的基础。随着局域网技术的不断发展,早期对局域网的定义与分类已发生了很大的变化。

计算机网络是由多个互联的节点组成的,网络中的节点之间进行通信时,每个节点都必须遵守一些事先约定好的规则。一个协议就是一组控制数据通信的规则。这些规则明确地规定了所交换数据的格式和时序。这些为网络数据交换而制定的规则、约定与标准被称为网络协议。正是由于有了网络协议,在网络中各种大小不同、结构不同、操作系统不同、处理能力不同、厂家不同的系统才能够连接起来,互相通信,实现资源共享。从这个意义上讲,"协议"是网络的本质。

为了完整地给出局域网的定义,有两种定义方式:一种是功能性定义;另一种是技术性定义。前一种将局域网定义为一组台式计算机和其他设备,在地理范围上彼此相隔不远,以允许用户相互通信和共享诸如打印机和存储设备之前的计算资源的方式互连在一起的系统。这种定义适用于办公环境下的局域网、工厂和研究机构中使用的局域网。

就局域网的技术性定义而言,它定义为由特定类型的传输媒体(如电缆、光缆和无限媒体)和网络适配器(也称为网卡)互连在一起的计算机,并受网络操作系统监控的网络系统。

1. 局域网的特点

不论是功能性定义还是技术性定义,总的来说,与广域网相比,局域网具有以下特点:

(1) 较小的地域范围,仅用于办公室、机关、工厂、学校等内部联网,其范围没有严格的定义,但一般认为距离为 0.1～25km。而广域网的分布是一个地区,一个国家乃至全球范围。

(2) 高传输速率和低误码率。局域网传输速度一般为 10～1000Mbps,万兆位局域网也已推出,而其误码率一般在 10^{-11}～10^{-8}。

(3) 局域网一般为一个单位所建,在单位或部门内部控制管理和使用,而广域网往往是面向一个行业或全社会服务。局域网一般是采用同轴电缆、双绞线等建立单位内部专用线,而广域网则较多租用公共线路或专用线路,如公用电话线、光纤、卫星等。

(4) 局域网与广域网侧重点不完全一样,局域网侧重共享信息的处理,而广域网一般侧重共享位置准确无误及传输的安全性。

2. 局域网的主要功能

局域网的主要功能与计算机网络的基本功能类似,但是局域网最主要的功能是实现资源共享和相互的通信交往。局域网通常可以提供以下主要功能。

(1) 资源共享

- 软件资源共享。为了避免软件的重复投资和重复劳动,用户可以共享网络上的系统软件和应用软件。

- 硬件资源共享。在局域网上,为了减少或避免重复投资,通常将激光打印机、绘图仪、大型存储器、扫描仪等贵重的或较少使用的硬件设备共享给其他用户。

- 数据资源共享。为了实现集中、处理、分析和共享分布在网络上各计算机用户的数据,一般可以建立分布式数据库;同时网络用户也可以共享网络内的大型数据库。

(2) 通信交往

- 数据、文件的传输。局域网所具有的最主要功能就是数据和文件的传输，它是实现办公自动化的主要途径，不仅可以传递普通的文本信息，还可以传递语音、图像等多媒体信息。
- 电子邮件。局域网邮局可以提供局域网内和网外的电子邮件服务，它使得无纸办公成为可能。网络上的各个用户可以接收、转发和处理来自单位内部和世界各地的电子邮件，还可以使用网络邮局收发传真。
- 视频会议。使用网络，可以召开在线视频会议。例如，召开教学工作会议，所有的会议参加者都可以通过网络面对面地发表看法，讨论会议精神，节约了人力、物力。

4.1.2　局域网的传输介质与传输形式

1. 局域网的传输介质

传输介质是网络中传输信息的物理通道，它的性能对网络的通信、速度、距离、价格以及网络中的节点数和可靠性都有很大影响。对于局域网来讲，常用的有线传输介质主要是双绞线、同轴电缆和光缆。

图 4-1　双绞线电缆

(1) 双绞线

双绞线由两根相互绝缘的导线绞合成螺纹状，作为一条通信线路，如图 4-1 所示。将两条、四条或者更多这样的双绞线捆在一起，外面包上护套，就构成双绞线电缆。双绞线用于模拟传输或数字传输，当传输距离太长时，要加装信号放大器，以便将衰减的信号放大到合适的数值。双绞线主要分为两类，即非屏蔽双绞线(UTP)和屏蔽双绞线(STP)。

EIA/TIA 为非屏蔽双绞线制定了布线标准，该标准包括 5 类 UTP。

- 1 类线：可用于电话传输，但不适合数据传输，这一级电缆没有固定的性能要求。
- 2 类线：可用于电话传输和最高为 4Mbps 的数据传输，包括 4 对双绞线。
- 3 类线：可用于最高为 10Mbps 的数据传输，包括 4 对双绞线，常用于 10Base-T 以太网。
- 4 类线：可用于 16Mbps 的令牌环网和大型 10Base-T 以太网，包括 4 对双绞线。其测试速度可达 20Mbps。
- 5 类线：可用于 100Mbps 的快速以太网，包括 4 对双绞线。

双绞线使用 RJ-45 接头连接计算机的网卡或集线器等通信设备。

(2) 同轴电缆

同轴电缆是由一根空心的外圆柱形的导体围绕着单根内导体构成的。内导体为实心或多芯硬质铜线电缆，外导体为硬金属或金属网。内外导体之间有绝缘材料隔离，外导体外还有外皮套或屏蔽物。

同轴电缆可以用于长距离的电话网络，有线电视信号的传输通道以及计算机局域网络。50Ω 的同轴电缆可用于传输数字信号，称为基带；75Ω 的同轴电缆可用于传输频分多路转换的模拟信号,称为宽带。在抗干扰方面,对于较高的频率,同轴电缆优于双绞线,如图 4-2 所示。

（3）光缆

光缆是采用超纯的融凝石英玻璃拉成的比人的头发丝还细的芯线。一般的做法是在给定的频率下以光的出现和消失分别代表两个二进制数字,就像在电路中以通电和不通电表示二进制数一样。光纤通信就是通过光导纤维传递光脉冲进行通信的。

光导纤维导芯外包一层玻璃同心层构成圆柱体,包层比导芯的折射率低,使光线全反射至导芯内,经过多次反射,达到传导光波的目的。每根光纤只能单向传送信号,因此光缆中至少包括两条独立的导芯,一条发送,另一条接收。一根光缆可以包括两根至数百根光纤,并用加强芯和填充物来提高机械强度。光纤结构如图 4-3 所示。

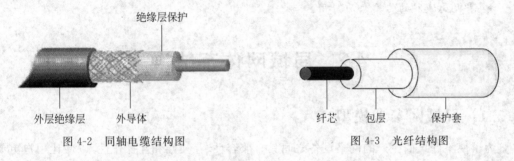

图 4-2　同轴电缆结构图　　　　　　　图 4-3　光纤结构图

光导纤维可以分为多模和单模两种。

只要到达光纤表面的光线入射角大于临界角,并产生全反射,因此可以由多条入射角度不同的光线同时在一条光纤内传播,这种光纤称为多模光纤。

如果光纤导芯的直径小到只有一个光的波长,光纤就成了一种波导管,光线则不必经过多次反射式的传播,而是一直向前传播,这种光纤称为单模光纤。

在使用光导纤维的通信系统中采用两种不同的光源:发光二极管（LED）和注入式激光二极管（ILD）。发光二极管当电流通过时产生可见光,价格便宜,多模光纤采用这种光源。注入式激光二极管产生的激光定向信号,用于单模光纤,价格昂贵。

光纤的很多优点使得它在远距离通信中起着重要作用,光纤有如下优点:

• 光纤有较大的宽带,通信容量大。

• 光纤的传输速率高,能超过千兆位/秒。

• 光纤的传输衰减小,连接的范围更广。

• 光纤不受外界电磁波的干扰,因而电磁绝缘性能好。

• 光纤无串音干扰,不易被窃听和截取数据,因而安全保密性好。

目前,光缆通常用于高速的主干网络。

2. 局域网的传输形式

局域网的传输形式有以下两种。

（1）基带传输（数字传输）

在数据通信中,表示计算机二进制的比特序列的数字数据信号是一种矩形电脉冲,通常把这种矩形电脉冲信号的固有频率称为基带频率,简称基带。这种矩型电脉冲信号就叫作基带信号。能通过这种巨型电脉冲信号的通信信道叫作数字通信信道。在信道上直接传输基带信号的方式就被称为基带传输。

（2）宽带传输（频带传输、模拟传输）

宽带传输又叫频带传输或模拟传输。将基带信号进行调制后形成的频分复用模拟信号称为频带信号和宽带信号，在信道上传输宽带信号的方式就称为宽带传输。

 小结

通过本部分的学习，应掌握下列知识和技能：
- 了解局域网的特点及功能。
- 掌握局域网的拓扑结构。
- 掌握局域网的传输介质应用。

4.2 局域网体系结构

4.2.1 局域网参考模型

为了使不同厂商生产的网络设备之间具有兼容性、互换性和互操作性，以便让用户更灵活性地进行设备选型，国际标准化组织开展了局域网的标注化工作。1980 年 2 月成立了局域网标准化委员会，即 IEEE 802 委员会（institute of electrical and electronics engineers INC，IEEE，电器和电子工程协会）。该委员会制定了一系列局域网标准，称为 IEEE 802 标准。IEEE 802 标准所描述的区域网参考模型与 OSI 参考模型的关系如图 4-4 所示。局域网参考模型至对应 OSI 参考模型的数据链路层与物理层，它将数据链路层划分为两个子层：逻辑链路控制（logical link control，LLC）子层与介质访问控制（media access control，MAC）子层。

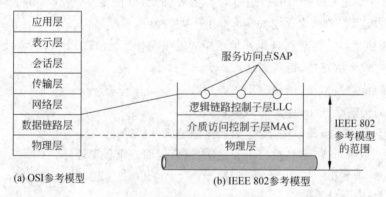

图 4-4　IEEE 802 参考模型与 OSI 参考模型的对应关系

1. 物理层

物理层涉及通信在信道上传输的比特流，它的主要作用是确保二进制位信号的正确传输，包括位流的正确传送和正确接收。这就是说物理层必须保证在双方通信时，一方发送二进制数字 1,另一方接收的也是 1,而不是 0。

2. MAC 子层

介质访问控制(MAC)子层是数据链路层的一个功能子层。MAC 构成了数据链路层的下半部,它直接与物理层相邻。MAC 子层主要制定用于管理和分配信道的协议规范,换句话说,就是用来决定广播信道中信道分配的协议属于 MAC 子层。MAC 子层是与传输介质有关的一个数据链路层的功能子层。它的主要功能是进行合理的信道分配,解决信道竞争问题,并具有管理多链路的功能。MAC 子层为不同的物理介质定义了介质访问控制标准。目前,IEEE 802 已制定的介质访问控制标准有著名的带冲突检查的载波监听多路访问(CSMA/CD)、令牌环(token ring)和令牌总线(token bus)等。介质访问控制方法决定了局域网的主要性能,它对局域网的响应时间、吞吐量和网路利用率都有十分重要的影响。

3. LLC 子层

逻辑链路控制(LLC)子层也是数据链路层的一个功能子层。它构成了数据链路层的上半部,与网络的 MAC 子层相邻。LLC 子层在 MAC 子层的支持下向网络层服务。可运行于所有 802 区域网协议的之上的数据链路层协议被称为逻辑链路层控制 LLC。LLC 子层独立于介质访问控制方法,隐藏了各种网络之间的区别,向网络层提供一个统一的格式和接口。LLC 子层的作用是在 MAC 子层提供的介质访问控制和物理层的比特服务的基础上,将不可靠的信道处理为可靠的信道,确保数据帧的正确传输。LLC 子层的具体功能包括数据帧的组装与拆卸、帧的发送、差别控制、数据流控制和发送顺序控制等功能并为网络提供两种类型服务,即面向连接的服务和无连接服务。

4.2.2 介质访问控制方式

在共享介质局域网中,为了实现在多节点中使用共享介质发送和接收数据的控制,经过多年的研究,人们提出了很多种介质访问控制方法。目前,被普遍采用并形成国际标准的介质访问控制方法有带有冲突检测的载波监听多路访问方法、令牌总线方法和令牌环方法,分别对应于以太网、令牌总线网和令牌环网。

1. 以太网

目前,应用最为广泛的一类区域网是基带总线型区域网,即以太网(Ethernet)。以太网的核心技术是它的随机征用型介质访问控制方法,即带有冲突检测的载波监听多路访问(carrier sense multiple with collision,CSMA/CD)方法。CSMA/CD 方法用来解决多节点如何共享总线传输介质的问题。在以太网中,任何联网节点都没有可预约的发送时间,它们的发送都是随机的,并且在网中不存在集中控制的节点,网中节点都必须平等地争用发送时间,这种介质访问控制属于随机争用型方法。

在以太网中,如果一个节点要发送数据,它将以"广播"方式把数据送到公共传输介质的总线上去,连在总线上的所有节点都能"收听"到发送节点发送的数据信号。由于网中所有节点都可以利用总线传输介质发送数据,并且网中没有控制中心,因此冲突的发生将是不可避免的。为了有效地实现分布式多节点访问公共传输介质的控制策略,CSMA/CD 的发送流程可以简单地概括为 4 点:先听后发,边听边发,冲突停止,随机延迟后重发。

在采用 CSMA/CD 方法的总线型区域网中,每一个节点利用总线发送数据时,首先要侦听总线的忙、闲状况。如果总线上一直有数据信号传输,则为总线忙;如果总线上没有数据传输,则总线空闲。如果一个节点准备好发送的数据帧,并且此时总线空闲,它就可以启动发送。但同时也存在这种可能,那就是在相同的时刻,有两个或两个以上的节点发送了数据,那么就会产生冲突,因此节点在发送数据的同时应该进行冲突检测。

所谓冲突检测,是指发送节点在发送数据的同时,将其发送信号的波形与总线上接收到的波形进行比较。如果总线上同时出现两个或两个以上的发送信号,它们叠加后的信号波形将不等于任何节点发送信号波形。当发送节点发现自己发送的信号波形与从总线上接收到的信号波形不一致时,表示总线上有多个节点同时在发送数据,冲突已经产生。如果在发送数据的过程中没有检测出冲突,节点在发送完后进入正常的结束状态;如果在发送数据的过程中检测出冲突,为了解决信道争用冲突,节点必须停止发送数据,随机延迟后重发。在以太网中,任何一个节点如果想发送数据,都要争取总线的使用权,因此节点从准备发送数据到成功发送数据的发送等待时间是不确定的。CSMA/CD 方法可以有效地控制多节点对共享总线传输介质的访问,方法简单且容易实现。

2. 令牌总线网

IEEE 802.4 标准定义了总线拓扑的令牌总线介质访问控制方法与相应的物理层规范。token bus 是一种在总线拓扑中利用"令牌"作为控制节点访问公共传输介质的确定型介质访问控制方法。在采用 token bus 方法的区域网中,任何一个节点只有在取得令牌后才能使用共享总线去发送数据。令牌是一种特殊结构的控制帧,用来控制节点对总线的访问权。

所谓稳态操作,是指网络已完成初始化之后,各节点正常传递令牌与数据,并且没有节点要加入或撤出,没有发生令牌丢失或网络故障的工作状态。此时,每个节点有本站地址,并且知道上一站地址与下一站地址。令牌传递规定由高地址向低地址传送,然后返回最高地址,从而在一个物理总线形成一个逻辑环。在环中,令牌传递顺序与节点在总线上的位置无关。因此,令牌总线网在物理上是总线网,而在逻辑上是环形网。令牌帧含有一个目的地址,接收到令牌帧的节点可以在令牌持有最大时间内发送一个或多个数据帧。与 CSMA/CD 方法相比,token bus 方法比较复杂,需要完成大量的环路维护工作,而且必须有一个或多个节点完成环路初始化、节点加入或撤出以及环恢复的操作。

3. 令牌环网

令牌环介质访问控制技术最早开始于 1969 年贝尔研究室的 Newhall 环网,最有影响的从令牌环网是 IBM token ring。IEEE 802.5 标准就是在 IBM token ring 协议基础上发展形成的。在令牌环中,节点通过环接口连接成物理环形。令牌是一种特殊的 MAC 帧,令牌帧中有一个标志令牌忙闲的标志位。当令牌环正常工作时,令牌总是沿着物理环单向逐站传送。假设令牌环中有 A、B、C、D 多个节点,如果节点 A 有数据要发送,它必须等待空闲令牌的到来。当节点 A 获得空闲令牌之后,它就将令牌标志位由"闲"置为"忙",然后传送数据帧。节点 B、C、D 将会依次接收到数据帧,然后比较目的地址,从而确定是否接收该数据帧。一旦接收,就要在帧中标明该帧已被正确接收和复制。当节点 A 重新收到自己发出的并已被目的节点正确接收的数据帧时,它将回收已发送的数据帧,并将令牌改成空闲令牌,传送到下一个节点。

令牌环控制方式具有与令牌总线方式相同的特点,适用于重负载环境,支持优先级服务。令牌环控制方式的缺点主要表现在:环维护复杂,实现比较困难。

小结

通过本部分的学习,应掌握下列知识和技能:

* 了解局域网的体系结构。
* 理解局域网的工作原理。
* 掌握局域网的介质访问控制方法。

4.3　局域网组网

4.3.1　以太网组网

以太网最早是由 Xerox(施乐)公司创建的,在 1980 年由 DEC、Intel 和 Xerox 三家公司联合开发为一个标准。以太网是应用最广泛的局域网,包括标准以太网(10Mbps)、快速以太网(100Mbps)、千兆以太网(1000Mbps)和 10Gbps 以太网。

1. 同轴电缆以太网组网方法

(1) 粗缆 Ethernet 方式

组建一个粗缆 Ethernet 需要以下基本硬件设备:带有 AUI 接口的 Ethernet 网卡、粗缆的外部收发器、收发器电缆以及粗同轴电缆。

在典型的粗缆以太网中,常使用提供 AUI 接口的两个端口相同的介质中继器。如果不使用中继器,最大粗缆长度不超过 500m,如图 4-5 所示。如果使用中继器,一个以太网最多只允许使用 4 个中继器,连接 5 条最大长度为 500m 的粗缆段,那么中继器连接后的粗缆最大长度不能超过 2500m。在每个以太网中,最多只能连入 100 个节点,两个相邻收发器之间的最小距离为 2.5m,收发器电缆的最大长度为 50m。

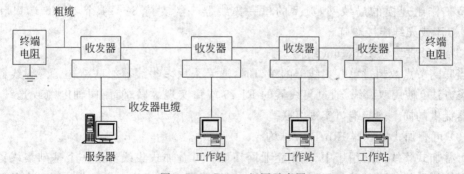

图 4-5　10Base-5 组网示意图

(2) 细缆 Ethernet 方式

组建一个细缆 Ethernet 需要以下基本硬件设备:带有 BNC 接口的 Ethernet 网卡、BNC-T 型连接器以及细同轴电缆。在细缆以太网中,如果不使用中继器,最大细缆长度不超过 185m,如图 4-6 所示。如果实际需要的细缆长度超过 185m,可以使用支持 BNC 接口的中继器。在细缆以太网中,也是最多只允许使用 4 个中继器,连接 5 条细缆段,因此细缆网段的最大长度为 925m。两个相邻 BNC 连接器之间的距离应是 0.5m 的整数倍,并且最小距离为 0.5m。

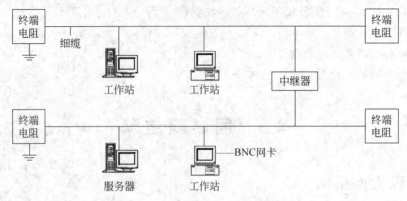

图 4-6   10Base-2 组网示意图

2. 符合 10Base-T 标准的 Ethernet 组网方法

为了适应结构化布线系统的发展,IEEE 802.3 制定了 10Base-T 标准。10Base-T 成为目前应用最为广泛的以太网技术。组建符合 10Base-T 标准的非屏蔽双绞线 Ethernet 时,需要使用以下基本硬件设备:带有 RJ-45 接口的 Ethernet 网卡、集线器 Hub、三类或五类非屏蔽双绞线、RJ-45 连接头。符合 10Base-T 标准的集线器是以太网的中心连接设备,它是对"共享介质"的总线型局域网结构的一种"变革"。它在介质访问控制方法仍采用 CSMA/CD 的前提下,利用非屏蔽双绞线与集线器,实现了物理上星形、逻辑上总线型的结构。集线器将接收到的数据转发到每一个端口,这样每个端口的速率为 10Mbps。

(1)单一集线器结构

使用单一集线器的 Ethernet 结构简单,所有节点通过非屏蔽双绞线与集线器连接,构成物理星形拓扑。节点到集线器的非屏蔽双绞线最大长度为 100m。单一集线器结构适宜于小型工作组规模的局域网,典型的单一集线器一般支持 8~24 个 RJ-45 端口和一个 BNC、AUI 或光纤连接端口。

(2)集线器级联 Ethernet 结构

当联网节点数超过单一集线器的端口时,通常采用多集线器级联结构。多集线器级联有两类方法:使用双绞线,通过集线器的 RJ-45 端口实现级联;使用同轴电缆或光纤,通过集线器提供的向上连接端口实现级联。

(3)可叠加式集线器 Ethernet 结构

可叠加式集线器适用于中、小型企业网环境。可叠加式集线器由一个基础集线器与多个扩展集线器组成。基础集线器是一种具有网络管理功能的独立集线器。通过在基础集线器上堆叠多个扩展集线器,一方面可以增加 Ethernet 的节点数;另一方面可以实现对网络中节点的管理功能。

3. 交换以太网组网方法

交换式局域网的核心是局域网交换机,交换式 Ethernet 的交换机可以分为以下几类:简单的 10Mbps Ethernet 交换机、(10/100)Mbps Ethernet 交换机以及大型 Ethernet 交换机。Ethernet 局域网交换机是一种箱式结构,机箱中可以插入各种模块,如 10Mbps 快速

Ethernet 模块、100Mbps Ethernet 模块、路由器模块、网桥模块、中继器模块、ATM 模块以及 FDDI 模块,可以构成一个大型局域网的主干网。

4.3.2　高速局域网

1. 高速局域网研究基本方法

推动局域网发展的直接因素是个人计算机的广泛应用。在过去的几年里,计算机的处理速度提高了上百万倍,而网络数据传输速率只提高了上千倍。从理论上来说,一台微通道或 EISA 总线的微机能够产生约 250Mbps 的流量卡,如果网络扔保持 10Mbps 的数据传输速率,显然不能适应要求。同时,各种新的应用不断推出,个人计算机也已经从初期简单的文本处理、信息管理应用发展到分布式计算、多媒体应用,用户对局域网的宽带与性能有了更高的要求。所以这些因素都促使人们研究高速网络技术,希望通过提高局域网的带宽,改善局域网的性能来适应各种新的应用环境的要求。

传统的局域网技术是建立在"共享介质"基础上的,网中所有节点共享公共通信传输介质,典型的介质访问控制方法是 CSMA/CD、令牌总线和令牌环。在网络技术的讨论中,人们经常将数据传输速率称为信道带宽。例如,以太网的数据传输速率为 10Mbps(即带宽为 10Mbps),网中有 N 个节点,那么每个节点能够分配到的带宽为 10Mbps/N。因此,当局域网规模不断扩大,节点数 N 不断增加时,每个节点平均能够分配到的带宽将越来越少。为了克服网络规模与网络性能之间的矛盾,人们提出如下解决方法。

(1) 提高以太网的数据传输速率

将以太网的数据传输速率从 10Mbps 提高到 100Mbps,甚至为 1Gbps,这直接导致了快速以太网(fast Ethernet)的研究与产品的开发。在这个方案中,无论局域网的数据传输速率提高到 100Mbps 还是 1Gbps,它的介质访问控制方法仍然采用 CSMA/CD。

(2) 将一个大型的局域网划分成多个用网桥或路由器互联的子网

网桥和路由器可以隔离子网间的数据流,使每个子网都成为一个独立的小型以太网。通过减少每个子网内部的节点数的方法,使每个子网的性能得到改善,而每个子网的介质访问控制方法仍然采用 CSMA/CD。这直接导致了局域网互联技术的发展。

(3) 将"共享介质"方式改为"交换"方式

这种方法直接促进了交换局域网技术的发展。交换局域网的核心设备是局域网交换机。局域网的交换机可以在它的多个端口之间建立多个并发连接。

2. 光纤分布式数据接口

光纤式分布数据接口(FDDI)是一种以光纤作为传输介质的高速主干网,它可以用来互联局域网和计算机,如图 4-16 所示。FDDI 主要有以下 5 个技术特点:

- 使用基于 IEEE 802.5 的令牌环网介质访问控制方法。
- 使用 IEEE 802.2 协议,与符合 IEEE 802 标准的局域网兼容。
- 数据传输速率为 100Mbps,联网的节点数小于或等于 1000。
- 可以使用双环结构,提高容错能力。
- 可以使用多模或单模光纤。

FDDI 主要用于以下 4 种应用环境:

- 计算机机房网,称为后端网络,用于计算机机房中大中型计算机与高速外设之间的连接,以及对可靠性、传输速度与系统容错要求较高的环境。
- 办公室或建筑物群的主干网,称为前端网络,用于连接大量的小型机、工作站、服务器、个人计算机与各种外设。
- 校园网的主干网,用于连接分布在校园各个建筑物中的小型机、服务器、工作站和个人计算机,以及多个局域网。
- 多校园网或企业网的主干网,用于连接地理位置相聚几千米的多个校园网或企业网,成为一个区域性的互联多个校园网或企业网的主干网。

4.3.3　虚拟局域网

虚拟网络建立在交换技术基础之上,将网络上的节点按工作性质与需要划分成若干个"逻辑工作组",那么一个逻辑工作组就是一个虚拟网络。

在传统的局域网中,通常一个网段可以是一个逻辑工作组。工作组与工作组之间通过交换机(或路由器)等互联设备交换数据。逻辑工作组的组成受到了站点所在网段物理位置的限制。逻辑工作组或物理位置的变动都需要重新进行物理连接。

虚拟局域网 VLAN 建立在局域网交换机之上,它以软件方式实现逻辑工作组的划分与管理,逻辑工作组的站点组成不受物理位置的限制。同一逻辑工作组的成员可以不必连接在同一个物理网段上。只要以太网交换机是互联的,它们既可以连接在同一个局域网交换机上,也可以连接在不同的局域网交换机上。当一个站点从一个逻辑工作组转移到另一个逻辑工作组时,只需要通过软件设定,而不需要改变它在网络中的物理位置;当一个站点从一个物理位置移动到另一个物理位置时,只要将该计算机接入另一台交换机,通过交换机软件设置,这台计算机还可以成为原工作组的一员。同一个逻辑工作组的站点可以分布在不同的物理网段上,但是它们之间的通信就像在同一个物理网段上一样。

1. 虚拟局域网的实现技术

虚拟局域网的概念是从传统局域网引申出来的。虚拟局域网在功能和操作上与传统局域网基本相同,它与传统局域网的主要区别在于"虚拟"二字上,即虚拟局域网的组网方法与传统局域网不同。虚拟局域网的一组节点可以位于不同的物理网段上。虚拟局域网可以跟踪节点位置的变化,当节点物理位置改变时,无须人工重新配置。因此,虚拟局域网的组网方法十分灵活。如图 4-7 所示为典型的虚拟局域网物理结构与逻辑结构示意图。

VLAN 的划分可以只根据功能、部门或应用而不需考虑用户的物理位置。以太网交换机的每个端口都可以分配给一个 VLAN。分配给同一个 VLAN 的端口共享广播域(一个站点发送希望所有站点接收的广播信息同一 VLAN 中的所有站点都可以听到),分配给不同的 VLAN 端口不共享广播域,这将全面提高网络的性能。

(1) 静态 VLAN

静态 VLAN 就是静态的将以太网交换机上的一些端口划分给一个 VLAN。这些端口一直保持这种配置关系直到人工再次改变它们。在如图 4-8 所示的 VLAN 配置中,以太网交换机端口 1、2、10 和 12 组成 VLAN1,端口 3、5 组成 VLAN2。

虚拟局域网既可以在单台交换机中实现,也可以跨越多个交换机。如图 4-9 所示,

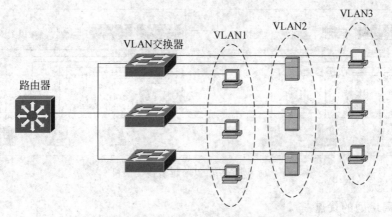

图 4-7　典型的 VLAN 物理结构与逻辑结构示意图

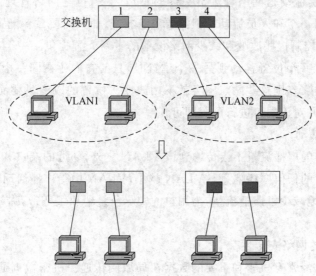

图 4-8　在单一交换机上配置

VLAN 的配置跨越两台交换机。以太网交换机 1 的端口 1、3、5、7 和以太网交换机 2 的端口 3、5、7 组成 VLAN2,以太网交换机 1 的端口 2、4、6 和以太网交换机 2 的端口 1、2、4、6 组成 VLAN1。

（2）动态 VLAN

动态 VLAN 是指交换机上的 VLAN 端口是动态分配的。通常,动态分配的原则以 MAC 地址、逻辑地址或数据包的协议类型为基础。

如果以 MAC 地址为基础分配 VLAN,网络管理员可以进行配置以指定哪些 MAC 地址的计算机属于某一个 VLAN,不管这些计算机连接到哪个交换机的端口,都属于设定的 VLAN。这样计算机从一个位置移动到另一个位置,连接的接口从一个换到另一个,只要计算机的 MAC 地址不变(计算机使用的网卡不变),它仍属于原 VLAN 的成员,无须网络管理员对交换机进行重新配置。

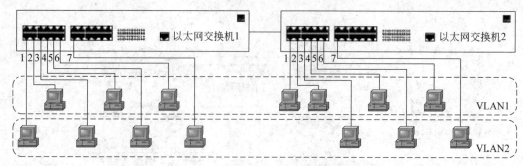

图 4-9　VLAN 可以跨越多台交换机

2. 虚拟局域网的优点

（1）减少网络管理开销

部门重组和人员流动是网络管理员头疼的事情之一，也是网络管理的最大开销之一。在有些情况下，部门重组和人员流动不但需要重新布线，而且需要重新配置网络设备。

VLAN 技术为控制这些改变和减少网络设备的重新配置提供了一个行之有效的方法。当 VLAN 的站点从一个位置移动到另一个位置时，只要它们还在同一个 VLAN 中并且仍可以连接到交换机接口，则这些站点本身就不用改变。位置的改变只要简单地将站点插到另一个交换机端口并对该端口进行配置即可。

（2）控制广播活动

一个 VLAN 中的广播流量不会传输到该 VLAN 之外，邻近的端口和 VLAN 也不会收到其他 VLAN 产生的任何广播信息。VLAN 越小，VLAN 中受广播活动影响的用户越少。这种配置方式大大地减少了广播流量，为用户的实际流量释放了宽带，弥补了局域网易受广播风暴影响的弱点。

（3）提供较好的网络安全性

在网络应用中，经常有机密和重要的数据在局域网传递。机密数据通过对存取加以限制来实现其安全性。传统的共享式以太网一个很严重的安全问题即它很容易被穿透。因为网上任一节点都需要侦听共享信道上的所有信息，所以，通过插接到集线器的一个活动端口，用户就可以获得该段内所有流动的信息。网络规模越大，安全性就越差。

提高安全性的一个经济实惠和易于管理的技术就是利用 VLAN 将局域网分成多个广播域。因为 VLAN 上的信息流（不论是单播信息流还是广播信息流）都不会流入另一个VLAN，因此，通过适当地配置 VLAN 以及 VLAN 与外界的连接，就可以提高网络的安全性。

例如，将单位各部门的网线分别接在不同的交换机上，然后将交换机划分成不同的工作组，并设置财务部的交换机组仅接收管理部的交换机组所送过来的数据。如此一来，就算有人盗取了财务部某人的账号，也必须使用财务部或是管理部的计算机，才能访问财务部的数据。

（4）利用现有的集线器以节省开支

目前，网络中的很多集线器已被以太网交换机所取代。但这些集线器在许多现存的网络中仍具有实用价值。网络管理员可以将现存的集线器连接到以太网交换机以节省开支。

连接到一个交换机端口上的集线器只能分配给同一个 VLAN。共享一个集线器的所有站点被分配给相同的 VLAN 组。如果需要将 VLAN 组中的一台计算机连接到其他VLAN 组,必须将计算机重新连接到相应的集线器上。

小结

通过本部分的学习,应掌握下列知识和技能:

* 了解以太网的组网方式。
* 理解高速局域网的解决方法。
* 掌握虚拟局域网的特点及应用方法。

项目5 网络服务器的配置和管理

项目导读

服务器(Server)是一个管理资源并为用户提供服务的计算机软件,通常分为文件服务器(能使用户在其他计算机访问文件)、数据库服务器和应用程序服务器。一般来说,服务器通过网络对外提供服务。可以通过企业内部网(Intranet)对内网提供服务,也可以通过Internet对外提供服务。由于整个网络的用户均依靠不同的服务器提供不同的网络服务,因此,网络服务器是网络资源管理和共享的核心。网络服务器的性能对整个网络的共享性能有着决定性的影响。本项目中将通过简单的步骤来帮助读者了解与掌握常用服务器的搭建。

项目目标

知识目标:
- 理解网络服务器的概念和工作原理。
- 了解DHCP服务器的概念和工作原理。
- 了解DNS服务器的概念和工作原理。
- 了解Web服务器的概念和工作原理。
- 了解FTP服务器的概念和工作原理。

能力目标:
- 掌握基于Windows Server服务器的搭建方法。
- 掌握基于Windows Server的管理和维护方法。
- 熟悉DHCP服务器的搭建、管理和维护。
- 熟悉DNS服务器的搭建、管理和维护。
- 熟悉Web服务器的搭建、管理和维护。
- 熟悉FTP服务器的搭建、管理和维护。

素质目标:
- 具有人际交往沟通、处理日常事务的能力。
- 具有管理服务的责任感和事业心。
- 具有创新敢于突破、创新思维的精神。
- 具有吃苦精神和良好的身心素质。
- 具有实干精神及工作抗压能力。

5.1　安装与配置 AD 域

5.1.1　Windows 的网络类型

通过局域网我们能很方便地同其他计算机进行资源共享,但是随着网络规模的扩大及应用的需要,资源的丰富就需要采用不同的网络资源管理模式以适应不同的网络环境。在Windows 中常见的则有工作组(workgroup)(图 5-1)与域(domain)(图 5-2)两种工作模式。

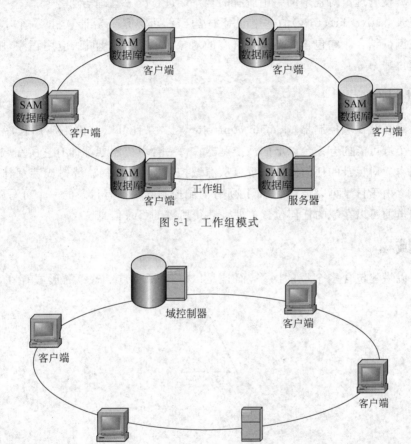

图 5-1　工作组模式

图 5-2　域模式

工作组是由一组计算机通过网络连接所组成的网络,该网络内的每台计算机的地位都是平等的,它们的资源与管理均被分散到各个计算机上,因此也被称为对等式网络(peer-to-peer)。其最大的特点即每一台 Windows 计算机上都有一个本地安全账户数据库(SAM),用户若需要访问每一台计算机上的资源,则需要管理员向每一台计算机上的 SAM 数据库里添加相关用户账户并设置相关权限。

同工作组一样,域网络也是由一组计算机通过网络连接所组成的网络,它们可将计算机内的文件、打印机等资源共享出来供用户访问。但不同于工作组的是域架构网络的是域内所有的计算机共用一个集中式的目录数据库(Directory Database),其中包含了域内所有的用户账户及安全策略等数据。这个目录数据库存在域控制器上,只有服务器级别的计算机才能扮演域控制器的角色。在 Windows 域内提供目录服务的组件为 Active Directory 域服务,它负责目录数据库的创建、删除、修改与查询等操作。

5.1.2 活动目录

人们经常将数据存储作为目录的代名词。目录包含了有关各种对象(如用户、用户组、计算机、域、组织单位以及安全策略等)的信息。这些信息可以被发布出来,以供用户和管理员的使用。方便管理员对整个网络中所有的客户端进行统一管理与监控。

活动目录(active directory)的适用范围非常广泛,可以是一台计算机、一个小型局域网或整个广域网的结合。它包含此范围中所有的对象,如文件、打印机、应用程序、服务器、域控制器与用户账户等。

5.1.3 域控制器

活动目录存储在域控制器(domain controller)上,并且可以被网络应用程序或者服务所访问。一个域可能拥有一台以上的域控制器。每一台域控制器都拥有它所在域的目录的一个可写副本。对目录的任何修改都可以从源域控制器复制到域、域树或者森林中的其他域控制器上。由于目录可以被复制,而且所有的域控制器都拥有目录的一个可写副本,所以用户和管理员便可以在域的任何位置方便地获得所需的目录信息。

5.1.4 域树

用户可以搭建包含多个域的网络,而且是以域树(domain tree)的形式存在,如图 5-3 所示。

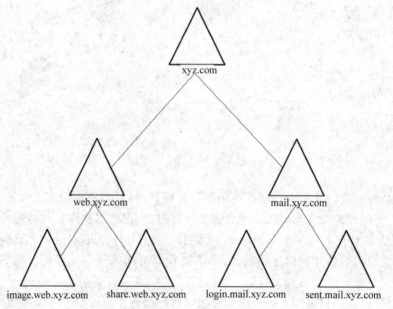

图 5-3 域树

5.1.5 在新林中安装 test.com 域控制器

操作步骤如下：

（1）单击任务栏上的图标 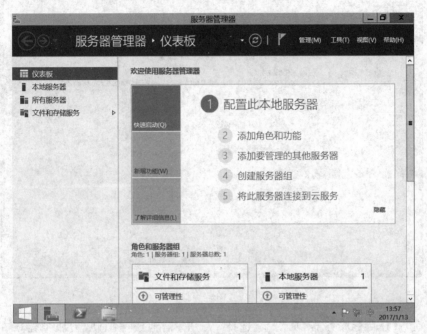 打开服务器管理器，如图 5-4 所示。

图 5-4 "服务器管理器"界面

（2）在服务器管理器中单击"管理"，然后单击"添加角色和功能"。

（3）在"开始之前"页面上单击"下一步"按钮来增加角色，如图 5-5 所示。

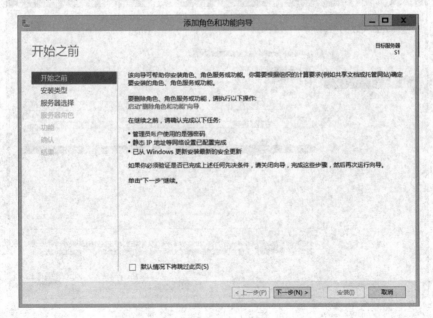

图 5-5 "增加角色"页面

（4）在"选择安装类型"页面上,确认基于角色或基于功能的选项处于选中状态,然后单击"下一步"按钮,如图 5-6 所示。

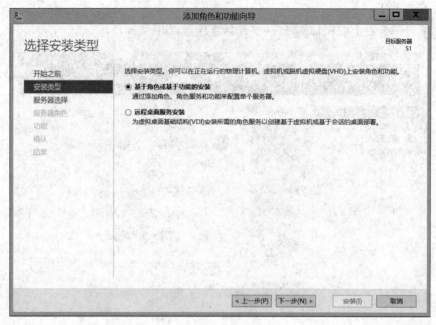

图 5-6　基于角色选项

（5）在"选择目标服务器"页面上,选择（从服务器池或虚拟硬盘）服务器所在的位置。选择位置后,选择想安装域控制器服务器角色的服务器,然后单击"下一步"按钮,如图 5-7 所示。

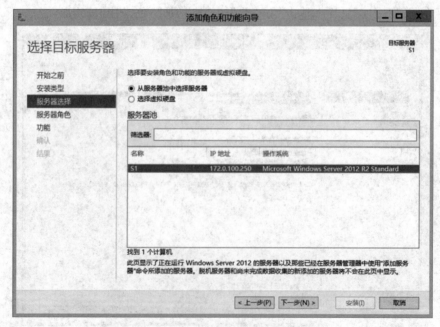

图 5-7　服务器选择

（6）在"选择服务器角色"页面上，选择"Active Directory 域服务"，以便添加相应的功能，然后单击"下一步"按钮，如图 5-8 所示。

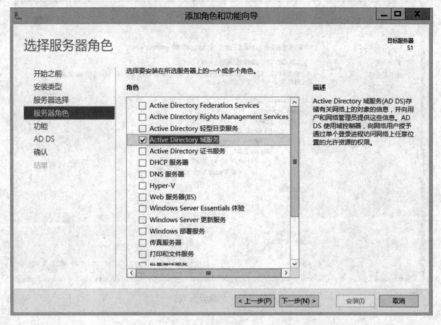

图 5-8　选中 Active Directory 域服务

（7）在"选择功能"页面中保留默认选项，然后单击"下一步"按钮，如图 5-9 所示。

图 5-9　"选择功能"页面

（8）在"Active Directory 域服务"页面上单击"下一步"按钮。

（9）在"确认安装所选内容"页面上查看安装配置，然后单击"安装"按钮，AD 域服务安装向导将运行。这可能需要几分钟才能完成，如图 5-10 所示。

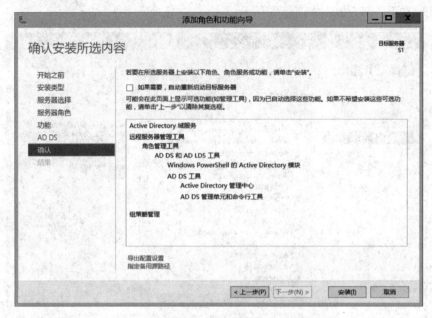

图 5-10　确认安装

（10）待 AD DS 安装完成之后，在"安装进度"页面的安装进度摘要窗口中，单击"将此服务器提升为域控制器"，打开 AD 域服务配置向导。需要注意的是，在 Server 2012 R2 中 dcpromo.exe 命令已被 adprep.exe 所替代，如图 5-11 所示。

图 5-11　安装进度

（11）在"部署配置"页面上选中"添加新林"，并在"根域名"文本框中输入拟定的域名，如图 5-12 所示。

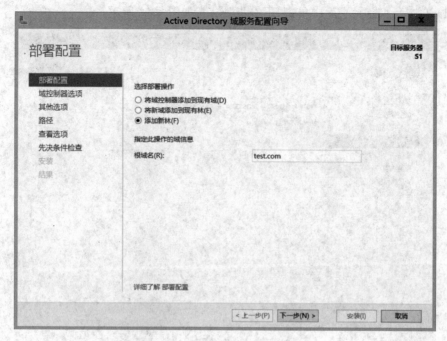

图 5-12　"部署配置"页面

（12）在"域控制器选项"页面上，完成 AD 功能级别与 DSRM 密码配置后，单击"下一步"按钮，如图 5-13 所示。

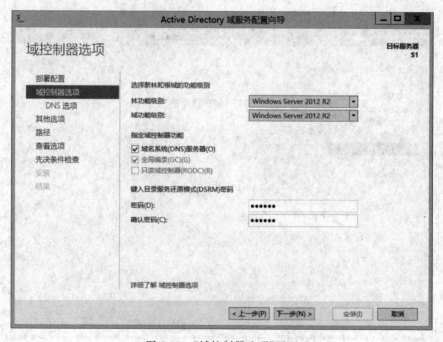

图 5-13　"域控制器选项"页面

（13）在"DNS 选项"页面中单击"下一步"按钮，此时将打开"DNS 选项"对话框，单击"确定"按钮，以跳过 DNS 委派配置。

（14）在"其他选项"页面中单击"下一步"按钮，如图 5-14 所示。

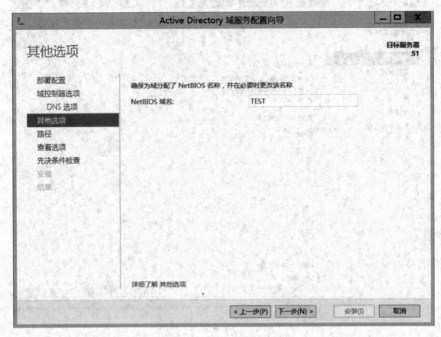

图 5-14 "其他选项"页面

（15）在"路径"页面上指定相关文件的存储路径，然后单击"下一步"按钮，如图 5-15 所示。

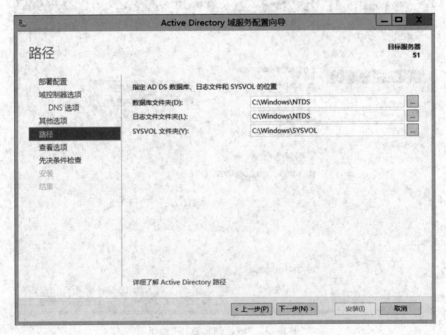

图 5-15 "路径"页面

（16）在"查看选项"页面上，检查配置正确后，单击"下一步"按钮，如图 5-16 所示。

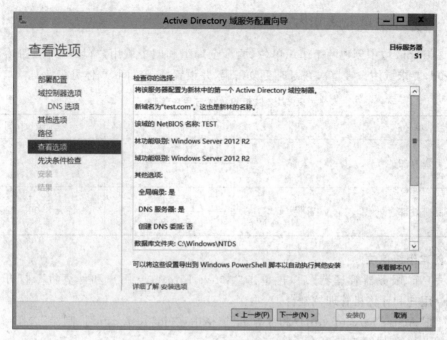

图 5-16　"查看选项"页面

（17）在"先决条件检查"页面，系统将自动检查计算机是否满足安装域控制器所需要的条件，在检查完成后单击"安装"按钮。

（18）安装结束后在"结果"页面上单击"关闭"按钮，如图 5-17 所示，系统将自动重新启动。

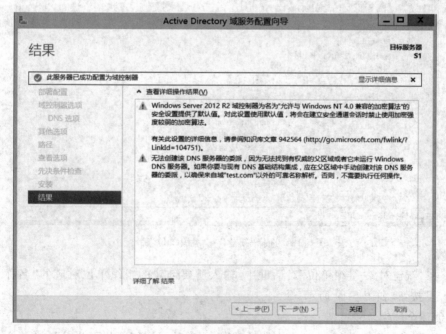

图 5-17　"结果"页面

5.1.6 域组织单位与用户管理

在 test.com 域中创建两个组织单位、两个全局组和四个域用户,域用户的初始密码为 p@sswr0d,要求域用户在首次登录时更改密码,并设置登录时间,具体见表 5-1。

表 5-1 域组织单位与用户管理

组 织 单 位	组	用 户	登 录 时 间
人力资源部	人资	人资 1	全 部
		人资经理	
产品研发部	研发	研发 1	每天 8:00—22:00
		研发经理	

1. 创建组织单位

(1) 打开"服务器管理器"后,再单击"Active Directory 用户和计算机",打开 Active Directory 用户和计算机管理控制台。

(2) 在"Active Directory 用户和计算机"窗格中,右击"test.com"控制器,选择"新建"→"组织单位"命令,如图 5-18 所示。

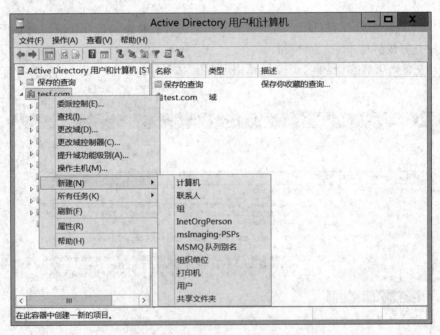

图 5-18 选择"新建"→"组织单位"命令

(3) 在"新建对象-组织单位"对话框中,输入所要创建的组织单位对应的"名称",然后单击"确定"按钮,如图 5-19 所示。

2. 创建全局组

(1) 展开 test.com 域,右击"人力资源部"组织单位,选择"新建"→"组"命令。

(2) 在"新建对象-组"对话框中的"组名"一栏里输入"人资",如图 5-20 所示。

图 5-19 "新建对象-组织单位"对话框

图 5-20 新建组对象

(3)"组作用域"及"组类型"保持默认值,并单击"确定"按钮完成全局组的创建。

3. 新建域用户

(1) 右击"人力资源部"组织单位,选择"新建"→"用户"命令。

(2) 在"新建对象-用户"对话框中的"姓""姓名"及"用户登录名"文本框中输入"人资

1",并单击"下一步"按钮,如图 5-21 所示。

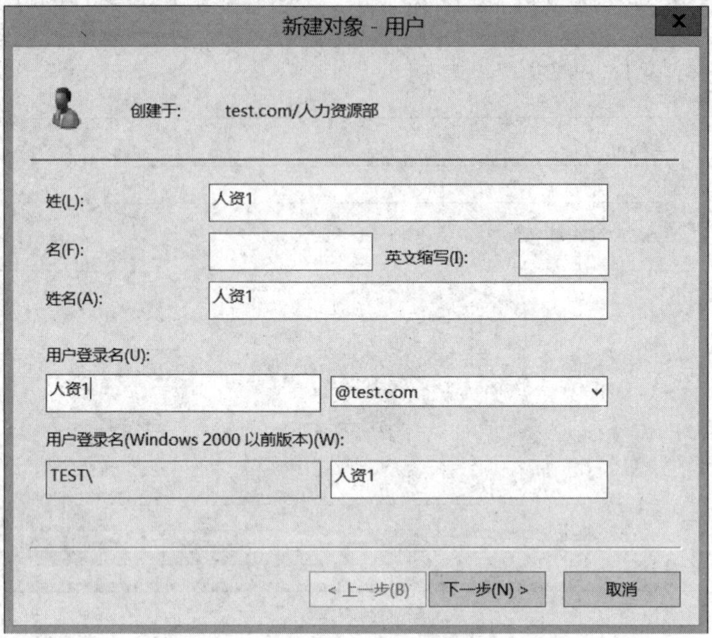

图 5-21　新建用户对象

（3）输入"密码"p@ssw0rd 并单击"下一步"按钮,同时选中"密码永不过期"及"用户不能更改密码"复选框,单击"下一步"按钮,如图 5-22 所示。

图 5-22　设置用户密码

（4）单击"完成"按钮,完成域用户的创建,如图 5-23 所示。

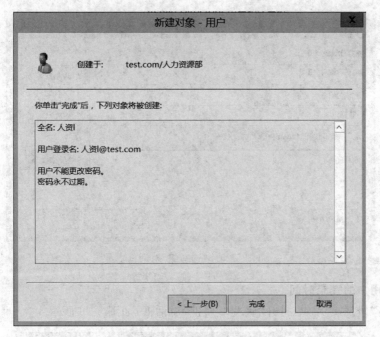

图 5-23 完成域用户的创建

4. 添加用户至组

（1）双击"人力资源部"并右击右侧窗格的"人资 1"对象，选择"添加到组"命令，如图 5-24 所示。

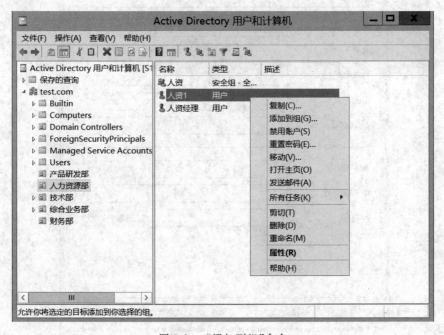

图 5-24 "添加到组"命令

（2）在"选择组"对话框的文本框中输入"人资"，然后单击"确定"按钮，完成添加到组的任务，如图 5-25 所示。

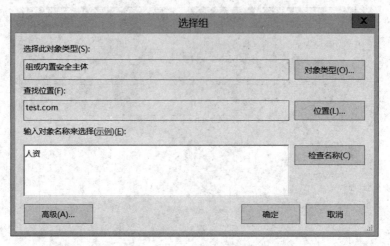

图 5-25 "选择组"对话框

5. 更改用户的登录时间

（1）双击"研发 1"用户，打开"研发 1 属性"对话框，如图 5-26 所示。

图 5-26 "研发 1 属性"对话框

（2）切换到"账户"选项卡，然后单击"登录时间"按钮，如图 5-27 所示。

图 5-27　"账户"选项卡

（3）在"研发 1 的登录时间"对话框中，通过拖动来选择时间，并在右侧选择"允许登录"或"拒绝登录"，根据要求，我们设置其允许登录的时间为每天 8：00—22：00，然后单击"确定"按钮完成配置，如图 5-28 所示。

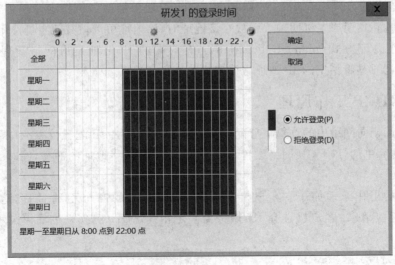

图 5-28　登录时间

小结

通过本部分的学习，应掌握下列知识和技能：

- 掌握基本服务器角色的添加方法。
- 了解工作组与域网络的区别。
- 理解域网络的基本知识。
- 掌握 AD 域服务及域控制器的创建方法。
- 熟悉域控制器的基本管理操作。

5.2   DHCP 服务

5.2.1   DHCP 的基本概念

在常见的小型网络中（如家庭网络和学生宿舍网），网络管理员都是采用手动分配 IP 地址的方法，而到了中、大型网络，这种方法就不太适用了。在中、大型网络，特别是大型网络中，往往有超过 100 台的客户机，手动分配 IP 地址的方法就不太合适了。因此，我们必须引入一种高效的 IP 地址分配方法。幸好，动态主机配置协议（dynamic host configuration protocol，DHCP）为我们解决了这一难题。DHCP 的主要作用是集中地管理、分配 IP 地址，使网络环境中的主机动态的获得 IP 地址、Gateway 地址、DNS 服务器地址等信息，并能够提升地址的使用率。

DHCP 有三种机制来分配 IP 地址。

（1）自动分配方式（automatic allocation）：DHCP 服务器为主机指定一个永久性的 IP 地址，一旦 DHCP 客户端第一次成功从 DHCP 服务器端租用到 IP 地址后，就可以永久性地使用该地址。

（2）动态分配方式（dynamic allocation）：DHCP 服务器给主机指定一个具有时间限制的 IP 地址，时间到期或主机明确表示放弃该地址时，该地址可以被其他主机使用。

（3）手工分配方式（manual allocation）：客户端的 IP 地址是由网络管理员指定的，DHCP 服务器只是将指定的 IP 地址告诉客户端主机。

5.2.2   DHCP 工作原理

DHCP 用于向网络中的计算机分配 IP 地址及一些 TCP/IP 配置信息。DHCP 提供了安全、可靠且简单的 TCP/IP 网络设置，避免了 TCP/IP 网络地址的冲突，同时大大减轻了工作负担。

DHCP 的工作原理如下：客户机从服务器获取 IP 的四个租约过程，客户机请求 IP，服务器相应请求；客户机选择 IP，服务器确定租约。DHCP 实现的简单过程如图 5-29 所示。

1. 发现阶段

发现阶段即 DHCP 客户端寻找 DHCP 服务端的过程，对应于客户端发送 DHCP

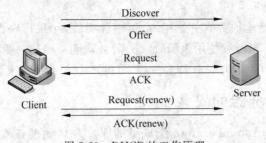

图 5-29　DHCP 的工作原理

Discovery,因为 DHCP Server 对应于 DHCP 客户端是未知的,所以 DHCP 客户端发出的 DHCP Discovery 报文是广播包,源地址为 0.0.0.0,目的地址为 255.255.255.255。网络上的所有支持 TCP/IP 的主机都会收到该 DHCP Discovery 报文,但是只有 DHCP Server 会响应该报文。若网络中存在多个 DHCP Server,则多个 DHCP Server 均会回复该 DHCP Discovery 报文。

2. DHCP Server 提供阶段

DHCP Server 收到 DHCP Discovery 报文后,解析该报文请求 IP 地址所属的子网。并从 DHCP 配置文件中与之匹配的子网中取出一个可用的 IP 地址(从可用地址段选择一个 IP 地址后,首先发送 ICMP 报文来 PING 该 IP 地址,如果收到该 IP 地址的 ICMP 报文,则抛弃该 IP 地址,重新选择 IP 地址继续进行 ICMP 报文测试,直到找到一个网络中没有人使用的 IP 地址,用于达到防止动态分配的 IP 地址与网络中其他设备 IP 地址冲突,这个 IP 地址冲突检测机制可进行配置),设置在 DHCP Discovery 报文中的 yiaddress 字段中,表示为该客户端分配的 IP 地址,并且为最小租期设置该子网配置的选项,如默认的最小租期、最大租期、路由器等信息。

3. DHCP Client 选择阶段

DHCP Client 收到若干个 DHCP Server 响应的 DHCP Offer 报文后,选择其中一个作为目标 DHCP Server。选择策略通常为选择第一个响应的 DHCP Offer 报文所属的 DHCP Server。然后以广播方式回答一个 DHCP Request 报文,该报文中包含向目标 DHCP 请求的 IP 地址等信息。之所以是以广播方式发出的,是为了通知其他 DHCP Server 自己将选择该 DHCP Server 所提供的 IP 地址。

4. DHCP Server 确认阶段

当 DHCP Server 收到 DHCP Client 发送的 DHCP Request 后,确认要为该 DHCP Client 提供的 IP 地址后,便向该 DHCP Client 响应一个包含该 IP 地址以及其他 Option 的报文,来告诉 DHCP Client 可以使用该 IP 地址了。然后 DHCP Client 即可以将该 IP 地址与网卡绑定。另外其他 DHCP Server 都将收回自己之前为 DHCP Client 提供的 IP 地址。

5. DHCP Client 重新登录网络

当 DHCP Client 重新登录后,发送一个以包含之前 DHCP Server 分配的 IP 地址信息的 DHCP Request 报文,当 DHCP Server 收到该请求后,会尝试让 DHCP 客户端继续使用该 IP 地址,并回答一个 ACK 报文。但是如果该 IP 地址无法再次分配给该 DHCP Client 后,DHCP 回复一个 NAK 报文。当 DHCP Client 收到该 NAK 报文后,会重新发送 DHCP Discovery 报文来重新获取 IP 地址。

6. DHCP Client 更新租约

DHCP 获取到的 IP 地址都有一个租约,租约过期后,DHCP Server 将回收该 IP 地址,所以如果 DHCP Client 想继续使用该 IP 地址,则必须更新租约。更新的方式就是,在当前租约期限过了一半后,DHCP Client 都会发送 DHCP Renew 报文来续约租期。

5.2.3 DHCP 服务器的安装

(1) 使用作为本地 Administrators 组成员的账户登录到准备安装 DHCP 服务器角色的服务器。

(2) 在"服务器管理器"中单击"管理",然后单击"添加角色和功能"按钮。

(3) 在"开始之前"页面上,单击"下一步"按钮。

(4) 在"选择目标服务器"页面上,选择(从服务器池或虚拟硬盘)服务器所在的位置。再选择想安装 DHCP 服务器角色的服务器,然后单击"下一步"按钮。

(5) 在"选择服务器角色"页面上,选择"DHCP 服务器",如图 5-30 所示。此时将打开"添加 DHCP 服务所需的功能"页面,单击"添加功能"按钮,然后单击"下一步"按钮。

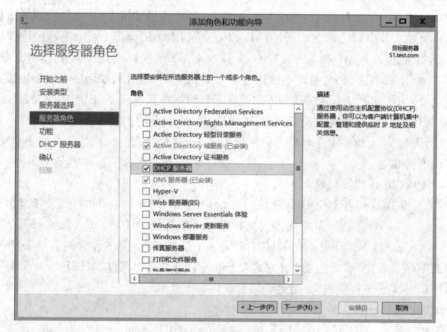

图 5-30 "选择服务器角色"页面

(6) 在"功能"页面上,保留默认值,然后单击"下一步"按钮。

(7) 在"DHCP 服务器"页面上,单击"下一步"按钮。

(8) 在"确认"页面上,查看所选的选项,然后单击"安装"按钮。DHCP 服务安装向导将运行。这可能需要几分钟才能完成。

(9) 待 DHCP 服务角色安装完成后,在"安装进度"页面上的"摘要"列表框中单击"完成 DHCP 配置",如图 5-31 所示,当该任务完成之后,单击"关闭"按钮。

(10) 在弹出的"DHCP 安装后的配置向导"页面中单击"下一步"按钮。

(11) 在"授权"页面中选择"使用以下用户凭据",并在用户名里输入域名及管理员用户

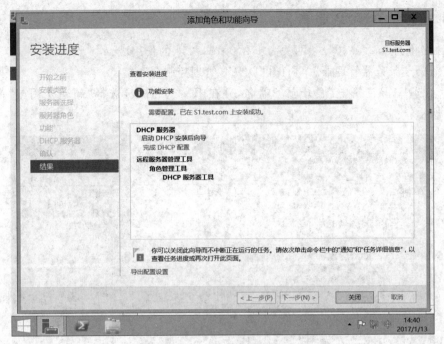

图 5-31 "安装进度"页面

名后单击"提交"按钮,如图 5-32 所示。非域用户可跳过 AD 授权。

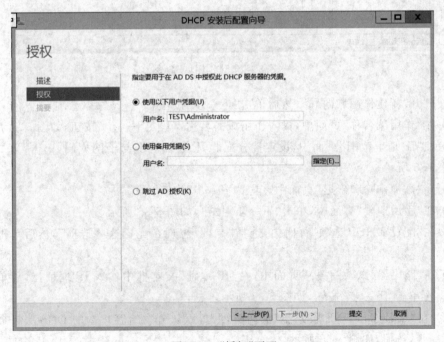

图 5-32 "授权"页面

(12)在"服务器管理器"中,验证是否出现提醒你需要重新启动的信息。根据安装的服务器角色,这可能有所变化。如果需要重新启动,请务必重新启动服务器以完成安装。

5.2.4 配置 DHCP 服务器

创建名称为 172.0.100.0、网关为 172.0.100.254 的作用域。

(1) 打开"服务器管理器",再打开"DHCP 管理控制台"。

(2) 在 DHCP 窗格中,展开服务器名,并在 IPv4 上右击,选择"新建作用域"命令,如图 5-33 所示。

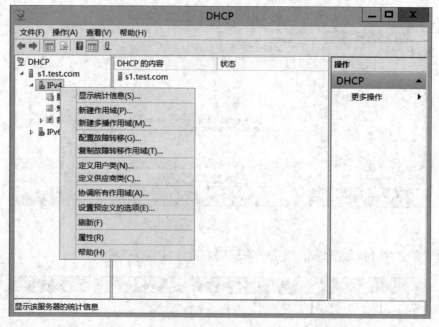

图 5-33 "新建作用域"命令

(3) 打开"新建作用域向导",然后单击"下一步"按钮。

(4) 在"作用域名称"页面中,输入作用域的名称,单击"下一步"按钮,如图 5-34 所示。

(5) 在"IP 地址范围"页面中,设定被分配的 IP 地址范围与子网掩码,单击"下一步"按钮,如图 5-35 所示。

(6) 在"添加排除和延迟"页面中,单击"下一步"按钮。

(7) 在"租用期限"页面中,单击"下一步"按钮,如图 5-36 所示。

(8) 在"配置 DHCP 选项"页面中,选择"是,我想现在配置这些选项",然后单击"下一步"按钮。

(9) 在"路由器(默认网关)"页面中,在"IP 地址"文本框中输入 IP 地址,然后单击"添加"按钮,再单击"下一步"按钮,如图 5-37 所示。

(10) 在"域名称和 DNS 服务器"页面中,配置默认分发给客户端的 DNS 服务器地址,单击"下一步"按钮,如图 5-38 所示。

(11) 在"WINS 服务器"页面中,单击"下一步"按钮。

(12) 在"激活作用域"页面中,选择"是,我想现在激活此作用域",单击"下一步"按钮。

(13) 在"正在完成新建作用域向导"页面中,单击"完成"按钮,结果如图 5-39 所示。

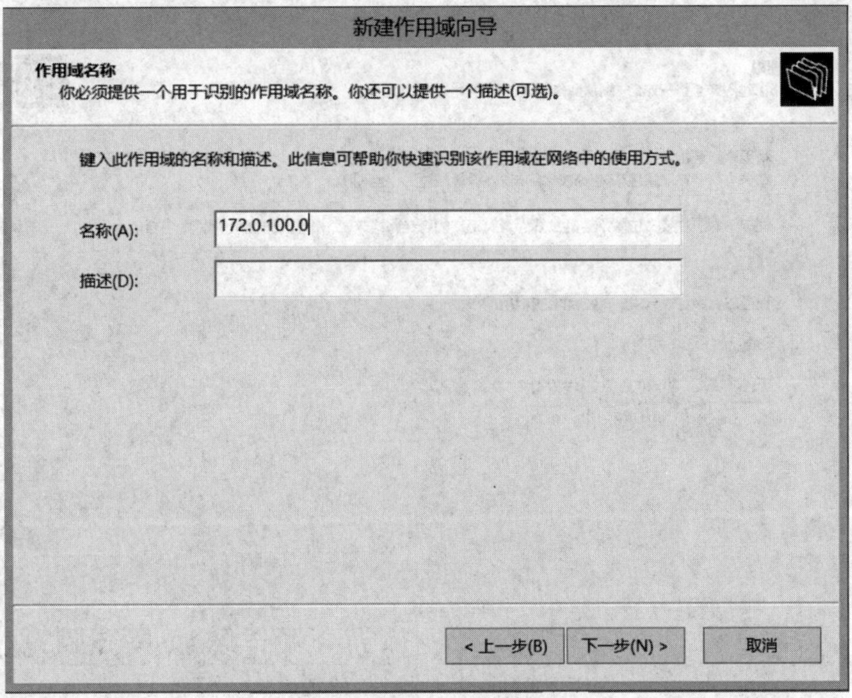

图 5-34　"作用域名称"页面

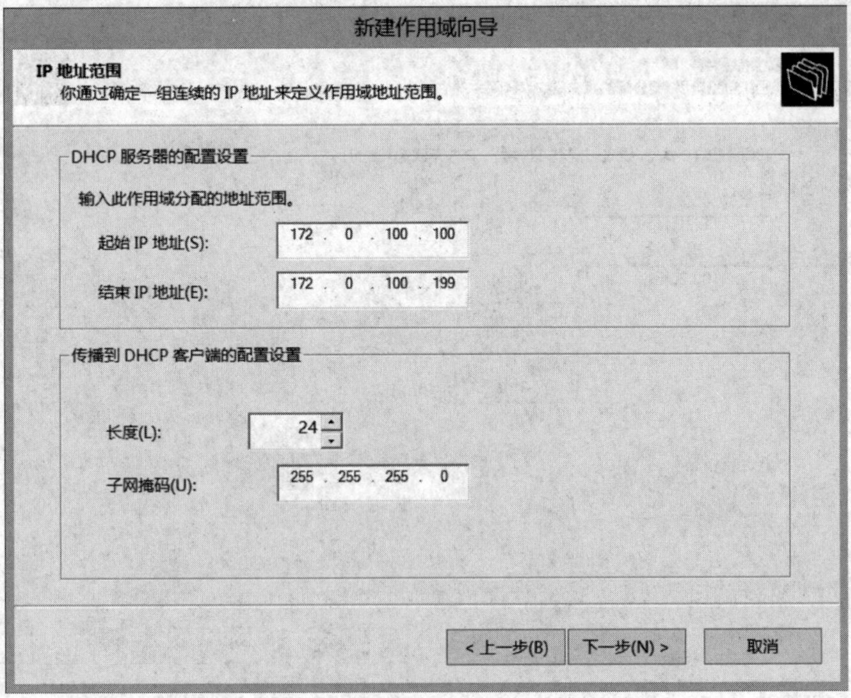

图 5-35　"IP 地址范围"对话框

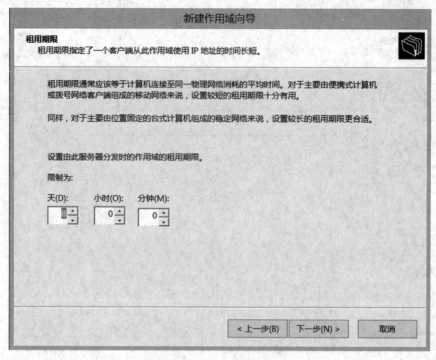

图 5-36 "租用期限"页面

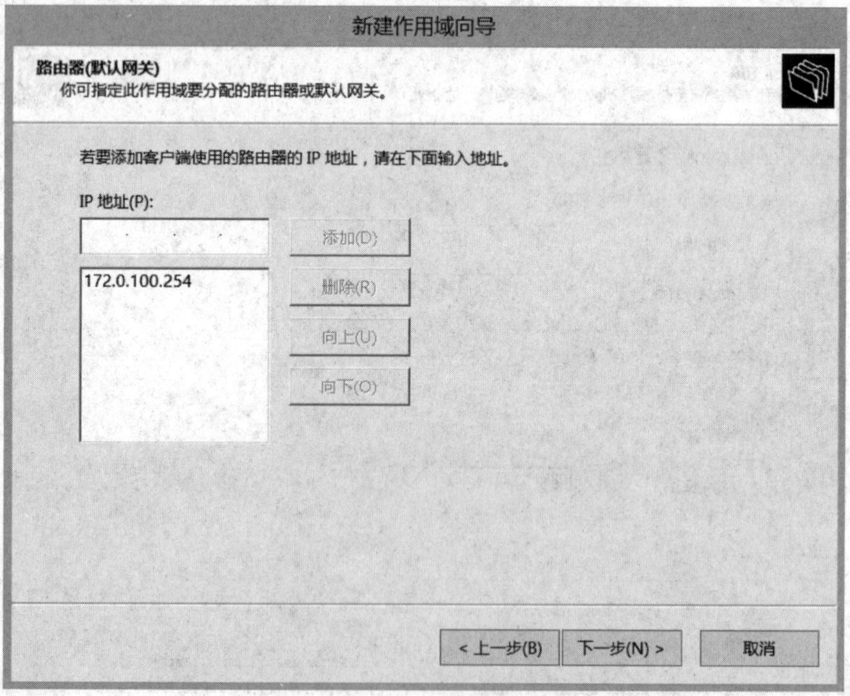

图 5-37 "路由器(默认网关)"页面

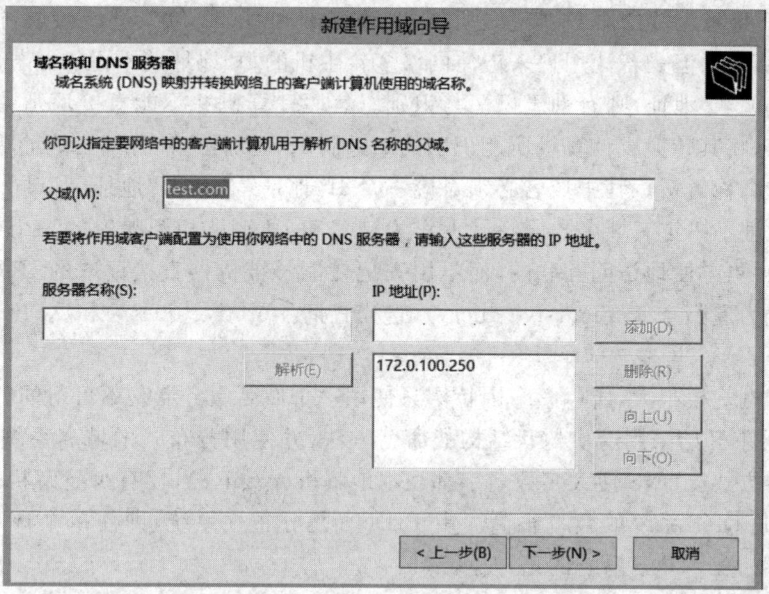

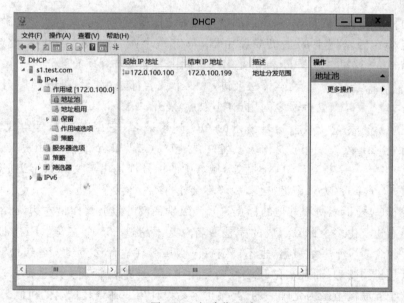

图 5-38　"域名称和 DNS 服务器"页面

图 5-39　新建作用域

5.3　DNS 服 务

5.3.1　域名系统

　　域名系统（domain name system，DNS）是一种名称解析服务。域名系统由解析器和域名服务器组成。域名服务器是指保存有该网络中所有主机的域名和对应 IP 地址，并具有将域名转换为 IP 地址功能的服务器。众所周知，IPv4 地址由 32 位二进制组成，能通过点分十进制来简化管理，但是若让用户来记住网络多台主机的 IP 地址并不可靠。若用一串有意义的域名来代替 IP 地址，则有助于记忆与识别。然而计算机并不能直接识别主机名，则需要 DNS 等服务将其转换成计算机所能识别的二进制 IP 地址，这种将域名地址转换成 IP 地址的过程叫作名称解析。其中域名必须对应一个 IP 地址，一个 IP 地址可以同时对应多个域名，但 IP 地址不一定有域名。因特网上作为域名和 IP 地址相互映射的一个分布式数据库，能够使用户更方便地访问互联网，而不用去记住能够被机器直接读取的 IP 数串。DNS 查询通常可分为递归查询(recursive query)、迭代查询(iterative query)和反向查询(reverse query)三种。

因为因特网规模很大，所以整个因特网只使用一个域名服务器是不可行的。因此，早在 1983 年因特网就开始采用层次树状结构的命名方法，并使用分布式的域名系统 DNS，还采用客户服务器方式。DNS 使大多数名字都在本地解析(resolve)，仅有少量解析需要在因特网上通信，因此 DNS 系统的效率很高。由于 DNS 是分布式系统，即使单个计算机出了故障，也不会妨碍整个 DNS 系统的正常运行。

5.3.2 因特网的域名结构

由于因特网的用户数量较多，所以因特网在命名时采用的是层次树状结构的命名方法。任何一个连接在因特网上的主机或路由器，都有一个唯一的层次结构的名字，即域名(domain name)。这里，"域"(domain)是名字空间中一个可被管理的部分。

图 5-40　域名结构

从语法上讲，每一个域名都是由标号(label)序列组成，而各标号之间用点(小数点)隔开，如图 5-40 所示。

这是腾讯的 QQ 邮箱域名，它由三个标号组成，其中标号 com 是顶级域名；标号 qq 是二级域名；标号 mail 是三级域名。

DNS 规定，域名中的标号都是由英文和数字组成的，每一个标号不超过 63 个字符(为了记忆方便，一般不会超过 12 个字符)，也不区分大小写字母。标号中除连字符(-)外不能使用其他的标点符号。级别最低的域名写在最左边，而级别最高的字符写在最右边。由多个标号组成的完整域名总共不超过 255 个字符。DNS 既不规定一个域名需要包含多少个下级域名，也不规定每一级域名代表什么意思。各级域名由其上一级的域名管理机构管理，而最高的顶级域名则由 ICANN 进行管理。用这种方法可使每一个域名在整个互联网范围内是唯一的，并且也容易设计出一种查找域名的机制。

域名只是逻辑概念，并不代表计算机所在的物理地点。据 2006 年 12 月统计，现在顶级域名 TLD(top level domain)已有 265 个，如图 5-41 所示，分为三大类。

(1) 国家顶级域名(nTLD)：采用 ISO3166 的规定。如 cn 代表中国，us 代表美国，uk 代表英国，等等。国家域名又常记为 ccTLD(cc 表示国家代码)。

(2) 通用顶级域名(gTLD)：最常见的通用顶级域名有 7 个，即 com(公司企业)、net(网络服务机构)、org(非营利组织)、int(国际组织)、gov(美国的政府部门)、mil(美国的军事部门)。

(3) 基础结构域名(infrastructure domain)：这种顶级域名只有一个，即 arpa，用于反向域名解析，因此称为反向域名。

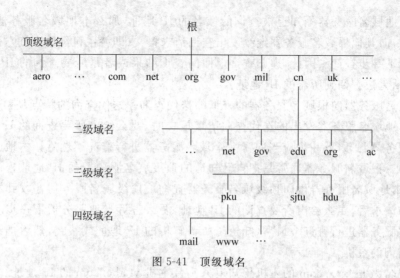

图 5-41 顶级域名

5.3.3   域名服务器

若采用上述的树状结构,每一个节点都采用一个域名服务器,这样会使得域名服务器的数量太多,使域名服务器系统的运行效率降低。所以在 DNS 中,采用划分区的方法来解决。

一个服务器所负责管辖(或有权限)的范围叫作区(zone)。各单位根据具体情况来划分自己管辖范围的区。但在一个区中的所有节点必须是能够连通的。每一个区设置相应的权限域名服务器,用来保存该区中的所有主机到域名 IP 地址的映射。总之,DNS 服务器的管辖范围不是以"域"为单位,而是以"区"为单位。区是 DNS 服务器实际管辖的范围。

因特网上的 DNS 服务器也是按照层次安排的。每一个域名服务器只对域名体系中的一部分进行管辖。根据域名服务器所起的作用,可以把域名服务器划分为下面四种不同的类型。

(1) 根域名服务器:最高层次的域名服务器,也是最重要的域名服务器。所有的根域名服务器都知道所有的顶级域名服务器的域名和 IP 地址。不管是哪一个本地域名服务器,若要对因特网上任何一个域名进行解析,只要自己无法解析,就首先求助根域名服务器。所以根域名服务器是最重要的域名服务器。假定所有的根域名服务器都瘫痪了,那么整个DNS 系统就无法工作。需要注意的是,在很多情况下,根域名服务器并不直接把待查询的域名直接解析出 IP 地址,而是告诉本地域名服务器下一步应当找哪一个顶级域名服务器进行查询。

(2) 顶级域名服务器:负责管理在该顶级域名服务器注册的二级域名。

(3) 权限域名服务器:负责一个"区"的域名服务器。

(4) 本地域名服务器:本地服务器不属于域名服务器的层次结构,但是它对域名系统非常重要。当一个主机发出 DNS 查询请求时,这个查询请求报文就发送给本地域名服务器。

5.3.4   域名的解析过程

主机向本地域名服务器的查询一般都是采用递归查询。所谓递归查询就是:如果主机所询问的本地域名服务器不知道被查询的域名的 IP 地址,那么本地域名服务器就以 DNS 客户的身份,向其他根域名服务器继续发出查询请求报文(即替主机继续查询),而不是让主机自己进行下一步查询。因此,递归查询返回的查询结果或者是所要查询的 IP 地址,或者是报错,表示无法查询到所需的 IP 地址。

本地域名服务器向根域名服务器的查询的迭代查询。迭代查询的特点是:当根域名服务器收到本地域名服务器发出的迭代查询请求报文时,要么给出所要查询的 IP 地址,要么告诉本地服务器:"你下一步应当向哪一个域名服务器进行查询。"然后让本地服务器进行后续的查询。根域名服务器通常是把自己知道的顶级域名服务器的 IP 地址告诉本地域名服务器,让本地域名服务器再向顶级域名服务器查询。顶级域名服务器在收到本地域名服务器的查询请求后,要么给出所要查询的 IP 地址,要么告诉本地服务器下一步应当向哪一个权限域名服务器进行查询。最后,知道了所要解析的 IP 地址或报错,然后把这个结果返回给发起查询的主机。

假定域名为 m. xyz. com 的主机想知道另一台主机 y. abc. com 的 IP 地址。例如,主机 m. xyz. com 打算发送邮件给 y. abc. com。这时就必须知道主机 y. abc. com 的 IP 地址。下面是几个查询步骤:

(1) 主机 m. abc. com 先向本地服务器 dns. xyz. com 进行递归查询。

(2) 本地服务器采用迭代查询,它先向一个根域名服务器查询。

(3) 根域名服务器告诉本地服务器,下一次应查询的顶级域名服务器 dns. com 的 IP 地址。

(4) 本地域名服务器向顶级域名服务器 dns. com 进行查询。

(5) 顶级域名服务器 dns. com 告诉本地域名服务器,下一步应查询的权限服务器 dns. abc. com 的 IP 地址。

(6) 本地域名服务器向权限域名服务器 dns. abc. com 进行查询。

(7) 权限域名服务器 dns. abc. com 告诉本地域名服务器,所查询的主机的 IP 地址。

(8) 本地域名服务器最后把查询结果告诉 m. xyz. com。

为了提高 DNS 的查询效率,并减轻服务器的负荷和减少因特网上的 DNS 查询报文数量,在域名服务器中广泛使用了高速缓存,用来存放最近查询过的域名以及从何处获得域名映射信息的记录。

5.3.5　DNS 服务器的安装

(1) 使用作为本地 Administrators 组成员的账户登录到你计划安装 DNS 服务器角色的服务器。

(2) 在"服务器管理器"中单击"管理",然后单击"添加角色和功能"按钮。

(3) 在"开始之前"页面上,单击"下一步"按钮。

(4) 在"选择目标服务器"页面上,选择"(从服务器池或虚拟硬盘)服务器所在的位置"。选择位置后,选择你想安装 DNS 服务器角色的服务器,然后单击"下一步"按钮。

(5) 在"选择服务器角色"页面上,选择 DNS 服务。此时将打开"添加 DNS 服务所需的功能"页面。单击"添加功能"按钮,如图 5-42 所示。

(6) 在"选择功能"页面,保留默认选项,然后单击"下一步"按钮。

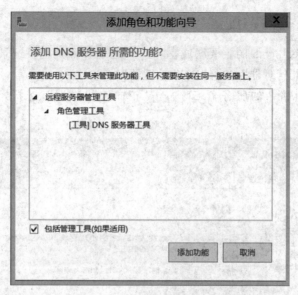

图 5-42　选择服务器角色

（7）在"DNS 服务器"页面上，单击"下一步"按钮。

（8）在"确认安装所选内容"页面上，查看所选的选项，然后单击"安装"按钮。DNS 服务安装向导将运行，这可能需要几分钟才能完成。

（9）在"安装进度"页面中，安装完成后将显示安装成功，单击"关闭"按钮，如图 5-43 所示。

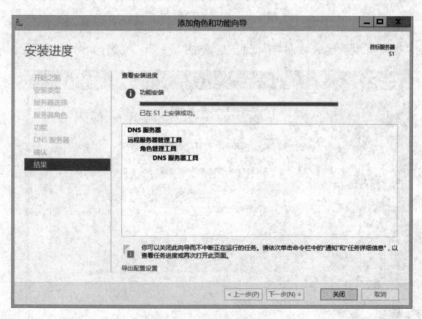

图 5-43　显示安装进度

115

5.3.6 DNS 服务器的配置

新建一个名为 test.com 的主要区域,并为 FTP、Web 添加主机记录。

(1) 打开"服务器管理器",选择"DNS 管理器"。

(2) 展开右侧窗格中的服务器 S1,右击"正向查找区域",选择"新建区域"命令,如图 5-44 所示。

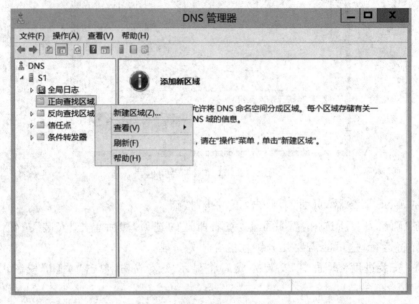

图 5-44 "新建区域"命令

(3) 在"欢迎使用新建区域向导"页面中,单击"下一步"按钮,如图 5-45 所示。

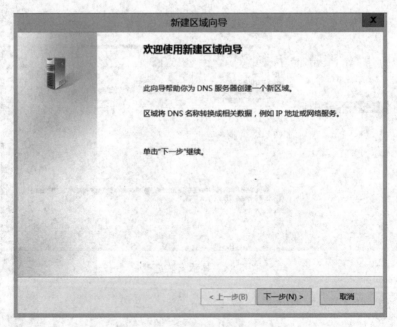

图 5-45 新建区域向导

（4）在"区域类型"页面中选择"主要区域"单选按钮，单击"下一步"按钮，如图 5-46 所示。

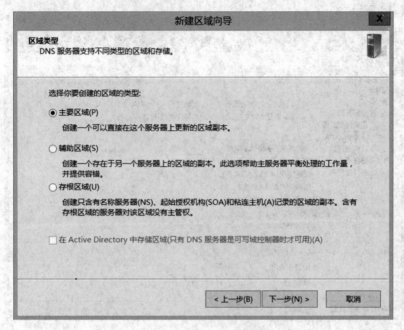

图 5-46　选择区域类型

（5）在"区域名称"页面中，输入区域的名称，单击"下一步"按钮，如图 5-47 所示。

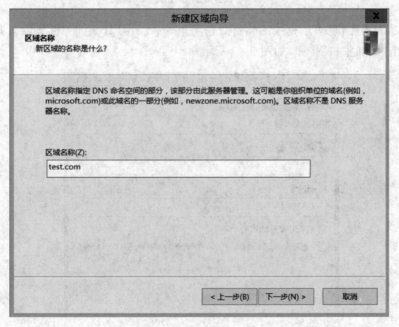

图 5-47　设置区域名称

（6）在"区域文件"页面中，单击"下一步"按钮。

（7）在"动态更新"页面中，单击"下一步"按钮。

（8）在"正在完成新建区域向导"页面中，单击"关闭"按钮。

（9）回到"DNS 管理器"，展开"正向查找区域"，右击刚所创建的区域，选择"新建主机"命令，如图 5-48 所示。

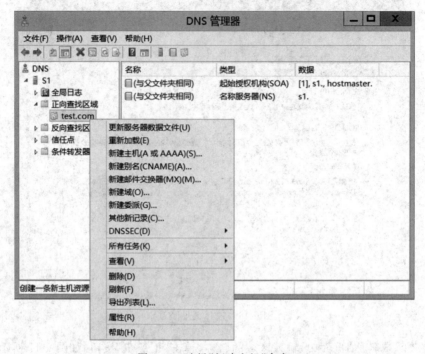

图 5-48　选择"新建主机"命令

（10）在"新建主机"对话框中的"名称"选项里输入 ftp，"IP 地址"栏里输入其所关联的 IP 地址，单击"添加主机"按钮，如图 5-49 所示。

图 5-49　"新建主机"对话框

(11) 回到 DNS 管理器,查看所添加的主机记录,如图 5-50 所示。

图 5-50   DNS 管理器

(12) 通过 pingftp. test. com 命令验证配置是否成功,如图 5-51 所示。

图 5-51   测试域名解析

小结

通过本部分的学习,应掌握下列知识和技能:

• 了解域名系统的基本概念。

• 了解 DNS 工作的基本原理。

• 掌握 DNS 服务器搭建的方法。

5.4　Web 服务

5.4.1　Web 服务器的基本概念

　　Web 服务器是向 Web 客户端提供 Web 服务的计算机。Web 服务器通常位于因特网或局域网中,承载多个网站和 Web 应用程序,为用户提供各种精彩的服务。常用的客户端有 IE、chrome 等浏览器。

　　用户使用 Web 客户端通过 URL 地址来访问网站。Web 客户端向网站所在的 Web 服务器发出请求,Web 服务器接收请求后,用其所请求的数据响应浏览器的请求。Web 客户端将得到的数据呈现给用户,这样就完成了一个浏览过程。

　　在 Web 服务器硬件上安装有操作系统和 Web 服务器软件。Web 服务器软件是安装在 Web 服务器硬件和操作系统之上承载和管理网站、Web 应用程序、Web 服务、向 Web 客户端提供服务的软件。目前,存在着多种主流 Web 服务器软件,Internet 信息服务 8.5 是微软公司在 Windows Server 2012 R2 中所提供的 Web 服务器软件。

5.4.2　安装 Web 服务器角色

　　(1) 使用作为本地 Administrators 组成员的账户登录到你计划安装 Web 服务器角色的服务器。

　　(2) 在"服务器管理器"页面中,单击"管理",然后单击"添加角色和功能"按钮。

　　(3) 在"开始之前"页面上,单击"下一步"按钮。

　　(4) 在"选择安装类型"页面上,选择"基于角色或基于功能的安装",单击"下一步"按钮。

　　(5) 在"选择目标服务器"页面上,选择"(从服务器池或虚拟硬盘)服务器所在的位置"。选择位置后,选择你想安装 Web 服务器角色的服务器,然后单击"下一步"按钮。

　　(6) 在"选择服务器角色"页面上,选择"Web 服务器(IIS)",如图 5-52 所示。此时将打开"添加 Web 服务器(IIS)所需的功能"页面。单击"添加功能"按钮。

　　(7) 在"选择功能"页面,保留默认设置,然后单击"下一步"按钮。

　　(8) 在"Web 服务器角色(IIS)"页面上,单击"下一步"按钮。

　　(9) 在"选择角色服务"页面上,保留默认设置,然后单击"下一步"按钮,如图 5-53 所示。

　　(10) 在"确认安装所选内容"页面上,查看所选的选项,然后单击"安装"按钮。Web 服务器安装向导将运行,这可能需要几分钟才能完成。

　　(11) 安装完成后在"安装进度"页面上单击"关闭"按钮。

5.4.3　配置 Web 服务器

　　(1) 在"服务器管理器"中,选择"Internet Information Services(IIS)管理器",如图 5-54 所示。

图 5-52 "选择服务器角色"页面

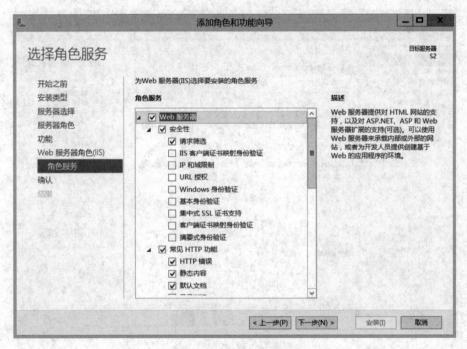

图 5-53 选择角色服务

（2）双击展开右侧窗格中的服务器 S2，右击"网站"并选择"添加网站…"命令，如图 5-55 所示。

（3）补全"添加网站"对话框里"网站名称""物理路径"、绑定的"IP 地址""类型"与"端

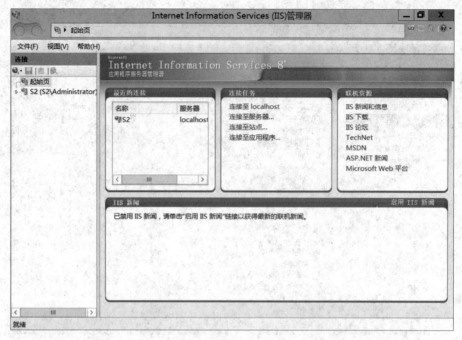

图 5-54　选择 IIS 管理器

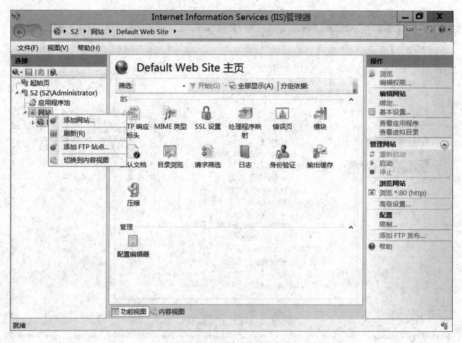

图 5-55　"添加网站"命令

口"等信息,如图 5-56 所示,单击"确定"按钮。

(4) 复制准备好的网站文件至 E:\web 目录中即可。

(5) 在 IE 浏览器中打开 172.0.100.251(web.test.com),效果如图 5-57 所示。

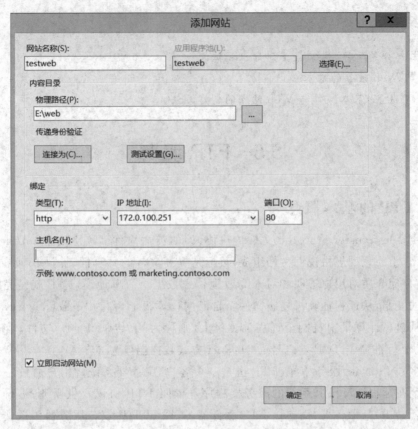

图 5-56　"添加网站"对话框

图 5-57　测试 Web 服务器

小结

通过本部分的学习,应掌握下列知识和技能:

- 了解 Web 服务的基本知识。
- 掌握 IIS 的基本操作与 Web 站点的创建方法。

5.5 FTP 服务

5.5.1 FTP 的基本概念

FTP 是 file transfer protocol(文件传输协议)的英文简称。该协议是 Internet 文件传送的基础,它由一系列规格说明文档组成,目标是提高文件的共享性,提供非直接使用远程计算机,使存储介质对用户透明和可靠高效地传送数据。简单地说,FTP 就是完成两台计算机之间的复制,从远程计算机复制文件至自己的计算机上,称为"下载(download)"文件。若将文件从自己计算机中复制至远程计算机上,则称为"上传(upload)"文件。在 TCP/IP 协议中,FTP 标准命令 TCP 端口号为 21,Port 方式数据端口为 20。

同大多数 Internet 服务一样,FTP 也是一个客户/服务器系统。用户通过一个客户机程序连接至在远程计算机上运行的服务器程序。依照 FTP 协议提供服务,进行文件传送的计算机就是 FTP 服务器,而连接 FTP 服务器,遵循 FTP 协议与服务器传送文件的计算机就是 FTP 客户端。用户要连上 FTP 服务器,就要用到 FPT 的客户端软件,通常 Windows 自带 ftp 命令,这是一个命令行的 FTP 客户程序。FTP 的地址格式通常为 "FTP://用户名:密码@FTP 服务器地址"。

因特网中有很大一部分 FTP 服务器被称为"匿名"(anonymous)FTP 服务器。这类服务器的目的是向公众提供文件复制服务,不要求用户事先在该服务器进行登记注册,也不用取得 FTP 服务器的授权。匿名文件传输能够使用户与远程主机建立连接并以匿名身份从远程主机上复制文件,而不必是该远程主机的注册用户。用户使用特殊的用户名 anonymous 登录 FTP 服务,就可访问远程主机上公开的文件。许多系统要求用户将 E-mail 地址作为口令,以便更好地对访问进行跟踪。匿名 FTP 一直是 Internet 上获取信息资源的最主要方式,在 Internet 成千上万的匿名 FTP 主机中存储着无以计数的文件,这些文件包含了各种各样的信息、数据和软件。人们只要知道特定信息资源的主机地址,就可以用匿名 FTP 登录获取所需的信息资料。虽然目前使用 WWW 环境已取代匿名 FTP 成为最主要的信息查询方式,但是匿名 FTP 仍是 Internet 上传输分发软件的一种基本方法。

FTP 协议的任务是从一台计算机将文件传送到另一台计算机,它与这两台计算机所处的位置、连接的方式、甚至是否使用相同的操作系统无关。假设两台计算机通过 FTP 协议对话,并且能访问 Internet,则可以用 FTP 命令来传输文件。每种操作系统在使用上有某一些细微差别,但是每种协议基本的命令结构是相同的。

FTP 的传输有以下两种方式。

（1）ASCII 传输方式：假定用户正在复制的文件包含简单的 ASCII 码文本，如果在远程机器上运行的不是 UNIX，当文件传输时 FTP 通常会自动地调整文件的内容以便于把文件解释成另外那台计算机存储文本文件的格式。但是常常有这样的情况，用户正在传输的文件包含的不是文本文件，它们可能是程序、数据库、字处理文件或者压缩文件（尽管字处理文件包含的大部分是文本，其中也包含有指示页尺寸、字库等信息的非打印符）。在复制任何非文本文件之前，用 binary 命令告诉 FTP 逐字复制，不要对这些文件进行处理，这也是下面要讲的二进制传输。

（2）二进制传输模式：在二进制传输中，保存文件的位序，以便原始和复制的是逐位一一对应的。即使目的地机器上包含位序列的文件是没意义的。例如，macintosh 以二进制方式传送可执行文件到 Windows 系统，在对方系统上，此文件不能执行。如果你在 ASCII 方式下传输二进制文件，即使不需要也仍会转译。这会使传输稍微变慢，也会损坏数据，使文件变得不能用。在大多数计算机上，ASCII 方式一般假设每一字符的第一有效位无意义，因为 ASCII 字符组合不使用它。如果你传输二进制文件，所有的位都是重要的。如果你知道这两台机器是同样的，则二进制方式对文本文件和数据文件都是有效的。

5.5.2　FTP 工作模式与原理

FTP 支持两种模式，一种方式叫作 Standard（也就是 PORT 方式，主动方式）；另一种方法是 Passive（也就是 PASV，被动方式）。Standard 模式下 FTP 的客户端发送 PORT 命令到 FTP 服务器。Passive 模式下 FTP 的客户端发送 PASV 命令到 FTP Server。

Port 模式下 FTP 客户端首先和 FTP 服务器的 TCP 21 端口建立连接，通过这个通道发送命令，客户端需要接收数据的时候在这个通道上发送 PORT 命令。PORT 命令包含了客户端用什么端口接收数据。在传送数据的时候，服务器端通过自己的 TCP 20 端口连接至客户端的指定端口发送数据。FTP Server 必须和客户端建立一个新的连接来传送数据。

Passive 模式在建立控制通道的时候和 Standard 模式类似，但建立连接后发送的不是 Port 命令，而是 Pasv 命令。FTP 服务器收到 Pasv 命令后，随机打开一个高端端口（端口号大于 1024）并且通知客户端在这个端口上传送数据的请求，客户端连接 FTP 服务器此端口，然后 FTP 服务器将通过这个端口进行数据的传送，这个时候 FTP Server 不再需要建立一个新的和客户端之间的连接。

很多防火墙在设置的时候都是不允许接受外部发起的连接的，所以许多位于防火墙后或内网的 FTP 服务器不支持 PASV 模式，因为客户端无法穿过防火墙打开 FTP 服务器的高端端口；而许多内网的客户端不能用 PORT 模式登录 FTP 服务器，因为从服务器的 TCP 20 无法和内部网络的客户端建立一个新的连接，造成无法工作。

5.5.3　FTP 服务器的安装

（1）使用作为本地 Administrators 组成员的账户登录到你计划安装 Web 服务器角色（FTP）的服务器。

（2）在"服务器管理器"页面中单击"管理"，然后单击"添加角色和功能"按钮。

（3）在"开始之前"页面上，单击"下一步"按钮。

（4）在"选择安装类型"页面上，选择"基于角色或基于功能的安装"，单击"下一步"按钮。

（5）在"选择目标服务器"页面上，选择"（从服务器池或虚拟硬盘）服务器所在的位置"。选择位置后，选择你想安装 Web 服务器角色的服务器，然后单击"下一步"按钮。

（6）在"选择服务器角色"页面上，选择"Web 服务器(IIS)"。此时将打开添加 Web 服务器(IIS)所需的功能页面。单击"添加功能"按钮，然后单击"下一步"按钮。

（7）在"选择功能"页面，保留默认设置，然后单击"下一步"按钮。

（8）在"Web 服务器角色(IIS)"页面上，单击"下一步"按钮。

（9）在"选择角色服务"页面上，选中"FTP 服务器"复选框，然后单击"下一步"按钮，如图 5-58 所示。

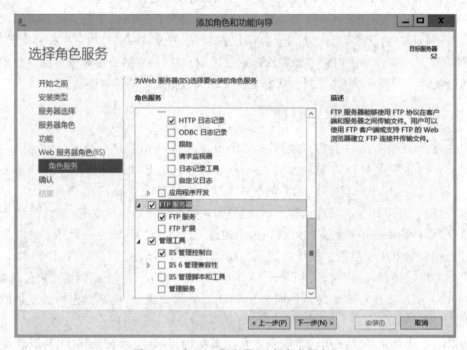

图 5-58　为 Web 服务器"选择角色服务"

（10）在"确认安装所选内容"页面上，查看所选的选项，然后单击"安装"按钮。Web 服务器安装向导将运行，这可能需要几分钟才能完成。

（11）安装完成后，在"安装进度"页面上单击"关闭"按钮。

5.5.4　FTP 服务器的配置

（1）在"服务器管理器"页面中，选择"Internet Information Services(IIS)管理器"。

（2）双击展开右侧窗格中的服务器 S2，右击"网站"，选择"添加 FTP 站点…"命令，如图 5-59 所示。

（3）在"添加 FTP 站点"向导的"站点信息"页面里输入"FIP 站点名称"及其"物理路径"，单击"下一步"按钮，如图 5-60 所示。

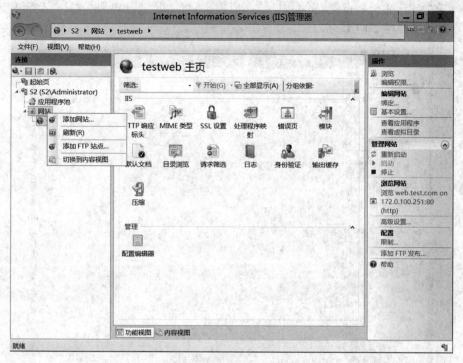

图 5-59　添加 FTP 站点

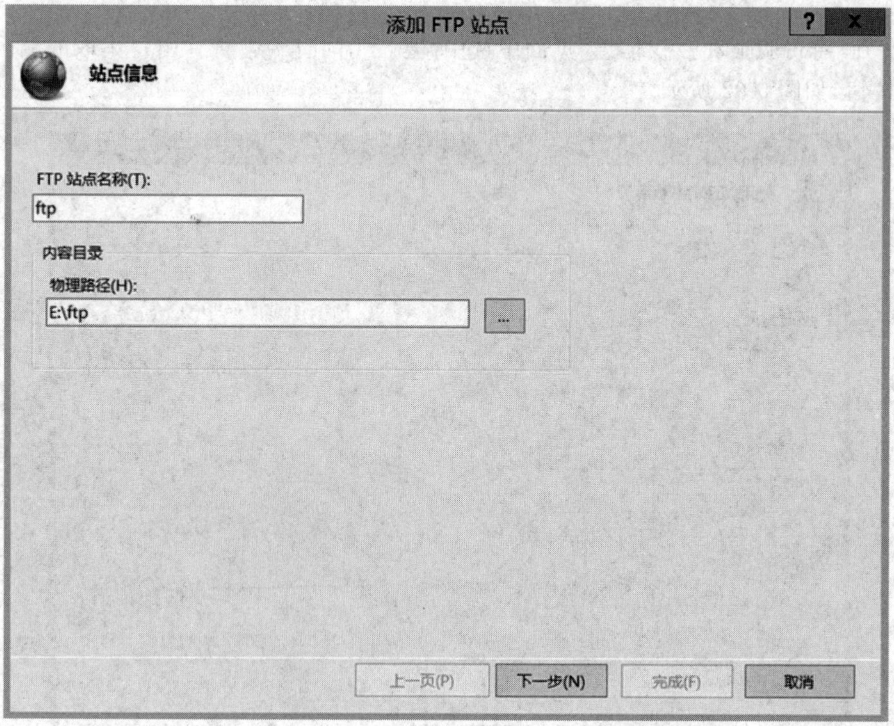

图 5-60　设置站点信息

（4）在"绑定和 SSL 设置"页面中，输入所要绑定的 IP 地址，同时选中"无 SSL"，单击"下一步"按钮，如图 5-61 所示。

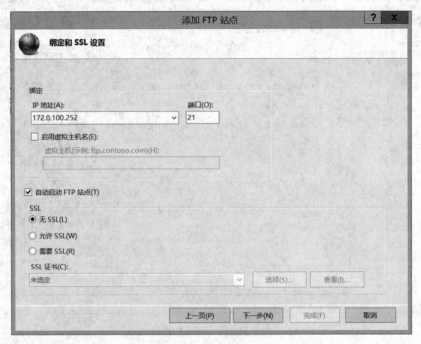

图 5-61 "绑定和 SSL 设置"页面

（5）在"身份验证和授权信息"页面中选中"匿名"，同时给予所有用户读取的权限，单击"完成"按钮，如图 5-62 所示。

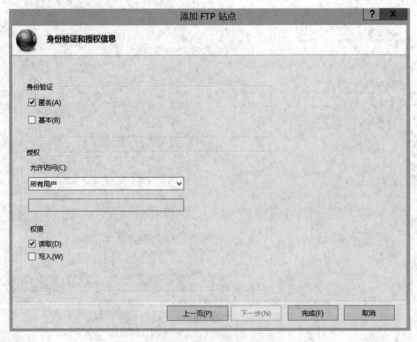

图 5-62 "身份验证和授权信息"页面

（6）在另一台计算机上通过资源管理器打开 ftp://172.0.100.252，效果如图 5-63 所示。

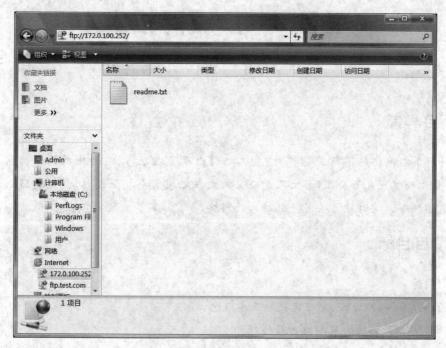

图 5-63　测试 FTP 服务

小结

通过本部分的学习，应掌握下列知识和技能：
- 了解 FTP 的基本概念与工作原理。
- 掌握 IIS 的基本操作及 FTP 站点的创建方法。

项目6 广域网技术

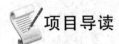

项目导读

随着计算机网络的不断发展扩大,主机之间出现了远距离、超远距离的通信需求。例如,相隔几十公里或几百公里,甚至几千公里的主机之间需要相互通信,显然局域网无法完成此次通信任务。这时就需要另一种结构的网络,即广域网。

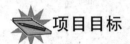

项目目标

知识目标:

- 了解广域网的协议、分组交换的基本概念。
- 了解 X.25 协议的基本概念及原理。
- 了解目前分组交换网络结构。
- 了解 PPP 协议的基本概念及原理。
- 了解广域网接入 DDN 等技术原理。
- 了解帧中继的基本呼叫控制原理。
- 了解帧中继的拥塞控制和带宽管理。

能力目标:

- 掌握帧中继的基本概念。
- 熟悉帧中继的技术特点及应用。
- 掌握 DDN 网络的定义和组成。
- 掌握 DDN 网络的特性。
- 掌握数字交叉连接系统的原理。
- 熟悉 DDN 网络提供的业务及特点。
- 熟悉分组交换网络的组织结构。

素质目标:

- 具有团队协作能力、领悟能力。
- 具有工作协调能力和沟通能力。

6.1　广域网概述

6.1.1　广域网的基本概念

1. 广域网的定义

广域网 WAN(Wide Area Network)也称远程网。通常跨接很大的物理范围,所覆盖的范围从几十公里到几千公里,它能连接多个城市或国家,横跨几个洲并能提供远距离通信,形成国际性的远程网络。

广域网是由资源子网与通信子网两部分组成。所谓的资源子网包括连接广域网的主机及其外部设备。而广域网的通信子网主要是由公共数据通信网组成。通常情况下,公共数据通信网是由政府的电信部门建立和管理的。许多国家的电信部门都建立了自己的公用分组交换网、数字数据网、综合业务数字网和帧中继网等,以此为基础提供电路交换数据传输业务、分组交换数据传输业务、租用电路数据传输业务、帧中继数据传输业务和公用电话网数据传输业务。

我国电信部门的公共数据通信网也有了长足的发展,继公用电话交换网(PSTN)、中国公用分组交换网(ChinaPAC)及中国数字数据网(ChinaDDN)之后,又建立了公用帧中继宽带业务网(ChinaFRN),逐步完成了全国范围光纤网络的建设和大量卫星地面站的建设,为我国的高速信息网发展打下了坚实的基础。

2. 广域网与 OSI 参考模型

广域网主要工作于 OSI 模型的下三层,即物理层、数据链路层和网络层,如图 6-1 所示。由于目前网络层普遍采用了 IP 协议,所以广域网技术或标准主要关注物理层和数据链路层的功能及实现。

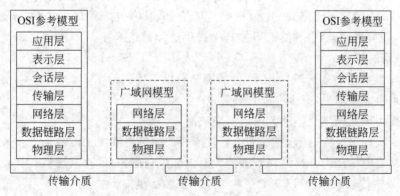

图 6-1　广域网与 OSI 参考模型

(1)网络层

网络层是广域网通信子网的最高层,主要功能是实现端到端的网络连接,屏蔽不同子网技术的差异,向上层提供一致的服务。具体可分为以下三点:

① 路由选择及转发。

② 通过网络连接在主机之间提供分组交换功能。

③ 分组的分段与成块,差错控制、顺序化、流量控制等。

(2) 数据链路层

广域网是一个基于交换技术的网络,其网络节点负责将一个节点的数据转发到另一个节点,节点间的线路利用率高。相比局域网采用广播方式发送数据,广域网数据链路层实现技术复杂。广域网的数据链路层需要将数据封装成适合在广域网线路上传输的帧,保证数据的可靠传递。广域网数据链路层标准包括 HDLC、PPP、X.25、帧中继等,在后面的内容中会进行详细的介绍。

(3) 物理层

广域网物理层定义了数据终端设备 DTE(Data Terminal Equipment)和数据电路终端设备 DCE(Data Circuit-terminating Equipment)之间的接口规范和标准。DTE 是用户端设备,在网络中充当 DTE 角色的可能是路由器、主机等,也可能就是一台只接收数据的打印机。DCE 是网络端设备,通常指调制解调器、多路复用器或数字设备,DCE 可以提供与DTE 之间的时钟信号。典型的广域网接口标准有以下几种。

① EIA/TIA-232 标准

EIA/TIA-232 是一个公共物理层接口标准,由 EIA 和 TIA 共同制定,也称 RS-232 标准。这种物理层标准支持信号速率向上到 64kbps 的不平衡电路。

② V.24 标准

V.24 是 ITU-T 制定的 DTE 与 DCE 间物理层接口标准。所使用电缆可以工作在同步和异步两种方式下。在异步工作方式下,封装链路层协议 PPP,支持网络层协议 IP 和 IPX,最高传输速率是 115 200bps。同步方式下,可以封装X.25、帧中继、PPP、HDLC、SLIP 和LAPB 等链路层协议,支持 IP 和 IPX,最高传输速率为 64 000bps。

③ V.35标准

V.35 标准同 V.24 相似,V.35 电缆一般只用于同步方式传输,在此方式下最高速率是2Mbps。与 V.24 规程不同,V.35 电缆速率从理论上可以超过 2Mbps 到 4Mbps 或更高,但就目前来说,没有网络运营商在 V.35 接口上提供这种带宽服务。

3. 广域网的特点

与前面章节所学习的局域网相比,广域网具有以下特点:

(1) 地理覆盖范围大,至少在上百公里以上。

(2) 主要用于互连广泛地理范围内的局域网。

(3) 为了实现远距离通信,通常采用载波形式的频带传输或光传输。

(4) 通常由电信部门来建设和管理的。电信部门利用各自的广域网资源向用户提供收费的广域网数据传输服务,所以其又被称为网络服务提供商。

(5) 在网络拓扑结构上,通常采用网状拓扑,以提高广域网链路的容错性。

(6) 网络中两个节点在进行通信时,一般要经过较长的通信线路和较多的中间节点。中间节点设备的处理速度、线路的质量以及传输环境的噪声都会影响广域网的可靠性。

6.1.2 广域网链路连接方式

实现广域网链路连接的方式有很多,我们可以将其分为两类,一类是专线连接,另一类是电路交换。所谓的专线连接是永久的点对点服务,常用于为政府机关、军队和某些重要的公司、学校等提供核心或者骨干的连接。

1. 专线连接

专线连接也被称为点到点连接,这种连接方式提供一条预先建立的从客户端经过运营商网络到达远端目标网络的广域网通信路径。一条点对点链路就是一条租用的专线,可以在数据收发双方之间建立起永久性的固定连接。网络运营商负责点对点链路的维护和管理。专线不存在共享连接那样的保密性、安全性和呼叫建立/拆除等问题,但租用的价格昂贵。专线通常采用同步串行连接,一般用于 WAN 的核心连接,或者 LAN 和 LAN 之间的长期固定连接。典型的应用有 T1/E1、T3/E3 等。所谓的 T1/E1 其实是在数字通信系统中存在两种时分复用系统,一种是 ITU-T 推荐的 E1 系统,一种是由 ANSI 的 T1 系统。

E1 支持 2.048Mbps 通信链路,将它划分为 32 个时隙,每间隔为 64kbps。T1 支持 1.544Mbps 通信链路,将它划分为 24 个时隙,每间隔为 64kbps,其中 8kbps 信道用于同步操作和维护过程。E1 和 T1 最初应用于电话公司的数字化语音传输,与后来出现的其他类型数据没有什么不同。E1 和 T1 TDM 目前也应用于广域网链路。BRI TDM 是通过交换机基本速率接口(BRI,支持基本速率 ISDN,并可用作一个或多个静态 PPP 链路的数据信道)提供。基本速率接口具有 2 个 64kbps 时隙。TDMA 也应用于移动无线通信的信元网络。

我国的专线一般都是 E1,然后根据用户的需要再划信道分配(以 64kbps 为单位)。如 PPP 的 DDN 线路以及 frame-relay 的线路等都可以使用它们。

2. 电路交换

电路交换(Circuit Switching)是一种面向连接的服务。两台计算机通过通信子网进行数据电路交换之前,首先要在通信子网中建立一个实际的物理线路连接。最普通的电路交换例子是电话网络系统,大家可以打一次电话来体验这种交换方式。打电话时,首先是摘下话机拨号。拨号完毕,运营商的局端设备就知道了要和谁通话,并为双方建立连接,在通信过程中双方电话都处在占线状态,等一方挂机后,局端设备就把双方的线路断开,为双方各自开始下一次新的通话做好准备。因此,可以体会到,电路交换的动作,就是在通信开始时建立电路,通信过程中占有电路,通信完毕时拆除电路。至于在通信过程中双方传送信息的内容,与交换系统无关。所以说电路交换是根据交换机结构原理实现数据交换的。其主要任务是把要求通信的输入端与被呼叫的输出端接通,即由交换机负责在两者之间建立起一条物理通路。在完成接续任务之后,双方通信的内容和格式等均不受交换机的制约。电路交换方式的主要特点就是要求在通信的双方之间建立一条实际的物理通路,并且在整个通信过程中,这条通路被独占。

(1) 电路交换的分类

电路交换可分为时分交换(time division switching,TDS)和空分交换(space division switching,SDS)两种方式。

时分交换是把时间划分为若干互不重叠的时隙,由不同的时隙建立不同的子信道,通过时隙交换网络完成话音的时隙搬移,从而实现入线和出线间话音交换的一种交换方式。时分交换的关键在于时隙位置的交换,而此交换是由主叫拨号所控制的。为了实现时隙交换,必须设置话音存储器。在抽样周期内有 n 个时隙分别存入 n 个存储器单元中,输入按时隙顺序存入。若输出端是按特定的次序读出的,这就可以改变时隙的次序,实现时隙交换。

空分交换是指在交换过程中的入线通过在空间的位置来选择出线,并建立接续。通信结束后,随即拆除。比如,人工交换机上塞绳的一端连着入线塞孔,由话务员按主叫要求把塞绳的另一端连接被叫的出线塞孔,这就是最形象的空分交换方式。此外,机电式、步进制、纵横制、半电子、程控模拟用户交换机及宽带交换机都可以利用空分交换原理实现交换的要求。

(2) 电路交换的过程

整个电路交换的过程包括建立线路、数据传输和电路拆除三个阶段,下面分别予以介绍。

① 建立线路

如同打电话先要通过拨号在通话双方间建立起一条通路一样,数据通信的电路交换方式在传输数据之前也要先经过呼叫过程建立一条端到端的电路。例如,主机 H1 与主机 H3 要利用电路交换方式进行数据传输,它的具体过程如图 6-2 所示。

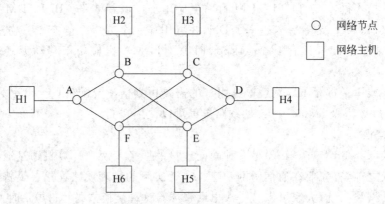

图 6-2 交换网络的拓扑结构

第一步,主机 H1 先向与之连接的 A 节点提出请求,然后 A 节点在通向 C 节点的路径上找到下一个支路。比如,根据路径信息,A 节点选择经由 B 节点的电路,并告之 B 节点它还要连接 C 节点,建立电路 AC。

第二步,B 节点在呼叫 C,建立电路 BC。

第三步,C 节点完成到主机 H3 的连接。

通过以上的三个步骤,A 节点与 C 节点之间就建立了一条专用电路 ABC,用于主机 H1 与主机 H3 之间的数据传输。

② 数据传输

电路 ABC 建立好以后,数据就可以从源节点 A 发送到中间节点 B,再由中间节点 B 交换到终端节点 C。当然终端节点也可以经中间节点 B 向源节点 A 发送数据。这种数据传输有最短的传播延迟,并且没有阻塞的问题,除非有意外的线路或节点故障而使电路中断。但要求在整个数据传输过程中,建立的电路必须始终保持连接状态,并且该电路始终被通信双方占有,知道通信结束,并拆除此电路。

③ 电路拆除

当主机 H1 与主机 H2 之间的数据传输完毕,执行释放电路的动作。该动作可以由任一站点发起,释放线路请求通过途经的中间节点送往对方,释放线路资源。被拆除的信道空闲后,就可被其他通信使用。

(3) 电路交换的优缺点

电路交换的优点如下:

① 在建立电路之后、释放线路之前,即使站点之间无任何数据可以传输,整个线路仍不允许其他站点共享。就和打电话一样,我们讲话之前总要拨完号之后把这个连接建立,不管你讲不讲话,只要不挂机,这个连接是专为你所用的,如果没有可用的连接,用户将听到忙音。因此线路的利用率较低,并且容易引起接续时的拥塞。

② 一旦电路建立,通信双方的所有资源(包括线路资源)均用于本次通信,除了少量的传输延迟之外,不再有其他延迟,具有较好的实时性。

③ 电路交换设备简单,无须提供任何缓存装置。

④ 用户数据透明传输,要求收发双方自动进行速率匹配。

电路交换的缺点是:电路空闲时的信道容量被浪费;另外,如数据传输阶段的持续时间不长,电路建立和拆除所用的时间就得不偿失。因此,它适用于远程批处理信息传输或系统间实时性要求高的大量数据传输的情况。这种通信方式的计费方法一般按照预订的带宽、距离和时间来计算。

3. 报文交换

报文交换(Message Switching)又称为存储转发交换,与电路交换的原理不同,不需要提供通信双方的物理连接,而是将所接收的报文暂时存储。报文中除了用户要传送的信息以外,还有目的地址和源地址。公用电信网的电报自动交换是报文交换的典型应用,有的专用数据网也采用报文交换方式。

报文交换方式的数据传输单位是报文,报文就是主机一次性要发送的数据块,其长度不限且可变。报文交换方式不需要在两个主机之间建立专用通路,传送方式采用“存储—转发”方式。当一个主机要发送一个报文时,它先将一个目的地址附加到报文上,网络节点根据报文上的目的地址信息,把报文发送到下一个节点,一直逐个节点地转送到目的节点。每个节点在收下整个报文并检查无误后,暂存这份报文,然后利用路由信息找出下一个节点的地址,再把整个报文传送给下一个节点。因此,端与端之间无须先通过呼叫建立连接。

(1) 报文交换的过程

我们还以主机 H1 与主机 H3 传输数据为例,此时 H1 到 H3 的链接方式为报文交换。

① 主机 H1 需要先把拟发送的信息加上报文头,包括目的地址和源地址等信息,并将形成的报文发送给节点 A。

② 节点 A 在接到报文后,逐字把报文送入内存器并对报文进行处理,如分析报文头,判别和确定路由等,然后将报文转存到外部大容量存储器,排队等待一条空闲的输出线路。

③ 一旦线路空闲可用时,就把报文发送到 B 节点,B 节点再沿用上述的机制继续将报文转送到 C 节点,并且最终到达主机 H3。

（2）报文交换的优缺点

报文交换具有的优点如下：

① 线路利用率高，信道可为多个报文共享。

② 不需要同时启动发送器和接收器来传输数据，网络可暂存。

③ 通信量大时仍可接收报文，但传输延迟会增加。

④ 一份报文可发往多个目的地。

⑤ 交换网络可对报文进行速度和代码等的转换。

⑥ 能够实现报文的差错控制和纠错处理等功能。

报文交换方式的缺点如下：

① 中间节点必须具备很大的存储空间。

② 由于"存储—转发"和排队，增加了数据传输的延迟。

③ 报文长度未做规定，报文只能暂存在磁盘上，磁盘读取占用了额外的时间。

④ 任何报文都必须排队等待：不同长度的报文要求不同长度的处理和传输时间，即使非常短小的报文。

⑤ 当信道误码率高时，频繁重发，报文交换难以支持实时通信和交互式通信的要求。

4. 分组交换

分组交换（Packet Switching）与报文交换技术类似，但规定了交换机处理和传输的数据长度，不同用户的数据分组可以交织地在网络中的物理链路上传输，是目前应用最广的交换技术。它结合了电路交换和报文交换两者的优点，使其性能达到最优，特别是它成本低、组网灵活、易于实施、适合不同机型、不同速率的客户通信等显著优点，而为许多部门所接受。如某银行总行利用公用分组交换网组建了自上而下的管理信息系统，通过分组交换网把总行机关大楼局域网、各分支行局域网连成一个广域网，使总行能在规定的时间内采集到全部分支行的经营管理信息。同时，还利用虚拟专用网对全行计算机广域网进行监控，对监控中得到的各种信息进行人工干预，及时解决有关故障，确保了整个通信网络系统的正常运行。为了使大家理解分组交换的优越性，我们先来了解一下报文与报文分组的区别。

（1）报文与报文分组

数据通过通信子网传输时可以有报文（Message）与报文分组（Packet）两种方式。报文传输不管发送数据的长度是多少，都把它当作一个逻辑单元发送；而报文分组传输方式则限制一次传输数据的最大长度，如果传输数据超过规定的最大长度，发送节点就将它分成多个报文分组发送。报文和报文分组的结构对比如图 6-3 所示。

图 6-3　报文和报文分组的结构对比图

由于分组长度较短，在传输出错时，检错容易并且重发花费的时间较少。限定分组最大数据长度后，有利于提高存储转发节点的存储空间利用率与传输效率。公用数据网采用的就是分组交换技术。

（2）分组交换原理

分组交换技术可将长报文分成若干个小分组进行传输，且不同站点的数据分组可以交织在同一线路上传输，提高了线路的利用率。可以固定分组的长度，系统可以采用高速缓存技术来暂存分组，提高了转发的速度。分组交换方式在 X.25 分组交换网和以太网中都是典型应用。在 X.25 分组交换网中分组长度为 131 字节，包括 128 字节的用户数据和 3 字节的控制信息；而在以太网中，分组长度为 1500 字节左右（较好的线路质量和较高的传输速率，分组的长度可以略有增加）。分组交换实现的关键是分组长度的选择。分组越小，冗余量（分组中的控制信息等）在整个分组中所占的比例越大，最终将影响用户数据传输的效率。分组越大，数据传输出错的概率也越大，增加重传的次数，也影响用户数据传输的效率。如何管理这些分组流呢？目前有两种方法：数据报和虚电路。

① 数据报方式

数据报（Datagram）是分组交换的另一种业务类型，它属于无连接型服务。用数据报方式传送数据时，是将每一个分组作为一个独立的报文进行传送。数据报方式中的每个分组是被单独处理的，每个分组称为一个数据报，每个数据报都携带地址信息。通信双方在开始通信之前，不需要先建立虚电路连接，因此被称为无连接型。无连接型的发信方和收信方之间不存在固定的电路连接，所以发送分组和接收分组的次序不一定相同，每个分组各走各的路。收信方接收到的分组要由接收终端来重新排序。如果分组在网内传输的过程中出现了丢失或差错，网络本身也不做处理，完全由通信双方终端的协议来解决。因此一般来说，数据报业务对沿途各节点的交换处理要求较少，所以传输的时延小，但对于终端的要求却较高。

例如在图 6-2 中，若主机 H1 要将由 3 个数据报文分组组成的报文发送到主机 H3，它先按顺序依次将分组发送到节点 A，节点 A 再对每个数据报做出路由选择。当数据报 1 进入时，假设节点 A 检测到去节点 B 的队列比去节点 F 的队列短，便选择去节点 B 的路径，数据报 2 也同样处理。但是对于数据报 3，可能节点 A 发现去节点 F 的队列最短，因此把数据报 3 发送到节点 F。这样，具有相同目的地址的数据报就不一定遵循相同的路径，数据报 3 有可能正好抢在数据报 2 之前到达节点 C。于是这三个数据报可能不按发送顺序到达主机 H3，也就是说要对到达主机 H3 的数据报重新按照原来的顺序进行排序。数据报方式具有以下几个特点：

- 同一个报文的不同分组可以经过不同的传输路径通过通信子网。
- 同一个报文的不同分组到达目的节点时可能会出现乱序、重复和丢失现象。
- 每个分组在传输过程中都必须带有目的地址和源地址。
- 数据报方式的传输延迟较大，适用于突发性通信，不适用于长报文、会话式通信。

② 虚电路方式

在研究数据报方式特点的基础上，人们进一步提出了虚电路方式。

虚电路（Virtual Circuit）是在分组交换散列网络上的两个或多个端点站点间的链路。这种分组交换的方式是利用统计复用的原理，将一条数据链路复用成多个逻辑信道。在数据通信呼叫建立时，每经过一个节点便选择一条逻辑信道，最后通过逐段选择逻辑信道，在发信用户和收信用户之间建立起一条信息传送通路。由于这种通路是由若干逻辑信道构成的,并非实体的电路,所以叫作虚电路。虚电路可以分为永久性和交换型两种。永久性虚电路(PVC)是一种提前定义好的,基本上不需要任何建立时间的端点与站点间的连接。交换型虚电路(SVC)是端点与站点之间的一种临时性连接。

虚电路方式在分组发送前,在源节点和目的节点需要建立一条逻辑连接的虚电路。在这点上,虚电路方式与电路交换方式相同,其工作过程同样分为 3 个阶段:虚电路建立阶段、数据传输阶段和虚电路拆除阶段。我们还以图 6-2 中所示的模型来举例说明虚电路的工作方式。在图 6-2 中,假设主机 H1 有一个或多个报文要发送到 H3 主机,那么它首先要发送一个呼叫请求分组到节点 A,请求建立一条到主机 H3 的连接。节点 A 决定到节点 B 的路径,节点 B 再决定到节点 C 的路径,节点 C 最终把呼叫请求分组传送到主机 H3。如果主机 H3 允许接受这个连接,就发送一个呼叫接受分组到节点 C,这个分组通过节点 B 和节点 A 返回到主机 H1。至此,主机 H1 和主机 H3 就可以在已建立的逻辑连接上或者说是虚电路上交换数据了。在所有的数据传输结束后,进入虚电路拆除阶段,将按照节点 C、B、A 的顺序依次拆除虚电路。在每个被传送的数据分组上不仅要有分组号、检验和等控制信息,还要有虚电路标识符,以区别于其他虚电路的数据分组。在每个通过节点上都保存一张虚电路表,表中各项记录了一个打开的虚电路的信息,包括虚电路号、前一个节点、下一个节点等信息,这些信息是在虚电路建立过程中被确定的。于是来自主机 H1 的每一个数据分组都通过节点 A、B 和 C;来自主机 H3 的每个数据分组都经过节点 C、B 和 A。最后,由某一个主机用清除请求分组来结束这次通信。虚电路方式主要有以下几个特点:

- 在每次分组传输之前,需要在源主机与目的主机之间建立一条逻辑连接。由于连接源主机与目的主机的物理链路已经存在,因此不需要真正去建立一条物理链路。
- 一次通信的所有分组都通过虚电路顺序发送,因此分组不必带目的地址、源地址等信息。分组到达目的节点时不会出现丢失、重复与乱序的现象。
- 分组通过虚电路上的每个节点时,节点只需要进行差错校验,而不需要进行路由选择。
- 通信子网中的每个节点可以与任何节点建立多条虚电路连接。

虚电路方式与电路交换方式的区别是:虚电路是在传输分组时建立逻辑连接,称为"虚电路"是因为这种电路不是专用的。每个节点可以同时与多个节点之间具有虚电路,每条虚电路支持这两个节点之间的数据传输。由于虚电路方式具有分组交换与电路交换的优点,因此在计算机网络中得到广泛的应用。

如果将虚电路方式与数据报方式做一比较,虚电路方式适用于两端之间的长时间数据交换,尤其是在交互式会话中每次传送的数据很短的情况下,可免去每个分组要有地址信息的额外开销。它提供了更可靠的通信能力,保证每个分组正确到达,且保持原理顺序,还可对两个数据端点的流量进行控制,接收方在来不及接收数据时,可以通知发送方暂存发送分组。但虚电路有一个弱点,当某个节点或某条链路出现故障而彻底失效时,则所有经过故障点的虚电路将立即破坏。数据报分组交换省去了呼叫建立阶段,它传输少量分组时比虚电路方式简便灵活。在数据报方式中,分组可以绕开故障区从而到达目的地,因此故障的影响要比虚电路方式小得多。但数据报不保证分组的按序到达,数据的丢失也不会立即知晓。

5. 异步传输模式

前面介绍的报文交换是以报文为单位,分组交换是以分组为单位进行交换,两者都在网络层上进行的。而异步传输模式又称为信元交换,是以信元为单位,在数据链路层进行的。异步传输方式,即 ATM 是建立在大容量光纤传输介质基础上,它具有较高的传输速率,在短距离时高达 2.2Gbps,在中、长距离时可达 10Mbps~100Mbps。

在 ATM 交换方式中,文本、语音、视频等所有数据将被分解为长度固定的信元。信元由头部和信息段组成。为了简化信元的传输控制,在 ATM 中采用了固定长度的信元,规定为 53 字节,其中信头 5 个字节、信息段 48 个字节,这样每个信元都花费同样的传输时间,因而可以像 STDM 那样把信道的时间划分为一个时间片序列,每个时间片用来传输一个信元。

在前面我们介绍过的虚电路交换中,源节点与目的节点在传输数据之前,事先要建立虚电路。但是,与电路交换不同的是:虚电路连接是建立一种逻辑连接,而不是意味着要真正建立一条物理链路。各个分组在交换机中以虚电路号为依据,根据路由表进行交换。虚电路具有线路交换与分组交换的优点,因此虚电路方式得到广泛的应用。

ATM 交换对虚电路方式做出了进一步的发展,推出了信元交换方法。ATM 网中的 ATM 主机在传输数据之前,首先将数据组织成若干个信元。通信子网中的 ATM 交换机数据交换单位是信元。由于信元长度与格式固定,因此可以减少交换机的处理负荷,这就为交换机的高速交换创造了有利条件。

在 ATM 网中,ATM 主机也称为 ATM 端用户。ATM 端用户与 ATM 交换机统称为 ATM 设备。ATM 信元交换是面向连接的。源 ATM 端主机在数据传输之前将根据对网络带宽的需求,发出连接建立请求。ATM 交换机在接收到请求后,将根据网络状况选择从源 ATM 端主机经过 ATM 网到达目的 ATM 端主机的路径,构造相应的路由表,从而建立源与目的 ATM 主机的虚拟连接。这种虚拟连接也是一种逻辑连接,因为网络只需要为这条虚电路分配一定的网络资源,而不需要建立真正的物理链路。每个信元的信元头部分不需要带有目的地址与源地址,只需要带有虚连接标识符。ATM 交换机根据虚连接标识符和路由表中的记录,就可以将信元送到合适的交换机输出端口。在 ATM 信元交换中,必须要了解以下三个术语。

(1) 物理链路

物理链路(physical link)是连接两台 ATM 交换机之间的物理线路。每条物理链路可以包含一条或多条虚通路 VP。每条虚通路 VP 又可以包含一条或多条虚通道 VC。ATM 中的物理链路、虚通路与虚通道之间的关系如图 6-4 所示。

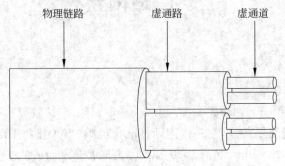

图 6-4　物理链路、虚通路与虚通道之间的关系

（2）虚通路 VP

在虚通路 VP(virtual path)一级，两个 ATM 端用户间建立的连接被称为虚通路连接，而两个 ATM 设备间链路被称为虚通路链路 VPL(virtual path link)。一条虚通路连接是由多段虚通路链路组成的。

（3）虚通道

在虚通道 VC 一级，两个 ATM 端用户间建立的连接被称为虚通道连接，而两个 ATM 设备间的链路称为虚通道链路 VCL(virtual channel link)。虚通道连接 VCC 是由多条虚通道链路 VCL 组成的。每一条虚通道链路 VCL 都是用虚通道标识符 VCI(virtual channel identifier)来标识的。根据虚通道建立方式的不同，虚通道又可分为 PVC 和 SVC 两类。

虚通道中的数据流可以是单向的，也可以是双向的。当虚通道双向传输信元时，两个方向的通信参数可以是不相同的。

虚通路 VPL 与虚通道 VCL 都是用来描述 ATM 信元传输的路由。每个虚通路 VPL 可以复用最大 65535 条虚通道 VCL。属于同一虚通道 VCL 的信元，具有相同的虚通道标识符 VPI/VCI 值，它是信元头的一部分。当源 ATM 端主机接收到连接建立请求，并同意建立连接时，一条通过 ATM 网的虚拟连接就可以建立起来。这条虚拟连接可以用虚通路标识 VPI 与虚通道标识 VCI 表示出来。

 小结

通过本部分的学习，应掌握下列知识和技能：
- 掌握广域网的链路方式及网络特性。
- 了解 ATM 各层协议的原理和功能。
- 了解 ATM 网络信令的基本原理。
- 掌握 ATM 网络的组织结构。
- 熟练掌握 ATM 信令原理。
- 掌握 ATM 网络流量管理原理。
- 掌握 ATM 网络管理技术。

6.2 广域网协议

6.2.1 HDLC 协议

1. HDLC 协议的含义

高级数据链路控制(high-level date link control，HDLC)协议是一个在同步网上传输数据、面向比特的数据链路层协议，它是由国际标准化组织(ISO)根据 IBM 公司的同步数据链路控制(synchronous data link control，SDLC)协议扩展开发而成的。

HDLC 协议是面向比特的数据链路控制协议的典型代表，该协议不依赖于任何一种字符编码集。数据报文利用该协议可实现透明传输，并支持全双工通信，有较高的数据链路传输效率。所有帧均采用 CRC 检验,对信息帧进行顺序编号,可防止漏收或重份,传输可靠性高。

那么 HDLC 协议又是如何建立数据链路的呢?在开始建立数据链路时,允许选用特定的操作方式,主节点操作方式和从节点操作方式,或者两者共同工作。所谓的主节点是在链路上其控制作用的节点,它负责对数据流进行组织,并对数据差错进行恢复;它发向从节点的帧叫命令帧。受主节点控制的站称为从节点,从节点发往主节点的帧叫响应帧。在 HDLC 协议中常用的操作方式有三种,分别为正常响应方式 NRM、异步响应方式 ARM、异步平衡方式 ABM,如图 6-5 所示。

图 6-5　HDLC 协议常用的三种操作方式

(1) 正常响应方式 NRM

① 这是一种非平衡数据链路操作方式,有时也称为非平衡正常响应方式。

② 这种操作方式使用面向终端的点到点或者一点到多点的链路。

③ 传输过程:由主节点启动,从节点只有收到主节点某个命令帧后,才向主节点发送响应帧。

④ 响应帧:由一个或者多个帧构成,多个帧的情况下会指出哪个帧是最后的帧。

⑤ 主节点作用:管理整个链路,具有轮询、选择从节点以及向从节点发送命令帧的权利,同时也负责对超时、重发以及各类恢复操作的控制。

(2) 异步响应方式 ARM

① 这是一种非平衡数据链路操作方式。

② 传输过程:从节点开始启动,从节点主动发送给主节点一个或一组帧。

③ 从节点作用:控制超时和重发。

④ 当是多点链路时采用轮询方式,轮询其他站的站称为主站,而在点到点链路中,每个站都有可能成为主站。

（3）异步平衡方式 ABM

① 这是一种允许任何节点来启动传输的操作方式，任何时候任何节点都能启动传输操作。

② 每个节点既可以作为主节点又可以作为从节点，各个节点都有相同的一组协议，任何节点都可以发送或者接收命令，也可以给出应答，每个节点对差错恢复过程都负有相同的责任。

2. HDLC 帧的格式

在 HDLC 协议中，数据和控制报文均以帧的标准格式传送。HDLC 中的帧类似于 BSC 的字符块，但 BSC 协议中的数据报文和控制报文是独立传输的，而 HDLC 中的命令应以统一的格式按帧传输。HDLC 的完整的帧由标志字段（F）、地址字段（A）、控制字段（C）、信息字段（I）、帧校验序列字段（FCS）等组成，如图 6-6 所示。

图 6-6　HDLC 帧的格式

（1）标志字段（F）

标志字段为 01111110 的比特模式，用以标志帧的起始和前一帧的终止。标志字段也可以作为帧与帧之间的填充字符。通常，在不进行帧传送的时刻，信道仍处于激活状态，在这种状态下，发方不断地发送标志字段，便可认为一个新的帧传送已经开始。

标志字段不允许在帧的内部出现。为保证标志码的唯一性但又兼顾帧内数据的透明性，可以采用"0 比特插入法"来解决。该法在发送端监视除标志码以外的所有字段，当发现有连续 5 个"1"出现时，便在其后添加一个"0"，然后继续发后继的比特流。在接收端，同样监视除起始标志码以外的所有字段。当连续发现 5 个"1"出现后，若其后一个比特"0"，则自动删除它，以恢复原来的比特流；若发现连续 6 个"1"，则可能是插入的"0"发生差错变成的"1"，也可能是收到了帧的终止标志码。后两种情况，可以进一步通过帧中的帧检验序列来加以区分。"0 比特插入法"原理简单，很适合于硬件实现。

（2）地址字段（A）

地址字段的内容取决于所采用的操作方式。在操作方式中，有主站、从站、组合站之分。每一个从站和组合站都被分配一个唯一的地址。命令帧中的地址字段携带的是对方站的地址，而响应帧中的地址字段所携带的地址是本站的地址。某一地址也可分配给不止一个站，这种地址称为组地址，利用一个组地址传输的帧能被组内所有拥有该组的站接收。但当一个站或组合站发送响应时，它仍应当用它唯一的地址。还可用全"1"地址来表示包含所有站的地址，称为广播地址，含有广播地址的帧传送给链路上所有的站。另外，还规定全"0"地址为无站地址，这种地址不分配给任何站，仅做测试。

（3）控制字段（C）

控制字段用于构成各种命令和响应，以便对链路进行监视和控制。发送方主站或组合站利用控制字段来通知被寻址的从站或组合站执行约定的操作;相反,从站用该字段做对命令的响应,报告已完成的操作或状态的变化。该字段是 HDLC 的关键。

(4)信息字段(I)

信息字段可以是任意的二进制比特串。比特串长度未做限定,其上限由 FCS 字段或通信站的缓冲器容量来决定,目前国际上用得较多的是 1000～2000 比特;而下限可以为 0,即无信息字段,但是监控帧(S 帧)中规定不可有信息字段。

(5)帧校验序列字段(FCS)

帧校验序列字段可以使用 16 位 CRC,对两个标志字段之间的整个帧的内容进行校验。

6.2.2 PPP 协议

1. PPP 协议的概念

用户接入 Internet,在传送数据时都需要有数据链路层协议,其中最为广泛的是串行线路网际协议(SLIP)和点对点协议(point to point protocol,PPP)。由于 SLIP 具有仅支持 IP 等缺点,主要用于低速(不超过 19.2kbps)的交互性业务,它并未成为 Internet 的标准协议。为了改进 SLIP 协议,人们制定了 PPP 协议。

PPP 是为在两个对等实体间传输数据包,建立简单连接而设计的。这种连接提供了同时的双向全双工操作,并且假定数据包是按顺序投递的。PPP 协议还满足了动态分配 IP 地址的需要,并能够对上层的多种协议提供支持。PPP 协议在 TCP/IP 协议集中是位于数据链路层,其物理实现方式有两种:一种是通过以太网口(这时称为 PPPoE,即 PPP over ethernet);另一种就是利用普通的串行接口。PPP 协议主要由以下 3 部分组成。

(1)封装

一种将 IP 数据报封装到串行链路上的方法,提供了不同网络层协议同时在同一链路传输的多路复用技术。PPP 既支持异步链路,也支持面向比特的同步链路。

(2)链路控制协议 LCP

LCP(link control protocol)用于就封装格式选项自动达成一致,处理数据包大小限制,探测环路链路和其他普通的配置错误,以及终止链路。LCP 提供的其他可选功能有:认证链路中对等单元的身份,决定链路功能正常或链路失败情况。

(3)网络控制协议 NCP

NCP(network control protocol)主要用于协商在该数据链路上所传输的数据包的格式与类型,建立、配置不同的网络层协议。

2. PPP 帧的格式

PPP 帧格式和 HDLC 帧格式相似。二者的主要区别如下:PPP 是面向字符的,而 HDLC 是面向位的。完整的 PPP 帧是由标志字段(F)、地址字段(A)、控制字段(C)、协议字段(P)、信息字段(I)、帧校验序列字段(FCS)组成的,如图 6-7 所示。

(1)标志字段(F)

PPP 帧的第一个字段和最后一个字段都是标志字段 F,规定为 0x7E(符号"0x"表示它后面的字符是十六进制表示的。十六进制的 7E 的二进制表示是 01111110)。标志字段是 PPP 帧的定界符,表示一个帧的开始或结束。

标志 字段 8bit	地址 字段 8bit	控制 字段 8bit	协议 字段 16bit	信息字段 最大长度为 1500字节	帧校验序列 字段16bit或 32bit	标志 字段 8bit
F	A	C	P	I	FCS	F

图 6-7　PPP 帧的格式

（2）地址字段（A）与控制字段（C）

地址字段 A 规定为 0XFF（二进制表示为 11111111），控制字段 C 规定为 0x03（二进制表示为 00000011）。在 PPP 帧中并没有对地址字段 A 和控制字段 C 进行定义，所以这两个字段实际上没有携带 PPP 帧的信息。

（3）协议字段（P）

PPP 帧的第四个字段是 2 个字节的协议字段。当协议字段为 0x0021 时，PPP 帧的信息字段就是 IP 数据报。若为 0xC021，信息字段是 PPP 链路控制协议 LCP 的数据；若为 0x8021，则信息字段是 PPP 网络控制协议 NCP 的数据。

（4）信息字段（I）

PPP 帧中的信息字段的长度是可变的，但最大不超过 1500 字节。当信息字段中出现和标志字段一样的比特 0x7E 时，就必须采取一些措施。因为 PPP 协议是面向字符型的，所以它不能采用 HDLC 所使用的零比特填充法，而是使用一种特殊的字符填充。具体的做法是将信息字段中出现的每一个 0x7E 字节转换成 2 字节序列（0x7D，0X5D）；若信息字段中出现一个 0x7D 的字节，则将其转变成 2 字节序列（0x7D，0X5D）；若信息字段中出现 ASCII 码的控制字符，则在该字符前面要加入一个 0x7D 字节。这样做的目的是防止这些表面上的 ASCII 码字符被错误地解释为控制字符。

（5）帧校验序列字段（FCS）

帧校验序列字段可以使用 16 位 CRC，对两个标志字段之间的整个帧的内容进行校验。

3. PPP 链路的协商过程

PPP 链路的建设是通过一系列的协商完成的。当用户拨号接入 ISP 后，就建立了一条从用户 PC 到 ISP 的物理连接，这时用户 PC 向 ISP 发送一系列的 LCP 分组（封装成多个 PPP 帧）。这些分组及其响应选择了将要使用的一些 PPP 参数，接着就进行网络层配置，NCP 给新接入的 PC 分配一个临时的 IP 地址，这样用于 PC 就称为 Internet 上的一个主机了。PPP 协议建立链路的过程大致可以分为如下阶段：静止阶段、建立阶段、鉴别阶段、网络阶段与打开阶段、终止阶段，如图 6-8 所示。

（1）静止阶段

PPP 链路的建立从静止阶段开始并终止于这个阶段。当用户 PC 通过调制解调器呼叫 ISP 设备时，ISP 设备就能检测到调制解调器发出的载波信号。当双方建立了物理层连接后，PPP 链路建立过程就进入了下一个阶段"建立阶段"。

（2）建立阶段

在建立阶段，LCP 开始协商一些配置选项，协商结束后，双方就建立了 LCP 链路，接着进入下一个阶段"鉴别阶段"。若协商失败，则由链路建立阶段回到链路静止状态。

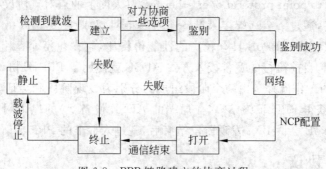

图 6-8 PPP 链路建立的协商过程

（3）鉴别阶段

根据在建立阶段协商好的验证协议进行验证，可选的鉴别协议包括 PAP 协议和 CHPA 协议。PAP 协议是两次握手协议，当两端链路可以相互传输数据时，被验证方发送本端的用户名以及口令到验证方，验证方根据本端的用户表（或者 Radius 服务器）查看是否正确，如果正确则发送 ACK 报文给对方，否则发送 NAK 报文。PAP 协议是一种很简单认证协议，若需要有更好的安全性，则可使用更加复杂的 CHAP 协议。CHAP 协议是三次握手协议，只在网络中传输用户名而不传输用户口令。首先验证方向被验证方发送随机产生的报文，并同时将本端主机名附带上一起发送给被验证方，被验证方收到报文后，则根据报文中验证方的主机名和本端的用户表查找用户口令字，如果找到，则将此用户的密钥用 MD5 算法生成应答，所有将应答和自己的主机名送回验证方。验证方接到此应答后，利用本方保留的口令字密钥和随机报文用 MD5 算法得出结果与被验证方应答比较，根据比较结果放回相应的报文。不论在认证阶段采用何种鉴别，若鉴别失败，则转到"终止阶段"；若是鉴别成功，则进入"网络阶段"。

（4）网络阶段与打开阶段

在网络阶段通过 NCP 协议完成网络层参数的一些协商工作后，通过 NCP 协商来选择和配置一个或多个网络层协议。每个选中的网络层协议配置成功后，该网络层协议就可以通过这条链路进行数据传输，于是进入了打开阶段。在打开阶段中此链路一直保持通信，直至有明确的 LCP 或 NCP 帧关闭这条链路。

（5）终止阶段

数据传输结束后，可以由链路的一端发送终止请求 LCP，请求终止链路连接，在收到对方发送来的终止确认 LCP 后，转到"终止阶段"。如果链路出现故障，也会从"链路打开"转到"链路终止"状态。当调制解调器的载波停止后，则回到"链路静止"状态。

4. PPPoE 协议

PPP 协议定义了如何在点到点链路上进行数据的传输，由于两点之间建立的唯一性，可以方便地提供认证和计费等功能，广泛用于分布范围广的拨号用户的远程接入。但在实际应用中还存在其他问题，就是如何使得远程的以太网用户通过一个接入设备接入广域网，即同一接入设备可以接入多个共享网络上的主机，同时还要能为每一个主机提供单独的认证和计费等功能。PPPoE 协议就是为满足同一个以太网用户宽带远程接入的需求而产生的。

PPPoE(point to point protocol over ethernet)以太网上的点对点协议,它利用以太网将大量主机组成网络,通过一个远端接入设备连入因特网,并对接入的每一个主机实现控制。与传统的接入方式相比,PPPoE 具有较高的性能价格比,它在包括小区组网建设等一系列应用中被广泛采用,目前流行的宽带接入方式 ADSL 就使用了 PPPoE 协议。

PPPoE 协议的工作流程是由两个阶段组成的分别为发现阶段和会话阶段,发现阶段是无状态的,目的是获得 PPPoE 终结端(在局端的 ADSL 设备上)的以太网 MAC 地址,并建立一个唯一的 PPPoE 会话 ID。发现阶段结束后,就进入标准的 PPP 会话阶段。

6.2.3 X.25 协议

1. X.25 协议的概念

X.25 协议是使用最早的分组交换协议标准,它是由 CCITT 的一个咨询委员会 ITU-T 提出的。X.25 协议是数据终端设备(DTE)和数据电路终端设备(DCE)之间的接口规程。其主要功能是在 DTE 和 DCE 之间建立虚电路、传输分组、建立链路、传输数据、拆除链路、拆除虚电路,同时进行差错控制和流量控制,向用户提供尽可能多而且方便的服务。它包括物理层、数据链路层和分组层三个层次,如图 6-9 所示。

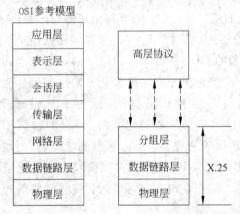

图 6-9   X.25 协议与 OSI 参考模型对照图

（1）物理层

定义了 DTE 和 DCE 之间的电气接口和建立物理的信息传输通路的过程。X.25 物理层可以采用下列接口标准:X.21 协议、X.21bit 协议、V 系类协议。

（2）数据链路层

负责 DTE 和 DCE 之间的可靠通信传输,确保接收器和发送器之间的信息同步。另外负责检测和纠正传输中产生的差错,识别并向高层协议报告规程性错误,向分组层通告链路状态。

（3）分组层

分组层相当于 OSI 参考模型中的网络层,其主要功能是向主机提供多信道的虚电路服务,同时也定义了如何进行流量控制、差错处理等规程。X.25 提供的虚电路服务可以分为永久虚电路和交换虚电路两种方式。交换虚电路是动态建立的虚电路,它包含呼叫建立、数据传送和呼叫清除等过程。永久虚电路是网络指定的固定虚电路,像专线一样,无须建立和清除连接,可直接传送数据。

2. X.25 网的组成

X.25 规程定义了用户设备和 PDN 设备之间的一种统一的接口标准。用户设备(如路由器、网桥、主机等)通常称为 DTE,PDN 设备(如 Modem、交换机节点)通常称为 DCE。

DTE 和 DCE 之间通过单个物理链路连接,实现点对点的交互方式。在单个物理链路上可复用多条逻辑信道,即虚电路,使一个 DTE 接口接入 X.25 网后可与一个或多个远程 DTE 同时互联,实现全双工的信息交换。

DTE 可以是一个没有完全实现 X.25 功能的终端设备。DTE 可以通过一种称为分组组装/拆卸设备(PAD)的转接设备与 DCE 相连。终端到 PAD 的接口操作、PAD 提供的服务、PAD 和主机间的交互分别在 ITU-T 的 X.28、X.3 和 X.29 中加以定义。

DTE 之间端到端的通信是通过双向的"虚电路"来完成的。虚电路利用复用技术可使任意两点间相互通信,而不管中间经过多少个节点,也不用独占任何物理线路。PVC 一般用于最常用数据的传输,而 SVC 则主要用于偶发数据的传输。X.25 的第三层协议就是利用 PVC 和 SVC 来实现端到端的通信。

当两个 DTE 进行通信时,首先必须建立虚电路,一旦虚电路建成,源 DTE 就通过相应的虚电路将报文发送到与对端目的 DTE 相连的 DCE 中,DCE 在接收到报文后,根据其虚电路号来判定如何在 X.25 网中实现路由选择,然后将报文递交到目的 DTE。X.25 的第三层协议可在连接到同一个 DCE 的所有 DTE 间实现多路发送。

3. X.25 网的特点

(1) 能接入不同类型的用户设备

由于 X.25 网内各节点具有存储转发能力,并向用户设备提供了统一的接口,从而能保证不同速率、码型和传输控制规程的用户设备都能接入 X.25 网,并能相互通信。PSTN 是一个电路交换网络,不具备上述能力。

(2) 可靠性高

X.25 网设计思想着眼于高可靠性。X.25 在第三层协议上为用户提供了可靠的面向连接的虚电路服务,在第二层协议上也有可靠性措施。在 X.25 PDN 内部每个节点(交换机)至少与另两个交换机相连接,在一个中间交换机故障时,能寻找新的路由进行传输。

(3) 多路复用

用户设备以点对点方式接入 X.25 PDN 时,虽然只是单一的物理链路,但能在单一物理链路上同时复用多条虚电路,使一个用户设备能同时与多个用户设备进行通信。两个固定用户端设备在每次呼叫建立一条虚电路时,中间路径可能不同。

(4) 流量控制与拥塞控制

当某节点的输入信息量过大,超过其承受能力时,就会丢失分组,丢失的分组要重传,而重传加重了网络负担,最终导致全网效率下降。X.25 网内采用滑动窗口技术来实现流量控制,并有拥塞控制机制防止拥塞。

(5) 点对点协议

X.25 是一个 peer-to-peer(对等层)式的点对点协议,不支持广播,所以设计用户设备互联时,事先要决定是采用全网状还是非网状的拓扑结形。

(6) 与其他公用数据网互联

X.25 网可以与公用电话网、用户电报网、ISDN 以及其他 X.25 PDN 等公用网互联,也能与 LAN 互联。例如,用户设备可以经 X.28 或 X.32 接入 PSTN,再经 PSTN 接入 X.25 网。X.25 能支持多种协议,其中包括 IP、IPX、AppleTalk、DECnet、OSI、VINES 及 XNS 等。它们被封装在 X.25 虚电路上的分组包内径 X.25 网传送。

4. X.25 网的接入

能接入 X.25 PDN 网的用户设备(DTE)可以分为两类:一类为分组终端(PT),另一类为非分组终端(NPT)。分组终端是指具有 X.25 规程所规定的所有功能的用户设备,这类设备可按 X.25 规程以同步方式接入 X.25 PDN;非分组终端是指不具备 X.25 规程规定功能的用户设备,如普通的 PC。为了对非分组设备提供接入接口,X.25 PDN 定义了分组装拆设备(assemble dissembler,PAD)。PAD 实际是一个规程转换器,对非分组设备的规程进行转换。

非分组终端中又可分为多种类型,如异步字符终端、传真机和 IBM 的 SNA/SDLC(系统网络结构/同步数据链路控制)终端等。图 6-10 表示出了不同类型终端接入 X.25 PDN 的方法。

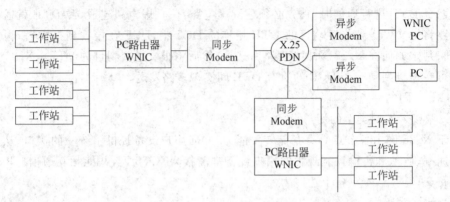

图 6-10　用户接入公用分组交换网 X.25 示意图

现在局域网与 X.25 网互联可以有以下几种方案:

(1) 采用路由器和网关同时连接 X.25 网和本地局域网,这种方案适用于规模较大、多种协议共存的网络,具有安装配置简单、维护方便的特点。可以通过 X.25 与远程其他协议的网络进行互联。

(2) 采用一台微机作为路由器,安装相应的 X.25 网卡和路由软件,适用于中小型规模且协议比较少的网络。

(3) 使用 PAD。这种方案适合 X.25 协议的环境,与远程其他协议的网络互联受限制。

由于 20 世纪 70 年代广域网发展水平的局限,X.25 标准的基础是传输率低、误码率高的通信线路,因此为了克服通信线路传输质量较差的缺点,X.25 标准采用了复杂的差错控制、流量控制与拥塞控制机制,其协议复杂,工作效率不高。基于上述原因,20 世纪 80 年代 X.25 网络被无错误控制、无流控制、面向连接的帧中继网络所取代。

6.2.4　帧中继

1. 帧中继的概念

帧中继(frame relay)是在 X.25 分组交换技术的基础上发展起来的一种快速分组交换技术。由于光纤网比早期的电话网误码率低很多,因此,可以减少 X.25 的某些差错控制过程,从而降低节点的处理时间,提高网络的吞吐量。帧中继就是在这种环境下产生的。帧中继提供的是数据链路层和物理层的协议规范,任何高层协议都独立于帧中继协议,因此,大大地简化了帧中继的实现。目前帧中继的主要应用之一是局域网互联,特别是在局域网通过广域网进行互联时,使用帧中继更能体现它的低网络时延、低设备费用、高带宽利用率等优点。而且帧中继数据单元至少可以达到 1600 字节,所以帧中继协议十分适合在广域网中连接局域网。

与早期的 X.25 网络相比较,帧中继将 X.25 网络的下三层协议进一步简化,差错控制、流量控制推到网络的边界,从而实现轻载协议网络,如图 6-11 所示。

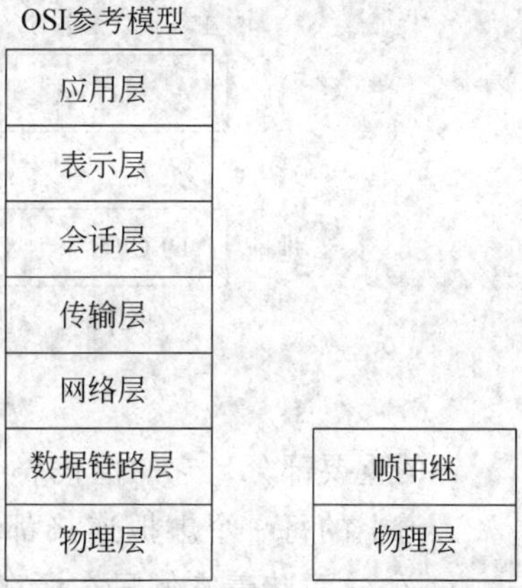

帧中继在第二层增加了路由的功能,但它取消了其他功能,例如,在帧中继节点不进行差错纠正,因为帧中继技术建立在误码率很低的传输信道上,差错纠正的功能由端到端的计算机完成。在帧中继网络中的节点将舍弃有错的帧,由终端的计算机负责差错的恢复,这样就减轻了帧中继交换机的负担。

与 X.25 相比,帧中继不需要进行第三层的处理,它能够让帧在每个交换机中直接通过,即交换机在帧的尾部还未收到之前就可以把帧的头部发送给下一个交换机,一些第三层的处理,如流量控制,留给智能终端去完成。正是因为处理方面工作的减少,给帧中继带来了明显的效果。

图 6-11　帧中继模型与 OSI 参考模型的对应关系

首先帧中继有较高的吞吐量,能够达到 E1/T1、E3/T3 的传输速率。

其次帧中继网络中的时延很小,在 X.25 网络中每个节点进行帧校验产生的时延为 5～10ms,而帧中继节点小于 2ms。

帧中继与 X.25 也有相同的地方。例如,二者采用的均是面向连接的通信方式,即采用虚电路交换。

通过以上比较可见,帧中继技术是在 OSI 第二层上用简化的方法传送和交换数据单元的一种技术。帧中继技术适用于以下三种情况:

(1) 用户需要数据通信,其带宽要求为 64kbps～2Mbps,而参与通信的各方多于两个的时候使用帧中继是一种较好的解决方案。

(2) 通信距离较长时,应优选帧中继。因为帧中继的高效性使用户可以享有较好的经济性。

(3) 当数据业务量为突发性时,由于帧中继具有动态分配带宽的功能,选用帧中继可以有效地处理突发性数据。

2. 帧中继帧的格式

帧中继采用长度可变的帧来封装不同 LAN 网的数据包,其数据在网络中以帧为单位进行传送,其帧结构只有标志字段、地址字段、信息字段和帧校验序列字段,而不存在控制字段。帧中继帧的格式如图 6-12 所示。

(1) 标志字段(F)

标志字段界定了帧的开始和结束。其比特模式为 01111110,与 HDLC 帧的标志字段相同,也可以采用"0 比特插入法"来实现数据的透明传输。

(2) 地址字段(A)

帧中继帧格式中的地址字段主要作用是路由寻址,也兼管拥塞控制。地址字段一般由 2 个字节组成,在需要时也可扩展到 3～4 个字节。地址字段包含下列信息。

• 数据链路链接标识符(DLCI):DLCI 由高、低两部分共 10bit 长组成,是帧中继头部

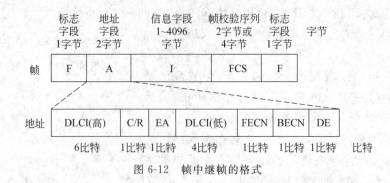

图 6-12　帧中继帧的格式

的重要部分。它的值代表了 DTE 设备和交换机之间的虚拟连接。被复用在物理信道上的每一个虚拟连接都将用一个唯一的 DLCI 来表示。DLCI 值只具有本地意义,这意味着它们只在所存在的物理信道上是唯一的。因此,位于连接另一端的设备可以使用不同的 DLCI 值来表示同一个虚拟连接。

- 命令/相应指令(C/R):C/R 指示该帧为命令帧还是响应帧。在帧中继协议中,C/R 没有被定义,并且透明地通过网络。
- 扩展地址(EA):EA 用于指出 EA 值为 1 的字节是否为最后的寻址字段。如果值为 1,那么当前字节就可以被确定为最后的 DLCI 八位字节。虽然目前帧中继的实现都使用了两个八位字节的 DLCI,但该性能允许在将来使用更长的 DLCI。地址字段每一个字节的第 8 个比特用于指明 EA。
- 前向显式拥塞通知(FECN):FECN 是一个单比特的字段,其值可以被一个交换机设置为 1,用来表示一个诸如路由器的终端 DTE 设备在从源到目的站的帧传输方向上经历了拥塞。使用 FECN 和 BECN 字段的好处主要在于较高层协议能够智能地对这些拥塞指示符做出反应,但不强制用户采取某种行为以减轻拥塞。目前,DECnet 和 OSI 是唯一实现这些功能的较高层协议。
- 后向显式拥塞通知(BECN):BECN 也是一个单比特的字段,当其值被一个交换机设置为 1 时,表示网络在从源到目的站的帧传输相反方向上发生了拥塞。同样不强制用户采取某种行为以减轻拥塞。
- 丢弃合格(DE):被诸如路由器的 DTE 设备所设置,用于指出加上该标记的帧相对于其他被传输的帧,其重要性要低一些。被标记为"丢弃合格"的帧在一个拥塞网络中应该先于其他帧而被丢弃,这就允许在帧中继网络中存在一个基本的优先机制。

(3) 信息字段(I)

此字段包含的是用户数据,可以是任意的比特序列,它的长度必须是整数个字节,帧中继信息字段最大长度为 262 个字节,网络应能支持协商的信息字段的最大字节数至少为 1600,用来支持如 LAN 互联之类的应用,以尽量减少用户设备分段和重组用户数据的需要。此字段的内容在网络上传输时不被改变,并且不被帧中继协议解释。

(4) 帧校验序列(FCS)

FCS 用于检测数据是否被正确地接受。FCS 作用于帧中继所有比特,除了标志字段和 FCS 本身外,在帧中继接入设备的发送端及接收端都要进行 CRC 校验的计算。如果结果不一致,则丢弃该帧。当地址字段改变后,FCS 必须重新计算。

3. 帧中继业务

帧中继网络提供虚电路业务。虚电路是端到端的连接,不同的数据链路连接标识符 DLCI 代表不同的虚电路。在用户—网络(UNI)接口上的 DLCI 用于区分用户建立的不同虚电路,在网络—网络(NNI)接口上 DLCI 用于区分网络之间的不同虚电路。DLCI 的作用范围仅限于本地的链路段。

PVC 是在两个端用户之间建立的固定逻辑连接,为用户提供约定的服务。帧中继交换设备根据预先配置的 DLCI 表把数据帧从一段链路交换到另外一段链路,最终传送到接收的用户。SVC 是使用 ISDN 信令协议 Q.931 临时建立的逻辑连接。它要以呼叫的形式通过信令来建立和释放。有的帧中继网络只提供 PVC 业务,而不提供 SVC 业务。

在帧中继的虚电路上可以提供不同的服务质量,服务质量参数有以下几种。

(1) 接入速率(AR):指 DTE 可以获得的最大数据速率,实际上就是用户—网络接口的物理速率。

(2) 约定突发量(B_c):指在 T_c(时间间隔)内允许用户发送的数据量。

(3) 超突发量(B_e):指在 T_c 内超过 B_c 部分的数据量,对这部分数据网络将尽力传送。

(4) 约定数据速率(CIR):指正常状态下的数据速率,取 T_c 内的平均值。

(5) 扩展的数据速率(EIR):指允许用户增加的数据速率。

(6) 约定速率测量时间(T_c):指测量 B_c 和 B_e 的时间间隔。

(7) 信息字段最大长度:指每个帧中包含的信息字段的最大字节数,默认为 1600 字节。

在用户—网络接口(UNI)上对这些参数进行管理。在两个不同的传输方向上,这些参数可以不同,以适应两个传输方向业务量不同的应用。网络应该可靠地保证用户以等于或低于 CIR 的速率传送数据。对于超过 CIR 的 B_c 部分,在正常情况下也能可靠地传送,但是若出现网络拥塞,则会被优先丢弃。对于 B_e 部分的数据,网络将尽量传送,但不保证传送成功。对于超过 B_c+B_e 的部分,网络拒绝接收。这是在保证用户正常通信的前提下防止网络拥塞的重要手段,对于各种数据通信业务(流式的和突发的)有很强的适应能力。

帧中继的应用既可作为公用网络的接口,也可作为专用网络的接口。专用网络接口的典型实现方式是,为所有的数据设备安装带有帧中继网络接口的 T1 多路选择器,而其他如语音传输、电话会议等应用则仅需要安装非帧中继接口。这两类网络中,连接用户设备和网络装置的电缆可以用不同速率传输数据,一般速率在 56kbps 到 E1 速率(2.048Mbps)间。

帧中继业务适合于以下方面。

(1) 局域网的互联。由于帧中继具有支持不同数据速率的能力,使其非常适于处理局域网的突发数据流量。传统的局域网互联,每增加一条端到端的线路,就要在用户的路由器上增加一个端口。基于帧中继的局域网互联,只要局域网内每个用户至网络间有一条带宽足够的线路,则既不用增加物理线路也不用占用物理端口,就可以增加端到端线路,而不至于对用户性能产生影响。

(2) 语音传输。帧中继不仅适用于对时延不敏感的局域网的应用,还可以对时延要求较高的低档语音(质量优于长途电话)的应用。

(3) 文件传输。帧中继既可保证用户所需要的带宽,又有较满意的传输时延,非常适合大流量文件的传输。

小结

通过本部分的学习,应掌握下列知识和技能:

- 了解帧中继的基本的呼叫控制原理。
- 了解帧中继的拥塞控制和带宽管理。
- 了解目前全国分组交换网络结构。
- 熟悉帧中继的技术特点及应用。
- 掌握 X.25 协议的基本原理。
- 掌握 PPP 互联协议。
- 掌握 LAPF 协议。
- 掌握帧中继的呼叫控制原理。

6.3 广域网接入技术

6.3.1 公共电话交换网

公共电话交换网(public switched telephone network,PSTN)是以电路交换为信息交换方式,以电话业务为主要业务的电信网,同时也提供传真等部分简单的数据业务。

公共交换电话网最早是 1876 年由贝尔发明的电话开始建立的。从 20 世纪 60 年代开始应用于数据传输。虽然各种专用的计算机网络和公用数据网近年来发展很快,但是 PSTN 的覆盖范围更广,费用更低廉,因而许多用户仍然通过电话线拨号的方式访问互联网。

PSTN 网是一个设计用于话音通信的网络,采用电路交换与同步时分复用技术进行话音传输,PSTN 的本地环路级是模拟和数字混合的,主干级是全数字的;其传输介质以有线为主。按所覆盖的地理范围,PSTN 可以分为本地电话网、国内长途电话网和国际长途电话网。

(1) 本地电话网:包括大、中、小城市和县一级的电话网络,处于统一的长途编号区范围内,一般与相应的行政区划相一致。

(2) 国内长途电话网:提供城市之间或省之间的电话业务,一般与本地电话网在固定的几个交换中心完成汇接。我国的长途电话网中的交换节点又可以分为省级交换中心和地(市)级交换中心两个等级,它们分别完成不同等级的汇接转换。

(3) 国际长途电话网:提供国家之间的电话业务,一般每个国家设置几个固定的国际长途交换中心。

人们熟知的 PSTN 系统主要部分如图 6-13 所示,有本地回路、干线以及长途局和端局,这两种局都包含了用于切换电话的交换设备。从 ISP 的局端到家庭或从电话公司的局端到家庭或者小型业务部门的双线本地回路经常称"最后一英里"(last mile),但实际上它的长度可以达到几英里。在过去,它一直传输模拟信号,因为转换为数字信号传输的成本相对比较高,当然这最后一段的模拟传输目前也正在发生变化。

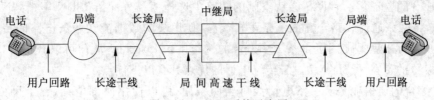

图 6-13 PSTN 系统示意图

当一台计算机希望通过模拟拨号线路发送数字数据的时候,这些数据首先必须转换成模拟的形式,才能通过本地回路进行传输。这个转换过程是通过一种被称为调制解调器(MODEM)的设备来完成的。在电话公司的端局中,这些模拟数据又通过编解码器(CODEC)转换成数字形式,以便通过长途干线进行传输。

如果另一端也是一台带调制解调器的计算机,则必须再由编解码器进行相反的转换过程(从数字到模拟),以便通过目的地的一段本地回路。然后由目的地的调制解调器将模拟形式的数据反转换成计算机能接受的数字信号。

利用 PSTN 的接入互联网方式比较简便灵活,通常有以下几种:

(1)通过普通拨号电话线入网。只要在通信双方原有的电话线上并接 Modem,再将Modem 与相应的上网设备相连即可。目前,大多数上网设备,如 PC 或者路由器,均提供有若干个串行端口,串行口和 Modem 之间采用 RS-232 等串行接口规范。这种连接方式的费用比较经济,收费价格与普通电话的收费相同,可适用于通信不太频繁的场合。

(2)通过租用电话专线入网。与普通拨号电话线方式相比,租用电话专线可以提供更高的通信速率和数据传输质量,但相应的费用也较前一种方式高。使用专线的接入方式与使用普通拨号线的接入方式没有太大的区别,但是省去了拨号连接的过程。通常,当决定使用专线方式时,用户必须向所在地的电信局提出申请,由电信局负责架设和开通。

(3)经普通拨号或租用专用电话线方式由 PSTN 转接入公共数据交换网(X. 25 或Frame-Relay 等)的入网方式。利用该方式实现与远地的连接是一种较好的远程方式,因为公共数据交换网为用户提供可靠的面向连接的虚电路服务,其可靠性与传输速率都比PSTN 强得多。

6.3.2 综合业务数字网

综合业务数字网(Integrated Services Digital Network,ISDN)是一个数字电话网络国际标准,是一种典型的电路交换网络系统。它通过普通的铜缆以更高的速率和质量传输语音和数据。

ISDN 可以分为 N-ISDN 和 B-ISDN 两种。N-ISDN 采用 BRI 接口,由 2 条 B 通道和 1条 D 通道构成,即 2B+D。B 通道传输用户信息,既可以为语音信息,也可以为数据信息,速率为 64kbps;D 通道传输通信时的信令,速率为 16kbps。因此 BRI 接口的速率为144kbps,当用户同时占用两条 B 通道进行 Internet 接入时,传数据的速率最高可为128kbps。B-ISDN 采用 PRI 接口,根据 PCM 系统划分时隙不同,PRI 接口分为 30B+D 和23B+D。30B+D 是中国所采用的 PRI 接口形式,速率为 2048kbps,支持 30 条 64kbps 的 B信道和 1 条 64kbps 的 D 信道。

类似于 Modem 拨号,首先是由 NT1 设备向远端的 NAS 发起建立来连接的请求,在通

153

过 RADIUS 的验证之后，NAS 会从空闲的链路中选择两条分配给 ISDN 用户。NAS 通过 MP 技术，将两条通信线路合并成一条逻辑线路，使用户的数据流在两条链路间负荷分担，这样，用户实际上就是使用了 1 条 128kbps 的链路接入 Internet，从而可以获得 2 倍于普通 Modem 拨号的带宽。ISDN 相对于传统电话的优点具有以下优点。

（1）综合的通信业务：一条电话线可当两条用，可以使用两部电话，在上网的同时拨打、接听电话、收发传真；还可以使用两台计算机同时上网。通过配置适当的终端设备，也可以实现可视电话或会议电视功能。

（2）呼叫速度快：现在通过 Modem 上网传输速率低、质量差；ISDN 呼叫连接速度快，用户线传输速率是 64kbps 或 128kbps。用 Modem 上网需 40s 左右，用 ISDN 仅需 3～10s。

（3）传输质量高：ISDN 采用端到端数字传输，接收用户端声音失真很小，而数据传输比特误码性能比传统电话线路至少改善 10 倍。

（4）使用灵活方便：用户使用一个入网接口和普通电话号码就能从网络得到多种服务，用户可在这个接口上连接不同种类的终端。

（5）费用适宜：由于使用单一网络提供多种服务，提高了网络资源利用率，可用低廉的费用向用户提供服务。

6.3.3　数字数据网

数字数据网（digital data network，DDN）就是适合这些业务发展的一种传输网络。它是将数万、数十万条以光缆为主体的数字电路，通过数字电路管理设备，构成一个传输速率高、质量好，网络时延小，全透明、高流量的数据传输基础网络。

由于 DDN 是采用数字传输信道传输数据信号的通信网，因此，它可提供点对点、点对多点透明传输的数据专线出租电路，为用户传输数据、图像、声音等信息。使用 DDN 具有如下特点：

（1）DDN 是透明传输网。由于 DDN 将数字通信的规则和协议寄托在智能化程度的用户终端来完成，本身不受任何规程的约束，所以是全透明网，是一种面向各类数据用户的公用通信网，它可以看成是一个大型的中继开放系统。

（2）传输速率高，网络时延小。由于 DDN 用户数据信息是根据事先的协议，在固定通道带宽和预先约定速率的情况下顺序连接网络，这样只需按时隙通道就可以准确地将数据信息送到目的地，从而免去了目的终端对信息的重组，因此减少了时延。

（3）DDN 可提供灵活的连接方式。DDN 可以支持数据、语音、图像传输等多种业务，它不仅可以和客户终端设备进行连接，而且还可以和用户网络进行连接，为用户网络互连提供灵活的组网环境。DDN 的通信速率可根据用户需要在 $N \times 64kbps(N=1～32)$ 之间进行选择，当然速度越快，租用费用也就越高。

（4）灵活的网络管理系统。DDN 采用的图形化网络管理系统可以实时地收集网络内发生的故障并进行故障分析和定位。通过网络图形颜色的变化，显示出故障点的信息，其中包括网络设备的地点、网络设备的电路板编号及端口位置，从而提醒维护人员及时准确地排除故障。

（5）保密性高。由于 DDN 专线提供点到点的通信，信道固定分配，保证通信的可靠性，不会受其他客户使用情况的影响，因此通信保密性强，特别适合金融、保险客户的需要。

总之,DDN 将数字通信技术、计算机技术、光纤通信技术以及数字交叉连接技术有机地结合在一起,提供了高速度、高质量的通信环境,为用户规划、建立自己安全、高效的专用数据网络提供了条件,因此在多种接入方式中深受广大客户的青睐。

6.3.4　数字用户线

数字用户线(digital subscriber line,xDSL)技术是基于普通电话线的宽带接入技术,它可以在一个铜线上分别传送数据和语音信号。xDSL 技术是美国贝尔通信研究所于1989 年为推动视频点播(VOD)业务开发出的用户线高速传输技术。随着 xDSL 技术的问世,铜线从只能传输语音和 56kbps 的低速数据接入,发展到已经可以传输高速数据信号了。ADSL、HDSL/SHDSL 等基于铜线传输的 xDSL 接入技术已经使铜线成为宽带用户接入的一个重要手段,并成为宽带接入的主流技术,为广大用户所采用。根据 DSL Forum 的最新统计,截至 2004 年 3 月 31 日,全球 xDSL 用户数已达到 7340 万。

数字用户线技术有许多种模式,如 ADSL、RADSL、HDSL 和 VDSL 等。按照数据传输的上、下行速率的相同与不同,xDSL 又可以分为对称 xDSL 和非对称 xDSL 两种模式。

1. 对称 xDSL 技术

对称 DSL 技术中上、下行双向传输速率相同,代表有 HDSL、SDSL 等,主要用于传统的T1/E1 接入技术。与 T1/E1 技术相比,对称 DSL 技术具有对线路质量要求低,安装调试简单等特点。

(1) 高速数字用户环路技术 HDSL

HDSL 技术利用现有电话线缆的用户线中两对或三对双绞线来提供全双工的 T1/E1信号传输,对于普通 0.6~0.6mm 线径的用户线路来讲,传输距离可达 3~6km,比传统的PCM 技术要长一倍以上,如果线径更粗一些,传输距离可接近 10km。HDSL 技术广泛适用于移动通信基站中继、无线寻呼中继、视频会议、ISDN 基群接入、远端用户线单元(RLU)中继以及计算机局域网互联等业务,由于它要求传输介质为 2~3 对双绞线,因此常用于中继线路或专用数字线路,一般终端用户线路不采用该技术。

(2) 对称数字用户线路技术 SDSL

SDSL 是 HDSL 的一种变化形式,它只使用一条电缆线对,可提供从 144kbps~1.5Mbps 的速度。SDSL 是速率自适应技术,和 HDSL 一样,SDSL 也不能同模拟电话共用线路,传送距离为 2~3km。

2. 非对称 xDSL 技术

非对称 xDSL 技术的上、下行传输速率不同,主要有 ADSL、RADSL、VDSL 等,适用于对双向带宽要求不一样的应用,如 Web 浏览、多媒体点播、信息发布等,因此适合 Internet接入、VOD 视频点播系统等。

(1) 非对称数字用户线 ADSL

ADSL 是一种通过现有普通电话线为家庭、办公室提供宽带数据传输服务的技术。它是众多 DSL 技术中较为成熟的一种,其带宽较大、连接简单、投资较小,因此发展很快。

ADSL 技术的主要特点是可以充分利用现有的 PSTN 网络,在线路两端加装 ADSL 设备即可为用户提供高宽带服务。ADSL 的另外一个优点在于它可以与普通电话共存于一条电话线上,在一条普通电话线上接听、拨打电话的同时进行 ADSL 传输而又互不影响。利用 ADSL 技术在电话线上产生三个信息通道,且这三个通道可以同时工作:一个速率为 1.5kbps～8Mbps 的高速下行通道,用于用户下载信息,传输距离可达 3～5km;一个速率为 16kbps～1Mbps 的中速双工通道;一个普通的老式电话服务通道。ADSL 采用高级的数字信号处理技术和新的算法压缩数据,使大量的信息得以在网上高速传输。我们知道,在现有的较长的铜制双绞线(普通电话线)上传送数据,其对信号的衰减是十分严重的,ADSL 在如此恶劣的环境下实现了大的动态范围、分离的通道,以及保持低噪声干扰,其难度可想而知。所以说,ADSL 是调制解调技术的一个奇迹。

为了在电话线上分隔有效带宽,产生多路信道,ADSL 调制解调器一般采用两种方法实现,频分多路复用(FDM)或回波消除(echo cancellation)技术。FDM 在现有带宽中分配一段频带作为数据下行通道,同时分配另一段频带作为数据上行通道。下行通道通过时分多路复用(TDM)技术再分为多个高速信道和低速信道。同样,上行通道也由多路低速信道组成。而回波消除技术则使上行频带与下行频带叠加,通过本地回波抵消来区分两频带。此技术来源于 V.32 和 V.34 调制解调器中,它非常有效地使用了有限的带宽,但从复杂性和价格来说,其代价较大。当然,无论使用两种技术中的哪一种,ADSL 都会分离出 4KHz 的频带用于老式电话服务(POTS)。

当前 ADSL 调制解调设备多采用 3 种线路编码技术,分别称为抑制载波幅度和相位(carrier-less amplitude and phase,CAP)、离散多音复用(discrete multi tone,DMT)以及离散小波多音复用(discrete wavelet multi tone,DWMT)。其中 CAP 的基础是正交幅度调制(QAM)。在 CAP 中,数据被调制到单一载波之上;而在 DMT 中,数据被调制到多个载波之上,每个载波上的数据使用 QAM 进行调制。DMT 中使用为大家熟知的快速傅里叶变换算法做数字信号处理,而在 DWMT 中,则用近年来新兴的小波变换算法代替快速傅里叶变换。一个 ADSL 调制解调器将多路下行通道中,双工通道中以及维护信道中的数据流组合成数据块(block),并在每一数据块中附加纠错代码,接收端则通过此纠错代码对在传输过程中产生的误码进行纠错。实验表明,此纠错编码技术完全可以达到 MPEG-2 和其他数字图像压缩方法的要求。

(2) 速率自适应数字用户线路 RADSL

RADSL 其实是 ADSL 的一种,同样能够在一对铜质双绞线上提供 1kbps～8Mbps 下行速率的通道和 16kbps～1.0Mbps 上行速率的通道以及传统的电话通道,并且这三个通道可以同时工作,其传输距离最远可以达到 5500m。与 ADSL 相比最大的不同就是它能根据传输线路质量的好坏以及传输距离的远近动态地调整传输速率,连接速率可以根据链接期间的线路状况做出选择,也可以根据从中心端传来的信号选择。其他的传输速率及距离范围等特性和 ADSL 基本相同。目前深圳提供的 ADSL 接入就是基于 RADSL 的。

(3) 甚高速数字用户环路 VDSL

VDSL 拥有 xDSL 中最快的传输速度,在一对铜质双绞线上短距离内最大下行速率将近 52Mbps,但它只是个优秀的短跑选手,随着距离的增加传输速率会迅速下降。在 300m 距离时下行速度最高可达到 51.84Mbps,但当传输距离增加到 1500m 时速度迅速下降到 12.96Mbps。由于 VDSL 的国际标准尚未出台,美国的 ANSI T1.4 和欧洲的 ETSI TM6 标准化小组分别制定了各自 VDSL 的系统规范,它们都支持对称和非对称的数据传输。在欧洲的 ETSI 的标准中支持非对称和对称数据传输速率的标准分别为 Class

Ⅰ和 Class Ⅱ。Class Ⅰ 的最高下行传输速率为 24Mbps；Class Ⅱ 的最高传输速率为 36Mbps。ANSI 定义的非对称传输时最高下行速率为 52Mbps；对称传输模式下的数据传输速率最高为 52Mbps。

6.3.5　HFC

HFC(hybrid fiber coaxial)是光纤和同轴电缆相结合的混合网络。HFC 通常由光纤干线、同轴电缆支线和用户配线网络三部分组成，从有线电视台出来的节目信号先变成光信号在干线上传输；到用户区域后把光信号转换成电信号，经分配器分配后通过同轴电缆送到用户。它与早期 CATV 同轴电缆网络的不同之处主要在于，在干线上用光纤传输光信号，在前端需完成电—光转换，进入用户区后要完成光—电转换。

HFC 的主要特点是：传输容量大，易实现双向传输，从理论上讲，一对光纤可同时传送 150 万路电话或 2000 套电视节目；频率特性好，在有线电视传输带宽内无须均衡；传输损耗小，可延长有线电视的传输距离，25 公里内无须中继放大；光纤间不会有串音现象，不怕电磁干扰，能确保信号的传输质量。同传统的 CATV 网络相比，其网络拓扑结构也有些不同：第一，光纤干线采用星形或环状结构；第二，支线和配线网络的同轴电缆部分采用树状或总线式结构；第三，整个网络按照光节点划分成一个服务区，这种网络结构可满足为用户提供多种业务服务的要求。随着数字通信技术的发展，特别是高速宽带通信时代的到来，HFC 已成为现在和未来一段时期内宽带接入的最佳选择，因而 HFC 又被赋予新的含义，特指利用混合光纤同轴来进行双向宽带通信的 CATV 网络。

HFC 网络能够传输的带宽为 750～860MHz，少数达到 1GHz。根据原邮电部 1996 年意见，其中 5～42/65MHz 频段为上行信号占用，50～550MHz 频段用来传输传统的模拟电视节目和立体声广播，650～750MHz 频段传送数字电视节目、VOD 等，750MHz 以后的频段留着以后技术发展用。

HFC 的系统结构一般包括局端系统 CMTS、用户总端系统和 HFC 传输网络。如图 6-14 所示。

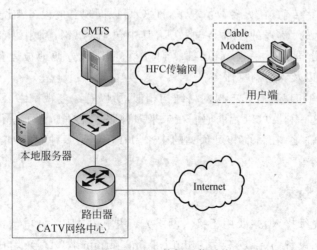

图 6-14　HFC 数据通信系统

1. 局端系统 CMTS

CMTS 一般在有线电视的前端,或者在管理中心的机房,完成数据到 RF 转换,并与有线电视的视频信号混合,送入 HFC 网络中。除了与高速网络连接外,也可以作为业务接入设备,通过 Ethernet 网口挂接本地服务器提供本地业务。

作为前端路由器/交换集线器和 CATV 网络之间的连接设备,CMTS 能维护 1 个连接用户数据交换集线器的 10Base-T 双向接口和 1 个承载 SNMP 信息的 10Base-T 接口。CMTS 也能支持 CATV 网络上的不同 CM(cable modem)之间的双向通信。就下行来说,来自路由器的数据包在 CMTS 中被封装成 MPEG2-TS 帧的形式,经过 64QAM 调制后,下载给各 CM;在上行方向,CMTS 将接收到的经 QPSK 调制的数据进行解调,转换成以太网帧的形式传送给路由器。同时,CMTS 负责处理不同的 MAC 程序,这些程序包括下行时隙信息的传输、测距管理以及给各 CM 分配 TDMA 时隙。

CMTS 支持两个管理模式:通过 RS-232 口,并利用基于专用 NMS 的 PC 进行本地管理;利用基于 SNMP 的网管进行远程管理。完成此项功能是通过 CMTS 上增加一个 SNMP proxy 代理模块。

2. 用户总端系统

CM(cable modem)是放在用户家中的终端设备,连接用户的 PC 和 HFC 网络,提供用户数据的接入。

HFC 数据通信系统的用户端设备 CM 是用户端 PC 和 HFC 网络的连接设备。它支持 HFC 网络中的 CMTS 和用户 PC 之间的通信,与 CMTS 组成完整的数据通信系统。CM 接收从 CMTS 发送来的 QAM 调制信号并解调,然后转换成 MPEG-2-TS 数据帧的形式,以重建传向 10Base-T Ethernet 接口的以太帧。在相反方向上,从 PC 接收到的以太帧被封装在时隙中,经 QPSK 调制后,通过 HFC 网络的上行数据通路传送给 CMTS。

HFC 既是一种灵活的接入系统同时也是一种优良的传输系统,HFC 把铜缆和光缆搭配起来,同时提供两种物理媒质所具有的优秀特性。HFC 在向新兴宽带应用提供带宽需求的同时却比 FTTC(光纤到路边)或者 SDV(交换式数字视频)等解决方案便宜许多,HFC 可同时支持模拟和数字传输,在大多数情况下,HFC 可以同现有的设备和设施合并。

HFC 支持现有的、新兴的全部传输技术,其中包括 ATM、帧中继、SONET 和 SMDS (交换式多兆位数据服务)。一旦 HFC 部署到位,它可以很方便地被运营商扩展以满足日益增长的服务需求以及支持新型服务。

由于 HFC 结构和现有有线电视网络结构相似,所以有线电视网络公司对 HFC 特别青睐,他们非常希望这一利器可以帮助他们在未来多种服务竞争局面下获得现有的电信服务供应商似的地位。总之,在目前和可预见的未来,HFC 都是一种理想的、全方位的、信号分派类型的服务媒质。

6.3.6 FTTX 技术

FTTX 技术(光纤接入)主要用于接入网络光纤化,范围从区域电信机房的局端设备到用户终端设备,局端设备为光线路终端(optical line terminal,OLT)、用户端设备为光网络单元(optical network unit,ONU)或光网络终端(optical network terminal,ONT)。根据光纤到用户的距离来分类,可分成光纤到交换箱(fiber to the cabinet,FTTCab)、光纤到路边

(fiber to the curb,FTTC)、光纤到大楼(fiber to the building,FTTB)及光纤到户(fiber to the home,FTTH)4 种服务形态。美国运营商 Verizon 将 FTTB 及 FTTH 合称光纤到驻地 (fiber to the premise,FTTP)。上述服务可统称为 FTTX。

1. FTTC

FTTC 为目前最主要的服务形式,主要是为住宅区的用户作服务,将 ONU 设备放置于路边机箱,利用 ONU 出来的同轴电缆传送 CATV 信号或双绞线传送电话及上网服务。

2. FTTB

FTTB 依服务对象区分有两种,一种是公寓大厦的用户服务,另一种是商业大楼的公司行号服务,两种皆将 ONU 设置在大楼的地下室配线箱处,只是公寓大厦的 ONU 是 FTTC 的延伸,而商业大楼是为了中大型企业单位,必须提高传输的速率,以提供高速的数据、电子商务、视频会议等宽带服务。

3. FTTH

至于 FTTH,ITU 认为从光纤端头的光电转换器(或称为媒体转换器 MC)到用户桌面不超过 100m 的情况才是 FTTH。FTTH 将光纤的距离延伸到终端用户家里,使得家庭内能提供各种不同的宽带服务,如 VOD、在家购物、在家上课等,提供更多的商机。若搭配 WLAN 技术,将使得宽带与移动结合,则可以达到未来宽带数字家庭的远景。

光纤连接 ONU 主要有两种方式:一种是点对点形式拓扑(point to point,P2P),从中心局到每个用户都用一根光纤;另外一种是使用点对多点形式拓扑方式(point to multi-point,P2MP)的无源光网络(passive optical network,PON)。对于具有 N 个终端用户的距离为 Mkm 的无保护 FTTX 系统,如果采用点到点的方案,需要 $2N$ 个光收发器和 NMkm 的光纤。但如果采用点到多点的方案,则需要 $N+1$ 个光收发器、一个或多个(视 N 的大小)光分路器和大约 Mkm 的光纤,在这一点上,采用点到多点的方案,大大地降低了光收发器的数量和光纤用量,并降低了中心局所需的机架空间,有着明显的成本优势。

(1)点到点的 FTTX 解决方案

点对点直接光纤连接具有容易管理、没有复杂的上行同步技术和终端自动识别等优点。另外上行的全部带宽可被一个终端所用,这非常有利于带宽的扩展。但是这些优点并不能抵消它在器件和光纤成本方面的劣势。

Ethernet+media converter 就是一种过渡性的点对点 FTTH 方案,此种方案使用媒体转换器(media converter,MC)方式将电信号转换成光信号进行长距离的传输。其中 MC 是一个单纯的光电/电光转换器,它并不对信号包做加工,因此成本低廉。这种方案的好处是对于已有的 Ethernet 设备只需要加上 MC 即可。对于目前已经普及的 100Mbps Ethernet 网络而言,100Mbps 的速率也可满足接入网的需求,不必更换支持光纤传输的网卡,只需要加上 MC,这样用户可以减少升级的成本,是点对点 FTTH 方案过渡期间网络的解决方案。

(2)点到多点的 FTTX 解决方案

在光接入网中,如果光配线网(ODN)全部由无源器件组成,不包括任何有源节点,则这种光接入网就是 PON。PON 的架构主要是将从光纤线路终端设备 OLT 下行的光信号,通过一根光纤经由无源器件 Splitter(光分路器),将光信号分路广播给各用户终端设备 ONU/T,这样就大幅减少网络机房及设备维护的成本,更节省了大量光缆资源等成本,PON 因而成为 FTTH 最新热门技术。PON 技术始于 20 世纪 80 年代初,目前市场上的 PON 产品按照其采用的技术,主要分为 APON/BPON(ATM PON/宽带 PON)、EPON(以太网 PON)和 GPON(千兆比特 PON),其中,GPON 是最新标准化和产品化的技术。

PON 作为一种接入网技术,定位在常说的"最后一公里",也就是在服务提供商、电信局端和商业用户或家庭用户之间的解决方案。

随着宽带应用越来越多,尤其是视频和端到端应用的兴起,人们对带宽的需求越来越强烈。在北美,每个用户的带宽需求在 5 年内将达到 20～50Mbps,而在 10 年内将达到70Mbps。在如此高的带宽需求下,传统的技术将无法胜任,而 PON 技术却可以大显身手。

6.3.7　SDH 技术

1. SDH 概念

同步数字系列 SDH(synchronous digital hierarchy)光端机容量较大,一般是 16E1 到4032E1。SDH 是一种将复接、线路传输及交换功能融为一体、并由统一网管系统操作的综合信息传送网络,是美国贝尔通信技术研究所提出来的同步光网络(SONET)。国际电话电报咨询委员会(CCITT)(现 ITU-T)于 1988 年接受了 SONET 概念并重新命名为 SDH,使其成为不仅适用于光纤,也适用于微波和卫星传输的通用技术体制。它可实现网络有效管理、实时业务监控、动态网络维护、不同厂商设备间的互通等多项功能,能大大提高网络资源利用率、降低管理及维护费用、实现灵活可靠和高效的网络运行与维护,因此是当今世界信息领域在传输技术方面的发展和应用的热点,受到人们的广泛重视。

SDH 技术的诞生有其必然性,随着通信的发展,要求传送的信息不仅是话音,还有文字、数据、图像 和视频等。加之数字通信和计算机技术的发展,在 20 世纪 70—80 年代,陆续出现了 T1(DS1)/E1 载波系统(1.544/2.048Mbps)、X.25 帧中继、ISDN(综合业务数字网)和 FDDI(光纤分布式数据接口)等多种网络技术。随着信息社会的到来,人们希望现代信息传输网络能快速、经济、有效地提供各种电路和业务,而上述网络技术由于其业务的单调性、扩展的复杂性、带宽的局限性,仅在原有框架内修改或完善已无济于事。SDH 就是在这种背景下发展起来的。

在各种宽带光纤接入网技术中,采用了 SDH 技术的接入网系统是应用最普遍的。SDH 的诞生解决了由于入户媒质的带宽限制而跟不上骨干网和用户业务需求的发展,而产生了用户与核心网之间的接入"瓶颈"的问题,同时提高了传输网上带宽的利用率。SDH 技术自从 20 世纪 90 年代引入以来,至今已经是一种成熟、标准的技术,在骨干网中被广泛采用,且价格越来越低,在接入网中应用可以将 SDH 技术在核心网中的巨大带宽优势和技术优势带入接入网领域,充分利用 SDH 同步复用、标准化的光接口、强大的网管能力、灵活网络拓扑能力和高可靠性带来好处,在接入网的建设发展中长期受益。

2. SDH 的基本传输原理

SDH 采用的信息结构等级称为同步传送模块 STM-N(synchronous transport,$N=1$,4,16,64),最基本的模块为 STM-1,4 个 STM-1 同步复用构成 STM-4,16 个 STM-1 或 4 个STM-4 同步复用构成 STM-16;SDH 采用块状的帧结构来承载信息,每帧由纵向 9 行和横向 $270×N$ 列字节组成,每个字节含 8bit,整个帧结构分成段开销(section over head,SOH)区、STM-N 净负荷区和管理单元指针(AU PTR)区三个区域,其中段开销区主要用于网络的运行、管理、维护及指配以保证信息能够正常灵活地传送,它又分为再生段开销

（rege nerator section over head，RSOH）和复用段开销（multiplex section over head，MSOH）；净负荷区用于存放真正用于信息业务的比特和少量的用于通道维护管理的通道开销字节；管理单元指针用来指示净负荷区内的信息首字节在 STM-N 帧内的准确位置以便接收时能正确分离净负荷。SDH 的帧传输时按由左到右、由上到下的顺序排成串形码流依次传输，每帧传输时间为 $125\mu s$，每秒传输 $1/125\times1000000$ 帧，对 STM-1 而言每帧字节为 $8bit\times(9\times270\times1)=19440bit$，则 STM-1 的传输速率为 $19440\times8000=155.520Mbps$；而 STM-4 的传输速率为 $4\times155.520Mbps=622.080Mbps$；STM-16 的传输速率为 16×155.520（或 4×622.080）$=2488.320Mbps$。

SDH 传输业务信号时各种业务信号要进入 SDH 的帧都要经过映射、定位和复用三个步骤：映射是将各种速率的信号先经过码速调整装入相应的标准容器(C)，再加入通道开销(POH)形成虚容器(VC)的过程，帧相位发生偏差称为帧偏移；定位即是将帧偏移信息收进支路单元(TU)或管理单元(AU)的过程，它通过支路单元指针(TU PTR)或管理单元指针(AU PTR)的功能来实现；复用则是将多个低价通道层信号通过码速调整使之进入高价通道或将多个高价通道层信号通过码速调整使之进入复用层的过程。

3. SDH 的特点

SDH 之所以能够快速发展这是与它自身的特点是分不开的，其具体特点如下：

（1）SDH 传输系统在国际上有统一的帧结构，数字传输标准速率和标准的光路接口，使网管系统互通，因此有很好的横向兼容性，它能与现有的 PDH 完全兼容，并容纳各种新的业务信号，形成了全球统一的数字传输体制标准，提高了网络的可靠性。

（2）SDH 接入系统的不同等级的码流在帧结构净负荷区内的排列非常有规律，而净负荷与网络是同步的，它利用软件能将高速信号一次直接分插出低速支路信号，实现了一次复用的特性，克服了 PDH 准同步复用方式对全部高速信号进行逐级分解然后再生复用的过程，由于大大简化了 DXC，减少了背靠背的接口复用设备，改善了网络的业务传送透明性。

（3）由于采用了较先进的分插复用器(ADM)、数字交叉连接(DXC)、网络的自愈功能和重组功能就显得非常强大，具有较强的生存率。因 SDH 帧结构中安排了信号的 5% 开销比特，它的网管功能显得特别强大，并能统一形成网络管理系统，为网络的自动化、智能化、信道的利用率以及降低网络的维管费和生存能力起到了积极作用。

（4）由于 SDH 有多种网络拓扑结构，它所组成的网络非常灵活，它能增强网络监控，运行管理和自动配置功能，优化了网络性能，同时也使网络运行灵活、安全、可靠，使网络的功能非常齐全和多样化。

（5）SDH 有传输和交换的性能，它的系列设备的构成能通过功能块的自由组合，实现了不同层次和各种拓扑结构的网络，十分灵活。

（6）SDH 并不专属于某种传输介质，它可用于双绞线、同轴电缆，但 SDH 用于传输高数据率则需用光纤。这一特点表明，SDH 既适合用作干线通道，也可作支线通道。例如，我国的国家与省级有线电视干线网就是采用 SDH，而且它也便于与光纤电缆混合网(HFC)相兼容。

（7）从 OSI 模型的观点来看，SDH 属于其最底层的物理层，并未对其高层有严格的限制，便于在 SDH 上采用各种网络技术，支持 ATM 或 IP 传输。

（8）SDH 是严格同步的，从而保证了整个网络稳定可靠，误码少，且便于复用和调整。

（9）标准的开放型光接口可以在基本光缆段上实现横向兼容，降低了联网成本。

4．SDH 的应用

由于以上所述的 SDH 的众多特性，使其在广域网领域和专用网领域得到了巨大的发展。中国移动、电信、联通、广电等电信运营商都已经大规模建设了基于 SDH 的骨干光传输网络。利用大容量的 SDH 环路承载 IP 业务、ATM 业务或直接以租用电路的方式出租给企、事业单位。而一些大型的专用网络也采用了 SDH 技术，架设系统内部的 SDH 光环路，以承载各种业务。如电力系统，就利用 SDH 环路承载内部的数据、远控、视频、语音等业务。

一般来说，SDH 可提供 E1、E3、STM-1 或 STM-4 等接口，完全可以满足各种带宽要求。同时在价格方面，也已经为大部分单位所接受。由于 SDH 基于物理层的特点，单位可在租用电路上承载各种业务而不受传输的限制。承载方式有很多种，可以是利用基于 TDM 技术的综合复用设备实现多业务的复用，也可以利用基于 IP 的设备实现多业务的分组交换。SDH 技术可真正实现租用电路的带宽保证，安全性方面也优于 VPN 等方式。在政府机关和对安全性非常注重的企业，SDH 租用线路得到了广泛的应用。

 小结

通过本部分的学习，应掌握下列知识和技能：

- 了解交换网络 PSTN 基本原理。
- 掌握数字交叉连接系统的原理。
- 掌握 DDN 网络的定义和组成。
- 掌握数字交叉连接系统的原理。
- 熟悉 DDN 网络提供的业务及特点。
- 掌握 PPP 互联协议。
- 掌握 ISDN 数字网络特点。
- 掌握 HFC、FTTX、SDH 等接入技术。

项目 7 X.25 分组交换网技术

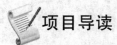

项目导读

分组交换技术是在计算机技术发展到一定水平，个人计算机普及到一定程度的基础上，为满足人们除了打电话通过话音进行直接沟通外，更希望通过计算机和终端实现计算机与计算机之间的通信，共享网络资源的要求，在传输线路质量不高、网络技术手段还较单一的情况下，而应运而生的一种交换技术。分组交换网是继电路交换网和报文交换网之后一种交换网络，利用分组交换技术建立的数据通信网称为分组交换网。由于它主要采用 ITU-T X.25 协议，因此人们也称它为 X.25 网。本项目通过五节，介绍了分组交换基本原理、分组交换网络的组织结构、X.25 协议的基本原理、我国分组交换网络结构和现状，以及广域网接入技术中的公共电话交换网 PSTN 和综合业务数字网 ISDN。

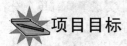

项目目标

知识目标：

- 了解分组交换技术的发展。
- 理解分组交换的基本原理。
- 理解 X.25 协议的分层体系结构。
- 了解 X.75 协议与 X.25 协议的区别与联系。
- 掌握分组交换网的组成和特点。
- 了解分组交换网的业务类型。
- 了解分组交换网的应用。
- 了解目前全国的分组交换网络结构状况。
- 掌握公共电话交换网 PSTN 的概念、组成、分类及网络业务。
- 理解综合业务数字网 ISDN 的设备组成和网络构成。

能力目标：

- 能掌握分组交换网路由选择的方法。
- 熟练掌握分组交换网的设备组成。
- 熟练掌握常用广域网的接入技术。

素质目标：

- 具有独立思考、热爱探索的精神。
- 具有较强的解决网络问题的能力。
- 具有良好的心理素质和职业道德素质。

- 具有一定的科学思维方式和判断分析问题的能力。
- 具有团队协作精神。
- 具有勤奋学习的态度,以及严谨求实、创新的工作作风。

7.1 分组交换基本原理

7.1.1 分组交换技术的发展

分组交换技术是在计算机技术发展到一定水平,个人计算机普及到一定程度的基础上,为满足人们除了打电话通过话音进行直接沟通外,更希望通过计算机和终端实现计算机与计算机之间的通信,通过网络来共享资源的要求,在传输线路质量不高、网络技术手段还较单一的情况下,应运而生的一种交换技术。

分组交换的概念最早是在 1964 年提出的,当时是为了建立安全的军事通信系统而作的研究,但并未能实现这种交换技术,只是有了这样一个概念。随着计算机的普及,人们不再满足于单个计算机的应用和操作,希望多台计算机联网来共享资源和通信,即通过广域计算机网来连接分时计算机系统。1966 年 6 月在英国国家物理实验室(NPL)工作的 Davies 提出了"分组"(packet)这一术语,随后公开发表了关于分组交换的建议,并实现了具有单一分组交换节点的局部网。将多个节点的小型计算机互联的 ARPANET 在 1967 年 6 月发布,至 1969 年 11 月,具有 4 个节点的 ARPANET 已有效地运行,并且很快地扩展,至 1971 年 4 月支持 23 台主计算机,1974 年 6 月支持 62 台主机,1977 年 3 月支持 111 台主机。AEPANET 的一个重要特性是完全分布式,对每个分组采用基于最小时延的动态选路算法,并考虑到链路的利用率和队列长度。ARPANET 的成功运行,表明动态分配和分组交换技术可以有效地用于数据通信。

ARPANET 的成功,促进了分组交换进入公用数据网,形成分组交换公用数据网(packet switched public data network,PSPDN)。1976 年 3 月著名的 CCITT 的 X.25 建议推出,使分组交换网的接口标准化,随后又陆续制定了其他有关的建议,如 X.28、X.29、X.75 等。1975 年 8 月美国的 Telenet 分组交换网投入运营,这是第一个公用的分组交换网,它从开始的 7 个互连的节点增加到了 187 个节点,为美国 156 个城市服务,并与 14 个国家互联。此后相继出现了加拿大的 DATAPAC、法国的 TRANSPAC、英国的 EPSS、中国的 CHINAPAC 等分组交换网,随着这些公用分组网的运行,分组交换技术得到广泛的应用和发展。

7.1.2 分组交换原理

分组交换网的基本原理主要包括传输资源分配、分组的形成、分组的交换与传输、路由选择等。

1. 资源分配

分组交换适合于不同类型、不同速率的计算机与计算机、计算机与终端、终端与终端之间的通信,而多个低速的数据终端可以共同使用一条高速的线路,从而达到经济地使用通信线路的目的。这种方式为多路复用,从对传输资源的分配角度来看,可有两种方法:固定分配资源法和动态分配资源法。

（1）固定分配资源法

固定分配资源法有时分复用和频分复用两种。

① 时分复用：就是将线路传输的时间轮流分配给每个用户，每个用户只在分配的时间里使用线路发送和接收信息。当在分配的时间里用户没有信息要传输时，也不能给其他用户使用，即这段时间只由它来独享。

② 频分复用：就是将传输线路的频带资源分成多个子频带，分别分配给每个用户，每个用户就有了数据传输的子通道，用户使用这个子通道进行通信。当用户没有信息要传输时，也不能给其他用户使用，即这个子通道只由它来独享。

固定分配资源的方法存在传输带宽资源不能充分利用的缺点，分给某个用户的带宽资源即使空闲也不能给其他用户使用。

（2）动态分配资源法

为了克服固定分配资源方法存在的缺点，可以采用按需分配的方法，即当用户需要发送数据时才分配给它线路传输资源，不发送数据时不分配线路传输资源，线路的资源可以为其他用户所使用，这种方法叫作动态分配资源方法，也称作统计时分复用。它的特点是可以充分利用线路传输资源，提高线路的利用率。

2. 分组的形成

分组交换也称包交换，它是将用户传送的数据划分成一定的长度，每个部分叫作一个分组。在每个分组的前面加上一个分组头，用以指明该分组发往何地址，然后由交换机根据每个分组的地址标志，将它们转发至目的地，这一过程称为分组交换。进行分组交换的通信网称为分组交换网。

由此可见，分组交换的最小信息单元是分组，我们将要发送的信息按照一定的长度分割成一个个分组（PACKET），每一个分组中包含了一个分组头，将分组传送的控制信息放在分组头中，这样就形成了分组。分组头的长度为 3 个字节，用户数据的长度通常为 128 字节。图 7-1 是分组的形成。

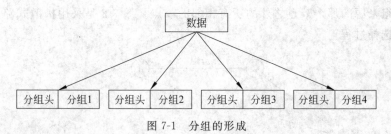

图 7-1 分组的形成

3. 分组的交换和传输

分组交换就是在每个分组的前面加上一个分组头，用以指明该分组发往何地址，再将分组装配成帧的格式（加上帧头和帧尾），将分组在线路上传输，然后在网络中以"存储—转发"的方式进行传送。到了目的地，交换机将分组头去掉，将分割的数据段按顺序装好，还原成发端的文件交给收端用户。

分组通过网络到达终点的实现方法有两种，它们是虚电路方式和数据报方式。

（1）虚电路方式：就是在用户数据传送前先要通过发送呼叫请求分组建立端到端之间

的虚电路。一旦虚电路建立后,属于同一呼叫的数据分组均沿着这一虚电路传送,最后通过呼叫清除分组来拆除虚电路。

虚电路不同于电路交换中的物理连接,而是逻辑连接。虚电路并不独占线路,在一条物理线路上可以同时建立多个虚电路,也就是建立多个逻辑连接,以达到资源共享。但是从另一方面看,虽然只是逻辑连接,毕竟也需要建立连接,因此不论是物理连接还是逻辑连接,都是面向连接(connection oriented,CO)的方式。

虚电路有两种:交换虚电路(switched virtual circuit,SVC)和永久虚电路(permanent virtual circuit,PVC)。通过用户发送呼叫请求分组来建立虚电路的方式称为SVC。如果应用户预约,由网络运营者为之建立固定的虚电路,就不需要在呼叫时临时建立虚电路,而可直接进入数据传送阶段,称为PVC。

(2) 数据报方式:不需要预先建立逻辑连接,而是按照每个分组头中的目的地址对各个分组独立进行选路。由于不需要建立连接,称为无连接(connection less,CL)方式。

1984年以后的CCITT X.25建议已取消了数据报方式。

4. 路由选择

由于数据业务具有高度突发性,且统计复用传输资源,因此在运行中,网络各部分的负荷分布会有很大的波动,合理选择分组路由,不但可以迅速而可靠地把分组传送到目的地,而且可以保证现有其他数据呼叫的性能不受影响。分组能够通过多条路径从源点到达终点是分组交换网最重要的特征,而对传输路径的选择过程即为路由选择,这主要由交换机完成的,分组交换网的路由选择的基本原则是:

- 应选择性能最佳的传送路径,通常最为重要的性能就是端到端传送时延;
- 应使网内业务量分布尽可能均衡,以充分提高网络资源的利用率;
- 应具有故障恢复能力,当网络出现故障时,可自动选择迂回路由。

路由选择的方法有很多,例如,扩散式路由法、查表路由法等。

采用扩散式路由法,分组从原始节点发往它的每个相邻节点,接收该分组的节点检查它是否已经收到过该分组,如果收到过,则将它抛弃;如果未收到过,则该节点便把这个分组发往除了该分组来源的那个节点之外的所有相邻的节点。图7-2是采用扩散式路由的分组交换网的路由选择过程。

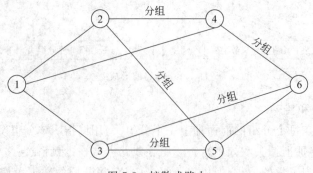

图 7-2 扩散式路由

采用查表路由法,是在每个节点中使用路由表,它指明从该节点到网络中的任何终点应当选择的路径。分组到达节点后,按照路由表规定的路径前进。路由表是根据网络的拓扑结构、链路容量、业务量等因素和某些准则计算建立的。图 7-3 是采用路由表的虚电路呼叫的路由选择过程。

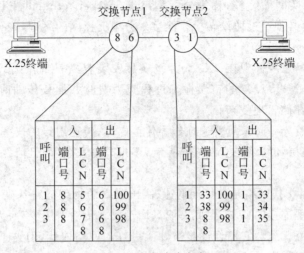

交换节点1				
呼叫	入		出	
	端口号	LCN	端口号	LCN
1	8	5	6	100
2	8	6	6	99
3	8	7	6	98

交换节点2				
呼叫	入		出	
	端口号	LCN	端口号	LCN
1	33	100	1	33
2	38	99	1	34
3	8	98	1	35

图 7-3 虚电路路由表

小结

通过本部分的学习,应掌握下列知识和技能:
- 掌握分组交换技术的发展状况。
- 掌握分组交换原理。
- 了解分组交换网路由选择的方法。

7.2 X.25 协议

7.2.1 X.25 协议概述

X.25 协议是一个广泛使用的协议,它由 ITU-T 提出,是面向计算机的数据通信网,它由传输线路、分组交换机、远程集中器和分组终端等基本设备组成。

X.25 接口协议于 1976 年首次提出,它是在加拿大 DATAPAC 公用分组网相关标准的基础上制定的,在 1980 年、1984 年、1988 年和 1993 年又进行了多次修改,是目前使用最广泛的分组交换协议。X.25 协议是数据终端设备和数据电路终端设备(data circuit terminating equipment,DCE)之间的接口协议,该协议的制定实现了接口协议的标准化,使得各种 DTE 能够自由连接到各种分组交换网上。作为用户设备和网络之间的接口协议,X.25 协议主要定义了数据传输通路的建立、保持和释放过程所需遵循的标准,数据传输过程中进行差错控制和流量控制的机制以及提供的基本业务和可选业务等。X.25 协议最初为 DTE 接入分组交换网提供了虚电路和数据报两种接入方式,X.25 协议取消了数据报方式。

X.25 协议是标准化的接口协议,任何要接入分组交换网的终端设备必须在接口处满足协议的规定。要接入分组交换网的终端设备不外乎两种:一种是具有 X.25 协议处理能力,可直接接入分组交换网的终端,称为分组型终端(packet terminal,PT);另一种是不具有 X.25 协议处理能力必须经过协议转换才能接入分组交换网的终端,称为非分组型终端(non-packet terminal,NTP)。

X.25 特点显著,主要表现在:X.25 经济实惠安装容易、传输可靠性高、适用于误码率较高的通路。但是,X.25 反复的错误检查过程颇为费时并加长传输时间,协议复杂、时延大,分组长度可变,存储管理复杂。

至 2011 年,随着光纤越来越普遍地作为传输媒体,传输出错的概率越来越小,在这种情况下,重复地在链路层和网络层实施差错控制,不仅显得冗余,而且浪费带宽,增加报文传输的延迟。

由于 X.25 分组交换网络是在早期低速、高出错率的物理链路基础上发展起来的,其特性已不适应高速远程连接的要求,因此一般只用于要求传输费用少,而远程传输速率要求不高的广域网使用环境。虽然它已经逐步被性能更好的网络取代,但这个著名的标准在推动分组交换网的发展中做出了巨大贡献。

现 X.25 仍然有遍及全球的使用,尽管这个比例已经随着一些第二层新技术如帧中继、ISDN、ATM、ADSL、POS 的推出而在迅速下降了。现在只有在第三世界国家有一些还在可靠运营的设备,因为毕竟 PDN 可能是最为可靠而且便宜的连接因特网的设备。有一个 X.25 的变种叫作 AX.25,仍然在 amateur 无线封包通信(无线分组交换,packet radio)领域大量使用,然而在近段时间已经有一些呼声建议使用 TCP/IP 来取代 X.25 了。RACAL Paknet 在世界的许多地方仍然采用 X.25 协议标准来进行安全的低速率无线传输。Paknet 现通常用来作为 GPS 和 POS 的应用。

X.25 协议采用分层的体系结构,如图 7-4 所示,自下而上分为三层:物理层、数据链路层和分组层,分别对应于 OSI 参考模型的下三层。各层在功能上相互独立,每一层接受下一层提供的服务,同时也为上一层提供服务,相邻层之间通过原语进行通信。在接口的对等层之间通过对等层之间的通信协议进行信息交换的协商、控制和信息的传输。

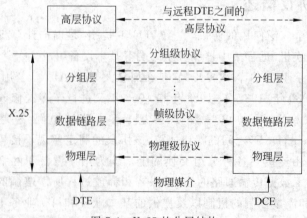

图 7-4 X.25 的分层结构

7.2.2 X.25 的物理层

X.25 的物理层协议规定了 DTE 和 DCE 之间接口的电气特性、功能特性和机械特性以及协议的交互流程。与分组交换网的端口相连的设备被称作 DTE,它可以是同步终端或异步终端,也可以是通用终端或专用终端,还可以是智能终端。DCE 是 DTE-DTE 远程通信传输线路的终端设备,主要完成信号变换、适配和编码功能。对于模拟传输线路,它一般为调制解调器(Modem);对于数字传输线路,则为多路复用器或数字信道接口设备。简单地说,物理层接口协议实际上是 DTE 和 DCE 或其他通信设备之间的一组约定,物理层负责在一个 DTE 和一个 DCE 之间建立、维护和拆除一条物理电路。

物理层完成的主要功能有:

(1) DTE 和 DCE 之间的数据传输;

(2) 在设备之间提供控制信号;

(3) 为同步数据流和规定比特速率提供时钟信号;

(4) 提供电气地;

(5) 提供机械的连接器(如针、插头和插座)。

X.25 物理层协议可以采用的接口标准由 X.21 建议、X.21bis 建议以及 V 系列建议。其中,X.21 接口为定义从计算机/终端(数据终端设备,DTE)到 X.25 分组交换网络中的附件节点的物理/电气接口。RS-232-C 通常用于 X.21 接口。图 7-5 为 X.21 主要接口线。

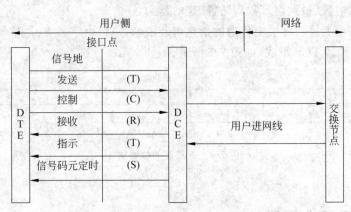

图 7-5　X.21 主要接口线

7.2.3 X.25 的数据链路层

X.25 数据链路层协议是在物理层提供的双向的信息传输通道上,控制信息有效、可靠地传送的协议。X.25 的数据链路层协议采用的时 HDLC(高级数据链路控制规程)的一个子集——平衡链路访问规程(link access procedure balanced,LAPB)协议。HDLC 提供两种链路配置:一种是平衡配置;另一种是非平衡配置。非平衡配置可提供点到点链路和点到多点链路。平衡配置只提供点到点链路。由于 X.25 数据链路层采用的是 LAPB 协议(图 7-6 为 LAPB 的组织结构),LAPB 协议为异步平衡模式会话提供帧结构、错误检查和流控制,并为确信一个分组已经抵达网络的每个链路提供一种途径,所以 X.25 数据链路层只提供点到点的链路方式。X.25 数据链路层功能如下：

（1）DTE 和 DCE 之间的数据传输；

（2）发送和接收端信息的同步；

（3）传输过程中的检错和纠错；

（4）有效的流量控制；

（5）协议性错误的识别和告警；

（6）链路层状态的通知。

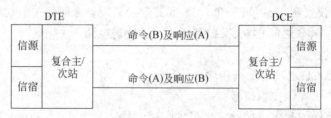

图 7-6　LAPB 的组织结构

数据链路层完成的主要功能就是建立数据链路，利用物理层提供的服务为分组层提供有效可靠的分组信息。X.25 数据链路层所完成的工作主要可以分为三个阶段，即数据链路层所处的三种状态：链路建立、信息传输和链路断开。为了保证数据链路层的正常工作，X.25 定义了一些系统参数和变量，常用的有：发送序号；接收序号；发送变量；接收变量；允许未证实的最大帧数（最大窗口数）；时钟（定时器）。

在数据链路层上将物理层上传送的信息组装成帧，一帧由字段 F、地址段 A、控制段 C、信息段 I 和帧检验段 FCS 组成，如图 7-7 所示。

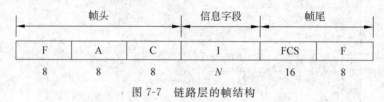

图 7-7　链路层的帧结构

7.2.4　X.25 的分组层

X.25 分组层是利用数据链路层提供的可靠传送服务，在 DTE 和 DCE 接口之间控制虚呼叫分组数据通信的协议。其主要功能有：

（1）支持交换虚电路（SVC）和永久虚电路（PVC）；

（2）建立和清除交换虚电路连接；

（3）为交换虚电路和永久虚电路连接提供有效可靠的分组传输；

（4）监测和恢复分组层的差错。

利用 X.25 分组层协议，可向网络层的用户提供多个虚电路连接，使用户可以同时与公用数据网中若干个其他 X.25 数据终端有用户（DTE）通信。

在分组层上，所有信息都以分组为基本单位进行传输和处理，无论是 DTE 之间所要传输的数据，还是交换网所用的控制信息，都以分组形式来表示，并按照链路协议穿越 DTE-

DCE界面进行传输。因此在链路层上传输时,分组应嵌入信息帧(I帧)的信息字段中,即表示成如图7-8所示的格式。

标记字段F	地址字段	控制字段	(分组)	帧校验序列 FCS	标记字段F

图7-8　信息帧格式

7.2.5　网间互联协议 X.75

为了使不同的公用分组网之间互联,CCITT制定了 X.75协议,作为连接两个不同的 X.25网络的接口,它与 X.25类似,分为物理层、链路层、分组层。

X.75协议与 X.25协议兼容,能实现 X.25协议的全部功能。X.75分组格式是 X.25分组格式的扩充,主要是增加了网络控制字段,从而用户可使用更多的特别业务。X.75把被连接网的虚电路连接起来,它的两端是信号终端,分别位于两被连接网的交换机内。X.75在虚电路建立与释放过程中的呼叫建立分组和释放分组,由一个信号终端透明地传送到下一个信号终端,它不对源点主机发出的 X.25呼叫请求分组做出任何响应,如回送呼叫接受分组等。在呼叫建立与释放分组中,X.75与 X.25在格式上的主要差别是 X.75比 X.25多一个网间业务字段,用于传送网间有关的计费及路由信息等。

小结

通过本部分的学习,应掌握下列知识和技能:
- 掌握 X.25协议分层的体系结构。
- 了解 X.25的物理层的主要功能。
- 了解 X.25数据链路层采用的协议及数据链路方式。
- 了解 X.25的分组层的主要功能。

7.3　分组交换网

7.3.1　分组交换网的组成

分组交换网是继电路交换网和报文交换网之后的一种交换网络,它主要用于数据通信。分组交换是一种存储转发的交换方式,它将用户的报文划分成一定长度的分组,以分组为存储转发,因此,它比电路交换的利用率高,比报文交换的时延要小,而且具有实时通信的能力。分组交换利用统计时分复用原理,将一条数据链路复用成多个逻辑信道,最终构成一条主叫、被叫用户之间的信息传送通路,称为虚电路(V.C),用于实现数据的分组传送。

利用分组交换技术建立的数据通信网称为分组交换网。由于它主要采用 ITU-T X.25协议,因此人们也称它为 X.25网。

分组交换网一般由分组交换机、网络管理中心、远程集中器、分组装拆设备、分组终端

(PT)/非分组终端(NPT)和传输线路等基本设备组成,如图 7-9 所示。

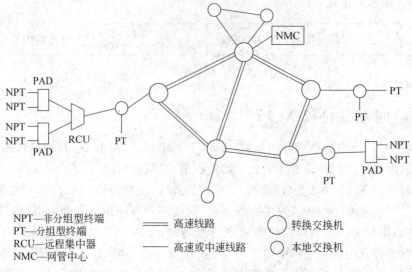

NPT—非分组型终端　　━━━ 高速线路　　　　○ 转换交换机
PT—分组型终端
RCU—远程集中器　　　━━ 高速或中速线路　　● 本地交换机
NMC—网管中心

图 7-9　分组交换网的组成

1. 分组交换机

分组交换机又可分为汇接交换机和本地交换机。汇接交换机的所有端口都是中继,主要完成路由选择和流量控制功能。本地交换机有中继端口,大部分是用户端口,主要完成本地交换及简单的路由选择。

分组交换机提供网络的基本业务包括:交换虚电路和永久虚电路;以及其他补充业务,如闭和用户群、网络用户识别等。在端到端计算机之间通信时,进行路由选择,以及流量控制。能提供多种通信规程、数据转发、维护运行、故障诊断、计费与一些网络的统计等。

2. 网络管理中心

网络管理中心主要负责网络配置管理与用户管理,日常运行数据的收集与统计,路由选择管理、网路监测、故障告警与网路状态显示,并根据交换机提供的计费信息完成计费管理。

3. 远程集中器

远程集中器允许分组终端和非分组终端接入,有规程变换功能,可以把每个终端集中起来接入至分组交换机的中、高速线路上交替复用。

4. 分组装拆设备

分组装拆设备可将来自异步终端(非分组终端)的字符信息去掉起止比特后组装成分组,送入分组交换网。在接收端再还原分组信息为字符,发送给用户终端。随着分组技术的发展,RSU 与 PAD 的功能已没有什么差别。

5. 分组终端/非分组终端(PT/NPT)

分组终端是具有 X.25 协议的接口,能直接接入分组交换数据网的数据通信终端设备。它可通过一条物理线路与网络连接,并可建立多条虚电路,同时与网上的多个用户进行对话。对于那些执行非 X.25 协议的终端和无规程的终端称为非分组终端,非分组终端需经过分组装拆设备,才能连到交换机端口。通过分组交换网络、分组终端之间、非分组终端之间、分组终端与非分组终端之间都能互相通信。

172

6. 传输线路

传输线路是构成分组数据交换网的主要组成部分之一。目前，中继传输线路有 PCM 数字信道、数字数据传输，也有利用 ATM 连接及其卫星通道。用户线路一般有数字数据电路或市话模拟线。分组交换的网络结构一般由分组交换机、网络管理中心、远程集中器、分组装拆设备、分组终端/非分组终端和传输线路等基本设备组成。分组交换机功能包括提供网络的基本业务交换虚电路和永久虚电路及其他补充业务，如闭合用户群、网络用户识别等。在端到端计算机之间通信时，进行路由选择，以及流量控制。能提供多种通信规程、数据转发、维护运行、故障诊断、计费与一些网络的统计等。

7. 进网方式

电话拨号入网：用户采用 X.28 规程或 X.32 规程，用一个调制解调器通过公用电话网 (PSTN)连到分组交换网上。

专线入网：专线用户可租用市话模拟线或数字数据专线，采用 X.28 或 X.25 规程。

方便地进入 CHINAPAC，CHINAPAC 向用户提供两种基本业务的功能：一种是交换虚电路，指在两个用户之间建立的临时逻辑连接；另一种是永久虚电路，指在两个用户之间建立的永久性的逻辑连接。用户一开机，一条永久虚电路就自动建立起来了。

7.3.2　分组交换网的特点

分组交换是一种在距离较远的工作站之间进行大容量数据传输的有效方法，结合"线路交换"和"报文交换"的优点，将信息分成较小的分组进行存储、转发，动态分配线路的带宽。它的主要优点是出错少、线路利用率高。

1. 分组交换网的优点

- 线路效率高：在分组交换中，由于采用了"虚电路"技术，使得在一条物理线路上可同时提供多条信息通路，可有多个呼叫和用户动态的共享，即实现了线路的统计时分复用，这是其他网络所无法做到的。

- 传输质量高：分组交换网采取存储—转发机制，提高了负载处理能力，数据还可以不同的速率在用户之间相互交换，所以通常不会造成网络阻塞。同时，分组交换方式还具有很强的差错控制功能，它不仅在节点交换机之间传输分组时采取差错校验与重发功能，而且对于某些具有装拆分组功能的终端，在用户线上也同样可以进行差错控制，因而使分组在网络内传送时出错率大大降低。

- 网络可靠性高：在分组交换网中，"分组"在网络中传送的路由选择是采取动态路由算法，即每个分组可以自由选择传送途径，由交换机计算出一个最佳路径。由于分组交换机至少与另外两个交换机相连接，因此，当网内某一交换机或中继线发生故障时，分组能自动避开故障地点，选择另一条迂回路由传输，不会造成通信中断。

- 安全性高：分组交换网是安全、可靠的数据通信网络平台。分组交换网以电信电话网为依托，网络为网状网和星状网相结合的两级网，网络具有路由迂回功能，可靠性和抗误码性能较佳。

- 方便于不同类型终端间的相互通信：分组交换网对传送的数据能够进行存储转发，使不同速率的终端可以互相通信。由于分组网以 X.25 协议向用户提供标准接口，因此凡是不符合此协议的设备进网,网络都提供协议转换功能,使不同码型、不同协议的终端能互相通信。

- 信息传输时延小:由于以分组为单位在网络中进行存储转发,比以报文为单位进行存储转发的报文交换时间要小得多,因此能满足会话型通信对实时性的要求。
- 网络管理功能强:分组网提供可靠传送数据的永久虚电路(PVC)和交换虚电路(SVC)基本业务,以及众多用户可选业务,如闭合用户群、快速选择、反向计费、集线群等。另外,为了满足大集团用户的需要,还提供虚拟专用网(VPN)业务。从而用户可以借助公用网资源,将属于自己的终端、接入线路、端口等模拟成自己专用网并可设置自己的网管设备对其进行管理。

2. 分组交换网的缺点

- 传输速率低:分组网最初设计成主要建立在模拟信道的基础上工作的,所提供的用户端口速率一般不大于 64kbps。主要适用于交互式短报文,如金融业务、计算机信息服务、管理信息系统等;不适用于多媒体通信,也不能满足专线速率为 10Mbps、100Mbps 局域网互联的需要。
- 平均传送时延较高:分组网的网络平均传送时延较高,一般在 700ms 左右,如再加上两端用户线的时延,用户端的平均时延可达秒级并且时延变化较大,比帧中继的时延要高。
- IP 数据包传送时效率低:这是因为 IP 包的长度比 X.25 分组的长度大得多,要把 IP 分割成多个块封装于多个 X.25 分组内传送,并且 IP 包的字头可达 26 个字节,开销较大。

7.3.3 分组交换网编号 X.121

为了实现公用数据通信网的国际和国内互联通信,CCITT 制定了国际统一的网络编号方案——X.121。国际数据编号最大由 14 位十进制数构成。其中最前面的一位 P 为国际呼叫前缀,其值由各个国家决定,我国采用 0。紧接着 4 位称为数据网络识别码 DNIC(data network identification code),DNIC 由 3 位数据国家代码 DCC(data country code)和 1 位网络代码组成。DCC 的第 1 位 Z 为区域号,世界划分为 6 个区域,编号为 2~7(Z＝0 和 Z＝1 备用,Z＝8 和 Z＝9 分别用于同用户电报网和电话网的相互连接)。DCC 的后两位原则上用于区分区域内的国家。如中国的 DCC 是 460。有 10 个以上网络的国家可以分配 2 个以上的 DCC。DCC 之后的一位用于区分为位于同一个国家内的多个网络。

7.3.4 分组交换网的业务类型

分组交换网向用户提供的业务类型分为两大类,即基本业务功能和可选业务功能。基本业务功能就是网络向所有用户都提供的功能,可选业务功能是根据用户的要求提供的功能,不同用户可以选择不同的功能。

(1) 基本业务功能:交换虚电路(SVC)和永久虚电路(PVC)。

(2) 可选业务功能:用户选用可选业务有两种方法。一种是预先登记在合同期内使用,用户在登记的合同期内的每次呼叫,由所接的交换机经核实(根据分组终端所接端 VJ 或用户发出的网络用户识别码)向该用户提供所需的补充业务;另一种是预先未登记,用户在本次呼叫时提出要求,在该次呼叫中提供某些项的补充业务。

7.3.5　分组交换网的应用

1. 在商业中的应用

分组交换在商业中的应用较广泛。如银行系统在线式信用卡(POS 机)的验证。由于分组交换提供差错控制的功能,保证了数据在网络中传输的可靠性。首先,各大商场内部形成局域网,网上的服务器提供卡的管理作用,用户刷卡后,通过服务器上的 X.25 分组端口或路由器设备连到商业增殖网,它与金卡网络结算中心通过数字专线连接。商业增殖网主要完成来自各大商场的数据线路汇接及对商场销售情况的统计等。结算中心又同各大银行的主机系统连接,实现对信用卡的验证和信用卡的消费。在各大超市中,已有相当一部分超市利用分组网来改善经营管理手段,拓展市场,取得了良好的经济效益。在超市中设立电子消费通道,消费者手持的储金卡经刷卡后,信息送到该超市的后台服务器。服务器的作用是对储金卡的金额计算和超市的销售情况的统计。各超市的营业网点通过话上复用 DOV (data over voice)的专线方式,连到超市管理中心,进行一系列的结算、统计等,来扩大超市的消费市场。

2. 在其他领域的应用

分组交换网的利用率高,传输质量好,能同时多路通信的特点,因此它的经济性能也较好。在一些全国性的集团公司中,总公司把指示下达给全国各地分公司甚至国外的机构,利用分组交换就非常经济。例如,中远集团在全国各地的分支机构在本地形成局域网络,通过路由器连到分组交换网,与海关、EDI 中心等互通信息。它的主机系统也通过分组交换网实行全程联网,传送定舱资料、货运情况、EDI 报文等,也可远程登录并与海外沟通信息。

3. 虚拟专用网

虚拟专用网(VPN)是大集团用户利用公用网络的传输条件,网络端口等网络资源组织一个虚拟专用网络,并可以自己管理属于专用网络部分的端口,进行状态监视、数据查询,以及告警、计费、统计等网络管理操作。VPN 主要用于集团用户、各专业行业等。

 小结

通过本部分的学习,应掌握下列知识和技能:

- 掌握分组交换网的组成。
- 熟悉分组交换网的特点。
- 了解分组交换网编号方案——X.121。
- 了解分组交换网的业务类型。
- 了解分组交换网的应用。

7.4　分组交换网的结构及现状

7.4.1　分组交换网的基本结构

公用分组交换网结构通常采用二级结构,根据业务流量、流向和地区设立一级和二级交换中心。一级交换中心可用中转分组交换机或中转与本地合一的分组交换机。一级交换中心相互连接构成的网通常称为骨干网。一级交换中心一般设在大、中城市。由于大、中城市之间的业务量一般较大且各个方向都有，所以骨干网采用全网状或不完全网状的分布式结构。一级交换中心到所属的二级交换中心通常采用星状结构。二级交换中心可采用中转与本地合一的交换机或本地交换机。二级交换中心一般设在中、小城市。由于中、小城市之间的业务量一般较少，而与大城市之间的业务量相对较多，所以它们之间一般采用星状结构，必要时也可采用不完全网状结构。

7.4.2 我国公用分组交换网现状

我国组建的第一个公用分组交换网简称 CNPAC，是 1988 年从法国 SESA 公司引进的实验网，该实验网于 1989 年 11 月正式投入使用。由于该网络的覆盖面不大、端口数较少，无法满足信息量较大、分布较广的企业和部门的需求，原邮电部决定扩建我国的公用分组交换网，扩建的公用分组数据交换网简称 CHINAPAC，于 1993 年建成投入使用，由骨干网和地区网两级构成。骨干网以北京为国际出入口局，广州为港澳出入口局。以北京、上海、四川、湖北、陕西、辽宁、广州及江苏 8 个省市为汇接中心。覆盖全国所有省、市、自治区。汇接中心采用全网状结构，其他接点采用不完全网状结构。网内每个接点都有 2 个或 2 个以上不同方向的电路，从而保证网路的可靠性。网内中继电路主要采用数字电路。最高速率达 34Mbps。同时，各地的本地分组交换网也已延伸到了地、市、县。CHINAPAC 以其庞大的网络规模，满足各界客户的需求，并且与公用数字交换网（PSTN）、中国公众计算机互联网（CHINANET）、中国公用数字数据网（CHINADDN）、帧中继网（CHINAFRN）等网络互联，以达到资源共享，优势互补。为广大用户提供高质量的网络服务。并与美国、日本、加拿大、韩国等几十个国家和我国的香港地区的分组网相连，满足大中型企业、外商投资企业、外商在内地办事处等国际用户的需求。

CHINAPAC 的开通，大大方便了金融、政府、跨国企业等客户计算机联网，实现了国内数据通信与国际的接轨，提高国内企业的综合竞争力，满足了改革开放对数据通信的需求。

CHINAPAC 由国家骨干网和各省（市、区）的省内网组成。骨干网之间覆盖所有省会城市，省内网覆盖到有业务要求的所有城市和发达乡镇。通过和电话网的互联，CHINAPAC 可以覆盖到电话网通达到的所有地区。CHINAPAC 设有一级交换中心和二级交换中心，一级交换中心之间采用不完全网状结构，一级交换中心到所属二级交换中心之间采用星状结构。

1. CHINAPAC 提供的业务

（1）基本业务功能：基本业务功能是指向任一数字终端设备（DTE）提供的基本业务功能。它能满足用户对通信的基本要求。有两类基本业务：交换型虚电路（SVC）和永久型虚电路（PVC）。

（2）任选业务功能：用户任选业务功能是为了满足用户的特殊需要，向用户提供的特殊业务功能，比如，入呼叫封阻、出呼叫封阻、单向入逻辑信道、单向出逻辑信道等。

（3）其他业务功能：CHINANET 还提供其他费 ITU-T 建议的业务功能，如虚拟专用网（VPN）、TCP/IP、分组多址广播、呼叫改向等。

2. CHINANET 提供两种接入方式

（1）专线方式：适用于通信业务量大、使用频繁、要求高可靠性、无耗损的应用，但需作用专线，费用相对较高。专线入网速率为 9.6kbps～64kbps。

（2）电话拨号：适用于业务量不大、间歇时间较长、可以容忍呼叫失败的应用。因其使用已有电话线路，无须另外投资，且数据可以与话音共享线路，因此大大节省投资，对零散用户是理想的接入手段。可分为 X.28 异步拨号入网或 X.32 同步拨号入网，拨号入网的速率为 1200bps～9600bps。

7.4.3　帧中继

在 20 世纪 80 年代末到 90 年代初期间，帧中继技术被提出之前，X.25 分组交换在广域网中被大量采用。X.25 是一种借助虚电路（逻辑电路）来提供面向连接服务的广域网技术，它丰富的检、纠错机制特别适合当时广泛使用铜缆的网络环境。但是，随着容量大、质量高（误码率低于 10^{-9}）的光纤被大量使用，通信网的纠错能力就不再成为评价网络性能的主要指标。这样一来，X.25 分组交换的某些优点在光纤传输系统中就得不到充分的体现（如丰富的检、纠错机制等），相反有些功能还变成了累赘。在此情景下，产生了帧中继技术。

帧中继（frame relay，FR）是以 X.25 分组交换技术为基础，摒弃其中烦琐的校验、纠错过程，改造了原有的帧结构，从而具有更好的数据传输性能的广域网技术。帧中继用户接入速率一般为 64kbps～2Mbps，局间中继传输速率一般为 2Mbps、34Mbps，最高可达155Mbps。

1. 帧中继的实现

帧中继继承了 X.25 的分组交换方式，属于分组交换网络。同时，帧中继继续保留了X.25 提供统计复用功能和采用虚电路交换的优点。但是，帧中继简化了可靠传输和差错控制机制，将那些用于保证数据可靠性传输的任务，如流量控制和差错控制等委托给用户终端或本地节点来完成，从而在减少网络时延的同时降低了通信成本。

帧中继中的虚电路是帧中继网络为实现不同数据终端设备之间的面向连接的数据帧传输所建立的逻辑链路，这种虚电路可以在帧中继网络内跨越任意多个数据电路端接设备或帧中继交换机。不同的虚电路由数据链路连接标识符（data-link connection identifier，DLCI）来标识。按照虚电路实现方式的不同，帧中继电路又被分为交换虚电路（switched virtual circuit，SVC）与永久虚电路（permanent virtual circuit，PVC）。所谓交换虚电路是一种"临时"的电路连接，它只有在双方需要通信时才建立，而永久虚电路中的连接与双方是否需要进行通信无关，或者说这种连接是"永久"存在的。在帧中继中，永久虚电路是一种更为普遍使用的方式。

从网络层次上看，相对于具有三层体系的 X.25 而言，帧中继网络只有物理层和数据链路层两层，并对数据链路层功能进行了较大调整。将统计复用、数据交换、路由选择等 X.25中的网络层功能定义在自己的数据层执行，并在数据链路层取消了流量控制、纠错及确认等处理功能，并且数据交换以帧为单位，因此被称为帧中继。通过这些技术简化措施，帧中继的数据传输性能得到了有效提高，网络时延明显降低。

2. 帧中继的组成

一个典型的帧中继网络由用户设备和帧中继交换设备组成。作为帧中继网络核心设备的帧中继交换机，其作用类似于以太网交换机，负责在数据链路层完成帧的转发，只不过帧中继交换机处理的是帧中继帧而不是以太帧。用户设备负责把数据帧送到帧中继网络，并从帧中继网络中接收数据帧。用户设备被分成帧中继终端和非帧中继终端两种类型。其中，非帧中继终端必须通过帧中继装拆设备(FRAD)接入帧中继网络。

3. 帧中继分组的帧结构

帧两个末端的标志域用特殊的位序列定界帧。开始标志域后面是帧中继头部，它包含地址和拥塞控制信息。在它后面的是信息(载体)和帧检验序列(FCS)。在接受方，帧将重新计算，得到一个新的 FCS 值并与 FCS 域的值比较，FCS 域的值是由发送方计算并填写的。如果它们不匹配，分组就被丢弃，而端站必须解决分组丢失的问题。这种简单的检错就是帧中继交换器所做的全部工作。

帧中继头部包含下列信息：数据链路连接标识符(DLCI)这个信息包含标识号，它标识多路复用到通道的逻辑联结。可以丢弃(DE)这个信息为帧设置了一个种级别指示，指示当拥塞发生时一个帧能否被丢弃。前行显示拥塞通告(FECN)这个信息告诉路由器接收的帧在所经通路上发生过拥塞。倒行显示拥塞通告(BECN)这个信息设置在遇到拥塞的帧上，而这些帧将沿着与拥塞帧相反的方向发送。这个信息用于帮助高层协议在提供流控时采取适当的操作。

帧中继的帧格式如图 7-10 所示。

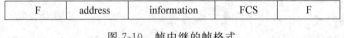

| F | address | information | FCS | F |

图 7-10　帧中继的帧格式

- 标志字段(F)：它是一个特殊的 8 比特组 01111110，作用是标志一帧的开始和结束。
- 地址字段(address)：地址字段的主要用途是区分同一通路上多个数据链路连接，以便实现帧的复用/分路。地址字段的长度为 2~4 个字节。
  ➤ 地址字段扩展比特 EA：EA 置 0 表示下一字节仍是地址字段，EA 置 1 表示本字节是地址字段的最终字节。
  ➤ 命令/响应比特(C/R)：不使用。在数据链路层帧方式接入协议(LAPF)中作为标识该帧是命令帧还是响应帧。
  ➤ 可丢失指示比特(DE)：DE 置 1 说明当网络发生拥塞时，可考虑丢弃，以便网络进行带宽管理。
  ➤ 前向显式拥塞通知(FECN)：该比特由发生拥塞的网络来设置，用于通知用户启动拥塞避免程序，它说明与载有 FECN 批示的帧同方向的信息量情况。
  ➤ 后向显式拥塞通知(BECN)：该比特由发生拥塞的网络来设置，用于通知用户启动拥塞避免程序，它说明与载有 BECN 指示的帧反方向上的信息量情况。
  ➤ DLCI 扩展/DL-CORE 控制控制指示比特(D/C)：D/C 置 1 表示最后一个字节包含数据链路核心协议(DL-CORE)控制信息；D/C 置 0 表示最后个字节包含

DLCE 信息。

> 数据链路连接标识符(DLCI)：它用来标识用户网络接口或网络接口上承载的通路连接。

• 信息字段(Information)：信息字段包含的是用户数据，可以是任意的比特序列，它的长度必须是整个字节，帧中继信息字节最大默契长度为 262 个字节。

• 帧校验序列字段(FCS)：帧校验序列字段 FCS 是一个 16bit 的序列。它具有很强的检错能力，它能检测出在任何位置上的 3 个以内的错误、所有的奇数个错误、16 个比特之内的连续错误以及大部分的大量突发错误。

4. 帧中继的优点

(1) 帧中继采用统计复用技术为用户提供共享的网络资源，提高了网络宽带的利用率，帧中继不仅可以为用户提供事先约定的宽带，而且在网络资源充裕时，允许用户使用超过预定值的宽带，而只用付预定宽带的费用。

(2) 帧中继在 OSI 参考模型中仅实现物理层和数据链路层的核心功能，从而大大简化了网络中各个节点间的处理过程，有效降低了网络延迟。

(3) 帧中继提供了较高的传输质量。一方面。高质量的线路和智能化的终端是帧中继网络实现高质量传输的基础，前者保证了传输过程中的误码率很低，即使在传输过程出现少量错误，也可以由智能终端进行端到端的恢复；另一方面，由于采用了永久虚电路管理和拥塞管理，智能化终端和帧中继交换机可以清楚地了解网络的运行情况，并且不会向正在发生拥塞和已删除的永久虚电路上发送数据，以避免信息丢失，从而进一步提高了网络可靠性。

(4) 从实现网络角度看，帧中继只需对现有数据网上的硬件设备稍加修改，同时进行网络升级就可以实现，操作简单，实现方便。

5. 帧中继的应用

帧中继技术首先在美国和欧洲得到应用。1991 年的年末，美国第一个帧中继网 Wilpac 网投入运行。目前，帧中继的应用领域已经十分广泛，一般来说，帧中继技术适用于以下情况。

(1) 当用户需要数据通信，其带宽要求为 64kbps～2Mbps，而且参与通信的各方多于两个时，使用帧中继是一种较好的方案。

(2) 当数据业务量具有突发性时，由于帧中继具有动态分配带宽的功能，选用帧中继可以有效地处理突发性数据。

(3) 在企业或组织机构组建 Intranet 或 Extranet 时，选择帧中继提供线路租用或虚拟专用网(VPN)服务。这也是帧中继技术目前最主要的业务之一，它充分利用帧中继支持多个低速率复用的特点，提高了网络资源的利用率并节省了投资。

小结

通过本部分的学习，应掌握下列知识和技能：

• 掌握分组交换网的基本结构。

• 了解我国公用分组交换网的现状。

• 了解帧中继的实现和组成。

179

- 掌握帧中继分组的帧结构。
- 了解帧中继的优点及应用。

7.5 广域网接入技术

广域网通常是指覆盖广阔物理范围的、能连接多个城市或国家并能提供远距离通信的数据通信网。广域网现已成为实现局域网之间远距离互连和跨地域数据通信的主要手段。

广域网经常使用的接入技术有 PSTN 接入、ISDN 接入、ADSL 接入、Cable Modem 接入、X.25 技术、帧中继技术、ATM 异步传输模式、DDN 接入、光纤接入。本节只介绍 PSTN 和 ISDN。

7.5.1 公共电话交换网

电话网是最早建立起来的一种通信网,自从 1876 年贝尔发明电话,1891 年史端乔发明自动交换机以来,随着先进通信手段的不断出现,电话网已经成为人们日常生活、工作所必需的传输媒体。

1. PSTN 的基本概念

公用交换电话网(public switched telephone network,PSTN)是以电路交换为信息交换方式,以电话业务为主要业务的电信网。PSTN 同时也提供传真等部分简单的数据业务。

组建一个公用交换电话网需要满足以下的基本要求:

(1) 保证网内任一用户都能呼叫其他每个用户,包括国内和国外用户,对于所有用户的呼叫方式应该是相同的,而且能够获得相同的服务质量。

(2) 保证满意的服务质量,如时延、时延抖动、清晰度等。话音通信对于服务质量有着特殊的要求,这主要取决于人的听觉习惯。

(3) 能适应通信技术与通信业务的不断发展;能迅速发地引入新业务,而不对原有的网络和设备进行大规模的改造;在不影响网络正常运营的前提下利用新技术,对原有设备进行升级改造。

(4) 便于管理和维护:由于电话通信网中的设备数量众多、类型复杂而且在地理上分布于很广的区域内,因此要求提供可靠、方便而且经济的方法对它们进行管理与维护。甚至建设与电话网平行的网管网。

2. PSTN 的组成

一个 PSTN 网由以下几部分组成。

(1) 传输系统:以有线(电缆、光纤)为主,有线和无线(卫星、地面和无线电)交错使用,传输系统由 PDH 过渡到 SDH、DWDM。

(2) 交换系统:设于电话局内的交换设备——交换机,已逐步实现程控化、数字化,由计算机控制接续过程。

(3) 用户系统:包括电话机、传真机等终端以及用于连接它们与交换机之间的一对导线(称为用户环路),用户终端已逐步数字化、多媒体化和智能化,用户环路数字化、宽带化。

(4) 信令系统:为实现用户之间的通信,在交换局间提供以呼叫建立、释放为主的各种控制信号。

PSTN 网的传输系统将各地的交换系统连接起来,然后,用户终端通过本地交换机进入网络,构成电话网。

3. PSTN 的分类

按所覆盖的地理范围,PSTN 可以分为本地电话网、国内长途电话网和国际长途电话网。

(1) 本地电话网:包括大、中、小城市和县一级的电话网络,处于统一的长途编号区范围内,一般与相应的行政区划一致。

(2) 国内长途电话网:提供城市之间或省之间的电话业务,一般与本地电话网在固定的几个交换中心完成汇接。我国的长途电话网中的交换节点又可以分为省级交换中心和地(市)级交换中心两个等级,它们分别完成不同等级的汇接转换。

(3) 国际长途电话网:提供国家之间的电话业务,一般每个国家设置几个固定的国际长途交换中心。

4. PSTN 的网络结构

PSTN 网络结构主要包括以下两类。

(1) 平面结构

① 星形网络:在星形网络中可以把中心节点作为交换局,而把周围节点看作是终端;也可以把所有的节点均看作交换局,此时中心节点即成为汇接局。星形网络结构的优点是节省网络传输设备,而缺点是可靠性差,单一传输链路没有备份。

② 网状网络:网状网络实际上就是节点之间"个个相连"的网络。这种组网方式需要的传输设备较多,尤其当节点数量增加时,线路设备数量急剧增加。网状网络的冗余度高,可靠性比较高,但也需要复杂的控制系统。

③ 环形网络:环形网络可以以较少的设备连接所有的节点,而且当组成双向环时可以提供一定的冗余度。环形网络在电话通信网中的应用不多。

(2) 分层结构

分层结构适合用于不同等级交换节点的互联中,多用于长途网中。

5. PSTN 长途网

我国电话网最早为五级结构,长途网分为四级。一级交换中心之间互联形成网状网络,其他级别的交换中心逐级汇接。这种五级等级结构的电话网在我国电话网络发展的初级阶段,在电话网由人工向自动、模拟向数字过渡的过程中起到过重要作用。但是,在通信事业飞速发展的时代,由于经济的发展,非纵向话务流量日趋增多,新技术、新业务不断涌现,五级网络结构存在的问题日趋明显,在全网服务质量方面主要表现在以下方面。

(1) 转接段数多,造成接续时延长、传输损耗大、接通率低。比如,跨两个地区或县用户之间的呼叫,需要经过多级长途交换中心转接。

(2) 可靠性差,多级长途网一旦某节点或某段链路出现故障,会造成网络局部拥塞。

此外,从全网的网络管理、维护运行来看,区域网络划分越小、交换等级越多,网络管理工作就越复杂。同时,级数过多的网络结构不利于新业务的开展。

6. PSTN 本地网

本地电话网简称本地网,是在统一编号区范围内,由若干端局或由若干个端局和汇接局及局间中继线和话机终端等组成的电话网。本地网用来疏通本长途编号区范围内,任何两个用户间的电话呼叫和长途发话、去话业务。

在 20 世纪 90 年代中期,我国开始组建以地市级以上城市为中心的扩大的本地网,这种扩大的本地网将城市周围的郊县与城市划在同一个长途编号区内,其话务量集中流向中心城市。

本地网内可以设置端局和汇接局。端局通过用户线和用户相连,其职能是负责疏通本局用户的去话和来话话务。汇接局与所管辖的端局相连,以疏通这些端局间的话务;汇接局还与其他的汇接局相连,疏通不同汇接区间的端局的话务。根据需要,汇接局还可与长途交换中心相连,用来疏通本汇接区内的长途转接话务。

7. PSTN 网络业务

PSTN 的设计决定了它所支持的业务,它使用基于 64kbps 的窄带信道,采用一系列的电路交换机,为支持基本的语音通信打下了基础。随着交换机智能化的提高,PSTN 可以提供一些特色服务。在传统结构中,单个交换机具有智能,交换机制造商和运营商关系紧密,只有获得了该交换机针对某项业务专门开发的专用软件,才能开展该项新业务。随着智能网的出现,将呼叫处理和业务处理相分离,使得新业务可以非常方便地开展。

目前 PSTN 网络可以为用户提供下列业务。

1) 接入业务

接入业务的主要范围是中继线、按键电话系统的商用线路、集中式小交换机业务、线路租用和住宅用户线路。

(1) 中继线用来连接 PBX(用户小型交换机),有三种主要的形式:第一种是双向本地交换中间线,在这种方式下,数据流可以双向流动;第二种是直接拨入(DID)中继线,这种中继线只为了输入呼叫设计,可以将拨打的号码直接打到用户电话机,不需要接线员的参与,像是一条直达的专用线路;第三种是直接向外拨号(DOD)中继线,这种中继线主要用于呼叫输出,在拨打想通话的号码前先拨一个接入码,当有外线拨号音时,就表明在使用 DOD 中继线。

(2) 按键电话系统的网络终端和本地交换机的商用线路连接。

(3) 想将本地交换机像 PBX 一样使用时,可以按月租集中式用户小交换机中继线。

(4) 大公司常常租用昂贵的线路接入网络。

(5) 普通用户则通过住宅用户线路接入网络。

用户线可以是模拟设施或数字载波设备。传统的模拟传输称为老式电话业务(POTS)。使用双绞线的数字业务有:①T-1 接入(1.5Mbps)、E-1 接入(2.048Mbps)、J-1 接入(1.544Mbps)。②窄带 ISDN(N-ISDN)业务,包括普通用户和小公司使用的基本速率接口(BRI)和大公司使用的基群速率接口(PRI)。③xDSL 用户线和用于因特网重要业务接入以及多媒体使用的高速数字用户线路。

2) 专用传输业务

传输业务是网络交换、传输和支持源端与终端接入设备间信息传输有关的业务。专用传输业务包括租用线路、外部交换(FX)线路和楼外交换(OPX)。

(1) 租用线路中的两个地点或设备总是使用相同的传输路径,而且线路为租用方所独享。

（2）FX 线路可以使长途呼叫听起来和本地呼叫一样。使用 FX 不是按照外部呼叫的次数来收费而是按月付费，并且使用 FX 线路时，要平衡好降低成本和确保高质量服务之间的关系。

（3）OPX 用于分布环境，如一个城市的政府部门，以及离 PBX 距离较远的一些设施，这时不适合使用普通电缆。它租用的线路连接 PBX 和楼外地点就像是 PBX 的一部分，通过它能使用 PBX 的所有功能。

3）交换传输业务

交换传输业务主要有公用交换传输业务和专用交换传输业务。

（1）公用交换传输业务包括市话呼叫、长途呼叫、免费呼叫、国际呼叫、辅助查号、协助呼叫和紧急呼叫。

（2）专用交换传输业务是在用户端设备（CPE）和传输上进行配置后才能使用。基于 CPE 的业务允许在 PBX 上增加电话系统的功能，称作电子汇接网。通过使用载波交换专用业务，集中式小交换机用户可以对多个市话交换机进行分割和性能扩展，这样可以在这些位置间转接业务。

4）虚拟专用网业务（VPN）

VPN 起源于电路交换网，前身是 20 世纪 80 年代早期，AT&T 的软件定义网络（SDN）。VPN 是一个概念，而不是技术平台或某种网络技术。它定义了一种网络，在这种网络中，共享业务服务设备的用户流量是各自独立的，共享的用户越多，成本越低。VPN 的目的是降低租用线路的高额成本，同时提供高质量的服务并保证专用流量。

VPN 基础设施包括载波公用网、网络控制点和业务管理系统。计算机可以控制通过网络的流量，使 VPN 用起来像专用网一样方便。可以通过专用接入、线路租用和载波交换接入等方式接入 VPN。网络控制节点是用户专用 VPN 信息的集中式数据库，可以对呼叫进行过滤并根据用户的要求进行呼叫处理。业务管理系统用于建立和维护 VPN 数据库，还允许用户编程来实现自己的特殊应用。这样 VPN 就成为 PSTN 领域中一种建立专用语音网的低成本方式。

5）增值业务

凭借公用电信网的资源和其他通信设备而开发的附加通信业务，其实现的价值使原有网路的经济效益或功能价值增高，故称为电信增值业务。有时称为增强型业务。

增值业务广义上分成两大类：一是以增值网（VAN）方式出现的业务。增值网可凭借从公用网租用的传输设备，使用本部门的交换机、计算机和其他专用设备组成专用网，以适应本部门的需要。如租用高速信息组成的传真存储转发网、会议电视网、专用分组交换网、虚拟专用网（VPN）等；二是以增值业务方式出现的业务，这是指在原有通信网基本业务（电话、电报业务）以外开发的业务，如数据检索、数据处理、电子数据互换、电子信箱、电子查号和电子文件传输等业务。

7.5.2　综合业务数字网

综合业务数字网（integrated services digital network，ISDN）起源于 1972 年，但是直到 1980 年才明确定义。CCITT 对 ISDN 是这样定义的："ISDN 是以综合数字电话网（IDN）为基础发展演变成的多种电信业务，用户能够通过有限的一组标准化的多用途用户—网

络接口接入网内。"根据上述定义,可以把 ISDN 定义归纳为以下几点:

- ISDN 是以综合数字电话网(IDN)为基础发展而成的通信网;
- ISDN 支持端到端的数字连接;
- ISDN 支持电话及非话等各种通信业务;
- ISDN 提供标准的用户—网络接口,使用户可以接入。

ISDN 的提出最早是为了综合电信网的多种业务网络。由于传统通信网是业务需求推动的,所以各个业务网络如电话网、电报网和数据通信网等各自独立且业务的运营机制各异,这样对网络运营商而言,运营、管理、维护复杂,资源浪费;对于用户而言,业务申请手续复杂、使用不便、成本高;同时对整个通信的发展来说,这种异构体系对未来发展适应性极差。于是将话音、数据、图像等各种业务综合在统一的网络内成为一种必然,这就是 ISDN 的提出。

1. ISDN 基本业务

ISDN 基本业务是指 ISDN 向用户提供的基本服务,由承载业务和用户终端业务两种基本业务组成。

承载业务是单纯的信息传送业务,由网络提供,任务是将信息由一个地方搬运到另一个地方且不做任何处理。承载业务是 ISDN 交换机提供的信息传送能力。

用户终端业务是一种面向用户的通信或信息处理业务,由网络和终端设备共同提供,包含了 OSI 模型 1~7 层的全部功能。用户终端业务是人和终端的接口上提供,而不是在 S/T 参考点上提供,因此用户终端业务既包含了网络的功能,又包含了终端设备的功能。

2. ISDN 的特点

(1) 多种业务的兼容性。利用一对用户线可以提供电话、传真、可视图文用数据通信等多种业务。若用户需要更高速率的信息,可以使用一次群用户接口,连接用户交换机、可视电话、会议电视或计算机局域网。此外 ISDN 用户在每一次呼叫时,都可以根据需要选择信息速率、交换方式等。

(2) 数字传输。ISDN 能够提供端到端的数字连接,即终端到终端之间的通道已完全数字化,具有优良的传输性能,而且信息传送速度快。

(3) 标准化的接口。ISDN 能够提供多种业务的关键在于使用标准化的用户接口。该接口有基本速率接口和一次群速率接口。基本速率接口有两条 64kbps 的信息通路和一条 16kbps 的信令通路,简称 2B+D;一次群接口有 30 条 64kbps 的信息通路和一条 64kbps 的信令通路,简称 30B+D。标准化的接口能够保证终端间的互通。1 个 ISDN 的基本速率用户接口最多可以连接 8 个终端,而且使用标准化的插座,易于各种终端的接入。

(4) 使用方便。用户可以根据需要,在一对用户线上任意组合不同类型的终端,例如,可以将电话机、传真机和 PC 连接在一起,可以同时打电话、发传真或传送数据。

(5) 终端移动性。ISDN 的终端可以在通信过程中暂停正在进行的通信,然后在需要时再恢复通信。这一性能给用户带来了很大的方便,用户可以在通信暂停后将终端将移至其他的房间,插入插座后再恢复通信。同时还可以设置恢复通信的身份密码。

(6) 费用低廉。ISDN 是通过电话网的数字化发展而成的,因此只需在已有的通信网中增添或更改部分设备即可以构成 ISDN 通信网,ISDN 能够将各种业务综合在一个网内,以提高通信网的利用率,此外 ISDN 节省了用户线的投资,可以在经济上获得较大的利益。

3. ISDN 设备组成

ISDN 设备指 ISDN 网为用户提供 ISDN 业务所需要的各类设备,包括 ISDN 交换机、ISDN 用户交换机、网络终端、接入单元和各类 ISDN 终端及终端适配器。

4. ISDN 的网络构成

通常,ISDN 网络由三个部分构成,即用户网、本地网和长途网。用户网指用户所在地的用户设备和配线。用户设备指由用户终端至 T 参考点所包含的机线设备。在 ISDN 环境下,用户的进网方式比电话网用户要复杂得多,一般用户网可以采用下列三种结构。

(1) 总线结构

当同一用户拥有多种终端时,可以采用总线结构,这时多个终端被连接在一条无源总线上,享有相同的用户号码。该方式在一条 2BD 基本速率用户线上可以同时开通电话、数据、传真等多种业务,可以并接多打 8 个终端。因为无源总线方式的用户终端可以根据需要来配置,无须网络控制,所以这种方式具有连接电缆最短、能够实现多种功能等特点。

(2) 星形结构

星形结构是通过用户交换机,即 NT2,将多个 ISDN 终端直接通过 S 参考点接入网络的一种方式。这种方式适合于话音与数据业务的综合,具有各种用户终端独立运用,集中控制、维护与管理、实时透明和网络扩展容易等特点。适用于机关、公司等有 ISDN 要求的集团用户的进网。

(3) 网状结构

网状环形结构由一组环路数字节点和环路链路组成,具有网络接口简单、分散控制和容量均等分配,即使过负荷其系统功能也较稳定等特点。但是,在某节点出现故障时,将影响到整个系统的正常运行,而且即使系统负荷较轻,其平均时延也较长。所以目前这种方式仅限于 LAN 和 MAN 的运用。

本地 ISDN 网的建设以 ISDN 端局为基础。ISDN 端局是为用户提供 ISDN 业务的最主要部分,实现 ISDN 功能需要在用户到端局之间使用 ISDN 用户信令,即 DSS1,在 ISDN 端局之间或端局与汇接局间采用共路信令。

长途网是用于互联所有本地网的一组设备。因此长途网的数字化,即引入数字长途传输设备及数字长途交换设备,以及在长途网上开通 7 号信令成为实现 ISDN 长途传输与服务的基础。

5. ISDN 的局间信令

(1) 消息传递部分(MTP)完成在信令网中提供可靠的信令传送功能。它包括信令数据链路、信令链路功能和信令网功能三个功能级。对应于 OSI 参考模型的下三层。

MTP 的第一级是信令数据链路,用于传递信令的双向传输通路,由采用同一种数据速率在相反方向工作的两个数据通路组成,符合 OSI 物理层的定义要求。在数字数据链路中为 64kbps,在模拟数据链路中是 4.8kbps。

MTP 的第二级是信令链路功能,完成为两个直接连接的信令点之间传递信令消息提供可靠信令链路所需的功能。

MTP 的第三级是信令网功能。该功能为信令网的信令节点间消息传递提供所需要的功能和程序。在信令链路和信令转接点故障的情况下,可以保证可靠地传递信号消息。信令网功能包括信令消息处理和信令网管理功能两部分。

信令消息处理由消息选路、消息识别和消息分配三部分功能组成。信令网管理是指在信令链路或信令转接点故障的情况下重新组织网络结构,并在拥塞情况下控制业务量的功能。包括信令业务管理、信令路由管理和信令链路管理三种功能和程序。

(2) 电话用户部分(TUP)规定了国际和国内电话呼叫必需的电话信号的功能和程序。

TUP 可以满足数字电话网的电话业务功能的要求,但不能完全满足 ISDN 的业务要求,因此,当开展 ISDN 业务时,应当用 ISDN 用户部分(ISUP)替代 TUP。

(3) ISDN 用户部分规定了电话或各类非话交换业务所需要的信令功能和程序。它不但可以提供用户基本业务和补充业务,而且支持 64kbps 和 $n \times 64$kbps 等多种承载业务。ISUP 可以用于国际和国内的各种通信业务的接续要求。

(4) 信令连接控制部分(SCCP)扩展了 MTP 的业务功能,可以在交换局和专用中心之间传递电路相关与非电路相关的信号信息及其他类型的信息,建立无连接和面向连接的网络业务。与 MTP 相比,增加了利用全址地址(GT)和子系统号码(SSN)的寻址功能。

交互能力(TC)是 7 号信令方式的一种通信应用协议。它仅规定了 OSI 的第七层(应用层)的协议(TCAP)。TCAP 主要包括移动应用部分(MAP)和运营、维护和管理部分(OMAP)。MAP 规定移动业务中漫游和频道越局转接等程序,OMAP 仅提供 MTP 路由正式测试和 SCCP 路由正式测试程序。

6. ISDN 的网间互通

ISDN 是与现有各类电信网共存的,因此必须考虑 ISDN 与其他业务网的互通问题。所谓网络之间的互通是指 ISDN 与 ISDN 之间的互通,也包括不同 ISDN 网络之间的互通。与 ISDN 互通的非 ISDN 包括现行正在提供业务的各种网络,例如,现有电话网、分组数据网、专用网、其他 ISDN 和 ISDN 以外的业务提供者。

由于 ISDN 是以数字电话网为基础发展形成的,所以应该将 ISDN 与电话网看作是一个整体,只不过是完成不同的功能罢了。电话网在用户端只具有传输音频信号的功能,而 ISDN 可以处理的业务和能力远远超过了这一范围。所以当有电话呼叫时,可以在 ISDN 及电话网中自由地进行路由选择,即在 ISDN 中的终端和现有电话网中的终端之间能够自由地进行话音通信。

为了完成 ISDN 用户与现有电话网用户的通信,主要需要解决以下技术问题。

(1) 信令系统间的互通

电话网的局间信号可能使用中国 1 号信令或 7 号信令电话用户部分(TUP),而 ISDN 的局间信号将使用 7 号信令 ISDN 用户部分(ISUP),所以需要完成局间信号的配合。

ISDN 的用户信令是 DSS1,所以也需要完成 ISDN 用户信令和电话网用户接入信号的互通。

(2) 互通指示

当电话网的用户与 ISDN 的用户通话时,要求 ISDN 本地交换局能够向 ISDN 用户指示互通的情况,便于用户通信。而且要求无论是电话网还是 ISDN 都能够向用户提供各种带内信号音。

当一个分组方式的终端需要经过 ISDN 与 PSPDN 中的另一个分组终端通信时,有两种方式可以采用:方式 A 为电路交换接入公共分组数据网(PSPDN)业务;方式 B 为分组交换接入 ISDN 虚电路业务。

方式 A 是通过 ISDN 与 PSPDN 之间的接入单元(AU)建立一个透明的电路交换接入连接。AU 具有互通功能,等效于 IWF(inter-working function)。这一连接可以由用户来建立,也可以由 AU 来建立。使用 D 通路电路交换呼叫控制程序。采用这种方式,仅使用 B 通路传递用户通信的消息。方式 B 是通过 ISDN 的分组处理器(PH)来建立分组方式的接入连接。与方式 B 相比,方式 A 的实施比较容易。

分组处理器接入点接口(PHI)是欧洲电信标准委员会 ETSI 定义的 PH 与交换机之间的标准接口。该接口以 CCITT X.31 建议为基础,详细规定了接口的技术规范,支持 X.31 建议所描述的各类业务,接口信令基于 ISDNDSS1 协议,采用 30bD 的结构。

ISDN 以先进的网络技术为用户提供综合业务,随着 ISDN 在公用网上的应用范围逐渐扩大,一些 ISDN 专用网也在发展。特别是在某些部门和地区,ISDN 专用网的发展有可能超过公用 ISDN。目前,CCITT 有关 ISDN 的建议可以用于公用网,也可以用于局域网。

小结

通过本部分的学习,应掌握下列知识和技能:

- 掌握公共电话交换网 PSTN 的概念。
- 理解 PSTN 的组成和分类。
- 了解 PSTN 的网络结构。
- 了解 PSTN 的网络业务。
- 掌握综合业务数字网(ISDN)的定义。
- 了解 ISDN 的特点。
- 了解 ISDN 的设备组成和网络构成。
- 理解 ISDN 的网间互通。

项目 8 DDN 网络技术

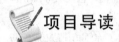

项目导读

计算一个网络是由数台、数十台乃至上千台计算机系统通过通信网络连接而成的一个非常复杂的系统,如何构造计算机系统的通信功能,才能实现这些计算机系统之间,尤其是异构计算机系统之间的相互通信,这是网络体系结构着重要解决的问题。网络体系结构与网络协议是网络技术中两个最基本的概念,也是初学者比较难以理解的概念。本项目将从层次、服务与协议的基本概念出发,对 OSI 参考模型、TCP/IP 协议与参考模型,以及网络协议标准化与制定国际标准的组织进行介绍,以便读者能够循序渐进的学习与掌握以上主要内容。

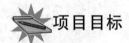

项目目标

知识目标:

- 了解 DDN 网络的基本原理。
- 了解 DDN 网络的特性。
- 了解 DDN 网络的定义和组成。
- 了解 DDN 网络的特性。

能力目标:

- 掌握数字交叉连接系统的原理。
- 熟悉 DDN 网络提供的业务及特点。
- 掌握 X.50 协议的原理。
- 熟悉 X.58 协议的原理。

素质目标:

- 具有理解问题、解决问题的能力。
- 具有应变能力、严谨求实的大局观念。
- 具有抗挫抗压能力和责任感。

8.1 DDN 基本原理

8.1.1 DDN 网络的产生与发展

自从计算机广泛使用以来,随着计算机技术和信息处理技术的发展,人们需要使用分布在不同地点的计算机共同完成一些任务。这就产生了计算机之间和人与计算机之间远程通信的需求,也就产生了数据通信的需求。

早期的计算机通信主要是主机/终端的模式,许多用户终端经过通信线路或通信网络与一台或若干台主机连通。用户可共享主机资源,用户之间也互相通信。以后,这种模式被大量分散但又互连的计算机共同完成某些任务的模式所代替。这就是客户机/服务器模式。

20 世纪 60 年代是数据通信发展的初期,当时的终端没有智能,数据通信是在模拟线路上实现的,传输质量差,噪声干扰大。70 年代出现了低速多分路复用设备和调制解调器。复用设备提高了线路利用率,调制解调器提高了传输速度,并实现了用公用电话网实现数据通信。70 年代末期出现了分组交换技术,分组采用统计复用技术,大大提高了通信线路的利用率。在一段时间内,分组交换成了数据通信的主流技术。但是分组交换有其固有的缺点:技术复杂,处理量大,使得用户传输速率难以进一步提高;存储转发使得网络时延较大,难以开展实时性高的业务。

20 世纪 70 年代中期,针对美国已经出现的用户对高速优质专线业务的需要。AT&T公司采用时分多路复用技术为用户提供点到点的永久性连接的数据电话数字业务电路(dataphone digital service)。它是一种为需要传输数据的企业用户而提供的原始数字租用线路业务,可支持 56kbps 专线业务。支持该业务的网络被称为数字数据系统(digital data system,DDS),就是现在所说的数字数据网(digital data network,DDN)的前身。

8.1.2 DDN 网络的定义和组成

1. DDN 的定义

数字数据网(DDN)是利用数字信道传输数据信号的数据传输网,它的传输媒介除传输设备之外,有光缆、数字微波、卫星信道以及用户端可用的普通电缆和双绞线。利用数字信道传输数据信号与传统的模拟信道相比,具有传输质量高、速度快、带宽利用率高等一系列优点。DDN 向用户提供高质量的端到端的数字型信道传输业务,产生了很高的社会效益和经济效益。

DDN 可以为用户提供永久性和半永久性连接的数据传输信道。所谓永久性连接的数字数据传输信道是指用户间建立固定连接,传输速率不变的独占带宽电路。所谓的半永久性连接是指 DDN 所提供的信道是非交换型的,用户之间的通信通常是固定的,一旦用户提出申请,由网络管理人员,甚至在网络允许的情况下,由用户自己对传输速率、传输目的地与传输路由进行修改,但这种修改并非是经常性的,所以称半永久性交叉连接或半固定交叉连接。DDN 一般不包含交换功能,故信道的转接通过数字交叉连接来实现。

2. DDN 网络的组成

一个数字数据网主要由四部分组成:①本地传输系统,指从终端用户至数字数据网的本地局之间的传输系统,即用户线路,一般采用普通的市话用户线,也可使用电话线上复用的数据设备(DOV)。②交叉连接和复用系统,复用是将低于 64kbps 的多个用户的数据流按时分复用的原理复合成 64kbps 的集合数据信号,通常称为零次群信号(DS_0),然后再将多个 DS_0 信号按数字通信系统的体系结构进一步复用成一次群即 2.048Mbps 或更高次信号。交叉连接是将符合一定格式的用户数据信号与零次群复用器的输入或者将一个复用器的输出与另一复用器的输入交叉连接起来,实现半永久性的固定连接,如何交叉由网管中心的操作人员实施。③局间传输及同步时钟系统,局间传输多数采用已有的数字信道来实现。在一个DDN网内各节点必须保持时钟同步极为重要。通常采用数字通信网的全网同步时钟系统,例如采用铯原子钟,其精度可达 $n^{10} \sim n^{12}$,下接若干个铷钟,其精度应与母钟一致,也可采用多用多卫星覆盖的全球定位系统(GPS)来实施。④网络管理系统,无论是全国骨干网,还是一个地区网应设网络管理中心,对网上的传输通道,用户参数的增删改、监测、维护与调度实行集中管理。DDN从地域上可以分为一级干线网(又称省间干线网或国家骨干网)、二级干线网(又称为省内干线网)和本地网。

图8-1是一个数字数据传输系统的主要组成框图,它主要包含下列几个部分:

- 本地传输系统。
- 复用及交叉连接系统。
- 局间传输系统。
- 同步定时系统。

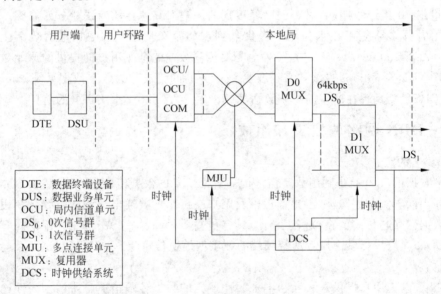

图 8-1　数字数据传输系统

(1) 本地传输系统

这是指从用户端至本地局之间的数据传输子系统,即通常所称的用户环路传输系统。由用户端设备、用户环路(包括用户线和用户接入单元)组成。

用户设备通常是数据终端设备(DTE)、计算机以及用户自选的其他用户终端设备。用户线,以前大都采用双绞电缆线对来提供双工传输,目前随着用户对线路的稳定性及带宽的要求,光纤到户也日渐普遍。由图8-1中看出,在用户环路的一端是位于用户终端处的数据电路终结设备,图中记作DSU(数据业务单元)。它是用户终端与用户线路之间的接口设备,完成数据信息的格式化,线路信号的形成、发送和接收,定时信号的提取与形成,以及各项接口控制功能等;在用户端把原始信号转换成能在一定距离的用户线上传输的信号方式,并且可多路复用。若是模拟用户线,DSU通常是调制解调器,若是数字用户线(光纤),DSU

通常是数字集中器。在用户环路的另一端是位于本地接入局内用户线路终端设备,由图 8-1 中记作 OCU(局内信道单元),以及它的公共控制部分(OCU COM)。OCU 完成与用户电路的接口,发送与接收线路信号,OCU COM 完成用户线路信号与局内信号的相互转换。为了便于转换,不论用户线路的数据传输率为 2400bps、4800bps、9600bps、48kbps 还是 56kbps,在局内通过 OCU COM 后统计转换成为 64kbps 的通用信号,一般我们称这样形成的 64kbps 信号为通用 DS₀ 信号,然后经过交叉连接设备单元 X-CONN 连接到复用器 DS₀-MUX 的入口,或者相互间进行交叉连接,或者通过多点连接单元 MJU 进行一点对多点的分支连接。

（2）时分复用及交叉连接系统

复用技术及复用技术分类。不同介质的传输能力是不同的。在数据通信中,经常出现下列情况:传输介质的传输能力超过了使用这个介质进行通信的计算机的需要,如计算机要求 10Mbps 的数据传送速率,但传输介质提供了 100Mbps 的传输能力。另外,传输介质的价格和安装费用是比较昂贵和复杂的,特别是在长途传输时。因此我们要采取某种方式使多个通信设备共享一个通信介质。

多路复用技术就是一种允许多个设备共享一条传输介质的技术。它通过一条传输介质同时传输多路信号,从而提高传输介质的使用效率。多路复用技术通常分为两类:频分多路复用(frequency division multiplexing,FDM)和时分多路复用(time division multiplexing,TDM)。其中 TDM 又分为两种:STM 和 ATM。随着光纤通信技术的发展,目前又出现了主要应用于光纤的多路复用技术:WDM 和 DWDM。实现多路复用的设备称为多路复用器(MUX),在发送端称为 MUX,在接收端称为 DEMUX,如图 8-2 所示。

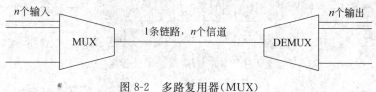

图 8-2　多路复用器(MUX)

- 频分多路复用(FDM):频分复用使用不同的频率实现在 1 条介质上同时传输多路信号。如我们的 CATV 系统,在一根同轴电缆上,可同时传播多路电视信号。只要通信的设备使用不同的频率,而且这些频率不重叠,每个频率都可以被看作是一个独立的通信信道,如图 8-3 所示。

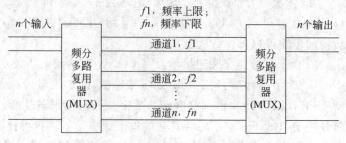

图 8-3　频分多路复用(FDM)

- 时分多路复用(TDM):时分多路复用是将传输介质的传输能力或传输速率按时间

191

划分成时间片(简称时隙),把每个时间片固定地分给需要通信的设备,这样利用时间上的交叉,就可以在一条传输介质上传输多路信号了。图 8-4 表示了它的工作原理。

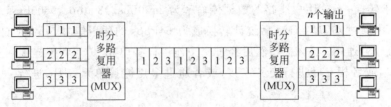

图 8-4　时分多路复用(TDM)

TDM 又可以分为同步时分复用(synchronous time division multiplexing,STM)和异步时分复用(asynchronous time division multiplexing,ATM)。STM 中采用固定时隙分配模式,即每个信道占用固定位址的时隙。ATM 中采用动态分配时隙的模式,每个信道需要使用通信介质通信时,竞争使用线路上的时隙。因为用户通信时,通常不是连续进行信息交换(如打电话,从计算机通信角度看,话音通信时有 50% 以上的时间是空闲的),固定分配时隙将出现资源浪费,ATM 动态分配时隙(实际上就是网络的资源),可以有效利用线路的资源。异步时分复用又称为统计时分多路复用,图 8-5 是统计时分复用的原理示意图。

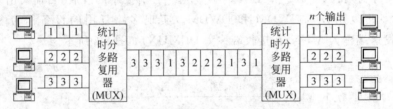

图 8-5　统计时分多路复用(异步时分复用(ATM))

在数字数据传输系统中,采用的时分复用技术。数据信道的时分复用器是分级实现的。第 1 级为了便于转换将来自多条用户不同速率的用户信号,经 OCU 及 OCU COM 统一转换形成 64kbps 的通用 DS_0 信号,复合成 64kbps 的 0 次群集合数据流 DS_0,称为子速率复用。第 2 级是将 D0-MUX 输出的 64kbps 的集合数据流 DS_0 信号,进一步按 24 路或 32 路 PCM 系统的格式进行时分复用。图 8-1 由 D1-MUX 复用器实现。D1-MUX 指从 0 次群至 1 次群的多路时分复用。1 次群 TDM 信号 DS1 的速率为 1.544Mbps 或者 2.045Mbps;在第 2 级复用中可以全部为 64kbps 的 DS_0 数据信号的复用,也可以是部分数据与部分 PCM 语音信号的复用。局间传输可以再往高次群复用。

在第 1 级复用后的 DS_0 信号经交叉连接单元 X-CONN 连接到第 2 级复用器入口,或通过多点连接单元 MJU 进行一点对多点的分支连接。数字交叉连接系统(digital cross connect system,DCS)有 0 次群、1 次群和高次群的数字交叉连接设备。所谓交叉连接设备对 0 次群来讲指对任一端口的子速率信号与其他端口子速率信号进行可控的连接与再连接的设备,也就是对相同速率的支路经交叉连接矩阵接通的功能。对 1 次群来讲是指在 2048kbps 数字信号复用帧中,以 64kbps 为单元进行交叉连接。这种连接是半永久性。这种数字交叉连接系统使传输系统具有一定的交换功能,可对各个子信道进行全面调度管理。

图 8-6 表示 DDN 节点的复用和交叉连接功能。

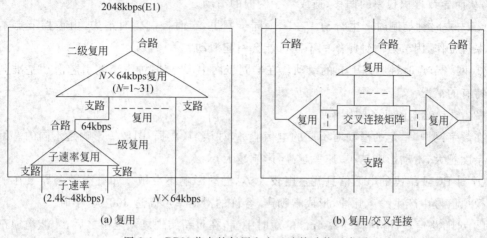

(a) 复用　　　　　　　　　　　　　(b) 复用/交叉连接

图 8-6　DDN 节点的复用和交叉连接功能示意图

（3）局间传输系统

局间传输包括从本地局至市中心局之间的市内传输，以及不同城市的中心局与中心局之间的长途传输。无论是市内传输或者长途传输均可利用已有电话网的数字传输系统，包含一次群 PCM 系统和高次群 PCM 传输系统，也可以在模拟微波或者电缆传输系统的话上或者话下频带开辟专供数据传输用的数字传输系统，通常称为话上数据或者话下数据。

（4）同步定时系统

在同一局内，所有的复用设备、信道单元、测试装置以及其他需要时钟信号的装置均由一个统一的同步时钟供给系统来提供。

3．DDN 网络的同步

为了实现各种数字传输，数字交叉和数字交换设备的连接，最主要的是使传输和交换设备的工作协调。当把许多设备相互连接起来构成一个网络时，就必须制定某种规程或采取某种措施使分系统能协调工作。因为系统传输和处理的都是数字信号，协调工作的第一步就是时钟同步。在网中每个交换系统的时钟起两个作用：一个是向交换系统输入口的帧调整器提供读出时钟；另一个是为控制交换系统的接续，网络提供基准时钟。如果在数字交换系统之间的时钟频率不一致，或者由于数字化比特流在传输中经受的相位偏移和抖动的影响，就会在数字交换系统的缓冲存储器中产生溢出或取空，这样将导致在传输的比特流中出现滑动损伤（帧错位）。因此，网同步是实现数字网的一项重要技术问题。网同步的主要任务是：使来自其他节点的群数字流的帧与本局的帧建立并保持帧同步；将各局的时钟频率进行同步以减少各节点因频差引起的滑动。

（1）产生滑动的原因

在数字网中产生滑动的原因可以概括为两个方面：网络节点时钟之间频差引起的滑动以及传输系统受工作环境影响引起的滑动。

① 传输系统工作环境影响引起的滑动。在网络运行的情况下。系统传输特性的变化，如网络传输路由的变更、节点时钟的切换等因素也会使定时信号在传递过程中，定时信号的

相位不稳定或相位不连续性,表现为定时信号的抖动和漂动。随着定时信号的传递,漂动会累积,从而导致累积频率的偏移,造成数字网内的滑动。

② 失去时钟控制时产生滑动。在一个同步网里,定时控制暂时消失,由被控节点本身时钟保持工作,因节点时钟频率的不同可能会引起滑动。

③ 网络节点时钟频差引起的滑动。在准同步网中,节点时钟频率差引起滑动是准同步网中特有的情况。

(2) 滑动对电信业务的影响

在数字网中,一定的滑动对不同的电信业务,如语声、数据、图像等影响是不同的。编码的冗余度越大,滑动影响越小;速率越高,影响越大。

① 对 PCM 编码的电话信息冗余度较大,对滑动影响不灵敏。如有滑动会导致在解码后的模拟信号中产生噪声脉冲,形成喀呖声,容许的滑动率可高达 300 次/小时。

② 对随路信令,滑动将导致 5ms 的短时中断,在重新实现复帧定位之后,才能沟通正确的随路信令通路。对于公共信道信令,5ms 的通路中断时间不会使信令传输中断,因为检错重发、滑动的发生只能使电信信号产生微小的时延。

③ 对于数据通信,滑动的结果会造成帧定位信号丢失,致使数据通路内的信息被错误地传送,最后要反馈重发,造成时延增加,所以数据通信对滑动指标的要求较高。

④ 滑动对传真的影响取决于编码技术。一次滑动就能破坏整条扫描线,甚至于整个画面,从而必须重传。滑动是影响对用户服务质量的最主要的因素,因此,滑动损伤是数字网最重要的损伤之一,对数字网进行同步规划的目的就是有效地控制滑动,以满足滑动率指标。

(3) 滑动指标

前 CCITT 规定了国际连接中各类交换局的滑动指标,具体指标如下。

• 国际交换局:1 次/70 天。

• 国内长途局:1 次/7 天。

• 市内交换局:1 次/12 小时。

我国关于滑动率指标规定为如下。

• 全程系统:1 次/5 小时。

• 传输系统:1 次/10 小时。

综上所述,实现网同步的目标是使网中所有交换节点的时钟频率和相位都控制在预先确定的容差范围内。

(4) DDN 网同步的方式

DDN 网同步有三种方式,准同步、主从同步和相互同步。①准同步按 ITU-T G.811 建议,常推荐为国际使用。②主从同步是通过把从时钟相位锁定在主时钟的参考定时上达到同步,这种同步又分为树状结构主从式同步和外接参考方式主从式同步,前者以 PCM 高次群作为主,低次群为从;后者有一个主时钟负责所有交换机的频率分配,此时,时钟脉冲及信息比特流以不同通路进行传输。③相互同步是一种没有唯一参考时钟的同步方式,此时,每个交换机时钟都是锁定在所有来信时钟的平均值上。

4. DDN 节点时钟和定时

DDN 节点一般采用晶体振荡器作为时钟源,对于中、大型节点应按三级时钟源的要求,其长期频率容差为 4.6×10^{-6};对于小型节点可参照四级时钟源的要求,其长期频率容差为 $25\times10^{-6}\sim50\times10^{-6}$。

DDN 节点应能选择主、从两种定时方式。主定时工作方式是以本节点时钟源作为定时的工作方式。从定时工作方式是以某一参考基准频率为标准,对本节点时钟源进行锁定后为定时的工作方式。

DDN 节点应允许有下列参考基准频率的来源:

(1) 局统一供给的标准频率信号,DDN 节点应优先使用统一的局时钟,以保持与数字传输网的同步。

(2) 从集合信道接口上提取的定时信号。

(3) 直接使用数据接口上的定时信号,DDN 节点应能选择在 V.24、V.35 和 X.21 数据接口上的定时信号,以满足特殊连接情况下的需要。

DDN 节点应能按优先顺序设置多个获取参考基准信号的端口,并能自动检测端口故障,按优先顺序自动切换获取参考基准信号端口。

5. DDN 网络节点间同步

(1) DDN 网络节点间的同步应同我国数字网同步方式一致

根据我国数字同步网的同步等级,我国的 DDN 同步网分为四级,如表 8-1 所示。随着全国数字同步网的实现,DDN 节点应采用与所在局统一的时钟作为参考基准信号。

表 8-1　DDN 网络时钟分类

	第一级	基准时钟	
长途网	第二级	A 类	一级和二级长途中心、国际局时钟
		B 类	三级和四级长途中心时钟
本地网	第三级	汇接局、端局时钟	
	第四级	远端模块、数字 PBX、数字终端设备时钟	

注意:A 类时钟是通过同步链路直接与基准时钟同步;B 类时钟是通过同步链路受 A 类时钟控制,间接地与基准时钟同步。

(2) 主从等级同步方式

在不能采用与数字同步网所在局统一时钟的情况下,DDN 网上各节点采用主从等级同步方式。各 DDN 节点应根据它所在的位置,优先安排从连到高等级的数字通道上提取参考基准信号。

为了保证 DDN 网同步的可靠性,DDN 一级干线网和二级干线网上的每个节点都应按优先级的设置,从多条数字电路上获取参考基准信号。

用户入网同步。尽量安排用户使用网络提供的定时,当用户不能使用网络定时时,DDN 节点应在用户接口处插入缓冲存储器,用于减少由于双方定时偏差而引起的滑动。数据电路转接处,插入缓冲存储器后,滑动时间间隔与缓冲存储器长度、接口速率、双方定时偏差等因素有关。

8.1.3　DDN 网络的特性

DDN 具有以下优点。

（1）传输质量高，距离远。与老式的模拟传输相比，DDN 具有传输质量高、传输距离远等数字传输的优点。

（2）传输速率高、网络时延小、无阻塞。DDN 利用电信数字网的数字传输通道传输，采用时三级分复用技术，传输中没有中间处理过程（只有复用和解复用的处理过程），网络时延小（在 10 个节点转接条件下最大不超过 40ms），传输速率只受 PCM 设备限制，由于时分复用，所以网络不会堵塞。

（3）协议简单：采用交叉连接技术和时分复用技术，由智能化程度较高的用户端设备来完成协议的转换，本身不受任何规程的约束，是全透明网，面向各类数据用户。

（4）灵活的连接方式：可以支持数据、语音、图像传输等多种业务，它不仅可以和用户终端设备进行连接，也可以和用户网络连接，为用户提供灵活的组网环境。

（5）电路可靠性高：采用路由迂回和备用方式，使电路安全可靠。

（6）网络运行管理简便：采用网管对网络业务进行调度监控，保证业务的迅速生成。

8.1.4　X.50 建议

在 DDN 中，速率小于 64kbps 时称为子速率，各子速率的电路复用到 64kbps 的数字通道上一般遵照原 CCITT X.50、X.51、X.58 建议将同步的用户数据流复用成 64kbps 的集合信号，称为 D_0-Mux。对于 8kbps、16kbps、32kbps 子速率的复用应符合原 CCITT 建议 I.460 中固定格式的复用规定。为了获得更灵活的复用结构和更高的复用效率，并能提供带信令传输能力的 TDM 连接，在 DDN 网络的适当范围内，允许采用其他更灵活的复用方式。

X.50 建议的帧结构为（6+2）的 8 比特包封（Envelope）格式。采用 8 比特包封交织复用，包封结构如图 8-7 所示，其中 F 为帧比特，S 为状态比特，2～7 比特为 6 个用户信息比特（D）。F 比特在复用时构成帧同步序列，S 比特用来表示 6 个 D 比特的内容；如 S 为 1 或者 0 可分别表示 D 为数据信息或者控制信息（如呼叫信令）。

（6+2）包封（原 CCITT X.50 建议）

图 8-7　X.50 中 8 比特包封结构

采用（6+2）包封格式时，传送包封的承载（Bearer）信道的速率应为用户速率的 4/3，标准的复用速率和相同速率下，在 64kbps 信道中复用的路数如表 8-2 所示。承载速率表示加入 F 和 S 比特后的速率。

X.50 的复用效率为 48/64（75%），或称复用开销为 25%。X.50 复用的主要特产是引入状态比特 S，变化 S 比特为采用随路信令提供了传送用户/网络信令和用户/用户数据而区分两类信息，这在电路交换场合下是有用的。

表 8-2　X.50 复用速率和路数

数据速率(kbps)	载荷速率(kbps)	相同速率复用路数
9.6	12.8	5
4.8	6.4	10
2.4	3.2	20
0.6	0.8	80

DDN 网中低速数据复用成 64kbps 信道数据流就是以包封为单位交织而成 64kbps 信道的帧,其帧结构在 X.50 定义中有两种帧结构:20 个包封或者 80 个包封。

1. 20 个包封的帧结构

由 20 个 8 bit 包封组成一个复用帧,每一个帧复用的承载信道数量与用户数据率有关。速率不同,最大可复用的承载信道数量也不同。对于 20 包封组的帧,一般由 5 路 12.8kbps 的信号复用,也就是 5 路 9.6kbps 信道复用。

- 其帧长为 20×8＝160bit,由下列各部分组成。
- 用户信息:每个包封中 6bit,共 20×6＝120bit。

定帧信息:即帧同步信息,由第 2～20 个包封中的 F 比特组成,共 19bit。其帧同步序列由多项式 $X^5＋X^2＋1$ 产生的序列之一组成为:

A　1 1 0 1 0 0 1 0 0 0 0 1 0 1 0 1 1 1 0

其中 A 为第一个包封的 F 比特,它用于向对方传送本地的告警信息,如输入信号中断、帧失步等。A 为 1 表示处于正常状态,无告警。A 为 0 表示告警;所以称 A 为业务管理信息:1bit。

- 状态信息:15bit。
- 帧长度调整信息:5bit。

2. 80 个包封的帧结构

每个帧由 80 个 8 比特包封组成。其包括 3 路 12.8kbps、2 路 6.4kbps、4 路 3.2kbps 的信道。

其帧长为 80×8＝640bit,由下列各部分组成。

- 用户信息:80×6＝480bit。
- 定帧信息:72bit。在一帧中共有 80 个 F 比特,这 80 个比特第一个比特 A 用于向远端传送一个相当于帧同步丢失的告警信号,A 置 1 表示无告警,A 置 0 表示告警;除 A 之外的 79 个比特作为帧同步码型,但其中代号为 B 至 H 的 7 个比特作为业务联络信息使用。
- 状态信息:60bit。
- 帧长度调整信息:20bit。

8.1.5　X.58 建议

S1～S4:帧同步字符;T1～T4:业务管理字符;An～Fn:用户数据字符。

表 8-3 表示 X.58 复用帧结构。它不采用包封结构,而采用 8bit 字符交织的复用方式。

表 8-3　X.58 复用帧结构

S1	A1	B1	C1	D1	E1	F1	B2	A2	D2	C2	F2	E2	A3	B3	C3	D3	E3	F3	T1
S2	B4	A4	D4	C4	F4	E4	A1	B1	C1	D1	E1	F1	B2	A2	D2	C2	F2	E2	T2
S3	A3	B3	C3	D3	E3	F3	B4	A4	D4	C4	F4	E4	A1	B1	C1	D1	E1	F1	T3
S4	B2	A2	D2	C2	F2	E2	A3	B3	C3	D3	E3	F3	B4	A4	D4	C4	F4	E4	T4

(1) 复用方式：8bit 字符交织复用。

(2) 帧结构：帧长 80 个字符，$80 \times 8 = 640$bit。

(3) 帧同步信号：S1、S2、S3、S4。

(4) 复用速率和用户数据字符占用位置如下。

- 2.4kbps 速率：$An \sim Fn$（n 为 1~4）共 24 个用户数据字符组位置，对应 24 路 2.4kbps 速率。

- 4.8kbps 速率：相同字母和两个不同数字的用户数据字符组位置，如 B1 和 B3 表示一路 4.8kbps 速率。

- 9.6kbps 速率：相同字母与 4 个不同数字的用户数据字符组位置，如 D1、D2、D3 和 D4 表示一路 9.6kbps 速率。

- 19.2kbps 速率：两个不同字母和 4 个不同数字的用户数据字符组位置，如 C1、F1、C2、F2、C3、F3、C4 和 F4 表示一路 19.2kbps 速率。

(5) 复用速率和路数。

标准的复用速率和相同速率复用路数如下。

- 19.2kbps：3 路。
- 9.6kbps：6 路。
- 4.8kbps：12 路。
- 2.4kbps：24 路。

其他的复用速率为：$n \times 2.4$（n 为 1~24），除去上述标准复用速率之外，如（3×2.4）7.2kbps 速率等。

(6) 复用效率及主要特点。X.58 的复用效率为 $57.6/64 = 90\%$，或者复用开销为 10%。X.58 的复用效率比 X.50 高 15%，但 X.58 没有考虑信令信息的传输，适合于非交换的业务，如租用电路业务。

下面介绍 2048kbps 数字信道上的复用。

由 64kbps 的 DS_0 信号进一步复用成为 DS_1 信号（2048kbps 速率）的复用方式及帧结构与 PCM 数字通信系统构成一次群的复用方式及帧结构是相同的，采用前 CCITT 建议的 G.704 中的基本帧结构。其 PCM30/32 路系统帧结构如图 8-8 所示。

根据抽样定理，子帧频率应为 8000 帧/秒，即子帧周期为 $125\mu s$，所以总码率为：

$$fb = 8000（帧/秒）\times 32（时隙/帧）\times 8（比特/帧）= 2.048（Mbps）$$

PCM30/32 路通信系统中，传送一个 8 位码组实际上只占用 $1/32 \times 125\mu s$（$3.9\mu s$），称为一个路时隙。一共有 32 个时隙，其中 30 个时隙用来传送 30 路信息，另外一个 TS_0 用来

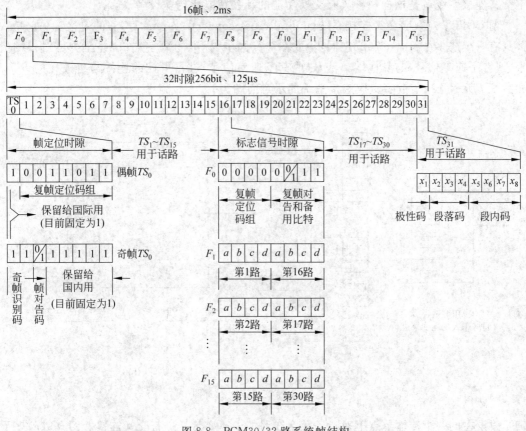

图 8-8　PCM30/32 路系统帧结构

传送帧同步码，一路 TS_{16} 用来传送业务信号指令。业务信号指令是指在通信网中与接续的建议和控制，以及网络管理有关的信号，称为"信令"。

 小结

通过本部分的学习，应掌握下列知识和技能：

- 了解 DDN 网络的概念。
- 理解 DDN 网络的组网原理及特点。
- 掌握 DDN 网络的特性及组网方式。

8.2　数字交叉连接系统

8.2.1　数字交叉连接系统的产生

随着技术的进步、竞争的加剧以及用户对业务有更多更新的需求，人们希望通信网具有更大的智能性和灵活性。传统上，网络的智能都集中在交换设备上，现在的发展方向是把一部分智能放在传输系统中，使传输系统具有一定的交换功能。20 世纪 80 年代初出现的数

199

字交叉连接系统就是这样一种具有交换功能的新型智能化传输设备。

前 CCITT 对数字交叉连接系统（digital cross-connect system，DCS）的定义为：它是一种具有一个或多个符合 G702（准同步）或 G707（同步）标准的数字端口，并至少可对一端信号（或者子速率信号）与其他端口信号（或其子速率信号）进行可控的连接与再连接的设备。如图 8-9 所示是一个数字交换连接系统的示意简图。

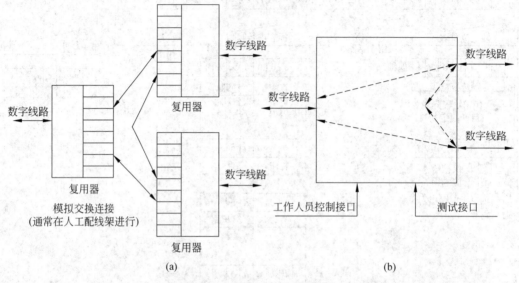

图 8-9　数字交叉连接示意图

假设在同一个传输节点上对 3 条数字线路的子速率信号进行交叉连接。图 8-9(a)表示为传统的交叉连接，图 8-9(b)表示为使用 DCS 的交叉连接。在传统的交叉连接过程中，数字线路首先要经过复用器分路成为子速率信号，然后再经过人工配线架根据需要进行子速率信号的跳线搭接，最后还要经过复用器复用。传输线方向的变更及提供专线服务等都在配线架上完成。配线架作为交换设备（内线）和外线之间的接口。这种互连方式不仅效率低，可靠性差，而且变更复杂。DCS 代替了背靠背的复用器、配线架及上面的硬布线，依靠内部的交换网络通过系统控制完成交叉连接；在传输过程中进行交换。简单地说它就是由微机控制的复用器和配线架。DCS 不仅能够完全替代传统的配线架，更重要的是它还具备更多网管功能。

下面介绍数字交叉连接的发展过程。

一次群 DCS 的研制始于 20 世纪 70 年代末，实用时间是 1981 年，高次群 DCS 的研制始于 20 世纪 80 年代初，由于技术上的复杂性，真正实际使用的时间是 1987 年，现从低、高次群两个方面分析 DCS 产生、发展的原因。

一次群 DCS 的产生与发展要归因于用户对业务的更多、更新的要求。网中不仅有语音、数据、图像，还有交互型业务和多点业务。网络设计者们开始研制综合了交换功能的传输节点设备 DCS。这时程控交换技术已成熟，使得以数字程控交换技术为基础的一次群 DCS 很容易实现。第一个 DCS 由 AT&T 生产，名为 DACS，它是 PDH 数字交叉连接系统，应用非常广泛。

高次群 DCS 的产生与发展主要是光通信和半导体集成电路技术的发展。光纤传输信号的带宽增长了几百倍,人们开始考虑怎样使光纤通信点一点的传输手段走向成网应用,采用怎样的传输节点拓扑更适合于光通信带宽大这一特点,由于光纤的使用,原来的逻辑和物理的网状网有必要演变成逻辑上网状,物理上环形网,把多条物理线复用到一条光纤上,这样就要在每个节点采用交叉连接设备。高次群 DCS 主要用于光纤网络的管理与维护等方面。在同步数字系列 SDH 中高次群 DCS 能在接口端间提供可控 VC(虚容器)的透明连接与再连接。

随着数字数据网的迅速发展,有些 DCS 具有子速率数据交换(subrate data cross connect,SRDC)功能,带有 SRDC 单元的 DCS 可以提供 DS_0 信道内低速数据流的交接,即一个 DS_0。其中的 2.4kbps、4.8kbps、9.6kbps 及 48kbps 的数据信号可与其他任何 DS_0 中的子速率数据信道交叉连接,这样就可以使数字数据用户连接形成 DDN 网。1986 年,AT&T 完成了 SRDC 的现场试验,成功地将 DCS 用在 DDN 上。

前面已讲过 DDN 网能向用户提供 200bps～2Mbps 速率任选的半固定连接的数字数据信道,所谓半固定连接是指所提供的信道属于非交换型信道,但在传输速率、到达地点与路由选择上并非完全固定而不可改变。由于 DDN 一般不包括交换功能,故信道的转接通过 DCS 来实现,因此,DCS 是 DDN 必不可少的一部分。一般 DDN 本身内部已具有对 64kbps 以下信道的交叉连接功能。经有关专家组织的讨论研究,认为 DDN 应以 2Mbps 以下自带宽传输作为该网络的应用范围,在组网时可否配用一次群 DCS,这主要是考虑方便对 2Mbps 信道的调度和管理,能减少 DDN 组网的复杂性和增加网络的灵活性。但原则上讲 DCS 应放在 SDH 上以利于全面对所有业务的 2Mbps 的带宽(包括话音、数据和所有其他业务)的调度管理,在主干网上为了减少网络拓扑的多路由连接的复杂性,也可在某些汇接点(枢纽局)安置 DCS 以利于简化网络结构和便于调度。

数字交叉连接设备的规范化表示为 DXC 加上表示它最大端口等级和最小交叉连接等级的 2 个数字,如 DXC 3/1,第 1 个数字 3 表示 DCS 的端口等级最大为 3,第二个数字表示可以交叉连接的比特流的最低级为 1。实际可交叉连接 1、2、3 次群信号,人们把 DXC 1/0 叫作一次群 DCS。一次群 PCM 的第 16 时隙传信令,是 30 个活路的共路信令,进行 DXC 1/0 交叉连接时,不仅要对 64kbps 信道进行交换而且要把信道的相应信令随之一起交换,实际上要进行(64+2)kbps 的交叉连接,这就是对信令的不透明处理。在有些设备中除了有用于信道交叉连接的时分交换器外,还有一个用于交换信令的时分交换器,这两个时分交换器由同一个控制设备控制。有的设备采用的方式是将共路信令暂时转变为随路信令,与信道交换一起进行,不会出现问题。

8.2.2　数字交叉连接系统的基本功能

DCS 的基本作用是替代传统的配线架和对传输网进行自动化管理。比如,分离交换业务和非交换业务,为突发事件迅速提供线路,按业务量的季节性变化实现网络最佳配置等。其主要功能如下。

1. 交接功能

DCS 可以完成数字信号的点对点或一点对多点及其有关通道信令的连接。用于国际联网时,还可在多种规格的 2.048Mbps 和 1.5Mbps 基群以及高次群之间进行交接,完成 A 律和 U 律转换以及通道信令格式的转换,并实现业务汇聚(即将不同传输方向上传送的业务填充入同一传输方向的通道中,最大限度地利用传输通道资源)和业务疏导(将不同业务加以分类,归入不同的传输通道中),这就是业务的集散,例如,可以用 DCS 来调节中继线的使用,进行交换型业务和非交换型特服业务的集中与分散。集中是把没有用满的中继线尽量用满,分散是把到不同网的业务分离,这样可最大限度地使用中继线。当 DCS 装备有数字多点,桥接电路时,它还可以用于会议电话等场合。

DCS 的交接是全数字式的,只要在交接命令中指定通道,就可对基群中的所有 DS_0 通道进行交接。在点对点的交接中,形式非常灵活,可根据需要安排一个 DS_0 通道或多个通道的单向交接(将任意一个接收端口上的通道信号连接到任意一个发送端口的通道上去)或双向交接(对两个不同传输方向上的通道信号进行连接)。DCS 还可进行通道的环接(即通道的输入作为通道的输出,以方便检查通道的性能)。广播式连接(即将任意一个接收端口上的通道信号连接到一个以上的发送端口上,这时不接收返回信号),轮询数据方式连接(一个主通道向网络中的多个支线通道传送信号,同时主通道接收来自支线的信号,并在 DCS 中进到本地交换机)。

2. 测试功能

在 DCS 中可以通过命令设置基群测试接口来对任何 $N \times 64\text{kbps}(N$ 为 $1, 2, \cdots, 32)$ 的信号通道进行测试。每个测试接口可进行多个双向 DS_0 通道的测试。DCS 的测试功能既支持中断业务测试,也支持不中断业务测试。中断业务测试利用 DCS 的单向连接能力完成,将测试仪表接入到被测通道上进行测试。不中断业务测试则利用 DCS 的广播能力完成。DCS 能将收集到的数据整理成报表。DCS 还能收集网络服务质量和网络业务质量等数据,为网络管理部门提供管理的信息和依据。

3. 操作和自维护功能

DCS 的操作简单、方便,它具有多个管理接口,计算机可以通过这些接口与 DCS 连接起来,有同步的也有异步的,管理人员通过键盘输入命令,可快速、有效地进行参数设置,通道测试,或线路交接的重新安排、询问系统的状态、完成复杂的诊断等。对 DCS 的所有操作和维护可以在网络的任何地方通过不同的操作系统来执行,实现远程交叉连接功能。因为 DCS 的特意设计使管理人员具有不同优先级,对系统命令的使用具有不同权限,从而确保系统安全和有条不紊的工作。这样减少了操作费用,加快了服务建立过程,缩短了等待时间。

DCS 还有一个含有所有设备及所有已建立的交叉连接的数据库,可以通过一条管理线路对数据库进行检索。

4. 网络管理和监控功能

网络管理和监控功能如网络配置、性能分析,网络测试和故障恢复,路由分配,改变网络拓扑结构等。

8.2.3 数字交叉连接系统在通信网中的作用与应用

1. DCS 使通信网更经济、灵活、智能

目前电信网发展很快,大多数的网络每年增长 $10\% \sim 20\%$,这样连到配线架上的线路平均每月就要有 $15\% \sim 20\%$ 进行重新再连接,用人工搭接的方法每次再连接都要耗费大量的人力、时间、资金。网络设计时还必须要考虑留下足够多的冗余度以适应网络重组的需要以及作为备用线路。

2. 便于网络的集中管理

对于一个小规模的专用数据网,可以把数据复用设备背对背地连接起来而无须 DCS。但是对一个不断扩容的公共数据网,这样的连接就必然造成一个错综复杂、难于管理的网状网。为了便于 DDN 的规划设计及将来的使用、维护、扩容,分层网是最佳的选择,在上层网中使用 DCS 配合网络控制器来建立数据复用器之间连接的逻辑路由,以取代网状网中直接连接的物理路由,这样就便于通信部门对整个 DDN 网的集中管理和维护,这种方法在世界上许多国家的公共数据网中得到验证。

3. 使整个 DDN 网的同步精确可靠

DDN 网是一个同步数字传输网,故同步精确与否是整个数字传输网运行的关键。当 DDN 采用单层网时,由一个节点机从传输网送来的数字信号流中提取标准定时频率信号,然后再分配给下一个节点,这样整个网络中各个节点要将这一时钟锁住,往往非常困难,还要使网络的时延增大。而采用分层网时,先由上层网中的 DCS 从传输网送来的数字信号流中提取标准定时频率信号,而后这个标准信号通过 DCS 的时钟分配系统和传输网直接到达下层网中的节点机,下层网中每个节点机的从时钟信号直接从上层网的 DCS 中提取,而不必像单层网中标准定时频率信号在大量的节点之间传送,这样主从同步就十分精确,使网络时延大大减少。另外在上层网的 DCS 中,同步电路是双重热备份的,在正常工作时一个同步电路起作用,另一个则与它交叉耦合,以保持两者同步,并在主用/备用自动切换时,能保持时钟信号的相位变化不超过规定的容限,从而防止帧失步,确保网内各节点时钟频率的一致,所以采用分层网能使整个 DDN 网的同步精确、可靠。

4. 便于 DDN 的扩容

一般 DDN 网在建成后都要大量扩容,包括新增加的节点等,在单层网中扩容是不太方便的,如增加新的节点时,这些节点与原有网络将产生许多错综复杂的连接,而且为了使新节点与原有的网络中任一节点能够通信,原有节点将做一定的调整。在分层网中就避免了上述困难,只要将新的节点直接与上层网相连接,由上层网中的 DCS 对新扩容的节点进行逻辑路由设定,就可使新扩容的节点马上进入原 DDN 网中运行。当容量达到一定程度后,可在上层网中增加 DCS 的数量,而对原 DDN 下层网中的备节点无须做任何变动。

5. 用于虚拟专用网的建立

利用 DCS 的半永久性连接功能,可以建立一个附着于公用网的专用网,这种网称作虚拟专用网(virtual private network)。由于 DCS 的交叉连接由软件来控制,专用网的建立与重组几秒钟就可完成。用户还可根据自己的需要来改变租用线路的多少,特权用户也可通过网管中心对 DCS 进行控制,如根据一般的业务模式,每小时、每天或每周改变一下租用线路的条数。

小结

通过本部分的学习,应掌握下列知识和技能:

- 了解数字交叉连接系统的概念。
- 理解数字交叉连接系统的基本功能。
- 掌握数字交叉连接系统在通信网络中的应用。

8.3 DDN 提供业务及特点

8.3.1 DDN 网络可提供的业务

由于 DDN 网是一个全透明网络,能提供多种业务来满足各类用户的需求。

(1) 提供速率可在一定范围内(200bps~2Mbps)任选的信息量大实时性强的中高速数据通信业务。如局域网互联、大中型主机互联、计算机互联网业务提供者(ISP)等。

(2) 为分组交换网、公用计算机互联网等提供中继电路。

(3) 可提供点对点、一点对多点的业务,适用于金融证券公司、科研教育系统、政府部门租用 DDN 专线组建自己的专用网。

(4) 提供帧中继业务,扩大了 DDN 的业务范围。用户通过一条物理电路可同时配置多条虚连接。

(5) 提供语音、G3 传真、图像、智能用户电报等通信。

(6) 提供虚拟专用网业务。大的集团用户可以租用多个方向、较多数量的电路,通过自己的网络管理工作站,进行自己管理、自己分配电路带宽资源,组成虚拟专用网。

8.3.2 DDN 网络业务服务质量标准

传输介质对传输信号的损伤主要是衰减(attenuation)、时延(delay)、噪声(noise)。尽管一个数据传输系统有许多标准,但从业务角度看来,实质性的服务标准只需两个,DDN 传输的业务全部是数字信号,所以传输质量只需用差错率来衡量;话音、图像业务对时延有一定的要求,所以网络传输时延是第二个服务质量指标。DDN 网络提供的传输速率是固定的(帧中继是在 DDN 上开放的一种业务),所以从 DDN 网络服务质量来看,数据传输时延和数据传输差错率是两个主要指标。

1. 数据传输时延

DDN 上的数据传输时延是指单方向的数据传输时延,在对应的两个接口之间进行测量。在 DDN 中,两个方向上的数据传输时延值要求是一样的,所以实际测量时,可以在一个接口处,通过测量环路时延再除以 2,得到数据传输时延。

(1) 端到端的网络传输时延

- 专用电路传输时延:对 64kbps 的专用电路小于或等于 40ms。每加入一跳卫星电路,需在上列值中另加传输时间 300ms。

- 帧中继 PVC 电路的时延:在 DDN 传输时延(最大不超过 40ms)基础上,再加上两个平均帧长度的发送时间。

(2) 网络传输时延的分段要求

- DDN 节电内部传输时延:在节点的两个端口测量值要求不大于 0.5ms。次时延包括在数据接口电路处的数据缓存、串并转换、复用、解复用、交叉连接等处理时间。

- 帧中继 PVC 电路的节点内时延:PVC 电路在上述时延基础上再加上两平均帧长的排队发送时间。如平均帧 4kbit,对 64kbps 帧中继接口,两个帧的发送时间为 125ms。

- 传输通路时延：传输通路是指 DDN 节点之间的数字中继线时延或本地传输系统的时延(用户环路)。DDN 传输通路时延要求不大于 3ms。

2. 数据传输比特差错率

(1) 端到端比特差错率

- 国际电路连接：在用户/网络接口和国际 DDN 节点/国际电路接口之间的用户电路传输比特差错率小于或等于 10^{-7}。
- 国内电路连接：在用户/网络接口之间的用户数据传输通路。传输比特差错率小于或等于 10^{-6}。

(2) 比特差错率的分段要求

- 用户线：用户线是指用户/网络接口该用户接入的复用设备或复用/交叉连接设备之间的数据传输通路，其传输比特差错率要求小于或等于 10^{-7}。
- 复用或复用/交换连接节点设备：网络节点提供的用户数据传输通路，其传输比特差错率要求小于或等于 10^{-10}。
- 节点设备之间的数字通路：其传输比特差错率要求小于或等于 5×10^{-8}。

(3) 比特差错率测量

传输比特差错率的测量，对于不同的速率应分别符合 CCITT 建议的 0.151、0.152 和 0.153 的相应规定。

对于 2048kbps 速率，使用测试码长度为 $2^{15}-1=32767$bit 的随机序列。

对于 $N \times 64$kbps(N 为 1~31)速率，使用测试码长度为 $2^{11}-1=2047$bit 的随机序列。

对于小于或等于 20kbps 速率，使用测试码长度为 $2^7-1=511$bit 的随机序列。

 小结

通过本部分的学习，应掌握下列知识和技能：

- 了解 DDN 网络的业务应用。
- 了解 DDN 网络的业务服务标准。

8.4 DDN 网络的结构及现状

8.4.1 DDN 网络的结构

1. DDN 节点类型

在"中国 DDN 技术体制"中将 DDN 节点分成 2 兆节点、接入节点和用户节点三种类型。

(1) 2 兆节点

2 兆节点是 DDN 网络的骨干节点，执行网络业务的转换功能。其主要提供 2048kbps (E1)数字通道的接口和交叉连接、对 $N \times 64$kbps 电路进行复用和交叉连接以及帧中继业务的转接功能。

（2）接入节点

接入节点是 DDN 各类业务提供接入的功能，主要有：

- 64kbps、2048kbps 数字通道的接口；
- $N \times 64$kbps（N 为 1～31）的复用；
- 小于 64kbps 速率的复用和交叉连接；
- 帧中继业务用户接入和本地帧中继功能；
- 压缩话音/G3 传真用户入网。

（3）用户节点

用户节点是 DDN 用户入网提供接口并进行必要的协议转换。它包括小容量时分复用设备；LAN 通过帧中继互联的网桥/路由器等。

在实际组建各级网络时，可以根据网络规模、业务量等具体情况，酌情变动上述节点类型的划分。例如，把 2 兆节点和接入节点归并为一类节点，或者把接入节点和用户节点归并为一类节点，以满足具体情况下的需要。

2. DDN 的三级网络结构

DDN 的网络结构按网络的组建、运营、管理和维护的责任地理区域，可分为一级干线网、二级干线网和本地网三级。各级网络应根据其网络规模、网络和业务组织的需要，参照前面介绍的 DDN 节点类型，选用适当类型的节点，组建多功能层次的网络。一般可由 2 兆节点组成核心层，主要完成转接功能；由接入节点组成接入层，主要完成各类业务接入；由用户节点组成用户层，完成用户入网接口。

（1）一级干线网

一级干线网由设置在各省、自治区和直辖市的节点组成，它提供省间的长途 DDN 业务。一级干线节点设置在省会城市，根据网络组织和业务量的要求，一级干线网节点可与省内多个城市或地区的节点互联。

在一级干线网上，选择有适当位置的节点作为枢纽节点，枢纽节点具有 E1 数字通道的汇接功能和 E1 公共备用数字通道功能。枢纽节点的数量和设置地点由主管部门根据电路组织、网络规模、安全和业务等因素确定。网络各节点互联时，应遵照下列要求：

① 枢纽节点之间采用全网状连接；

② 非枢纽节点应至少保证两个方向与其他节点相连接，并至少与一个枢纽节点连接；

③ 出入口节点之间、出入口节点到所有枢纽节点之间互联；

④ 根据业务需要和电路情况，可在任意两个节点之间连接。

（2）二级干线网

二级干线网由设置在省内的节点组成，它提供本省内长途和出入省的 DDN 业务。根据数字通路、DDN 网络规模和业务需要，二级干线网上也可设置枢纽节点。当二级干线网在设置核心层网络时，应设置枢纽节点如图 8-10 所示。

（3）本地网

本地网是指城市范围内的网络，在省内发达城市可以组建本地网。本地网为其用户提供本地和长途 DDN 业务。根据网络规模、业务量要求，本地网可以由多层次的网络组成。

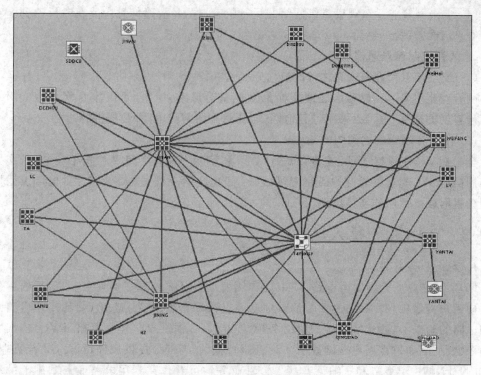

图 8-10 某省 DDN 骨干网拓扑

本地网中的小容量节点可以直接设置在用户的室内。

（4）二级骨干网实例

某省 DDN 骨干网以 A、B、C、D 四个市核心节点构成全网状结构，分别以多个 2M 中继互连。A、B 之间另有 2 条 155M 中继电路。其余 13 个市分别与两个核心节点以多个 2M 中继相连，形成有备份的网状结构。

8.4.2 DDN 网络的网络管理和控制

1. 网管控制中心的设置

（1）全国和各省网管控制中心。DDN 网络上设置全国和各省两级网管控制中心（NMC），全国 NMC 负责一级干线网的管理和控制，省 NMC 负责本省、直辖市或自治区网络的管理和控制。

在节点数量多、网络结构复杂的本地网上，也可以设置本地网管控制中心，负责本地网的管理和控制。

（2）网管控制终端（NMT）。根据网络管理和控制的需要，以及业务组织和管理的需要，可以分别在一级干线网上和二级干线网上设置若干网管控制终端（NMT）。NMT 应能与所属的 NMC 交换网络信息和业务信息，并在 NMC 的允许范围内进行管理和控制。NMT 可分配给虚拟专用网（VPN）的责任用户使用。

（3）节点管理维护终端。DDN 各节点应能配置本节点的管理维护终端，负责本节点的配置、运行状态的控制、业务情况的监视指示，并应能对本节点的用户线进行维护测量。

（4）上级网管能逐级观察下级网络的运行状态，告警、故障信息应能及时反映到上级网管中心，以便实现统一网管。

2. 网管控制信息通信通路

（1）节点和网管控制中心之间的通信

网管控制中心和所辖节点之间交换网管控制信息时，使用 DDN 本身网络中专门划出的适当容量的通路，也可以采用经其他网（如公用分组网或电话网）提供的通路。

（2）网管控制中心之间的通信

全国 NMC 和各省 NMC 之间，以及 NMC 和所辖 NMT 之间要求能相互通信，交换网管控制信息。实现这种通信的通路应可以采用 DDN 网上配置的专用电路，也可以采用经公用分组网或电话网的连接电路。

8.4.3 DDN 用户接入

1. 网络业务类别

DDN 网络业务分为专用电路、帧中继和压缩话音/G3 传真三类业务。DDN 的主要业务是向用户提供中、高速率，高质量的点到点和点到多点数字专用电路（简称专用电路）；在专用电路的基础上，通过引入帧中继服务模块（FRM），提供永久性虚电路（PVC）连接方式的帧中继业务；通过在用户入网处引入话音服务模块（VSM）提供压缩话音/G3 传真业务。在 DDN 上，帧中继业务和压缩话音/G3 传真业务均可看作在专用电路业务基础上的增值业务。对压缩话音、G3 传真业务可由网络增值，也可由用户增值。

2. 用户入网速率

对上述各类业务，DDN 提供的用户入网速率及用户之间的连接如表 8-4 所示。对于专用电路和开放话音/G3 传真业务的电路，互通用户入网速率必须是相同的；而对于帧中继用户，由于 DDN 内 FRM 具有存储/转发帧的功能，允许不同入网速率的用户互通。

表 8-4　DDN 用户入网速率

业务类型	用户入网速率（kbps）	用户之间的连接
专用电路	子速率为 2.4、4.8、9.6、19.2，以及 $N \times 64$（N 为 1～32）	TDM 连接
帧中继	子速率为 9.6、14.4、19.2、32、48，以及 $N \times 64$（N 为 1～32）	PVC 连接
话音/G3 传真	用户 2/4 线模拟入网（DDN 提供附加信令信息传输容量）的 8kbps、16kbps、32kbps 通路	带信令传输能力的 TDM 连接

注意：对话音/G3 传真业务，表中所列 8kbps、16kbps、32kbps 是指话音压缩编码后的速率，在附加传输信令和控制信息后，每条话音编码通路实际需用的速率要略高。如要增加 0.8kbps，这样，在 DDN 上带信令传输能力的 TDM 连接速率为 8.8kbps、16.8kbps 和 32.8kbps。

3. 用户入网的方式

根据我国 DDN 技术体制的要求，用户入网的基本方式如图 8-11 所示，在这些基本方式上还可以采用不同的组合方式。

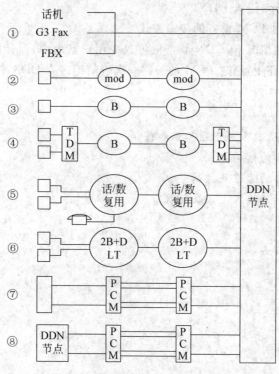

图 8-11 DDN 用户入网的基本方式

（1）二线模拟传输方式

支持模拟用户入网连接，在交换方式下，同时需要直流环路、PBX 中继线 E＆M 信令传输。

（2）二线（或四线）话带 Modem 传输方式

支持的用户速率由线路长度、调制解调器（Modem）的型号而定。

（3）二线（或四线）基带传输方式

这种传输方式采用回波抵消技术和差分二相编码技术。其二线基带设备可进行 19.2kbps 全双工传输。该基带传输设备还具有 TDM 复用功能，为多个用户入网提供连接。复用时需留出部分容量为网络管理用。另外还可用二线或四线，速率达到 16kbps、32kbps 或 64kbps 的基带传输设备。

（4）基带传输加 TDM 复用传输方式

这路传输方式实际上是在二线（或四线）基带传输的基础上，再加上 TDM 复用设备，为多个用户入网提供连接。

（5）话音/数据复用传输方式

在现有的市话用户线上，采用频分或时分的方法实现电话/数据独立的数据复用传输。在 DOV 设备中，还可加上 TDM 复用，为多个用户提供入网连接。

（6）2B+D 速率的 DTU 传输方式

DTU（数据终端单元），采用 2B+D 速率，二线全双工传输方式，为多个用户提供入网。

（7）PCM 数字线路传输方式

这种方式是当用户直接用光缆或数字微波高次群设备时，可与其他业务合用一套 PCM

设备,其中一路 2048kbps 进入 DDN。

(8) DDN 节点通过 PCM 设备的传输方式

在用户业务量大的情况下,DDN 节点机可放在用户室内,将所传的数据信号复用到一条 2048kbps 的数字线路上,通过 PCM 的一路一次群信道进入 DDN 骨干节点机。

 小结

通过本部分的学习,应掌握下列知识和技能:

- 了解 DDN 网络的结构组成。
- 了解 DDN 网络的管理及控制。
- 了解 DDN 网络的接入方式及现状。

项目 9　帧中继网络技术

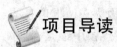

项目导读

目前帧中继技术所使用的广域网环境比起 20 世纪七八十年代 X.25 协议普及时所存在的网络基础设施,无论在服务的稳定性还是质量方面都有了很大的提高和改进。此外,帧中继与 X.25 不同,是一种严格意义上的第二层协议,所以可以把一些复杂的控制和管理功能交由上层协议完成。这样就大大提高了帧中继的性能和传输速度,使其更加适合广域网环境下的各种应用。帧中继是一种典型的包交换技术,能够使网络节点工作站动态的分享网络介质和可用带宽。包交换网络支持可变长度数据包,数据的传输更加有效和灵活。所有的数据包基于交换机制在不同的网段之间进行传递,直到到达最终的目的地。包交换网络使用统计复用技术控制网络接入,使网络带宽的使用更加灵活和高效。目前流行的绝大多数局域网应用,包括以太网和令牌环在内,都属于包交换网络。读者通过循序渐进的学习便可快速掌握以上主要内容。

项目目标

知识目标:

- 掌握帧中继的基本概念。
- 熟悉帧中继的技术特点及应用。
- 了解帧中继基本的呼叫控制原理。
- 了解帧中继的拥塞控制和带宽管理。

能力目标:

- 掌握 LAPF 协议。
- 掌握帧中继的呼叫控制原理。
- 掌握帧中继的网络控制和管理技术。

素质目标:

- 具有刻苦钻研及勤学好问的学习态度。
- 具有良好的心理素质和职业道德素质。
- 具有科学的思维方式和判断分析问题的能力。
- 具有较强的解决网络问题的能力。

9.1 帧中继概述

9.1.1 帧中继的定义和特点

1. 帧中继的概念

帧中继(frame relay,FR)是一种数据传输技术,所以称为帧中继,是因为在网上信息的传输或交换都是基于 OSI 七层网络模型的第二层,即数据链路层或帧层。帧中继是 X.25 分组交换技术的升级,填充了分组交换和 ATM 宽带业务间的断层。在帧中继网上帧的交换和路由选择是通过基于 HDLC 的帧的方式实现的。

2. 帧中继产生的原因

(1) 帧中继的产生是数据通信发展的需求

数字传输系统的广泛运用,使得比特差错率大大降低,为帧中继技术的使用创造了条件。帧中继网络使用的前提就是认为传输无误码,偶尔出现的误码由终端处理和校正,从而保证帧中继操作简单,传输效率提高。

(2) 通信容量增加

随着计算机的普及、局域网的使用、服务器与端系统间及局域网之间的通信量猛增,且大多是突发性的。

(3) 用户终端的智能化

用户终端的智能化可以完成帧的检错、重传和必要的控制功能。

3. 帧中继的特点

帧中继的特点主要有以下几方面。

(1) 高效性

帧中继使用统计复用技术向用户提供共享的网络资源,提高了网络资源的利用率;同时,由于帧中继简化了节点机之间的协议处理,将更多的带宽留给用户数据,因而能向用户提供高吞吐量、低时延的业务。

(2) 经济性

用户不仅可使用预定带宽,当网络资源富裕时,还可以使用超过预定值更多的带宽。

(3) 可靠性

网络为保证自身的可靠性,采取了 PVC 管理和拥塞管理。PVC 管理完成三项任务:报告接口是否依然有效;指示网络中各 PVC 当前的状态;显示 PVC 的增加或删除。因此,用户和交换机可以清楚地了解目前网络中的运营状况,不向正在发生拥塞或已删除的 PVC 上发送数据,以避免造成信息丢失,保证网络充分运行。

(4) 灵活性

帧中继协议简单,组网实现灵活;同时,在用户接入方面,帧中继网络能为多种业务类型提供公用的网络传输能力并对高层协议保持透明,用户不必担心协议的不兼容。

9.1.2　帧中继网络技术的应用

1. 帧中继的应用范围

（1）局域网互联

局域网互联是帧中继最典型的一种应用,其互联模型如图 9-1 所示。

图 9-1　帧中继用于局域网互联

采用帧中继技术进行局域网的互联,可以使 LAN 中的任何一个用户与任一个主机、服务器和 LAN 中所需的其他资源相连接。

许多大企业、银行、政府部门在其总部和各地的分支机构中建立的局域网需要进行互联。LAN 上往往会产生大量突发数据,争用网络的带宽资源。采用帧中继技术,既节省费用,又可充分利用网络资源。

（2）图像文件传送

帧中继可以为医疗、金融机构提供图像、图表的传输业务,这些用户信息的传输往往要占用很大的数据带宽,而帧中继网具有高速率、小时延、带宽动态分配的特点,很适合传输这类图像信息。

（3）虚拟专用网

利用帧中继网络组建虚拟专用网对于大企业用户十分有利,采用虚拟专用网所需费用比组建一个实际的专用网更经济。

2. 帧中继基本业务类型

帧中继业务是在用户与网络接口(UNI)之间提供用户信息流的双向传输,并保持原顺序不变的一种承载业务。用户信息流以帧为单位在网内传输,用户与网络接口之间以虚电路进行连接,对用户信息流进行统计复用。

帧中继网提供的基本业务包括永久虚电路(PVC)业务和交换虚电路(SVC)业务。永久虚电路是指在帧中继用户终端之间建立固定的虚电路连接,并在其上提供数据传送业务。交换虚电路是指在两个帧中继用户终端之间通过虚呼叫建立交换虚电路,网络在建好的虚电路上提供数据信息的传送服务,用户终端通过呼叫清除操作来终止虚电路。由于标准的成熟度、用户需求以及产品情况等原因,PVC 业务比较常见。

小结

通过本部分的学习,应掌握下列知识和技能:

- 了解帧中继的基本概念。
- 了解帧中继的网络技术及原理。
- 掌握帧中继网络技术的应用业务。

9.2 帧中继的标准和协议

9.2.1 帧中继国际标准

帧中继标准是多个标准化组织、厂商联合发展起来的，正是由于其广泛的基础，使得帧中继的标准成为开发完成最快的一个，并在很短的时间内，被世界范围的厂商所采用。由于厂商在实现帧中继的接口、协议和业务时，涉及几个标准，所以不管对网络的设计人员还是管理人员了解这些标准是很有必要的。下面将介绍 ITU-T 的标准和美国国家标准学会（ANSI）的标准。

帧中继是在 1988 年由 ITU-T 的建议 I.122 派生出来的。实际上是由新的 ISDN 信令标准的链路连接协议 D(LAP-D) 信令部分形成的。帧中继既是由 ANSI 又是由 ITU-T 标准定义的协议。

ANSI 和 ITU-T 的 ISDN 标准中都用到 LAP-D 数据链路层（OSI 七层协议的第二层），同时 ANSI 还具有对 LMI 扩充的帧中继的补充条款。帧中继业务在 ITU-T I.122 和 ANSI TISL 中做了定义。同 ISDN 有关的是 ITU-T Q.921 和 Q.931 的一部分。业务的描述定义在 ANSI T1.606 和 ITU-T I.2xy 中，同时拥塞管理被定义在 T1.606 附录及 I.3xy 中。核心功能定义在 ANSI T1.618 以及 ITU-T Q.922 中，最后通路信令和帧定义在 ANSI T1S1/89-186 建议中和 ITU-T Q.931 中。

由于 ANSI 和 ITU-T 对帧中继接口、协议和业务标准的差异，我们将分别讨论它们的实现。显然，帧中继就是将帧由用户转交给网络，实际上，已不止按一种标准生产出可用的接口、网络和业务，以完成端到端帧中继的实现。也就是说，ANSI 标准和 ITU-T 标准彼此依赖和补充以提供完全的接口、结构和业务。

1. ITU-T 的帧中继标准

ITU-T 标准首先被定义为一个工作组提出的一部分建议，然后这些建议形成建议草案，并给出以字母为前缀的号码。在认可之前，这些草案作为 ITU-T 建议被发表。"I"建议倾向提供业务、协议和操作的框架，而"Q"建议则倾向定义像信令、传送和实现等科目的详细操作。在 1989—1992 年的帧中继标准研究期内，ITU-T 第十八组和第十一组制定了多项帧中继标准，在随后的 1993—1996 年的研究期间又进行了修改和补充，已形成的标准和研究报告包括：

- I.233 帧模式承载业务（其中 I.233.1 为 ISDN 帧中继承载业务，I.233.2 为 ISDN 帧中继交换承载业务）。
- I.370 帧中继承载业务的拥塞管理。
- I.372 帧中继承载业务网络—网络间接口要求。
- I.555 帧中继承载业务的互通。
- I.365.1 帧中继承载业务特定会聚子层（FR-SSCS）。
- I.620 帧中继网络运行、维护原则和功能。
- Q.922 用于帧模式承载业务的 ISDN 数据链路层技术规范。

- Q.933　1 号数字用户信令(DSS1)帧模式基本呼叫控制的信令规范。

同时对 1988 年版的 I.122 进行了修改和完善。ITU-T 第七研究组,提出了关于在公用数据网提供 FRDTS 的几项 X 建议,它们是:

- X.36　通过专线电路提供 FRDTS 数据终端设备(DTE)和数据电路终端设备(DCE)的接口。
- X.76　提供 FRDTS 的公用数据网的网间接口。
- X.144　提供国际帧中继 PVC 业务数据网络用户信息传送性能参数。
- X.145　提供国际帧中继 SVC 业务的数据网的性能参数。

目前,帧中继只提供 PVC 业务,X.36 和 X.76 建议将增加 SVC 业务的定义及相关的信令格式和规程等,同时还对 X.1、X.2 以及 X.300 做了修改,补充相关的帧中继业务内容。我国的帧中继技术规范中规定采用 ITU-T 建议标准。

2. ANSI 的帧中继标准

很多 ANSI 标准与上面定义的 ITU-T 建议非常类似。实际上很多 ANSI 标准设计的是 ITU-T ISDN 建议的补充,交换载波标准学会(ECSA)在开发帧中继规范方面一直与 ANSI T1S1 委员会合作,当很多推出的帧中继符合 ANSI 标准时,也早已推出了符合扩充的 LMI 规范的帧中继系统,这些接口规格是 LMI 增强型的,这些规范是由 4 个厂商(Strata Com、DEC、Cisco 和 Northern Telecom)定义的。ANSI T1.617、T1.618 和 T1.606 提供给用户的接口标准,其速率为 DSO(64kbps),$N \times 56$kbps,$N \times 64$kbps 和 DS1(1.544Mbps),这主要规定了用户—网络接口(UNI)和网络—网络接口(NNI),T1.607 着重于帧中继电路交换过程,T1.617 定义了帧中继呼叫控制过程,T1.618 定义了帧中继的帧和传输(也包括拥塞控制技术)。

目前有关帧中继的 ANSI 主要标准有:

- T1SL　结构框与业务描述。
- T1.602　ISDN 数据链路层信令规范。
- T1.606　帧中继承载业务描述。
- T1.617　帧中继承载业务的信令规范。
- T1.618　用于帧中继承载业务的帧协议核心部分。

3. LMI 扩充和帧中继论坛标准

当 ITU-T 和 ANSI 标准正在发展中的时候,4 个厂商不等标准成文,就决定制定自己的用户—网络间的帧中继标准规范,这些厂商看到需要尽快将他们的帧中继产品打入市场,这促使他们使用了一组临时性的规范(称为 LMI 扩充)。这些扩充具有一些特点,即尽管是专有的实现办法,它却增补了 ANSI 和 ITU-T 标准,同时也代表了当时专用网和公用网提供者的观点,这无形中也形成了两个 CPE 通过帧中继接口到中心交换局的通用标准,随着更多的厂商加入,该团体就形成了所谓的帧中继论坛(FR forum)。

主要有两种类型的 LMI 扩充,标准扩充集和选用扩充,标准扩充集几乎被每个提供具有帧中继接口设备的厂商所采用,很多选用的扩充还处在开发中。所有 LMI 扩充应当与 ANSI 标准共同被采用,还有很多 LMI 扩充已经在最近的 ANSI 标准中体现,随着 ANSI 和 ITU-T 标准的发展,它们也会反映 LMI 扩充中所有的功能。

(1)标准 LMI 扩充

LMI 扩充基于 ITU-T 建议 Q.931 的信息格式,并且定义了用于配置和维护的信息的增强方式。这些标准 LMI 扩充执行如下功能：

- 通知用户的 PVC 状态（正在工作中并具有 DLCI 值）。
- 通知用户增加/消除/改变 PVC（废掉 DLCI）。
- 通知用户物理链路保持激活信号和逻辑电路状态。

而标准扩充能识别出 8196 字节的最大帧尺寸、支持 1024 个 DLCI 地址、公共扩充、设置 FECN/BECN 比特、DE 拥塞比特、支持多路广播、全局寻址等。

所有这些扩充都以 DLCI 1023 来发送，这是一逻辑通道，被指定给 LMI 扩充。

（2）可选的 LMI 扩充

可选的 LMI 扩充定义了 4 个用户功能增强的关键部分，这 4 个可选的扩充包括多重广播能力、流量控制、全局寻址规则、异步状态修正。

帧中继论坛制定了一系列详细的标准，这些标准主要包括：

- FRF.1　用户—网络接口实施协定。
- FRF.2　网络—网络接口实施协定。
- FRF.3　多协议包封实施协定。
- FRF.4　帧中继 SVC 用户—网络接口实施协定。
- FRF.5　帧中继与 ATM PVC 网络互通实施协定。
- FRF.6　帧中继业务用户网络管理实施协定。
- FRF.7　帧中继 PVC 广播业务和协议描述实施协定。
- FRF.8　帧中继与 ATM 业务互通实施协定。

9.2.2　帧中继的协议结构

1. OSI 参考模型

帧中继传送只包含物理层和链路层，以上的所有层的端至端协议操作对帧中继网都是"透明"的。物理层接口速率从 DSO(64kbps) 到 T1(1.544Mbps) 或 E1(2.048Mbps)。帧是在 OSI 第二层的数据链路级的节点间传送，这些帧包含有寻址、误差检测和帧本身的控制。这些节点建立了永久虚电路(PVC)，并且使数据通过点到点的串行连接路由。帧要根据目的地址选择路由。如果遇到误码，则该帧将被废弃，也不要求重发。

OSI 参考模型第二层的核心功能包括帧误码检测（只在地址部分而不是在实际数据部分）和有误码时重发，用户物理连接和帧中继传送通过物理层和数据链路层实现。

2. 第二层的协议结构

为理解帧中继是作为一种业务，首先要弄清楚提供该业务的结构框架。我们开始已说明了从 OSI 参考模型发展起来的帧中继标准，对于七层 OSI 参考模型，将涉及第一层的一部分，第二层的全部和第三层的一部分，它们定义了帧中继的业务、协议和接口。

核心功能是由 T1.602-1989 和 ITU-T 建议 Q.921（具有用户可选的终端功能）定义的，这些核心功能构成了核心业务。核心业务相当于 U-面功能，定义了用户可选的帧中继业务。它涉及 OSI 的数据链路层和定义了同帧中继网的接口。U-面提供的一些业务如下：帧的定界、定位；第二层地址段帧复用；误差检测（不纠错）；检测接收帧的帧长和是不是整数字节；拥塞管理；比特级透明性；用户—网络和网络—网络间的操作。

图 9-2 表示了通过 U-面的端至端传送。注意，第二层以上的协议对帧传送是透明的。

图 9-2　端到端通过 U-面的传送

3. 控制(规程)子层业务

控制子层提供 UNI 和 NNI 的数据传输规程,它同核心业务的不同点在于它要在全网操作,跨过网络提供端到端连接,并且桥接 OSI 的第二层和第三层,信令信息在这里被真正管理,按标准大致相当于 C-面,并管理呼叫控制和协商网络参数。由 C-面提供的业务如下:误差恢复、流量控制、定时恢复、模式设定、响应、XID 互换、用户—用户业务、端到端业务(整个 PVC)。

9.2.3　数据链路层帧方式接入协议

1. LAPF 的基本特性

数据链路层帧方式接入协议(link access procedures to frame mode bearer services, LAPF)是帧方式承载业务的数据链路层协议和规程,包括在 ITU-T 建议 Q.922 中。LAPF 的作用是在 ISDN 用户网络接口的 B、D 或 H 通路上为帧方式承载业务,在用户平面上的数据链路(DL)业务用户之间传递数据链路层业务数据单元(SDU)。帧方式承载连接可以通过 Q.933 中规定的规程来建立,对于永久虚电路(PVC)可以通过预定来建立。

LAPF 使用 I.430 和 I.431 支持的物理层服务,并允许在 ISDN B/D/H 通路上统计复用多个帧方式承载连接。LAPF 也可以使用其他类型接口支持的物理层服务。

LAPF 的一个子集,对应于数据链路层核心子层,用来支持帧中继承载业务,这个子集称为数据链路核心协议(DL-CORE)。LAPF 的其余部分称为数据链路控制协议(DL-CONTROL)。

LAPF 提供两种信息传送方式,说明如下。

(1) 非确认信息传送方式

在这种方式下,传送用户数据的帧不带编号,传送之后不需要确认。这种方式不提供任何差错和流量控制,它不能保证发送的数据正确地到达接收端。接收端发现传输错误时可以将帧丢掉,但它无法通知发送端。

(2) 确认信息传送方式

这是面向连接的信息传送方式,即在传送数据之前,先要建立两个第二层实体之间的逻辑连接,数据传送之后,需要拆除这个逻辑连接。LAPF 使用的连接方式是异步平衡模式 SABME,数据传送采用带编号的帧。在连接建立阶段,接口的任一侧都可以发出建立异步平衡模式连接的请求,当得到对方的肯定回答之后,逻辑连接就已经建立起来,双方可以进入数据传送阶段。逻辑连接的存在意味着 LAPF 的功能实体正在对连接两侧所发送和接收的帧进行监视,以便进行差错控制和流量控制。在数据传送阶段,所有发送的帧都能得到

217

对方送回的确认信号,这样保证了数据的正确传送。在连接拆除阶段,连接的任一侧都可以提出终止连接的请求,当对方响应之后,通信即终止。确认方式提供了可靠的数据传送,它比非确认方式用得更广泛。

在同一通路上,确认方式和非确认方式可以同时存在。

2. LAPF 帧结构

LAPF 的帧结构如图 9-3 所示,一帧由 5 种字段组成:标志字段 F、地址字段 A、控制字段 C、信息字段 I 和帧校验序列字段 FCS。下面分别介绍这些字段的内容及用途。

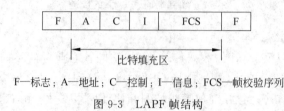

F—标志;A—地址;C—控制;I—信息;FCS—帧校验序列

图 9-3　LAPF 帧结构

(1) 标志字段(F)

标志字段(Flag)是一个特殊的八比特码组 01111110,标志一帧的开始和结束。在地址标志之前的标志为开始标志,在帧校验序列字段之后的标志为结束标志。在一些应用中,结束标志也可作为下一帧的开始标志,这样,所有的帧接收机都必须能适合于接收一个或多个连接标志。在接口两侧,接收机连续不断地搜寻标志序列,以便在一个帧开始时就取得同步。由于接收机在接收一帧信息的过程中,仍继续搜寻标志序列,以确定帧的结束,因此,在接收到一帧中除了标志字段 F 外,其他字段都不允许出现这样的序列。为了保证数据的透明传送,帧中继核心协议也采用比特填充的方法来防止其他字段中出现的 01111110 序列干扰帧同步。具体方法是:发送端除了 F 字段之外,每发送 5 个连续的"1"比特之后就要插入一个"0"比特,而接收端对两个 F 字段之间的数据信息做相反的处理,即收到连续 5 个"1"之后,立即将随后而来的一个"0"比特删掉。比特填充的原理如图 9-4 所示。

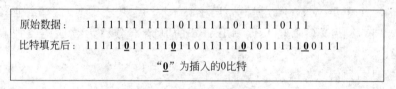

图 9-4　比特填充原理

(2) 地址字段(A)

地址字段的主要用途是区分同一通路上多个数据链路连接,以便实现帧的复用/分路。地址字段的长度一般为 2 个字节,必要时可扩展到 4 个字节。格式如图 9-5 所示。

- 地址字段扩展比特(EA):地址字段中每个字节的第一位都是 EA 比特。EA 置 0 表示下一字节仍是地址字段,EA 置 1 表示本字节是地址字段的最终字节。EA 的设置是为了适应地址长度可变的协议,例如,对于长度为 2 字节的地址字段,第一个 EA 设置为"0",第二个 EA 设置为"1"。

- 命令/响应指示(C/R):它的用途是标识该帧是命令帧还是响应帧,当某一帧作为命令帧发送时,C/R 比特置"0";当某一帧作为响应帧发送时,C/R 比特置"1"。

8	7	6	5	4	3	2	1
DLCI(高阶比特)						C/R	EA0
DLCI(低阶比特)				FECN	BECN	DE	EA1

(a) 2字节的地址字段

8	7	6	5	4	3	2	1
DLCI(高阶比特)						C/R	EA0
DLCI				FECN	BECN	DE	EA0
DLCI或DL-CORE控制						D/C	EA1

注：当D/C＝0时，该字节包含DLCI信息。

(b) 3字节的地址字段

8	7	6	5	4	3	2	1
DLCI(高阶比特)						C/R	EA0
DLCI				FECN	BECN	DE	EA0
DLCI							EA0
DLCI或DL-CORE控制						D/C	EA1

注：当D/C＝0时，该字节包含DLCI信息。

(c) 4字节的地址字段

图 9-5　地址字段格式

- 帧可丢失指示比特(DE)：DE 置"1"说明当网络发生拥塞时,可考虑丢弃,以便网络进行带宽管理。这个比特仅与帧中继业务有关。
- 前向显示拥塞比特(FECN)：该比特由一发生拥塞的网络来设置,用于通知用户启动拥塞避免程序,它说明与载有 FECN 指示的帧同方向的信息量情况。这个比特仅与帧中继业务有关。
- 后向显示拥塞比特(BECN)：该比特由一发生拥塞的网络来设置,用于通知用户启动拥塞避免程序,它说明与载有 BECN 指示的帧反方向上的信息量情况。
- DLCI 扩展/控制指示比特(D/C)：当使用 3 个字节或 4 个字节格式时,地址字段最后一个字节第 2 比特为 D/C 比特,D/C 比特置"1"表示最后一个字节包含 DL-CORE 控制信息,D/C 比特置"0"表示最后一个字节包含 DLCI 信息。通常情况下,该 D/C 比特应置为"0"。
- 数据链路连接标识符(DLCI)：DLCI 用来标识用户—网络接口或网络—网络接口上承载通路的虚连接。数据链路连接标识符是和数据链路连接两端处的连接端点标识符(CEI)相关的。连接端点标识符是用来识别在数据链路层和第三层之间通过的各消息单元的。DLCI 的默认长度为 10bit,通过使用 EA 比特可以扩展为 16bit 或 23bit。表 9-1 给出了地址长度为 2 个字节、3 个字节和 4 个字节的 DLCI 的可能的值。

（3）控制字段(C)

LAPF 定义了 3 种类型的帧。

① 信息帧(I 帧)：用来传送用户数据,但在传用户数据的同时,I 帧还捎带传送流量控制和差错控制信息,以保证用户数据的正确传送。

表 9-1　DLCI 寻址结构和指定值

2 字节 DLCI 值	3 字节 DLCI 值	4 字节 DLCI 值	功　能
0	0	0	路由信令
1～15	1～1023	1～131071	保留
16～1007	1024～64511	131072～8257535	用 FR 规程指定
1008～1022	64512～65534	8257536～8388606	保留
1023	65535	8388607	通路内的层次管理

② 监视帧(S 帧)：专门用来传送控制信息,当流量和差错控制信息没有 I 帧可以"搭乘"时,需要用 S 帧来传送。

③ 未编号帧(U 帧)：有两个用途,即传送链路控制信息以及非确认方式传送用户数据。

这 3 种帧的控制字段的格式是不同的,如表 9-2 所示。I 帧和 S 帧控制字段的长度为 2 字节,U 帧控制字段长为 1 字节。控制段的第 1 个比特或第 1、2 两个比特用来区分帧的类型。I 帧的控制段包含该帧(正在发送的帧)的序号 N(S)以及发送侧正在等待的(准备接收的)帧序号 N(R)。S 帧仅包含准备接收的帧号 N(R)。N(S)和 N(R)供差错控制和流量控制用。U 帧不包含这两个数据。S 帧中的 SS(第 3、4 比特)是监视功能的编码。U 帧中的 5 个 M 比特(3、4、6、73 比特)是链路控制功能的编码。

表 9-2　控制字段格式

控制字段比特	8	7	6	5	4	3	2	1	8 比特组	
I 格式			N(S)						0	4
			N(R)						P	5
S 格式	X	X	X	X		S	S		0　1	4
			N(R)						P/F	5
U 格式	M	M	M	P/F			M	M	1　1	4

　　N(S)：发送器发送序号。N(R)：接收器接收信号。M：修改功能比特。
　　P/F：所发送的帧为命令帧时,为询问比特；多发送的帧为响应帧时,为终止比特。

(4) 信息字段(I)

信息字段包含的是用户数据,可以是任意的比特序列,它的长度必须是整数个字节,LAPF 信息字节的最大默认长度为 260 个字节,网络应能支持协商的信息字段的最大字节数至少为 1598,用来支持如 LAN 互联之类的应用,以尽量减少用户设备分段和重装用户数据的需要。

(5) 帧校验序列字段(FCS)

FCS 字段是一个 16 比特的序列,该序列用于保证帧数据的完整性,如果有误码,该帧就被放弃。协议并不校正该帧,只是使得包必须重发。该 FCS 被定义为 16bit 循环冗余码。

3. LAPF 帧交换过程

LAPF 的帧交换过程是对等实体之间在 D/B/H 通路或其他类型物理通路上传送和交

换信息的过程,进行交换的帧有 I 帧、S 帧和 U 帧。表 9-3 列出了 LAPF 使用的所有命令帧和响应帧。

表 9-3　命令和响应（模 128）

应　用	格式	命令	响应	8	7	6	5	4	3	2	1	8比特组
未确认和多帧信息确认	信息传递	I		N(S)							0	4
				N(R)							P	5
	监视 S		RR	0	0	0	0	0	0	0	1	4
				N(R)							P/F	5
			RNR	0	0	0	0	0	0	0	1	4
				N(R)							P/F	5
			REJ	0	0	0	0	0	0	0	1	4
				N(R)							P/F	5
未确认和多帧确认信息传递	无编号 U	SABME		0	1	1	P	1	1	1	1	4
			DM	0	0	0	F	1	1	1	1	4
		UI		0	0	0	P	0	0	1	1	4
		DISC		0	1	0	P	0	0	1	1	4
			UA	0	1	1	F	0	0	1	1	4
			FRMR	1	0	0	F	0	1	1	1	4
连接管理		XID	XID	1	0	1	P/F	1	1	1	1	4

采用非确认信息传送方式时,LAPF 的工作过程十分简单,用到的帧只有一种,即无编号信号帧 UI。UI 帧的 I 段包含了用户发送的数据,UI 帧到达接收端后,LAPF 实体按 FCS 字段的内容检查传输错误,如没有错误,则将 I 字段的内容送到第 3 层实体;如有错误,则将该帧丢弃。但不论接收是否正确,接收端都不给发送端任何回答。

采用确认信息传送方式时,LAPF 的帧交换分为 3 个阶段:连接建立、数据传送和连接释放。

（1）连接建立

任何一端都可以通过发送一个 SABME 帧来申请一条逻辑连接,这通常是对来自一个第 3 层实体的申请的响应。SABME 帧含有数据链路连接标识符（DLCI）。LAPF 实体接收该 SABEM 帧,并发送一个连接申请指示给合适的第 3 层实体;如果该第 3 层实体以接受连接来响应,则该 LAPF 实体发送一个 UA 帧返回给对方。当对方的 LAPF 实体收到表示接受的 UA 时,就向上送一个证实信息给提出申请的用户。如果终点用户拒绝该连接申请,其 LAPF 实体就回送一个 DM 帧,接收 DM 的 LAPF 实体则通知其用户对方拒绝建立连接。

（2）数据传递

当连接请求已被接受和证实,就建立起该连接,双方就可以在 I 帧中发送用户数据,并以序号 0 开始，I 帧中的 N(S)及 N(R)两个字段用于流量控制和差错控制，一个发送 I 帧序列的 LAPF 将对这些帧编顺序号（模 128），并将顺序号放进 N(S)中，N(R)是已接收的 I 帧的捎带确认，它使 LAPF 实体能够指示它期望接收的下一个 I 帧的序号。

S(监视)帧也用于流量控制和差错控制，采用滑动窗口流量控制和退回 NARQ 差错控制技术。接收准备好(RR)帧用于通过指示期望的下一个 I 帧而确认最近收到的 I 帧，当没有回送的用户信息来携载捎带的确认时，才使用 RR。接收未准备好(RNR)和 RR 一样的确认（收到）一个 I 帧，但要使对方对等的实体暂停 I 帧的发送。REJ 发起"退回 NARQ"，它指示最近收到的 I 帧已被拒绝，要求重发以序号 N(R)开始的所有以后各帧。

（3）连接释放

任何一方 LAPF 实体均可启动一次切断（操作），可以是出于它本身的原因（如某种故障），或者根据它的第 3 层用户的请求。LAPF 实体通过发送一个 DISC 帧给对等的实体来切断连接。远方的 LAPF 实体必须通过回答一个 UA 而接受该切断，并通知第 3 层用户连接已经终止。在途中的任何还未被确认的 I 帧均会被丢失，由较高层负责恢复。

为了进行多帧操作，链路两侧的 LAPF 实体都必须设下述变量来记录接收、发送和确认的情况。

- V(S)：发送状态变量，表示下一次应该发送的 I 帧序号。
- V(A)：确认状态变量，表示待确认的 I 帧序号。
- V(R)：接收状态变量，表示下一次应该接收的 I 帧序号。

LAPF 还设立了一些定时器来保证多帧操作的进行，例如，(T200)对 I 帧或其他 P=1 的命令帧的响应等待定时器。每当发送一个 I 帧或 P=1 的命令帧之后，就启动 T200，如果 T200 计时器终止，而响应帧还未到达，就要重发命令帧或通过发送 RR 命令帧去询问对方接收 I 帧的情况。重发次数不超过 3 次，3 次重发之后仍未收到响应，则需要重新建立数据链路连接，并将这一情况通知第 3 层实体。

T200 默认值为 1.5s。对于帧中继承载业务，定时器 T200 可以通过下列算式来估算：

$$T200 = MAX(3 \times RTD, 1.5s)$$

$$RTD = 2 \times CTD$$

式中，CTD 表示累积转接时延；RTD 表示来回时延。

另外，T203 表示链路连接上允许无帧可交换的最长时间。

每当 LAPF 收到一个正在等待的响应帧或含捎带确认的 I 帧之后，就停止 T200，启动 T203，直到发送下一个命令帧时，才停止 T203，重新启动 T200。

ITU-T 建议的 T203 默认值为 30s。

ITU-T 虽然对 LADF 的主要参数提出了建议，但同时允许用户根据自己的需要来修改这些参数，对于信息字段的最大长度，计时终止后的重发次数、定时器的时限和窗口尺寸等参数，ITU-T 建议的数值仅作为默认值来处理，如用户在通信过程中想改变这些值，可以通过交换标识(XID)帧来实现。要求修改参数的一方先送 XID，另一方收到 XID 后也回送 XID，具体的参数修改意见包含在 XID 的信息段中。

表 9-3 中还有一个帧未被提到，这就是帧拒绝帧 FRMR。FRMR 用于提示一个不适当的帧已经到达，发生了下列一种或多种情况：

- 收到一个未定义的不属于表 9-3 中所列的控制字段编码或不能执行的控制字段。

- 收到一个具有不正确长度的S帧或U帧。
- 收到一个无效的N(R)。
- 收到一个I帧,其信息字段超过了最大规定长度。

在收到一个FRMR时,接收它的实体可以试用前面所描述过的连接建立过程来重建连接。

4. LAPF管理功能

LAPF除了实现帧交换之外,还具有一定的管理功能,这些管理功能体现在对DLCI管理和参数管理等两个方面。

(1) DLCI管理

当使用帧方式承载业务时,DLCI值或者通过应用Q.933呼叫建立规程来控制平面协商,或者通过应用永久虚电路,在预定时,由管理部门来分配。一旦有DLCI值可以用于分配,层管理实体向用户平面数据链路层实体发送一个DML-ASSIGN-请求原语,这个原语包含将要分配的DLCI值和相关联的DL-CEI。

(2) 管理参数

表9-4列出了LAPF的全部系统参数及其默认值,除参数N200外,其他参数都可以由LAPF通过交换XID帧来协商和修改。

表9-4 默认值LAPF的系统参数

参　　数	默　认　值	定　　义
T200	1.5s	对I帧或P=1的帧等待响应的时间
T203	30s	没有帧交换的最大允许时间
N200	3	一个帧重发的最多次数
N201	260个8比特组	信息字段的最大长度
K	对于16kbps链路,K为3;对于64kbps链路,K为7;对于384kbps链路,K为32;对于1920kbps链路,K为40	未得到确认的最大I帧数目

9.2.4 数据链路层核心协议

帧中继承载业务使用Q.922协议的"核心"协议作为数据层协议,并透明地传递DL-CORE服务用户数据。

帧中继数据链路层核心功能主要包括:

- 帧的定界、同步和透明性,即将需要传送的信息按照一定的格式组装成帧,并实现接收和发送之间的同步,还要有一定的措施来保证信息的透明传送。
- 使用地址字段进行帧的复用/分路,即允许在同一通路上建立多条数据链路连接,并使它们相互独立工作。
- 帧传输差错检测(但不纠错)。
- 检测传输帧在"0"比特插入之前和删除之后,是否由整数个8比特组组成。
- 检测帧长是否正确。
- 拥塞控制功能。

1．帧中继的帧结构

在帧中继接口，数据链路层传输的帧结构如图9-6所示。一帧由4种字段组成：标志字段F、地址字段A、信息字段I和帧校验序列字段FCS。不存在控制字段。下面分别介绍这些字段的内容及用途。

F：标志；A：地址；I：信息；FCS：帧校验序列

图9-6　帧中继的帧结构

- 标志字段(F)：同LAPF标志字段。
- 地址字段(A)：与LAPF地址字段基本相同，只是不使用地址字段中的C/R比特。
- 信息字段(I)：信息字段包含的是用户数据，可以是任意的比特序列，它的长度必须是整数个字节。帧中继信息字节的最大默认长度为262个字节，网络应能支持协商的信息字段的最大字节数至少为1600，用来支持如LAN互联之类的应用，以尽量减少用户设备分段和重装用户数据的需要。
- 帧校验序列字段(FCS)：同LAPF帧结构中的FCS字段。

2．帧中继对无效帧的处理

如果一个帧具有如下情况之一，则称为无效帧，包括以下情况：

- 没有用两个标志所分界的帧。
- 在地址字段和结束标志之间的字节数少于3个。
- 在"0"比特插入之前或"0"比特删除之后，帧不是由整数个字节组成。
- 包含一个帧校验序列(FCS)的差错。
- 只包含一个字节的地址字段。
- 包含一个不为接收机所支持的DLCI。

无效帧应舍弃，不通知发送端。

如果网络收到一个超长帧，网络可以舍弃此帧；或向目的地用户发送此帧部分内容，然后异常中止这个帧；或向目的地用户发送包含有效FCS字段的整个帧。

上述三种方式，帧中继网络设备设计者可以选择其中的一种或几种，目前大多数帧中继网络设备都选择第二种方式。

3．数据链路层核心协议的数据传送功能

帧中继协议分为用户(U)平面和控制(C)平面两部分，其中U平面第二层又分为两个子层：DL控制子层(DL-CONTROL)和DL核心子层(DL-CORE)。

数据链路层核心业务的数据传送功能是通过原语的形式来描述的。只使用一种原语类型DL-CORE-DATA，用来允许核心业务用户之间传送核心用户数据。数据传送业务不证实服务，因此只有两种原语可供使用：DL-CORE-DATA请求和DL-CORE-DATA指示。由于在帧中继数据传送阶段，核心协议数据单元(CPDU)有可能被网络丢弃（如在拥塞和差错情况下），因此某个系统的核心业务用户发送的DL-CORE-DATA请求原语不一定使接收的对端系统能够使用核心业务用户发送DL-CORE-DATA指示。

在数据传送中，DL-CORE-DATA可以使用以下一些参数。

- 核心用户数据：即用户数据。

- 拥塞参数:其作用是传递有关核心业务协议,并向核心业务用户传送用户数据能力的信息,拥塞参数可分为正向和反向两个参数。

4. 原语/帧中继帧映射

当 DL-CORE 实体从 DL-CORE 业务用户收到 DL-CORE-DATA 请求,它向它的对端发送一个帧中继帧。当 DL-CORE 实体收到一个有效的帧中继帧,它用 DL-CORE-DATA 指示通知 DL-CORE 业务数据。

5. 参数/字段映射

有关 DL-CORE-DATA 请求和 DL-CORE-DATA 指示的参数直接映射为帧中的字段。帧中继参数映射见表 9-5。

表 9-5　帧中继参数映射

核心业务参数	DL-CORE-DATA 原语		DL-CORE-PDU 字段
	请　　求	指　　示	
DL-CORE 用户指示	X	X	信息字段
可丢弃指示	X		DE
后向拥塞		X	BECN
前向拥塞		X	FECN
DL-CORE 用户协议控制信息	X	X	C/R 比特

 小结

通过本部分的学习,应掌握下列知识和技能:

- 了解帧中继的标准和协议。
- 掌握帧中继的协议结构。
- 掌握帧中继的链路接入。
- 掌握帧中继的数据链路核心协议。

9.3　帧中继的基本呼叫控制

9.3.1　拥塞和拥塞控制

1. 拥塞的定义和原因

当通过网络的业务量大于可用带宽和网络的处理能力时,网络内就出现拥塞。这时大量用户信息得不到及时处理,网络的吞吐量下降,用户传输时延加长,典型的网络传输硬件都有缓冲能力,但是当这个能力超过后,拥塞就会出现。在基本的帧中继传输中,当网络达到拥塞点时,将要丢弃帧。所以要求用户和网络接入设备必须具有处理高层协议的智能特性,以便能提供端至端的传输和重发能力。

拥塞又分为轻微拥塞和严重拥塞。发生轻微拥塞时,随着用户业务的增加,网络吞吐量的增加不明显,用户信息传送时延的增长比较明显,但网络的运行情况基本正常;随着用户业务的增加,网络吞吐能力明显下降,用户信息传送时延显著加长,网络服务质量严重下降,很难为用户提供正常服务。因此,拥塞管理在网络中起着十分重要的作用。

造成拥塞的原因有 3 个:

- 节点缓冲器利用率过高。
- 节点主处理机利用率过高。
- 中继线利用率过高。

一般来说,当这三项指标超过 50% 时,说明网络发生了轻微拥塞;当超过 80% 时,网络发生了严重拥塞。网络中的节点机应每隔一定时间对这三项指标进行监测,一旦发现拥塞,就应进行拥塞控制和拥塞恢复。

2. 拥塞的控制和恢复

UNI 接口处拥塞控制原理在 Q.922 建议附件 A 和 I.370 建议中规定。由于在帧中继网络中,由终端设备完成流量控制和纠错功能,在 U 平面,当到达的业务量超过网络设计容量时,或设备故障时将发生网络拥塞。网络拥塞将导致用户的通过量下降,时延上升,帧丢失率上升,从而导致服务质量下降,严重时将造成网络瘫痪。

帧中继在处理拥塞方面采用显示拥塞通知和隐式拥塞通知。所谓显示拥塞通知是在 Q.922 帧中使用 FECN 比特和 BECN 比特,网络可对用户帧中的这两个比特定位,以通知端用户在业务量同向或反向上发生了拥塞。所谓隐式拥塞是依赖端用户设备的智能来检测拥塞状态的存在,当发生网络拥塞时,网络可以丢弃 DE 比特置为“1”的帧。用户端到端高层协议一旦检测出数据丢失,则表明网络发生拥塞。这两种拥塞控制方式最终是要使用户端设备减少发向网络的业务量,使网络从拥塞状态中缓解出来。但是,如果用户不采取措施降低端设备的入网速率,那么网络自身就必须具有拥塞防范机制来避免网络的瘫痪。

拥塞控制主要应用拥塞避免和拥塞恢复这两个机制。避免拥塞是在发生拥塞状态时,网络通过在用户数据帧中置位 BECN 和 FECN,对用户发出明确通知,如果此时用户有效地降低发向网络的业务量,就可以缓解网络拥塞状态。在 UNI 接口,网络应尽可能地将拥塞情况通知用户,即如果存在反向业务量,则在源节点应置位用户帧中的 BECN。如果不存在反向业务量,那么网络中的源节点向目的节点传送置位 FECN 信息,目的节点可在输出用户帧中置位 FECN 比特。拥塞恢复是在用户设备不能有效地对 BECN/FECH 进行反应,致使网络拥塞更趋严重时引发的。网络首先丢弃 DE 比特置位的用户帧,如果仍不能缓和拥塞,则会丢弃 Be 数据乃至 Bc 数据。

9.3.2 带宽管理

帧中继网络适合为具有大量突发数据的用户提供服务,因为帧中继实现了带宽资源的动态分配,在某些用户不传送数据时,允许其他用户占用其数据带宽。这样,对于用户来说,要得到高速率低时延的数据传送服务需缴纳的通信费用大大低于专线。网络通过为用户分配带宽控制参数,对每条虚电路上传送的用户信息进行监视和控制,实施带宽管理,以合理地利用带宽资源。

1. 带宽控制参数

网络通过限制用户进网的速率对全网的带宽进行控制和管理,其控制参数如下:

- 用户接入速率（AR）：DTE 能够输入/输出网络的最大速率；受不同 UNI 物理接口类型（如 V.35,E1 等）的最大速率的限制，由用户与网络协商设定，单位为 bps。
- 承诺的突发大小（Bc）：在承诺的时间间隔内，网络允许用户发送数据的最大量，单位为 bit。
- 超过的突发大小（Be）：在承诺的时间间隔内，网络允许用户超过 Bc 的最大数据量，单位为 bit。
- 承诺的信息速率（CIR）：在网络运行正常的情况下，网络承诺的信息传送速率，单位为 bps。
- 承诺的时间间隔（Tc）：网络以该间隔为周期对用户输入网络的数据量进行监测，单位为 s。

Tc、Bc、CIR 之间的关系是：Tc＝Bc/CIR。

2. 虚电路带宽控制

帧中继网络为每个帧中继用户分配 3 个带宽控制参数：Bc、Be 和 CIR。每隔 Tc 时间间隔对虚电路上的数据流量进行监视和控制。

CIR 是网络与用户约定的信息传输速率。如果用户以小于等于 CIR 的速率传送信息，在正常情况下，应保证这部分信息的传输。Bc 是网络允许用户在 Tc 时间间隔传送的数据量，Be 是网络允许用户在 Tc 时间间隔内传输的超过 Bc 的数据量。

网络对每条虚电路进行带宽控制，如图 9-7 所示，并采用如下策略，在 Tc 内：

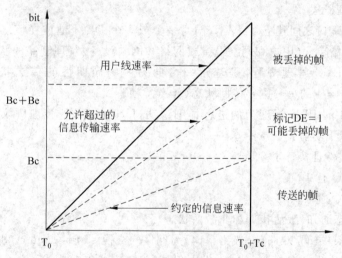

图 9-7 虚电路上的带宽控制

当用户数据传输量不大于 Bc 时，继续传送收到的帧。

当用户数据传输量不小于 Bc 但不大于 Bc＋Be 时，若网络未发生严重拥塞，则将 Be 范围内传送的帧的 DE 比特置"1"后继续传送，否则将这些帧丢弃。

当用户数据传输量不小于 Bc＋Be 时，将超过范围的帧丢弃。

举例来说，如果某个用户约定一条 PVC 的 CIR＝128kbps，Bc＝128kbps，Be＝64kbps，则 Tc＝Bc/CIR＝1s，在这一段时间内，用户可以传送的突发数据量可达到 Bc＋Be＝192kbps，传输数据的平均速率为 192kbps。正常情况下，即使网络发生拥塞，Bc 范围内的

128kbps 的帧也会被送往终点用户,但 Bc 至 Bc+Be 范围内的 64kbps 的帧的 DE 比特被置为"1",在无拥塞或发生轻微拥塞的情况下,这些帧也会被送达终点用户;若发生了严重拥塞,这些帧会被丢弃。

上例中,如果 CIR 保持不变,Tc 延长到 10s,则 Bc 可达 1280kbps,Be 可达 640kbps,可传送的总的突发数据量达到 1920kbps。可见,如果网络监控虚电路采用的时间间隔相对长些,将有利于局域网用户传送大量突发数据。一般来说,网络 Tc 占用几个毫秒,个别可达 10ms。

3. 网络容量配置

在网络运行初期,网络运营部门为了保证 CIR 范围内用户数据信息的传输,可使中继线容量等于经过该中继线的所有 PVC 的 CIR 之和,为用户提供充足的数据带宽,以防止拥塞的发生。同时,还可以多提供一些 CIR=0 的虚电路业务,充分利用帧中继动态分配带宽资源的特点,降低用户的通信费用,以吸引更多用户。

在运营过程中,随着用户数量的增加、经验的积累,可逐步增加 PVC 数量,以保证网络资源的充分利用。同时,CIR=0 的业务应尽量提供给那些利用空闲时间(如夜间)进行通信的用户,对要求较高的用户应尽量提供有一定 CIR 值的业务,以防止因发生拥塞而造成用户信息的丢失。

9.3.3 PVC 管理

1. PVC 管理概述

当在两个物理口之间建立了 PVC,同时一个或多个 DLCI 地址在该链路上建立起来,这时需要两种网络单元(用户和网络设备或网络和网络设备)管理链路的状态。在 NNI 或 UNI 接口上的 PVC 管理规程,是基于一侧向另一侧周期性的传送状态询问(status enquiry)帧,作为响应的另一侧要传回状态(status)帧。

下面以 NNI 的 PVC 管理为例进行详细说明,UNI 的 PVC 管理协议与此基本相同。PVC 管理完成以下功能:

- 链路完整性证实;
- 增加 PVC 通知;
- 删除 PVC 通知;
- PVC 状态通知(激活状态和非激活状态)。

在 NNI(UNI)之间,双向(一般为单向)周期性的交换 status enquiry 和 status 信息,见图 9-8,这种周期称为轮询周期。由这些周期的轮询来完成以上功能。

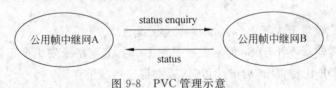

图 9-8　PVC 管理示意

简要程序如下:

(1) 由轮询发起端发出状态询问信息 status enquiry,发起端的计时器 T391 开始计时,T391 的间隔即为每一轮询的时间间隔,若 T391 超时,则重发 status enquiry。同时,发起端的计数器 N391 也开始计数,N391 的周期数可人工设定或取其默认值,在每个 N391 周期,发起端发出一个询问所有 PVC 状态的 status enquiry。

(2) 轮询应答端收到询问信息后,以状态信息 status 应答状态询问信号 status enquiry,应答端的轮询证实计时器 T392 开始计时。

(3) 轮询发起端阅读收到的应答信息 status,以了解对方网络的情况。论询应答端对发起端所要了解的状态进行应答,若此时本网络中的 PVC 状态发生变化(如由激活变非激活或有新增/删除的 PVC),则无论对方问什么状态,都应回答所有 PVC 状态信息,从而使发起端及时了解应答端网络内部的变化情况,并更新以前的记录。

虽然 PVC 管理协议增加了帧中继的复杂性,但能保证网络的运行效率。

2. PVC 管理帧的格式

PVC 管理帧的格式如图 9-9 所示。SE 和 S 两种帧均在 DLCI=O 时传输,且 FN、BN、DE 均置为 0,接受时对此不做解释。跟在地址段后面的 3 个字节具有固定值:第 1 字节是 P 比特置 0 的 UI 帧控制字段,第 2 字节是协议鉴别符,第 3 字节是呼叫参考。

(1) SE 和 S 消息的结构。SE 和 S 消息的结构如图 9-10 所示。可见,SE 包含报告类型和链路完整性证实两种信息单元,S 则包含报告类型,链路完整性证实和 PVC 状态 3 种信息单元。

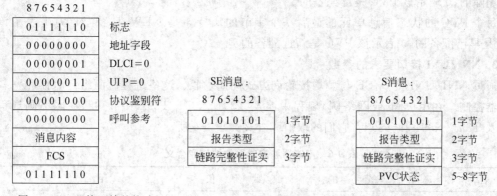

图 9-9　PVC 管理帧的格式　　　　图 9-10　SE 和 S 消息的结构

(2) 信息单元。

- 报告类型:报告类型信息单元是指 SE 或 S 消息中询问或响应的内容,其信息结构及报告类型内容的编码分别如图 9-10 和图 9-11 所示。

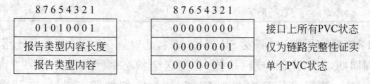

图 9-11　报告类型和报告类型内容

- 链路完整性证实:链路完整性证实信息单元的目的是在接口上周期性地交换序列号,在第 3 字节中的发送序列号指出报告始发者当前的发送序列号;在第 4 字节中的接受序列号指出在收的最后一份报文中收到的发送序列号码,它们都是二进制码，如图 9-12 所示。

- PVC 状态：PVC 状态信息单元的目的是指出接口中现有的 PVC 状态，必要时，这个信息单元能在报文中重复，以指出接口上所有 PVC 的状态，PVC 状态信息单元在报文中以 DLCI 的上升次序来排列，报文中所能指出的 PVC 的最大数是由最大帧尺寸限定。PVC 状态信息单元的格式（两字节地址）如图 9-13 所示。

图 9-12　链路完整性证实

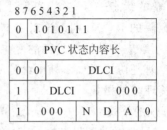

图 9-13　PVC 状态信息单元

每个 PVC 状态信息单元的最后一个字节的比特 2 是 ACTIVE，比特"A"为 1 表示该 PVC 是活动的，可以传数据；0 表示该 PVC 是不活动的，已配备的 PVC 不可以传数据。每个 PVC 的状态信息单元的最后一个字节的比特 3 是 DELETE，比特"D"为 1，表示该 PVC 是被删除的；0 表示该 PVC 是已配备的。

每个 PVC 的状态信息单元的最后一个字节的比特 4 是 NEW，比特"N"为 1 表示该 PVC 是早已配备的，0 表示该 PVC 是新近配备的。

3. NNI/UNI 接口要求的参数

通过 NNI/UNI 接口，SE 与 S 均按轮询方式周期发收。这些过程由两组定时器和一些计数器控制。在用户侧（或网络侧）规程中涉及 T391、N391、T392 和 N392，在网络侧规程中涉及 T391、N391 和 T393。它们的取值和含义如表 9-6 所示。

表 9-6　定时器和定时器的取值和含义

名　　称	范　　围	默　认　值	用　　途
N391	1～255	6 次	所有 PVC 的全状态
N392	1～10	3 次	在 N393 内出现的差错数
N393	1～10	4 次	事件监测计数器
T391	5～30s	10s	链路完整性证实
T392	5～30s	15s	轮询证实定时器

每隔 T391 秒（轮询周期）一侧发 SE 到另一侧，此时，一般 SE 只要求链路完整性证实。每 N391 个轮询周期，在用户侧（或网络侧）将发送全状态询问信息。另一方面将用状态响应，并使 T392 计时，该状态信息中包含有 DLCI 和它们的状态。N392 计数器用来指示 N391 监视周期内的差错数目，差错包括网内错误故障、接口错误、全状态帧的丢失、PVC 状态不一致等。当第一个 N393 监控周期内没有差错出现，则 NNI 被认为是可用的，如果出现一个差错就被认为是不可用的，直至一个有效的 N393 周期出现。

9.3.4　帧中继的寻址

帧中继采用统计复用技术,以"虚电路"机制为每一帧提供地址信息,每一条线路和每一个物理端口可容纳许多虚电路,用户之间通过虚电路进行连接。在每一帧的帧头中都包含虚电路号——数据链路连接标识符(DLCI),这是每一帧的地址信息。目前帧中继网只提供永久虚电路(PVC)业务,每一个节点机中都存在 PVC 路由表,当帧进入网络时,节点机通过 DLCI 值识别帧的去向。DLCI 只具有本地意义,它并非指终点的地址,而只是识别用户与网络间以及网络与网络间的逻辑连接(虚电路段),如图 9-14 所示。

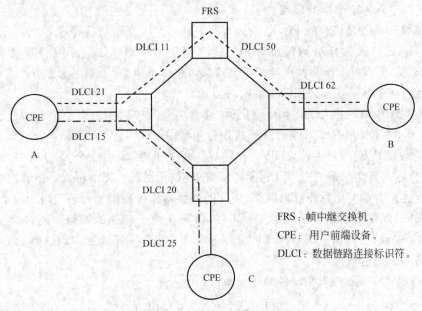

图 9-14　PVC 路由示意图

帧中继的虚电路是由多段 DLCI 的逻辑连接构成的端到端的逻辑链路。用户 A 到用户 B 的帧中继逻辑连接为 21-11-50-62。用户 A 到用户 C 的帧中继逻辑连接为 15-20-25。所以当用户数据信息被封装在帧中进入节点机后,首先识别帧头中的 DLCI,然后在 PVC 路由表中找出对应的下段 PVC 的号码(DLCI 值),从而将帧准确地送往下一节点机。

9.3.5　UNI 与 NNI

帧中继标准中定义终端用户与帧中继网络之间的接口为 UNI,相邻帧中继网络之间的接口为 NNI。

ITU-T、ANSI 和帧中继论坛各自制定了有关 UNI 接口的标准,如表 9-7 所示。用户设备接入帧中继网时,应符合其中之一的要求,并与帧中继网络设备支持的标准相兼容。由于 3 种标准之间差别不大,多数生产厂商都支持这些标准。

常见用户入网方式有以下几种。

(1) 局域网(LAN)接入形式

帧中继主要应用在 LAN 的互联,LAN 用户接入帧中继网络主要采用以下两种形式:

表 9-7　FRUNI 的相关标准

ITU-T	ANSI	帧中继论坛
Q.922	T1.617	FRF.1
Q.933	T1.618	FRF.4

- LAN 用户通过路由器或网桥设备接入帧中继网络,其路由器和网桥具有标准的帧中继 UNI 接口规程。
- LAN 用户通过帧中继装/拆设备(FRAD)接入帧中继网络。

(2) 终端接入帧中继网的形式

这里的终端通常是指一般 PC,也包括大型主机。大部分终端是通过 FRAD 设备,将非标准的接口规程转换为标准的接口规程后接入帧中继网络。如果终端自身具有标准的 UNI 接口规程,那么可以作为帧中继终端直接接入帧中继网络。

(3) 专用帧中继网接入公用帧中继网的形式

用户专用帧中继网接入公用帧中继网时,通常将专网中的一台交换机作为公用帧中继网的用户,采用标准的 FRUNI 接口规程接入公用帧中继网络。

一条端到端 PVC 电路由许多 PVC 段构成。每条 PVC 段由一个 UNI 和一个 NNI 或两个 NNI 分隔。要使一条 PVC 活跃,需要所有 PVC 段活跃。网络可以是链状的。一个终端用户站点连接着的网络称作存取网络,中间的网络称作传输网。每个网络均为本地寻址,这意味着 PVC 的每一段都有独立的 DLCI 号,但是在两个相邻的网络中的链接上使用的 DLCI 号必须一致。NNI 与 UNI 基于同样的标准。为提供一平衡接口,在两端必须同时提供网络端与用户端过程。

图 9-15 描述了 UNI 和 NNI 的简单关系。

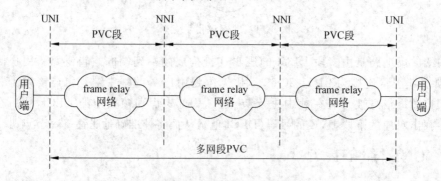

图 9-15　UNI 和 NNI 的关系

小结

通过本部分的学习,应掌握下列知识和技能:

- 了解帧中继的基本控制方式。
- 掌握帧中继的带宽管理。
- 掌握帧中继的寻址方式。
- 掌握帧中继的用户接入方式。

9.4   帧中继网络控制和管理

9.4.1   帧中继网络控制

帧中继链路层的核心参数定义了一些控制,其中大多数对网内的性能有影响。最大的帧尺寸定得太低时,它会降低通过量。通过量是另一个参数,它的设置要考虑到其业务量不能多于网络可能处理的限度,这样把责任交给用户去管理通过量的级别,而不是由差的网络性能来控制通过量。如果网络被拥塞并丢弃"DE"帧时,突发传输的大小设定太大时,也会影响性能,恰当地实现帧中继标准要求在丢弃业务量前尽可能通过较多的"DE"业务量,高水平的网要求考虑拥塞条件。

下面介绍了帧中继网的某些控制功能。

1. 排队等候

排队在帧中继网络中变成了网络设备对帧的处理所用存储器的功能。同 X.25 分组交换相比有非常小的排队等候时间。帧中继的设计是如此考虑的,即当拥塞情况出现时,要丢弃一些帧同时还要告知发送和接收设备。在这种情况下并没有排队发生。有些厂商留了一些用作排队设备的缓存。它只允许短时缓存,一般限于毫秒级。这对面向通信的业务量(即SNA)是非常有害的。任何所需的附加排队都应当由用户设备执行,这些用户设备包括分组的装拆设备(PAD)和帧中继装拆设备或接入设备(FRAD)。当排队容量超过时,帧中继设备一般开始丢弃数据,甚至进入网之前就被丢弃。数据被丢弃的安排可由"DE"比特硬件配置和标志,或专用的实现来管理。这种情况也只能是当数据从接入设备通过缓存并进入网络时执行管理。

2. 拥塞过程的缓冲作用

网络拥塞出现在两种瓶颈效应下,即当一个网络节点接收多于它可能处理的帧时,和它发送了多于网络可能接收的帧时发生,此时所有的缓存区都被占满了。当信息溢出缓冲区时,数据包将开始被丢弃。典型情况下,拥塞由网络层处理。网络将依赖这些高层协议,像TCP 和 OSI 传输层,通知应用部分重发。但多数帧中继传送的业务量是突发性的,且为大突发性的业务,这很容易使网络的缓冲区溢出,由于拥塞的增加,对通过量将有直接的副作用。这样实现时,要允许超过提交的信息速率承诺的信息速率的大的突发性业务和基于DE 设定的数据丢弃,再配合大的最大帧尺寸,就可对通过量产生小的危害。

3. 延时

由于帧尺寸是可变的,使得总的传输延时也是可变的,所以帧中继不适合传输语音、视频信号。凡是采用帧中继的应用都必须能容忍可变的传输延时,以及数据的再传输。对帧中继延时的主要的性能测度是 ANSI T1.606—1990 定义的过渡延时(Td)。它定义了帧中继协议数据单元(FPDU)的过渡延时,即从通过两个边界的第一边界(发端)的第一个比特开始到达到两个边界的最后一个边界(接收端)的最后一个比特为止的时间间隔。

Td 典型值应在 5~10ms,这是对于一个具有路由器的节点而言的,它相对别的类似传输中的 30～50ms 的较长延时是较短的。这些延时是在协议和地址的变换过程以及数据交换的过程中产生的。当一个网络提供帧中继业务时,引入的延时除了 DLCI 变换延时外,还有硬件引起的延时。协议变换通常发生在用户接入设备中,所以其处理延时不是端到端过渡延时的一部分。

4. 残余错帧率和帧丢失率

比特差错同拥塞具有相同的效果,比特错误也引起帧丢失,网络又一次依赖高层传输协议执行网络恢复。差的传输设施使帧中继网引起过多的数据重发,这对通信质量造成严重的影响。对光纤传输设施的最好性能要求误码率为 10^{-13}。

在 ANSI T1.606—1990 中定义了两种性能测度。残留误帧率(RFER)定义为通过两边界总发送的 FPDIJ 对总错误 FPDU 的比值的百分数,计算公式为:

$$RFER=Fe/(Fe+Fs)。$$

式中,Fs 为两个边界间正确接收的 FPDU 总数;Fe 为两个边界间接收的残余错帧的 FPDU 总数。

第二个测度是在两个边界间在给定周期内引起的丢失帧数,实际上它是以每秒帧的丢失数衡量的。用户信息帧丢失率(FLR)的计算公式为:

$$FLR=Fl/(Fl+Fs+Fe)。$$

式中,Fl 为丢失的用户信息帧总数;Fs 为成功传送的用户信息帧总数;Fe 为残余错误帧总数。

5. 额外帧率

在一条帧中继的虚电路上,收端收到的非发端发送的帧为额外帧。单位时间内收到的额外帧数为额外帧率(EFR)。计算公式为:

$$EFR=Ef/Tefr,$$

式中,Ef 为 Tefr 内接收的额外帧总数;Tefr 为监视额外帧的时间间隔。

6. 总开销和通过量

前面已提到,帧中继具有很少的总开销,这是由于不存在目前由用户高层协议提供的端至端业务,这也增加了通过量,因为允许更多的信息在物理通道上传输。网络接收的帧尺寸越大,通过量也越大。通过量可如下计算:即在一给定时间内从一个边界到另一个边界成功传送的数据比特数。

7. 承诺的信息速率(CIR)

CIR 前面已提到,最基本的用途是在给定时间内保证给定用户的传输带宽,即使网络发生拥塞情况也能保证该传输带宽。CIR 规定了一个最大带宽,该带宽是指两个预定的端点间给定 PVC 内所提供的最大带宽。某些网络运营商允许用户超过这个带宽,但不能保证数据的可靠传送。

8. 超额预订量

超额预订量是指在一个物理接入口上超额预定 CIR 的能力。例如,200% 超额预订量允许 8 个 32KB CIR 提供给单个 128kbps 的物理接口,500% 的超额预订量则 20 个 32K CIR 提供给单个 128kbps 物理接入口。如果在单个物理的网络接入口上有很多竞争的低速用户 CIR 时,帧中继业务提供者允许的超额预订量的大小可以是一个重要因素。高的超额预订量可提供较大的通过量并节省设备费用。

9.4.2　帧中继网络管理

1. 网管控制中心的配置

根据我国电信管理体制,帧中继业务网应设置全国和各省两级网管控制中心(NMC)。当然,帧中继各节点配置的本节点的维护管理终端对本节点的配置、运行状态和业务情况的监视和控制也是十分重要的。

对全国 NMC 要求除了对全国骨干网实施网管和控制外,还可以对跨多级的,多个厂家设备的全国网络实施统一管理。这就要求各级 NMC 之间能相互通信,交换网管控制信息。实现这种通信的通路,可以是帧中继网上配置的专用通路,也可采用其他如电话通路。出于网管安全考虑,可考虑建立专用的管理数据网来传送网管信息。另外,NMC 和所辖节点间交换网管信息时,应尽量使用帧中继网络中专门划出的适当容量的通路。

2. 网管控制功能的考虑

网络管理或许是帧中继网中最重要的一环。网络管理工具运行全网。网络管理增加了任何帧中继网的真实价值,即变换有效协议和接口为真实的业务。局部和远程硬件配置、软件修改、协议实现、用户接入设备和网络单元的控制是网络管理工具提供的功能中的几个。大多数厂商提供了专用的网络管理设备。通常有一终端接到该设备的 RS-232 口上,另一些厂商可能提供接入标准网上的管理单元。要注意的是,所有商家为之提供接口的管理标准是简单网络管理协议(SNMP)。SNMP 提供了对多种设备提供报告和进行网络管理的通用平台。使平台能对多个网络组成的大网络和对不同厂商供应的用户设备进行管理是非常重要的。

网管控制功能应包括以下 5 方面。

(1) 配置管理包括:结构配置;网络节点、中继线、部件和端口的增减及变动;业务配置;设备 PVC、PVC 优先级、CIR、Bc、Be、DLCI 和拥塞监视门限;并可配置虚拟专用网(VPN)。

(2) 性能管理能连续收集网络运行的相关数据,并监视网络拥塞和设备失效情况,并给以显示;也能对网络结构部件的利用情况予以显示。

(3) 故障(维护)管理能对网络的故障进行监视和显示,并能统计;能对网内各节点和中继线进行各种环测。

(4) 计费管理费用和价目表在决定提供的帧中继业务的成功与否方面起着重要的作用。帧中继业务的费用取决于很多因素:如每个端口所用的接入速率;每个端口总的帧带宽配置(FBA)(每个端口的组合虚电路速率);承诺的信息速率(CIR);每个端口的附加费用;按速率和距离的局部接入费用;固定的费用或按基本的用途的费用;批量费用或用户的专门标准等其他因素。

帧中继计费基于如下考虑:在给定时间内传送包数目;传输设备的费用;按 PVC、按带宽;附加的 CPE 费用;PVC 的固定收费,按从源到目的地的距离;目的点接收帧的数目;PVC 的附加费用;按以上所有因素。

(5) 安全管理可避免非法入网,可控制接入级别,可设置用户口令、识别符以及登录操作员查询命令等。

 小结

通过本部分的学习，应掌握下列知识和技能：

- 掌握帧中继的网络控制方式。
- 掌握帧中继的业务应用及网络管理。

项目 10　ATM 网络技术

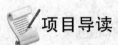

项目导读

异步转移模式(asynchronous transfer mode,ATM)是一种能高速传递综合业务信息、效率高、控制灵活、新颖的信息传递模式,已被 ITU-T(国际电信联盟电信标准化部门)确定为传送和交换语音、图像、数据及多媒体信息的工具,受到人们的广泛重视,是今天信息交换的热门话题之一。ATM 技术诞生有其必然性,随着信息化社会的到来,人们对通信的需求已远远超出传统电话及电报业务,数据通信、宽带通信需求日益增大,由于它们的带宽及业务量要求不同,传统通信手段已很难实现。例如,现有的网络都是为某种特定业务设计的,往往不适用其他业务:有线电视网不能传送电话业务,而电信网也不能传送电视信号。很显然这些网络技术对新业务的支持能力不够。人们希望将来最好只有一个网络存在,它不依赖于业务,可灵活、安全、经济、有效地利用所有资源,ATM 技术就被视为实现的关键技术。

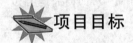

项目目标

知识目标:
- 了解 ATM 网络参考模型。
- 了解 ATM 各层协议的原理和功能。
- 了解 ATM 网络信令的基本原理。
- 掌握 ATM 网络的组织结构。
- 熟悉 ATM 网络参考模型。
- 掌握 ATM 各层协议的原理和功能。
- 熟悉 ATM 网络信令原理。

能力目标:
- 掌握 ATM 网络与其他网络的互联技术。
- 熟悉 ATM 网络的组织结构。
- 熟练掌握 ATM 信令原理。
- 掌握 ATM 网络流量管理原理。
- 掌握 ATM 网络管理技术。

素质目标:
- 具有勤学好问、严谨求实的学科认识。
- 具有良好的心理素质和职业道德素质。

- 具有高度责任心和良好的团队合作精神。
- 具有钻研进取、积极向上的学习精神。

10.1 ATM 网络基本原理

10.1.1 基本概念

今天的通信网络正在经历着一个飞速发展的时代,随着高速电信技术的到来,自20世纪 80 年代起,很多新业务陆续出现,它们通常包括话音、数据、图像和视频,带宽从 1Mbps 直到 155Mbps,甚至更高的速率。这些新的业务的通信量很多具有突发性,换言之,用户有时保持沉默,然后在短期内突然以高速发送大量数据,在短期内需要高得多的带宽。在某些情况下,应用是面向连接的,即用户在信息交换之前需要建立连接。在这种情况下,对于多媒体业务而言,单一的用户可能同时需要多条信道。另一种情况是无连接的应用,如电子邮件和其他 LAN 类型的数据通信。

在高速技术开始发展的过程中,为了适应新业务的要求,通过单一、集成的接口在公用网或专用网提供不同的业务,国际标准化组织 CCITT 开始制定新的标准。在早期,标准组织考虑使用同步传输模式(STM)承载的可能性。STM 的发送器通过周期性的帧发送数据,每帧由若干个时隙组成,每个时隙在呼叫的整个期间内分配给一个特定的应用。一般的帧格式如图 10-1 所示,其中每个帧用一个明显的同步模式开始。在 STM 中,即使时隙并没有信息要发送,帧及其携带的所有时隙也将周期性地出现在链路上。

图 10-1　STM 的代表性帧结构

从 STM 帧结构上可以看出,STM 的帧是周期性传送数据的,因而 STM 的带宽使用效率依赖于用户的需要,当用户的通信量具有间歇性时,将导致带宽利用率大大降低。要求 STM 动态分配不同数量的时隙来满足突发性通信量对带宽的需求非常困难。

鉴于上述限制,CCITT 提出了一种新的传输模式——异步转移模式(asynchronous transfer mode,ATM)来作为综合宽带业务的传输模式。在这种传输模式下,没有图 10-1 所示的那种周期性帧的概念,而是使用被称为"信元"的固定长度的块传输数据。用户无论何时需要发送数据,只要根据所要求的带宽发送相应数量的信元即可,换句话说,某个用户信息的各个信元不需要周期性地在网络中传递。这使 ATM 交换机避免了 STM 协议固有的时隙动态分配的复杂性,特别适合高带宽和低时延的业务应用。

异步转移模式 ATM 是一种分组交换和复用技术。虽然术语"异步"出现在其描述中,但与"异步传送过程"毫不相干,所谓的"异步"是指链路上的带宽占用是根据用户通信情况动态变化的,来自某用户信息的各个信元不需要周期性出现。

ATM 采用固定长度的分组,即信元来发送信息,信元共有 53 个字节,分为 2 个部分。前面 5 个字节为信头,主要完成寻址的功能;后面的 48 个字节为信息段,用来装载来自不同用户,不同业务的信息。话音、数据、图像等所有的数字信息都要经过切割,封装成统一格式的信元在网中传递,并在接收端恢复成所需格式。

```
┌─────────────────────────┐
│         高层协议          │
└─────────────────────────┘
          │
    封装在下面的ATM协议中
          ↓
┌─────────────────────────┐
│        ATM适配层          │
│ (AAL1、AAL2、AAL3/4、AAL5) │
├─────────────────────────┤
│         ATM层            │
├─────────────────────────┤
│         物理层            │
└─────────────────────────┘
```

图 10-2　ATM 协议栈

完整的 ATM 协议栈如图 10-2 所示。最上面方框中的高层协议是特定的应用,如应用层标准的文件传输协议。ATM 适配层(AAL)将上层的分组"适配"到下层的 ATM 层。虽然每种业务的细节可能不尽相同,但是通过适配层可以为上层分组附加标头、标尾和填充字节,并将分组分割成为固定长度的 ATM 信元。该层下面的一层称为 ATM 层,ATM 层可认为是链路层协议。但在某些方面,ATM 层又和其他链路层协议有所区别。例如,一般链路层协议的帧长度是可变的。而 ATM 中的信元长度固定为 53 字节。最下面一层是物理层。

10.1.2　虚通道和虚信道

ATM 信元使用其头部的虚拟通道标识符来标识逻辑通道,实际上 ATM 信元的虚拟通道标识符包括两部分:即虚通道(virtual path,VP1)标识符和虚信道(virtual channel,VC1)标识符,分别标识 ATM 的两类逻辑通道:虚通道 VP 和虚信道 VC。

首先,我们以汽车交通模式的例子来说明传输通道、虚通道和虚信道的概念。假想汽车为一个信元,传输通道为马路,虚拟通道是马路上到不同方向的道路,虚拟信道为虚拟通道所定义的各条线路,如图 10-3 所示,三条传输通道形成了三个城市之间的马路,这三个城市是达拉斯、沃尔斯堡和休斯敦。其主要路线(即虚通道)有:从达拉斯到休斯敦的州际公路(VP1),达拉斯到沃尔斯堡的高速公路(VP2),以及从沃尔斯堡到休斯敦的乡村公路(VP3)。因此,一辆汽车(信元)从达拉斯到休斯敦可以直接走州际公路。也可以先走高速公路到沃

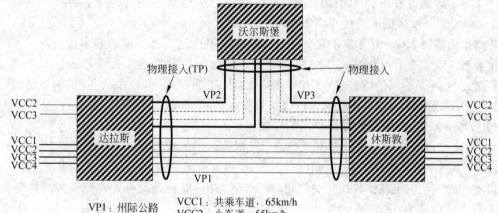

VP1:州际公路　　VCC1:共乘车道,65km/h
VP2:高速公路　　VCC2:小车道,55km/h
VP3:乡村公路　　VCC3:卡车道,45km/h
　　　　　　　　VCC4:急救专线

图 10-3　ATM 概念的交通运输比拟举例

尔斯堡,再走乡村公路到休斯敦。如果汽车选择走州际公路(VP1),它有三条车道可选择:共乘车道(VCC1)、小车道(VCC2)、卡车道(VCC3),这三条车道的速度各不相同,选择不同的车道造成不同的到达时延。

在实际情况中,同一个车道上的汽车(信元)极有可能打乱它们出发时的顺序,后面的汽车可能迂回超过前面的车辆。但在本例中,要求汽车必须严格按照顺序在既定的路线上行进。路线的质量也可能不同,你可基于不同的准则选择路线。如省时或沿路风景好,价格便宜或避免已知的高峰期等。比如,一个商人打算急速从达拉斯赶到休斯敦,他选择州际公路VP1;另一个观光者希望观看沿途风景,他可能选择高速公路到沃尔斯堡(VP2)去参观,然后从乡村公路到休斯敦(VP3);而商人进入休斯敦的州际公路后,他将根据乘坐的车辆选择相应的车道,如驾驶轿车则进入小车道(VCC1)。

ATM 也采用同样的概念,上述例子中的马路、不同方向的公路、同一公路内的不同车道分别对应于 ATM 中的传输通道、虚通道(VP)和虚信道(VC)。从图 10-4 中我们可以进一步明白三者之间的关系,即一个传输通道包括一个或多个虚通道,而每个虚通道又包括一个或多个虚信道。信元交换可以在传输通道、虚通道或虚信道不同层次上进行。

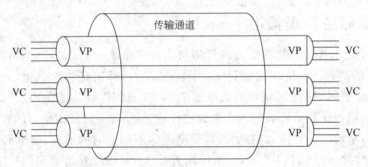

图 10-4 传输通道、虚通道(VP)和虚信道(VC)之间的关系

10.1.3 VP/VC 连接

了解了虚通道和虚信道的概念后,我们再进一步介绍一下虚通道连接 VPC(virtual path connection)、虚信道连接 VCC(virtual channel connection)。

虚信道连接 VCC 相当于分组交换网络中两个用户之间建立的端到端虚电路,VCC 是通过若干 VC 交换节点相连。连接相邻交换节点之间的虚信道称为虚信道链路 VCL,而 VCC 就是由若干端虚信道链路 VCL 串接而成的。某条特定 VCC 中的各段 VCL 的标识符 VCI 是各不相同的,VC 交换就是 VC 交换节点完成相应 VCL 的 VCI 变换的过程,基本原理如图 10-5 所示,图中信元标识使用的仅是相应的 VCI。

VC 交换节点的信元交换操作过程是:根据信元的入线标识符(来自哪条 VCL),查找路由表,得到相应出线标识符(去到哪条 VCL),修改信元的 VCI 标志。然后将入线和出线标识送交换节点中控制模块选择交换矩阵的传输路由,最后由交换矩阵完成实际的信元交换工作。对信元标识的影响是改变了信元的 VCI 标识符,该过程称为标识符变换(identifier translation)。

虚通道连接 VPC 和虚通道链路 VPL 的定义与 VCC 和 VCL 定义相接近,VPC 是连接若干 VP 交换节点的连接,相邻 VP 交换节点之间的通路称为 VPL,所以 VPC 由若干段

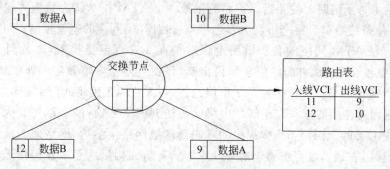

图 10-5 VC 交换基本原理

VPL 连接而成。串接而成的 VPC 中的不同的 VPL 的标识符 VPI 是不相同的,VP 交换就是虚通道交换节点完成相连两端 VPL 的 VPI 变换的过程。

VP 交换操作的对象是成组的 VC、VP 交换节点在改变信元 VPI 标识符的同时不会改变 VCI 标识符,所以在 VPC 中信元的 VCI 是不会改变的,这意味着这些信元属于同一虚信道链路 VCL。所以虚信道链路 VCL 中可以嵌入虚通道连接 VPC。这样 VC 交换节点同样要完成 VP 节点的功能,即改变 VPI 值,如图 10-6 所示。

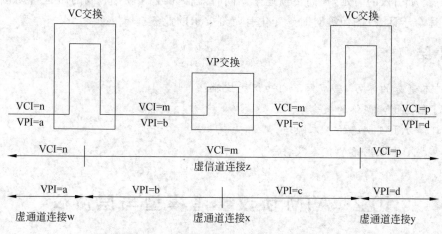

图 10-6 ATM 网络中的 VPC 和 VCC 概念

10.1.4 ATM 技术特点

由于 ATM 综合了电路交换的简单性和分组交换的灵活性,因而被 CCITT 选为 B-ISDN 的交换方式。ATM 技术主要有以下特点。

(1) 在灵活性方面,ATM 采用统计型的时分复用方式,也就是按需动态分配带宽。ATM 技术虽然以虚电路方式建立连接,但并不是把一条虚电路同固定带宽对应起来,而是根据各虚电路中所要传送的数据量的变化情况及时、动态地分配带宽。这样当某条虚电路上没有数据要传送时可暂不为其提供带宽,余下的带宽可供其他有传送要求的虚电路使用。这种带宽分配机制可以把一条物理传输通道动态地分配成若干个子信道,而每个子信道的大小是根据实际情况而变化的,以适应各种不同速率变化的业务,同时对通信过程中不断变化的突发性业务也有很高的资源利用率。

（2）取消了每条链路上的差错保护和流量控制。ATM技术认为物理传输媒质是可靠的，因此不必每条链路都对整个协议内容进行差错控制，端到端的差错控制即可满足大部分业务的要求。在ATM网络的各级链路上仅对信元头进行差错控制，这是因为信头中的VPI、VCI等控制信元传递方向的信息如果出错，将发生差错多重效应。即便如此，当发现信头中有错误时也不是反馈重传而是尽可能纠错，若无法纠正则将此信元丢弃。

（3）采用面向连接的方式。在信息由终端传送到网络之前，网络首先要为其逻辑虚连接的建立预留必要的资源。当用户提出的呼叫请求被网络接纳后，网络即为该呼叫建立一条虚连接。这样，在通信过程中属于这一呼叫的所有信元均沿这条虚连接传送而不必再进行路由选择了。当信息传输完毕，网络释放资源。采用面向连接的方式允许网络在各种情况下保证最小的信元丢失率。

（4）减少了信头的功能。为了确保网络中的高速处理能力，ATM信头的功能大大减少。它主要起标识符的作用，以确定虚连接的地址信息，保证每个信元沿正确的路由传递。允许不同虚连接较容易地复用到单个链路上来。由于信头功能的减少，ATM硬件实现得到简化，处理速度大大提高。

（5）采用短小的净荷长度。短小的净荷长度可以减小组装、拆卸信元以及信元在网络中排队等待所引入的时延，提高传输速率。同时短信元经网络后形成的时延抖动也比长信元小，更适合于话音、图像等对时延变化有苛刻要求的业务。

 小结

通过本部分的学习，应掌握下列知识和技能：
- 了解ATM网络的概念。
- 理解ATM网络的基本原理。
- 掌握ATM网络的技术及特点。

10.2 ATM协议参考模型与层协议

10.2.1 ATM协议标准

随着ATM技术的研究，各标准化组织也在积极进行ATM的标准化工作。目前有关ATM和B-ISDN的标准化组织大致可分为两类：正式标准化组织和企业论坛。

正式国际标准化组织是国际电信联盟的电信标准分部（简称ITU-T）。美国主要的B-ISDN/ATM正式标准化组织是美国国家标准局（ANSI）；欧洲正式的B-ISDM/ATM标准化组织是欧洲电信标准局（ETSI）。

目前有4个主要的企业论坛积极参与B-ISDN/ATM规范的制定。它们是ATM论坛、Internet工程任务规划局（IETF）、帧中继论坛和SMDS利益集团。

正式标准化组织在20世纪80年代末定义宽带ISDN的概念并选择ATM技术作为未来标准的基础，并在20世纪70年代初期建立了综合业务数字网（N-ISDN）的概念，N-ISDN成为B-ISDN的先驱。

企业论坛不存在标准委员会,它由制造商、用户和企业专家组成。正式标准化组织着重从网络结构和功能角度进行 B-ISDN 的标准化工作,而企业论坛则侧重从 ATM 实现的规范着手进行标准化工作,两者工作是相互补充的。

下面介绍这两类标准化组织的典型代表:ITU-T 和 ATM 论坛。

10.2.2 ATM 协议模型

ITU-T 在建议 I.321 中定义了如图 10-7 所示的 B-ISDN 协议参考模型,B-ISDN 是基于 ATM 网络的,这个协议参考模型也是唯一一个关于 ATM 网络的参考模型,因此这个模型已广泛用于描述基于 ATM 的通信实体。

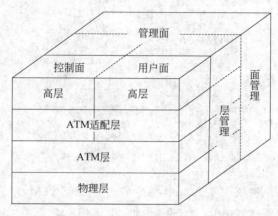

图 10-7 B-ISDN/ATM 协议模型

B-ISDN 模型整体从两个角度描述网络中支持的业务,通过"面"描述网络中可支持的不同功能,如用户信息传输、网络呼叫过程及网络管理过程。将网络的不同面分成若干层次,采用类似 OSI 七层模型的方法,实现信息的可靠传输。

协议模型包括 3 个面和 4 层功能,其中 3 个面介绍如下。

(1) 用户面(user plane):提供用户信息的传送,而且包括所有相关的机制,如流量控制和差错恢复等。采用分层控制结构。

(2) 控制面(control plane):提供呼叫和连接的控制功能,主要涉及的是各种信令功能完成呼叫或连接的建立、监控和释放。采用分层结构。

(3) 管理面(management plane):提供如下两种管理。

① 面管理(plane management):实现与整个系统有关的管理功能,并实现所有面之间的协调。面管理不分层。

② 层管理(layer management):实现网络资源和协议参数的管理,处理操作维护 OAM 信息流,采用分层结构。

协议模型的 4 层功能分别介绍如下。

• 物理层:完成传输信息(比特/信元)功能。

• ATM 层:负责交换、路由选择和信元复用。

• ATM 适配层(AAL):负责将各种业务的信息适配成 ATM 信元流。

• 高层:根据不同的业务特点完成高层功能。

243

如果将图 10-7 所示的 B-ISDN 协议立方体折成平面,我们就得到了 B-ISDN/ATM 的二维层次模型,如图 10-8 所示。

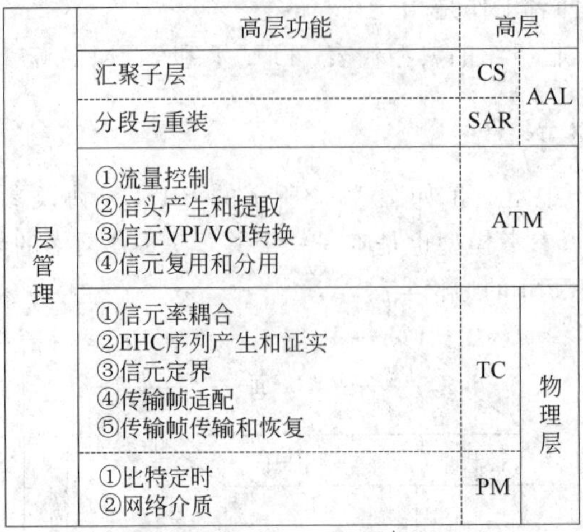

	高层功能		高层	
层管理	汇聚子层	CS	AAL	
	分段与重装	SAR		
	①流量控制 ②信头产生和提取 ③信元VPI/VCI转换 ④信元复用和分用		ATM	
	①信元率耦合 ②EHC序列产生和证实 ③信元定界 ④传输帧适配 ⑤传输帧传输和恢复		TC	物理层
	①比特定时 ②网络介质		PM	

AAL:ATM适配层; SAR:分段与重装; CS:汇聚子层;
ATM:异步转移模式;VCI:虚信道标识符;PM:物理介质;
HEC:信头差错控制;VPI:虚通道标识符;TC:传输汇聚

图 10-8　B-ISDN/ATM 层和子层模型

图中列出了 ITU-T 建议书 I.321 中描述的 B-ISDN/ATM 的 4 个层次的功能以及 ATM 适配层(AAL)和物理层(PL)的子层结构。物理层有 2 个子层:传输汇聚(TC)和物理介质(PM)。PM 子层与实际的物理介质接口,并将收到的比特流传给 TC 子层。TC 子层一方面对准同步(PDH)和同步(SDH)时分复用(TDM)帧信号提取 ATM 信元,并将这些信元传给 ATM 层;另一方面,TC 层将从 ATM 层传来的信元插入 PDH 和 SDH 帧信号中。ATM 层根据 ATM 信头中的信息完成复用、交换和控制功能。AAL 有 2 个子层:拆装子层(SAR)和汇聚子层(CS)。CS 又进一步分为公共部分(CP)和特别业务(SS)2 个部分。AAL 将协议数据单元(PDU)传递给高层或从高层接受 PDU。PDU 可能是可变长数据,也可能是有别于 ATM 长度的固定长数据。

图 10-9 给出了 B-ISDN 层次和子层与 OSI 层次间的映射关系。物理层对应 OSI 模型的第一层。ATM 层和 AAL 层对应于 OSI 模型的第二层。但 ATM 信头的地址具有类似于 OSI 模型第三层的地址功能,它可在整个网络范围内被唯一确认。B-ISDN 和 ATM 的协议及接口没有严格采用 OSI 七层协议模型,但却充分利用了 OSI 的层次和子层概念。

10.2.3　ATM 信元类别

在介绍 B-ISDN/ATM 模型的各层之前,有必要先给出 ATM 层和物理层中不同种类的信元定义。

- 空闲信元(idle cell):用以适配传输系统可以提供有效传输速率和物理层向 ATM 层提供信元速率之间的差别。发送端物理层插入空闲信元,在接收端物理层删除空闲信元。
- 有效信元(valid cell):信元头部经过 HEC(head error control)检验纠错保证正确的

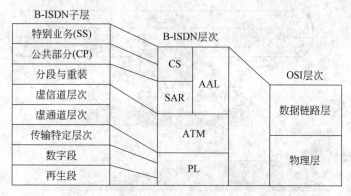

图 10-9　B-ISDN 层次和子层与 OSI 层次关系

信元,HEC 操作在物理层执行,所以信元是否有效,判断是在物理层进行。

- 无效信元(invalid cell):信元头部发生错误且无法通过 HEC 改正的信元,这些信元由物理层直接丢弃,不上交 ATM 层。因为头部出错,一般意味着 VPI/VCI 出错,无法判决该信元所属的具体通信过程。
- 分配信元(assigened cell):通过 ATM 层向上层提供服务的信元,表示该信元承载有用的通信过程的信息,信息的内容可以是用户信息、信令控制以及管理信息。
- 未分配信元(unassigened cell):不是分配的 ATM 信元,表示该信元没有承载信息,所占据的信道带宽未经使用。

发送端 ATM 层向物理层传输信息时,只有分配信元和未分配信元向下传送,物理层为了适配传输系统将加入空闲信元,为了物理层的管理将加入 OAM 信元,然后将这些信元变成比特流进行传送。接收端物理层向 ATM 层传输信元时,只有分配信元和未分配信元向上传送,其他的诸如无效信元和空闲信元以及物理层的管理控制信元由于不含有 ATM 层及其高层的信息,所以直接由物理层进行处理。

10.2.4　ATM 信元

前面我们讲过,ATM 的基本数据单位是信元(cell),每个信元的长度是 53 个字节,其中前 5 个字节是信元头,载有地址信息和控制信息,网络根据信头内容进行路由选择;后 48 个字节是净荷(payload),用于装载各种形式的信息。UNI 和 NNI 接口的信元结构稍有不同,其格式如图 10-10 所示。

- GFC:通用流量控制,为 4 比特,它只存在于 UNI 信元中,在 ATM 层提供简单的流量控制机制。
- VPI/VCI:虚通道/虚信道标识符,VPI 有两种,即在 UNI 信元中为 8 比特,在 NNI 信元中是 12 比特。VCI 为 16 比特。这两个字段指定 ATM 连接的一个逻辑信道。
- PTI:负载类型指示符,为 3 比特,描述信元的信息字段所承载的数据类型。
- CLP:信元丢失优先权,为 1 比特,指示接收器在网络拥塞情况下是否丢弃该信元。
- HEC:信头差错控制,为 8 比特,用于信头前 4 个字节的 8 位奇偶校验,其目的是使接收器能够检测出信头在传输过程中发生的差错。

UNI 和 NNI 接口信头的不同点是前者的第 1 字节的 1~4 比特是用作通用流量控制

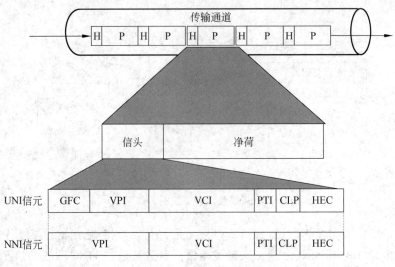

图 10-10   ATM 信元格式

GFC 域,而后者将该 4 比特作为 VPI 标志的一部分。信元的传送顺序是从信头的第 1 字节开始,顺序进行。在一个字节中的发送顺序是从第 1 比特开始然后递增传递。UNI 和 NNI 信元的差别对物理层是屏蔽的。

ATM 层提供以下功能。

- 信元构造;
- 信元接收和信头有效性检测;
- 利用 VPI/VCI 进行信元中继、前向传递和复制;
- 利用 VPI/VCI 进行信元复用和分用;
- 区分信元净荷类型;
- 解释已定义的和预保留的信头值;
- 信元优先级处理;
- 支持多类业务质量(QOS);
- 用法参数控制(UPC);
- 简明前向拥塞指示(EFCI);
- 一般流量控制(GFC);
- 连接分配和取消。

如前所述,ATM 的心脏是利用 VPI 和 VCI 进行信元的中继或交换。ATM 还可以有效地对具有不同业务质量的多个逻辑连接进行复用和分用。ATM 信头中的比特数限制每个物理 UNI 支持的最多虚通道为 $2^8 = 256$ 个,每个物理 NNI 支持的虚通道不超过 $2^{12} = 4096$ 个。无论对 UNI 还是 NNI,每个虚通道支持的虚信道不超过 $2^{16} = 65536$ 个。

小结

通过本部分的学习,应掌握下列知识和技能:

- 了解 ATM 的协议与层协议的概念。
- 理解 ATM 的协议标准及模型。

- 理解 ATM 的网络参考模型及信元。

10.3 ATM 流量管理

10.3.1 流量控制

由于 ATM 技术支持高速传输和基于信元的工作机制,信元流量的控制必须是包含以下诸多方面,如连接允许控制、用法控制、网络资源管理、端到端的流量控制以及端系统的主动参与控制过程,另外,完备的流量控制也可使 ATM 网络支持包括语音、视频和多媒体数据在内的多种流量类型业务。流量管理过程的一个重要方面是监测用户是否获得了要求的业务质量的服务。

ATM 连接过程的描述可采用两类参数,一类参数用于用户设备或终端系统向网络提出的有关连接的需求;另一类参数则是用户设备向网络提出的有关连接的描述信息。

下面的参数描述向网络请求的有关连接的需求:带宽、业务质量、延迟容忍度、流量控制、优先级控制。

下列参数是有关连接的描述信息,这些信息将在流量控制过程中使用:业务量类型、用法信息、路由优先信息、流量控制能力。

当用户向网络申请连接服务时,用户和网络必须对上述参数达成一致的合约,这个合约可看作用户和业务供应商之间达成的业务流量合同。用户和网络间的业务流量合同包括流量描述算子、业务量类型、服务质量以及性能等特征值,这些参数是以上给出两类参数的全集或子集。

用户也可利用业务流量合同监测通信过程,以判决网络是否根据流量合同提供相应的服务质量。同样,网络供应商也可利用业务流量合同,监测用户的流量是否符合流量合同的约束。另外,网络也可根据流量合同进行优先级控制,例如,根据传输的信息流量是否符合流量合同而对信元头部中的信元丢失优先级 CLP 域进行设置。可以看到,网络运行的目标是更有效和更便于预测。这样,相应网络管理的目标将是:高效运行的网络必须能够在提高网络资源利用效率的前提下,向用户提供最优化的性能和吞吐能力。

1. 连接接纳控制(CAC)

CAC 是用来决定是否接收连接请求。一般是由下面两个因素决定:

- 是否有所需的资源以提供连接的端到端服务质量(QoS)。
- 通信过程有关参数,如用户配置的基于源和目的地址、协议类型、时延等的接入表。如果网络有足够的资源给连接提供要求的 QoS 而且不影响网络中已建立连接的 QoS,就可以建立连接。是否具有足够资源是和申请的 ATM 业务类别、标志的业务量描述符、规定的 QoS 参数值、分配给已建连接的资源和目前网络的负荷密切相关的。

允许判决的过程相当复杂,因为 CAC 过程需要做出精确的决定,并对某些冲突的因素进行折中,其目的是在保证网络资源高效运行前提下,满足所有通信过程的服务质量。

CAC 与路由功能相互作用以选择路由、分配带宽、估计新的和已存在的业务量的相对优先级。当申请交换虚连接或由网络管理过程建立永久虚连接时,ATM 交换机直接执行这些操作。根据当时特定的 CAC 算法,只有当端到端连接中每个相接的交换机都具备足够的资源时,连接申请才能被接收。

作为连接允许过程的一部分,CAC 也和申请新连接的用户协商"业务量合同",业务量合同是用户和网络之间的协议,描述了连接的商定的特性,也是讨论的业务量管理和拥塞控制功能的核心。

CAC 功能可设置网络中的不同位置。如果 CAC 是集中的,一个单独的处理单元将对交换机中所有连接执行允许判决和资源分配判决。对大容量交换机,这会导致处理瓶颈,并限制交换机的连接速度。CAC 功能也可以分散到输入模块组,在这种情况下一个特定的CAC 处理器将仅负责涉及一部分输入端口的连接。分布式 CAC 算法要求不同模块的CAC 应能协调工作,这样实现时就会比较困难。

2. 用法参数控制

用法参数控制(usage parameter control,UPC)定义为一组用于 ATM 交换机监视和控制每一个激活连接的 UNI 上的业务量操作。UPC 的目的是保护网络及其用户,防止来自其他网络用户的恶意或无意的错误行为(如软件或硬件故障)。

UPC 功能检查监视的或测量的参数值和协商的参数值(在业务量合同中反映)是否一致,在不一致时采取适当的行动。信元的一致性检查通常通过一个或多个一般信元速率算法(generic cell rate algorithm,GCRA)实现的,GCRA 通常又称作漏桶算法。GCRA 的基本功能之一是在信元到达时间间隔在正常变化范围内允许一定数量的信元聚集。这种间隔时间的变化是由所有前面讨论的因素造成的(如信元组装、信元复用、OAM 信元的加入),甚至可能发生一段时间超过峰值信元速率的短暂情况(当然,这之后信元速率会跌到峰值速率以下)。如果这种聚集超过了允许的范围,就要采取行动如用设置信头中的 CLP 位的方法来标记信元或将信元丢弃。对于 ABR 业务类型,业务量源可以根据目的地或中间交换机的反馈来调整它发出信元的速率,ABR 的信元一致性的定义需要依靠信源、信宿和 ATM论坛规定的交换行为。

3. 信元丢失优先级和选择性丢弃

ATM 信元的信头中有一个位直接标志信元丢失优先级(CLP);CLP 位用于在一个连接中产生不同优先级的信元流。用户、应用、终端系统或 UPC 遇到未确认信元采取的强制行动(如上面讨论的标记)可能会将 CLP 设置为 1,使这些信元在网络拥塞时更有可能被丢失。可以采用基于 CLP 的选择性信元丢弃方案在拥塞点处理网络拥塞,拥塞点通常是ATM 交换队列。

4. 选择性分组丢弃

短的固定长度的信元更适合高速硬件交换,但在一般情况绝大多数高层应用的数据是可变长度的分组。各个信元通过拆装(SAR)处理放入分组。对于许多应用(如局域网中的信息传送),当一个或多个信元被网络丢弃后,相应的损坏分组就没有意义而被高层丢弃。为了使完整分发的分组数目最大,信元丢弃方案应能智能地、选择性地丢弃属于同一分组的信元。以下是两种方案:

(1) 尾分组丢弃。无论何时当一个信元被丢弃,尾分组丢弃将该分组的所有后续信元除了最后一个信元外全部丢弃,最后一个信元是由信头中负荷类型(PT)字段中的业务数据单元类型比特来标识。这个最后的信元充当对终端系统高层的指示,来重装高层协议数据单元(当然该数据单元随后被丢弃)。

(2) 早期分组丢弃。早期分组丢弃(EPD)技术是当交换机队列到达门限值时。交换机从新进入的分组开始丢弃除了最后分组信元的所有信元。采用这项技术,如果一个分组的信元已经进入缓存,该分组所有剩余信元也允许进入(如果有足够的缓存)。注意尾信元丢弃会降低对损坏分组的信元丢弃的效果,早期分组丢弃则没有这个问题,因为一个分组的所有信元被有效地丢弃。

分组丢弃方案的目标是防止缓存的溢出,采用该方法的核心思想是防止缓冲区被损坏的分组信元或后续的分组信元迅速充满:由于并没有采用随机信元丢失方法,这种方法会影响到很多分组信息的传送。所以在选择性分组丢失方法操作下缓存的偶然溢出不会对端到端的吞吐量有很大的影响。当少部分分组而不是大量分组的少量信元被丢弃,偶然的缓存溢出不会对端到端的吞吐量造成严重的副作用。

10.3.2 拥塞控制

1. 拥塞控制的定义

在 ATM 中,拥塞定义为一种不正常的状态。在这种状态下,用户提供给网络的负载接近或超过了网络的设计极限,从而不能保证流量合同中规定的 QoS。这种现象主要是因为网络资源受限或突然出现故障所致。

2. 拥塞控制的因素

一些应用的特性对拥塞的产生负有一定责任,例如,连接模式、重传策略、认证策略、响应机制和流量控制。与应用特性相反,一定的网络特性对控制拥塞起到了积极作用,如排队策略、服务调度策略、信元废弃策略、路由选择、传播时延、处理时延和连接模式。

3. 拥塞管理

拥塞管理试图确保网络避免出现拥塞。下面讨论 4 种拥塞管理方法。

- 资源分配:资源分配可以完全避免拥塞。分配的资源包括中继线容量、缓冲器容量、UPC/NPC 参数、虚通道连接参数。如果 UPC 的动作设置为废弃那些超过峰值速率的信元,且中继线和缓冲资源全部以峰值速率进行分配,那么拥塞就不会发生。尽管这种方法完全避免了拥塞,但网络的利用率却很低。

- 用法参数控制(UPC)废弃:用法参数控制(UPC)对资源进行管理以确保全部资源被完全分配时不发生拥塞。

- 完全预约连接接纳控制(CAC):流量合同中定义的 CLP 信元流的峰值信元率、可维持信元率和最大突发长度可用来预约缓冲器、中继线和交换机等资源。这种方法即使在所有业务源同时发送守约信元流的最坏情况下,仍可保证取得规定的 QoS。由于这种方法只受理那些流量参数不影响其他连接 QoS 的呼叫,因而取名为完全预约 CAC。这些流量参数受制于用法参数控制(UPC)。

- 网络工程:另外一种分配资源的有效方法是基于对网络流量的长期观察和统计而做出的决策。这种决策包括何时何地安装或更新交换机或中继线容量。为了在网络设计算法中精确地建立业务源模型,需要收集业务量和实际性能的各种统计测量值。

4. 拥塞回避

拥塞回避的目的是避免严重拥塞,而使网络的负载进入轻度拥塞区域。也就是说,拥塞回避试图工作在吞吐量关于负载曲线的"转折"点上。拥塞回避方法有前向显拥塞通知(EFCI)、用法参数控制(UPC)标记、"过预约"(overbooked)连接接纳控制(CAC)、阻塞呼叫、流量控制。

(1) 前向显拥塞通知(EFCI)

处于拥塞状态下的网络资源在信头中设置 EFCI 净荷类型(PT)码,以供后面的网络节点和接收端使用。例如,当缓冲器的门限超过时,就利用这种方法设置 EFCI。由于 EFCI 净荷类型设置在信元中,信元又不丢弃,因此它非常适用于拥塞回避。

(2) 用法参数控制(UPC)标记

用法参数控制主要用于业务量控制,但与拥塞回避也有关,例如,UPC 通过改变 CLP 的比特位标识违约的信元(CIP=1)。因为这种方法只标识违约信元并允许超过流量参数的流量进入网络中来,因而引起拥塞。如果利用相应的拥塞回避技术,如选择性废弃信元(CLP=1)、动态 UPC 等,可使网络从严重拥塞状态下恢复出来。

(3) "过预约"连接接纳控制(CAC)

"过预约"的概念可理解为连接申请的流量参数(如峰值信元率)在大部分时间大于实际使用的流量参数。当大量的"过预约"连接共享某个资源时,它们不可能都以峰值要求水平使用资源。因此更多的连接进入网络时,仍然可以取得既定的业务质量。与具有标记的 UPC 相同,具有"过预约"的 CAC 必须与拥塞恢复机制结合使用。

- 阻止呼叫:在网络进入严重拥塞状态之前,CAC 可以简单地阻止任何新的连接请求。这种方法只能对面向连接的业务进行严重拥塞回避,而不适用于无连接型业务。
- 利用流量控制进行拥塞回避:很多数据通信应用为了充分地利用带宽,就有意地使网络不断地处于轻度拥塞状态。流量控制的目的就是通过控制业务负载的流量取得接近于网络资源容量,在没有丢失发生的情况下取得最大的吞吐量。

5. 拥塞恢复

拥塞恢复是对网络进入严重拥塞区域的一种响应。拥塞恢复方法包括选择性信元废弃、动态用法参数控制(UPC)、丢失反馈和连接终结。

(1) 选择性信元废弃

根据标准选择性信元废弃定义为一种状态,在这种状态下,网络可以废弃部分 CLP=1 的信元而满足 CLP=0 和 CLP=1 信元流的 QoS。我们已经知道,ATM 信头中的 CLP 位表示信元是属于高级优先权(CLP=0),还是属于低级优先权(CLP=1)。选择信元废弃的目的,就是在出现拥塞情况下优先对待 CLP=0 信元,而有选择地废弃 CLP=1 信元。选择信元废弃是为标准网络设备进行拥塞控制的一个主要功能,它可用来回避拥塞或从拥塞状态恢复过来。网络可以利用选择信元废弃保证 CLP=0 信元流所请求的 QoS。如果网络不发生拥塞,则应用可以取得较高的吞吐量。有的情况下,用户也有权将不重要的信元标记为 CLP=1。这样,一旦信元到达网络的中介节点,节点就无法区分信元的 CLP=1 是用户设置的,还是网络 UPC 设置的。如果用户设置了信元的 CLP=1 位,网络也标记了该信元,则不可能保证 CLP=1 信元流的信元丢失率。这种情况类似于用户在帧中继中设置废弃允许

(DE)位。

（2）动态用法参数控制（UPC）

另一种从拥塞状态下得以恢复的方法是动态地重构 UPC 参数。通过用户和网络的再协商，修改某种连接的 UPC 参数。理想情况下，这种方法是用户可定义和可控制的。

（3）丢失反馈（loss feedback）

利用终端系统高层协议，如 TCP，是控制拥塞的又一种方法。当高层协议得知拥塞状态存在时，终端系统就会降低或停止供应某个应用的吞吐量。这种控制方法的优点在于，终端系统可直接减少所供应的负载，从拥塞状态恢复过来。其缺点表现在：响应拥塞的时间至少等于信元通过中介网络的往返时间再加上花费在终端系统的处理时间；另外，不是所有终端系统都可能推断出拥塞状态的出现并用同样的动作进行响应的，因而造成不公平的竞争。

（4）连接终结（disconnect）

如果严重拥塞继续存在，就要采取一种极端的做法，即终结一些连接，使拥塞得以恢复。例如，对于支持国防应用的承载业务或具有高优先级的地方团体紧急业务，如果急需容量承载这些高优先级别的连接，就得终结其他的业务。

 小结

通过本部分的学习，应掌握下列知识和技能：

• 掌握 ATM 的流量管理。
• 掌握 ATM 的流量控制。
• 掌握 ATM 的拥塞控制。

10.4 ATM 网络与其他网络互联技术

ATM 技术可以认为是综合了电路交换和分组交换的全部优点，支持各种传输和复用技术。ATM 网络的引入可以提高网络运营效率和用户服务满意度。

10.4.1 帧中继互联

目前广域数据通信网络一般包括 X.25 分组网络、数字数据网（DDN）和帧中继网络。其中，X.25 分组网络作为低速数据网，受到传输网络、网络管理以及本身技术的限制，业务不断萎缩；DDN 网提供的是半固定透明的数字连接，由于采用的是一种静态交换（事先约定接通），最适合 2Mbps 及以下速率的通信。而帧中继和 ATM 网络都采用面向连接的虚电路方式，在网络内部都不进行链路级的流量控制和差错控制，都采用统计复用方式，所以帧中继和 ATM 网络的互联是最有效的。

帧中继和 ATM 技术在呼叫控制和支持尽力传送业务方面具有部分的相同点，但两种技术在许多方面是有很大的差异。帧中继使用基于帧的面向比特的协议，ATM 则是基于信元的协议。另外在地址编码、阻塞处理、丢弃指示以及带宽控制方面均具有很多的不同之处。为此，ATM 和帧中继协议的互联必须考虑以下因素：

- 数据帧和信元的转换和映射。
- 帧中继的阻塞指示(FECN 和 BECN)与 ATM 阻塞指示的映射。
- 帧中继丢弃指示和 ATM 信元丢弃优先级映射。
- 业务量管理参数映射。
- 差错监测和状态管理支持。
- 使用数据封装的应用或更高层次。

并不是所有的帧中继和 ATM 互联实现方案需要满足以上所有要求,不同类型的连接方式将处理不同形式的互联信息。电信联盟 ITU-T 和 ATM 论坛定义了两种不同的 ATM 和帧中继互联方式:网络互联和业务互联。

10.4.2　汇聚子层

ATM 网络上支持帧中继业务必须采用网络互联或封装模式,以支持帧中继的帧格式适配到 ATM 信元。帧中继业务相关的汇聚子层完成这种适配操作,由该子层获得的帧可作为通用帧格式,由 AAL 适配层中汇聚子层公共部处理。

在业务互联或网关/转换方式中,帧中继协议需映射/转换到 ATM 协议,但 ATM 网络并不需要帧中继协议的特定信息,当然 ATM 网络仍必须能够传送帧中继的数据帧,这可由 AAL-5 的汇聚子层公共部实现。业务相关的汇聚子层和公共部汇聚子层将在下面介绍。

(1) 帧中继业务相关的汇聚子层 FR-SSCS(frame relay service specific convergence sub-layer)

FR-SSCS 是 ATM 适配层协议一部分,位于 AAL-5 协议层的公共部汇聚子层 CPCS(common part convergence service)上部。ATM 设备或 ATM 网络可使用 FR-SSCS 功能仿真帧中继业务,这样可保证 ATM 网络和帧中继网络和设备的互联。图 10-11 给出 FR-SSCS 参考模型。

(2) AAL-5 汇聚子层公共部 CPCS(common part convergence service)

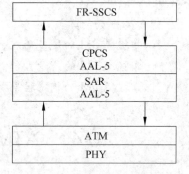

图 10-11　FR-SSCS 参考模型

AAL-5 是用于 VBR 业务的适配协议,VBR 业务的流量特征类似于帧中继业务。AAL-5 的 CPCS 协议支持 AAL-5 实体间的 CPCS 协议数据单元的交换。

10.4.3　网络互联

帧中继/ATM PVC 网络互联功能提供帧中继端系统和 ATM 端系统互通的能力,互联操作的完成可设置在不同的位置,如帧中继系统、帧中继网络或 ATM 端系统等。注意,在网络互联的工作方式中,ATM 一般是作为传输通道,端到端传输的信息仍是帧中继格式而并不是信元格式。也就是说,互联方式对 ATM 端系统并不是透明的,即 ATM 端系统应能理解帧中继有关的信息。

图 10-12 给出帧中继用户端网络设备 FR CPE(FR customer premise equipment)和 ATM 用户端网络设备 ATM CPE 应用间的通信。帧中继网络侧互联功能 IWF(internet working function)执行 FR-SSCS 和 CPCS 协议将数据帧封装成信元格式。在 ATM CPE

处,为应用程序提取帧中继数据单元 PDU。从 FR-SSCS 提出数据后要经历更高层的协议处理再递交给应用程序。

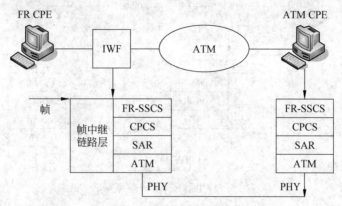

图 10-12　帧中继和 ATM 网络互联方式

ITU-T 建议 I.5555 和 ATM 论坛 FRF.5 支持的网络互联包括以下功能。

(1) 帧格式和分割(frame formatting and delimiting)

帧中继数据帧中除标记、CRC-16 校验序列和零插入比特外的部分可作为 FR-SSCS 协议的协议数据单元 PDU。AAL5-CPCS 和 AAL5-SAR(拆装过程)对数据进一步处理,分解成适合 ATM 层传输的信息。

(2) 连接复用(connection multiplexing)

任意帧中继连接(DLCI)可采用相应的 ATM 连接(VPI/VCI)进行封装,当多个帧中继连接终结在相同的 ATM CPE 时,这些帧中继连接可复用在一条 ATM 连接上。

(3) 信元丢失优先级 CLP 和丢失指示 DE(discard eligibility)

DE 和 CLP 的处理可有两种不同方式:帧中继的数据帧丢失指示 DE 可映射到相应信元的信元丢失优先级 CLP;也可以不进行这种映射,但 CLP 可根据配置值设置。

(4) 阻塞指示 CI(congestion indicators)

帧中继有两种阻塞指示:BECN 和 FECN。ATM 只有前向阻塞指示域 EFCI,但没有反向阻塞指示域。帧中继中的阻塞指示域可经由 FR-SSCS PDU 直接传送,ATM 阻塞指示符 EFCI 在初始传送总设置为"无阻塞"状态,接收端接收到阻塞指示信元,表示 ATM 网络中出现阻塞,网络互联功能将在相反方向发送数据时,设置 FR-SSCS PDU 的 BECN 位。

10.4.4　业务互联

帧中继和 ATM PVC 业务互联功能提供帧中继业务和 ATM 业务的互联,参见图 10-13。注意在网络互联中,ATM 是作为传输方式,端到端的信息传输单元是帧结构,而不是信元结构。而在业务互联中,帧中继用户和 ATM 网络用户并不知道通信连接经历了不同网络协议的转换过程,帧中继终端或 CPE 并不需了解存在 ATM 网络和 ATM 终端,对于 ATM 终端也有类似情况存在。业务互联映射包括帧中继的帧和 ATM 的信元映射,具体有地址映射和高层协议的封装。

业务互联包括以下功能。

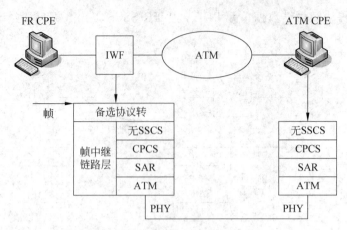

图 10-13　帧中继和 ATM 业务互联方式

（1）连接标识符映射（connection identifier map）

帧中继连接的 DLCI 和 ATM 连接的 VPI/VCI 一一映射。

（2）帧格式和分割（frame formatting and delimiting）

在帧中继到 ATM 方向上，业务互联单元可从帧中继数据帧中剥去标记、CRC-16 校验序列和零插入比特，数据帧头部可映射到 ATM 信元头部域，然后撤去数据帧头部。在ATM 到帧中继方向上，AAL-5 消息边界可用于数据帧的信息，业务互联单元则增加数据帧头部，并增加相应帧的头部，以及相应的标记和 CRC 校验。

（3）高层协议封装（upper-layer protocol encapsulation）

上层协议（如 IP 数据报）数据报格式可封装到链路层数据帧格式，随着下层链路层协议不同相应的有不同的封装结构。换言之，IP 封装在帧中继的工作方式和 IP 封装在 ATM 的工作方式是不同的。这样，如果不能正确转换上层协议，接收端系统则无法正确解析应用层数据，在实际工作中试图解决上层所有协议的转换也是不可能的。业务互联标准支持帧中继上的多协议封装（FRF．3 和 RFC1490）以及 ATM AAL-5 上的多协议封装（RFC1483）。当上层协议能够以相同格式封装到帧中继和 ATM 网络中，则可进行透明的业务互联，不必进行地址转换。

（4）信元丢失优先级 CLP 和丢失指示 DE

在帧中继到 ATM 方向，可有两种不同方式处理 DE 信息：帧中继的数据帧丢失指示DE 可映射到相应信元的信元丢失优先级 CLP；也可以不进行这种映射，但 CLP 可根据配置值设置。在 ATM 到帧中继方向，也可有两种不同方式处理 CLP 信息：如果数据报分拆成的一个或多个信元有 CLP＝1，则 DE＝1；DE 比特可根据预配置参数进行设置。

（5）阻塞指示 CI

在帧中继到 ATM 方向，可有两种方式处理阻塞指示符。在第一种工作方式中，FECN映射到相应所有信元的 EFCI，由于帧中继的阻塞信息在端点间进行传输，而不必考虑ATM 网络的阻塞状态，所以这种方式更适合终端系统中上层应用负责对连接业务量进行阻塞和业务量控制。在第二种工作方式中，EFCI 域设置为零，不必做 FECN 的映射。如果在网络中，则 EFCI＝1。在 ATM 到帧中继方向，数据帧分拆的最后一个信元的 EFCI 映射到 FECN，但 ATM 中没有帧中继等效的 BECN 指示。

10.4.5 基于帧的用户网络接口

FUNI 用于帧中继的终端采用 ATM UNI 接口访问 ATM 网络并使用 ATM 支持业务。FUNI 和业务互联的关键不同在于：FUNI 端系统可理解 ATM 协议，而业务互联中帧中继端系统不必了解 ATM 侧工作方式。在 UNI 中帧中继终端使用帧的工作方式，但可访问所有关键的 ATM UNI 相关的功能，具体功能如下：

- 基于 VPI/VCI 的连接复用。
- UNI 信令。
- 业务流量成形和 QoS 支持。
- 网络管理和 OAM 功能。

基于帧的业务流量格式和 FUNI 头部结构方式，致使 FUNI 也有一些限制：

- 有限的地址域。
- 无法支持 CBR 和 ABR。

图 10-14 给出了 FUNI 支持模型。

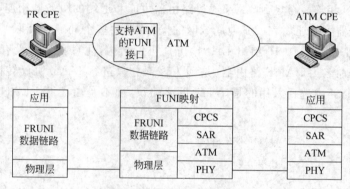

图 10-14 FUNI 支持的模型

FUNI 头部包括以下域。

(1) 帧地址 FA(frame address)

FA 长度是 10 比特，其中 4 比特用于 VPI 值，6 比特用于 VCI 值。图 10-15 给出了比特分配方式。

(2) 帧标识符 FID(frame identification)

图 10-15 给出的帧标识符包括 FID1 和 FID2，用户帧的 FID1 和 FID2 均设置为零。FID1＝1 和 FID2 ＝0 表示该帧用于传送 OAM 信息，其他组合预留给将来使用。

(3) 阻塞通知 CN(congestion notification)

CN 用于传送 EFCI 比特位的数值。当帧的最后一个信元的 EFCI＝1 时，CN 也等于 1。注意 EFCI 是用户数据信元的负载类型指示 PTI(payload type indicator)的第 2 位。在

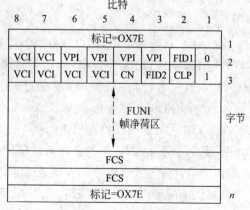

图 10-15 FUNI 帧格式

用户向网络方向,EFCI 是不设置的。

(4) 信元丢失优先级 CLP

FUNI 帧的 CLP 等于该帧的所有信元的 CLP,在网络向用户设备方向,该位不设置。

10.4.6 局域网仿真

ATM 网络上提供局域网仿真 LANE(LAN emulation)的目的是实现 LAN 通过 ATM 网络进行互联。LANE 设计时有两个基本出发点:

(1) LANE 协议的设计不应该影响现有的 LAN 的工作方式,即在 LAN 的内部并不应该发生任何改动,LAN 的终端用户仍旧可以使用原有的应用程序进行工作,保护已有的硬件和软件的投资。

(2) LANE 协议不应该包含在 ATM 交换机中,因为 LANE 显然是一种过渡策略,是为 ATM 网络和局域网互联设立的一种协议方式,不应该进入 ATM 交换机,所以在 ATM 网络上的 LANE 信息的传输应该作为无差别的数据。

这样最直接的方式是将 LANE 协议放入路由器中,不同 LAN 通过相应的 LANE 路由器和远端的 LAN 相连。考虑到 LAN 通过路由器可能和远端的服务器相连,同时在 LANE 环境中远端服务器可能还需完成其他局域网的操作,提供多个局域网互联情况下的虚拟局域网 VLAN 的业务。图 10-16 给出 LANE 仿真协议结构,注意我们并没有将 ATM LAN 之间的转换部分命名为 LANE 路由器,是因为该部分只进行 MAC 协议转换,其他关于在 ATM 网络中进行路由选择采用的是 ATM 网络协议,而不是由 ATM-LAN 转换部分所必须完成。

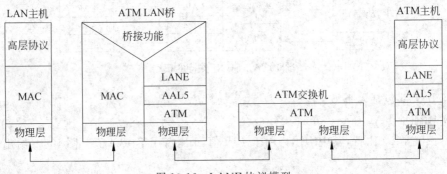

图 10-16　LANE 协议模型

在 LANE 运行环境中,用户设备(工作站或计算机)是直接和传统的局域网相连的,局域网通过 LAN/ATM 转换设备与 ATM 交换机相连,然后再和远端的 ATM 主机相联系。在 LAN 主机向 ATM 主机传送信息的过程中,LAN/ATM 转换设备接收到局域网分组后,去除校验序列 FCS,并加上标志头,送往 AAL5 协议分拆成适合 ATM 网络传送的信元形式。在 ATM 主机端可以执行相逆的操作过程,将信元形式的数据通过 AAL5 重新组装成 LANE 形式,由于 LANE 是工作在第二层,所以可以支持不同的上层协议,如 IPX、TCP/IP 网络等,所以这种方式可以非常方便地建立各种 LAN 的互联。

根据上面的分析我们可以看到,LANE 可以看作使用已有局域网、ATM 交换网络以及 LANE 设备组成的提供给用户类似于原有局域网工作环境的网络,但是进行不同 LAN 网络互通时传输速率大大提高,用户好像工作在更大范围下的局域网网络环境下。可以认为 LANE 是在传统 LAN 网络上叠加一层高速局域网。

LANE 协议采用的是客户机/服务器(client/server)模式,原有 LAN 主机运行的客户机程序,执行简单操作:ATM 主机相当服务器,完成对整个 LANE 网络的配置,执行模拟广播操作等功能。根据加载的设备和运行功能的具体功能的不同,LANE 协议可以分为:局域网仿真客户机 LEC(LAN emulation client)、局域网仿真服务器 LES(LAN emulation server)以及局域网仿真配置服务器 LECS(LAN emulation configuration server)和广播未知服务器 BUS(broadcast and unknown server),其中最为重要的是 LEC 和 LES 两部分软件。

下面分别介绍 LANE 的协议组成,LANE 的组成逻辑配置如图 10-17 所示。

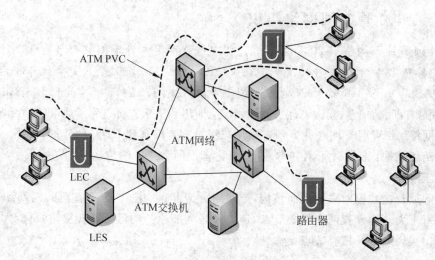

图 10-17　ATM 局域网仿真配置结构

(1) 局域网仿真客户机 LEC。在 LANE 中组成单元是 LAN,LEC 是作为 LAN 和 ATM 主机等 LANE 的端点系统的代理接入 LANE 网络,主要完成 MAC 地址和 ATM 地址的转换,所以每个 LEC 都有相应的 ATM 地址标号,作为 ATM 网络中进行通信的基础。

(2) 局域网仿真服务器 LES。LES 为一个特定的 LANE 的控制和管理软件,完成动态登录和 MAC 地址转换工作,是 LANE 得以在 ATM 网络上顺利运行的基础。

(3) 局域网仿真配置服务器 LECS。LECS 负责提供整个 ATM 网络的配置消息,包括向 LEC 提供 LES 地址。

(4) 广播未知服务器 BUS。用以完成广播(点到多点)数据传输功能。用以传送未知目标地址信息流或是特定的广播信息,对于前者类似于局域网中的广播传输机制。LES、LECS 和 BUS 作为 LANE 的服务器软件,在整个 LANE 中的位置非常灵活,ATM 论坛并没有规定这些软件运行的位置,实际上它们可以运行于 ATM 交换机、ATM 主机和 ATM/LAN 转换设备。为了保证维护和管理的方便并且提高系统的可靠性,大多数厂家是在网络设备上实施这些服务器软件,而一般不在工作站上实现。

小结

通过本部分的学习,应掌握下列知识和技能:

- 掌握 ATM 的互联方式。
- 掌握 ATM 的业务互联。
- 掌握 ATM 的局域网仿真技术。

10.5 ATM 网络组织

10.5.1 ATM 骨干网网络组织

ATM 国家骨干网建于 2002 年,目前,北电网络 ATM 骨干网共有节点 137 个(在网 122 个),交换机 274 台(在网 240 台)。其中 PASSPORT 15 000 骨干交换机 133 台(在网 118 台),PASSPORT 7480 多业务接入交换机 141 台(在网 122 台)。覆盖全国 31 省市自治区的省会城市,在湖北、福建、湖南、安徽、浙江、江苏、四川和广东省覆盖到了地市(C3)级城市。

北电网络 ATM 骨干网在北方各省采用三级结构:长途骨干网、省网和本地网,在南方各省采用两级结构:长途骨干网和本地网,长途骨干网为统一的传送平台。

1. 大区划分

中国网通长途数据网采用平面结构,全网划分为北部、华东、东部、南部、西部和 S 网六个大区。每个大区内设置两个核心节点,负责大区内部业务的汇接及转发,并负责大区间的路由交换。大区划分及核心节点设置见表 10-1。

表 10-1 大区划分及核心节点设置表

大 区	所含省、区、市	大区核心节点
北部大区	北京、辽宁、吉林、黑龙江、内蒙古、山西、天津	北京、沈阳
华东大区	山东、河南、河北、江苏	南京、济南
东部大区	上海、浙江、安徽、福建、江西	上海、杭州
南部大区	广东、广西、湖南、湖北、海南	广州、武汉
西部大区	重庆、四川、贵州、云南、西藏、陕西、甘肃、青海	宁夏、新疆
S 网大区	北京、上海、广州、深圳、成都、武汉、东莞、苏州、香港	北京、上海、广州

不同大区内节点之间的流量均需通过各自大区的核心节点,大区间核心节点的电路连接采用不完全网状连接,如图 10-18 所示。

2. 大区内的网络结构

大区内采用分区域汇接再上连的方式。各大区内部划分若干个区域,每个区域设置汇接节点,负责区域内部业务的汇接和转发。原则上,区域以省为单位划分,对业务量和节点少的多个省可以划分为一个区域。每个区域中设置若干汇接节点,其余为一般节点。汇接节点和两个核心节点相连,负责转发区域间和大区间的业务;一般节点负责与本地业务接入

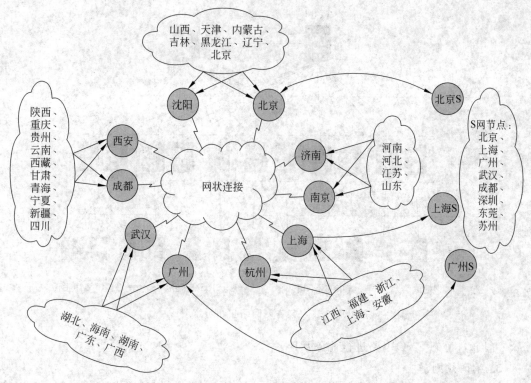

图 10-18　骨干网大区结构图

网连接,同时也负责直接的业务接入。一般节点和汇接节点之间采用星形连接。

3. 网络编码方案

根据《中国公众多媒体 ATM 宽带网和帧中继业务网编号方案》,ATM 北电骨干网长途数据网号码结构为:

$$86＋网号＋区域代码＋本区域用户号码$$

- 中国网通长途数据网 ATM 业务网网号为 1942,帧中继业务网网号为 1943。
- 区域代码有 3 位,为其所在本地网的代码。
- 用户号码长 6 位,前三位代表交换机号,后三位为端口号。

10.5.2　省网网络组织

1. 网络结构

ATM 省网结构相对骨干网来说要简洁一些,一般情况下,省网也分为核心层、汇聚层和接入层三层,核心层由放置在不同城市的两台 ATM 高端交换机组成,汇聚层由省内各城市的 ATM 核心交换机组成,接入层由各城市的其他交换机组成。全网呈双星形连接,汇聚层交换机通过至少两条链路分别与两个核心节点相连;接入层节点通过至少两条链路与 1～2 个汇聚层节点相连,网络拓扑图如图 10-19 所示。

2. 路由协议

在同一网络体系内(如某省网内部),交换机之间一般采用 PNNI 动态路由协议,交换机与用户 ATM 设备之间一般采用 UNI 路由协议。在两个不同网络体系(如网通和电信)之

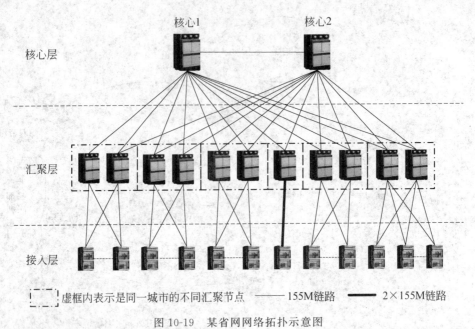

核心层

核心1　　核心2

汇聚层

接入层

┌┄┄┐
└┄┄┘ 虚框内表示是同一城市的不同汇聚节点　——— 155M链路　　■■■ 2×155M链路

图 10-19　某省网网络拓扑示意图

间,一般通过静态 PVC 电路进行业务互连。

3. 编码规则

前面介绍过,ATM 地址有 3 种编码格式,分别是 DCC 格式、ICD 格式、E.164 格式,较为常用的是 E.164 格式。ATM 骨干网所使用的就是此编码格式。此编码格式从原有电话网络的 E.164 编码方式演化而来的,一个完整的 ATM 地址共有 20 字节,以 40 位十六进制数字表示,其中第 1 字节为 45,表示此地址是 E.164 格式编码;2～9 字节是 E.164 地址部分;10～20 字节表示特定域的 ATM 终端系统,一般由 ATM 交换机自动生成。由此可以看出,需要我们进行编码设计的是 E.164 地址部分,一般的编码格式如下:

国家代码＋业务网号＋区域代码＋本区域用户号码＋F

- 国家代码:2 位,用来区分不同国家,如中国国家代码为 86。
- 业务网号:4 位,用来区分 ATM 网络上的不同业务,如前面的骨干网中,ATM 业务网络号为 1942,帧中继业务网络号为 1943。
- 区域代码:3 位,类似于电话网中的长途区号,如济南为 501,青岛为 502,等等。
- 本区域用户号码:6 位,前 3 位表示交换机的编号,后 3 位表示某台交换机上的端口。

 ## 小结

通过本部分的学习,应掌握下列知识和技能:

- 了解 ATM 的骨干网络组织。
- 了解 ATM 业务的网络环境。

项目 11　计算机网络接入

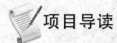

项目导读

本项目将在前面项目的基础上向大家介绍接入 Internet 的几种不同方法,以使我们的计算机驶入信息高速公路,享受 Internet 为我们提供的丰富资源。

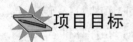

项目目标

知识目标:
- 掌握 Internet 的接入方式。
- 掌握拨号上网的基本设置方法。

能力目标:
- 掌握宽带上网的设置方法。
- 掌握将局域网中的计算机接入 Internet 的方法。

11.1　网络接入技术概述

如果用户要使用 Internet 提供的服务,首先要将自己的计算机接入 Internet,这时需要了解 Internet 的接入方式。接入 Internet 有两种基本的方式,即拨号上网和专线入网。一般来说,对于个人与家庭用户来说,采用拨号上网;而对于单位工作人员,则通过局域网采用专线入网(有时局域网也以拨号的方式入网)。

11.1.1　拨号接入

个人在家里或单位使用一台计算机,利用电话线连接 Internet,通常采用的方法是 PPP(point-to-point protocol,点对点协议)拨号接入。采用这种连接方式的好处是终端有独立的 IP 地址,因而发给用户的电子邮件和文件可以直接传送到用户的计算机上。主机拨号接入有普通电话拨号接入和 ISDN 拨号接入两种。

对于普通电话拨号接入,连接原理示意图如图 11-1 所示。在 ISP 虚框内的 Modem Pool 和路由器(用于支持远程通信,也可理解为远程通信服务器)是提供连接的设备。其中,Modem Pool 是一组调制解调器,接有电话线,与用户方的调制解调器作用相同,它们通过公用电话交换网(public switched telephone network,PSTN)进行连接;路由器用来验证拨号用户的身份、分配拨号用户的 IP 地址和进行协议转换,并负责将用户计算机连入网络,为访问网络资源提供底层准备。

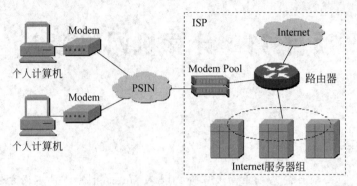

图 11-1 采用 PPP 连接 Internet

对于 ISDN 接入，其设备的连接与普通用户电话拨号接入有所不同，如图 11-2 所示，在电话线与计算机（或电话机、传真机）之间需要加装 ISDN 终端设备；同时，在计算机与 ISDN 终端设备之间需要安装 ISDN 适配器。

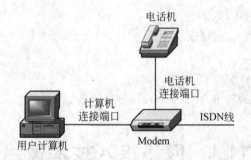

图 11-2 ISDN 设备连接示意图（ISDN 线即为普通电话线）

11.1.2 局域网专线接入

目前，各种局域网（如 Novell 网、Windows NT 网络等）在国内已经应用得比较普遍。局域网接入是指局域网中的用户计算机使用路由器通过数据通信网与 ISP 相连接，再通过 ISP 的线路接入 Internet。数据通信网有很多类型，如 DDN、X.25 与帧中继等，它们都是由电信运营商运行与管理的。目前，国内数据通信网的经营者主要有中国电信、中国网通与中国联通等。对于用户系统来说，通过局域网与 Internet 主机之间专线连接是一种行之有效的方法。

单机通过局域网访问 Internet，其原理和过程比较简单。用户在计算机内安装好专用的网络适配器（以太网卡，如 NE2000、3Com），使用专用的网线（如光缆、双绞线等）连接到集线器或网络交换机上，如图 11-3 所示（这里以 DDN 专线为例），就能访问 Internet。

单机在硬件连接好之后，再根据计算机操作系统平台安装网络适配器及相应的软件驱动程序，并进行正确的配置，即可访问网络资源。但是最终访问什么样的网络资源，这与所使用的工具（即网络应用软件）有关。

用户访问网络的基本过程是：用户启动 Internet 应用程序（如浏览器），激活 TCP/IP 驱动程序与网络层和物理层设备进行通信。由于网络适配器是通过电缆与集线器（本地局

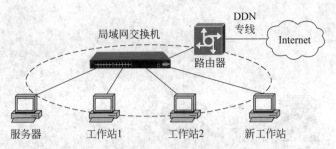

图 11-3　局域网通过 DDN 专线连接 Internet

域网)相连的,而本地局域网又和 Internet 是相连的,因此,用户的请求信息就会沿着连接线一直送到远程服务器(如 Web 服务器)上。服务器对请求做出应答,并将请求结果返回到用户的本地机。相比于拨号接入,通过局域网访问 Internet,速度快,响应时间短,稳定可靠。

 小结

通过本部分的学习,应掌握下列知识和技能:

- 了解 Internet 的接入方式及分类。
- 掌握拨号上网和局域网专线上网的操作方法。

11.2　拨号上网的操作

拨号接入是指使用 Modem 和电话线,以拨号的方式将计算机连入 Internet。如果是 ISDN 拨号接入,则使用 ISDN 终端设备、ISDN 适配器和电话线。在建立与 Internet 连接之前,需要先向 Internet 服务商 ISP 提出申请,安装和配置调制解调器(ISDN 适配器)。

创建拨号接入的基本步骤如下。

(1) 向 ISP(Internet 服务提供商)提供请求,并获取接入的相关信息,如拨入电话、用户名、密码等。向 ISP 提出申请的基本方式有三种,即公开拨号(公开地拨入电话号码、用户名和密码)、上网卡(卡上有拨入电话号码、用户名和密码)和注册用户(到 ISP 处进行注册并获得拨入电话号码、用户名和密码)。

(2) 安装和配置调制解调器(包括普通 Modem 或 ISDN 适配器)。

(3) 安装拨号适配器和 TCP/IP 协议,并创建和配置拨号连接。

11.2.1　安装调制解调器

1. 连接调制解调器

下面以外置调制解调器为例介绍如何将调制解调器与计算机连接。图 11-4 给出了外置调制解调器与计算机的连接示意图。

外置调制解调器通常都有以下 4 个端口。

(1) 数字终端设备连接端口(DTE):用来连接计算机的串行通信端口。

(2) 电源线连接端口(power):用来连接电源。

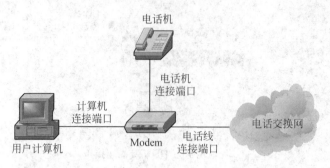

图 11-4　连接外置 Modem 的示意图

（3）电话线连接端口（line）：用来连接电话线。

（4）电话机连接端口（phone）：用来连接电话机。

2. 安装调制解调器驱动程序

在将调制解调器连接到计算机后，要为它安装相应的驱动程序。如果调制解调器支持即插即用功能，那么在完成硬件安装并重启计算机后，操作系统就会检测到该硬件，并提示安装相应的驱动程序。

如果要为调制解调器安装驱动程序，可以按以下步骤进行操作：

（1）在"控制面板"窗口中，双击"调制解调器"图标，将会弹出"调制解调器属性"对话框。这时单击"添加/删除硬件向导"按钮，将会弹出"安装新调制解调器"对话框（见图 11-5）。如果不想让系统检测调制解调器的型号，选中"不要检测我的调制解调器；我将从列表中选择"复选框；否则，系统会查找合适的调制解调器型号。完成选择后，单击"下一步"按钮。

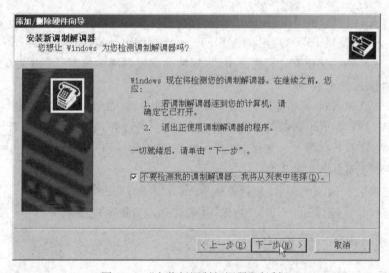

图 11-5　"安装新调制解调器"对话框

（2）这时，需要选择调制解调器的生产商与型号（见图 11-6）。首先，在"生产商"列表中选择生产商，如"LEGEND TECHNOLOGY LIMITED COMPANY"；其次，在"型号"列表中选择相应型号，如"Legend 56K USB Modem"。如果要使用厂商提供的驱动程序，单击"从磁盘安装"按钮，然后将厂商提供的软盘或光盘插入软驱或光驱。完成选择后，单击"下一步"按钮。

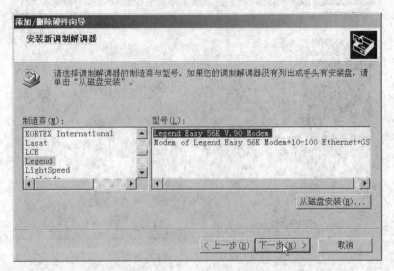

图 11-6　选择调制解调器的制造商与型号

（3）选择调制解调器使用的端口。如果要将调制解调器连接到计算机的 COM1 端口，则在如图 11-7 所示的列表中选择通信端口（COM1）。完成选择后，单击"下一步"按钮。

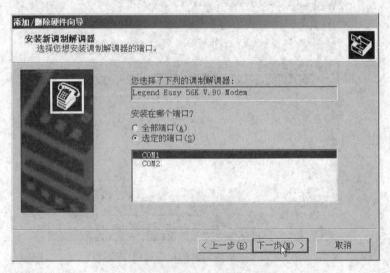

图 11-7　选择调制解调器所使用的端口

（4）这时，系统显示"已完成调制解调器的安装"，如图 11-8 所示。单击"完成"按钮，将会完成调制解调器的安装。

11.2.2　网络设置

安装调制解调器后，需要对调制解调器属性进行设置，以使调制解调器能更好地工作。要设置调制解调器的属性，可以按以下步骤进行操作。

（1）在"控制面板"窗口中，双击"调制解调器"图标，打开"电话和调制解调器选项"对话

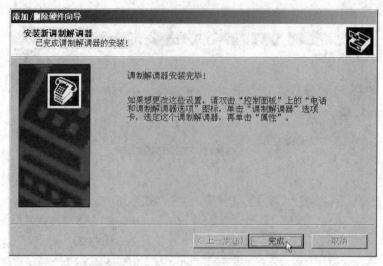

图 11-8　已完成调制解调器的安装

框,如图 11-9 所示。在"调制解调器"选项卡中,将会列出已安装好的调制解调器。这时,可以添加或删除调制解调器,以及设置调制解调器的属性。

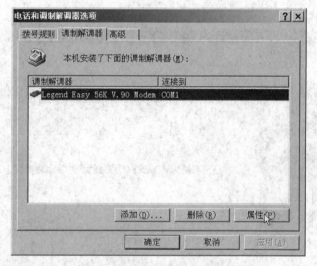

图 11-9　"电话和调制解调器选项"对话框

（2）在"本机安装了下面的调制解调器"列表中,选中要设置的调制解调器,单击"属性"按钮,将会弹出"Legend Easy 56K V.90 Modem 属性"对话框（图 11-10）。在"常规"选项卡中,可以设置调制解调器的端口、扬声器音量、最大端口速度等属性。在"连接"选项卡中,可以设置连接首选项、拨号首选项等属性。

11.2.3　设置拨号连接

拨号网络是 Windows 操作系统提供的拨号程序,是通过拨号上网所必需的程序。通过拨号网络连接 Internet,实际是使自己的计算机通过拨号,登录到 ISP 的远程连接服务

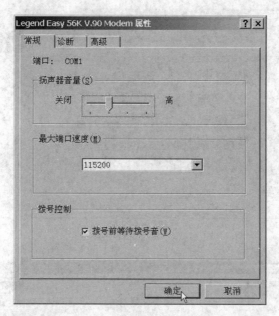

图 11-10　"Legend Easy 56K V. 90 Modem 属性"对话框

器上。

对于拨号上网的用户来说,首先要用拨号连接与 Internet 建立连接。在每个拨号连接中,都保存了 ISP 的拨入号码、用户名与密码等信息。因此,要掌握如何创建新的拨号连接。

如果要创建新的拨号连接,可以按以下步骤进行操作。

(1) 在"我的电脑"窗口中,双击"网络和拨号连接",将会打开"网络和拨号连接"窗口(见图 11-11)。其中,列出了已创建的所有拨号连接。

图 11-11　"网络和拨号连接"窗口

(2) 双击"新建连接",打开"网络连接向导"对话框。单击"下一步"按钮,选择网络连接类型,这里选中"拨号到专用网络"(见图 11-12)。

(3) 单击"下一步"按钮,至"选择设备"对话框中,选择用来拨号的设备,这里选中"所有可用 ISDN 线路都是多重链接的"(见图 11-13)。

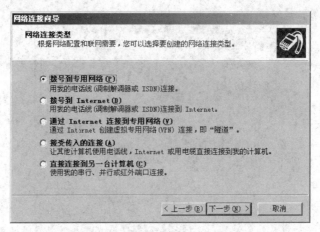

图 11-12　选择网络连接类型

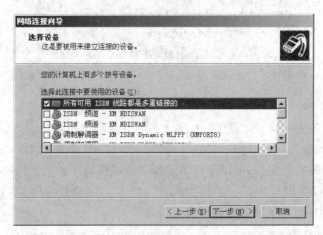

图 11-13　选择与 ISP 建立连接的设备

　（4）单击"下一步"按钮,在"电话号码"框中输入对方(ISP 方)的电话号码,这里拨的电话号码为 263 的拨入号码 95963(见图 11-14);如果拨入号码为长途,则选中复选框"使用拨号规则",然后在"区号"框中输入区号,如 010。

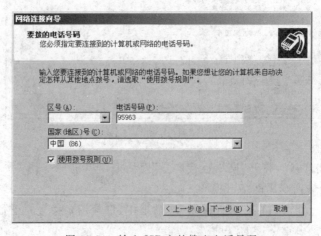

图 11-14　输入 ISP 方的拨入电话号码

（5）单击"下一步"按钮，选择是否允许所有使用该计算机的用户使用本地连接。单击"下一步"按钮，输入网络连接名称，如"连接到 263"（见图 11-15）；如果要在桌面上为该网络连接创建快捷方式，选中"在我的桌面上添加一快捷方式"。

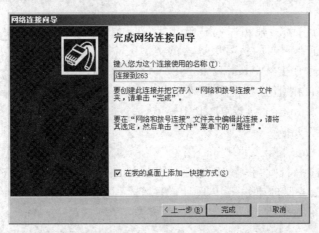

图 11-15　命名网络连接

（6）单击"完成"按钮，这里屏幕上弹出"拨号"对话框；在"用户名"文本框中输入用户名"263"，在"密码"文本框中输入密码"263"（见图 11-16）。

（7）单击"拨号"按钮，屏幕上出现"拨号"对话框，在该对话框中显示正在拨入的电话号码（见图 11-17）；连入网络（Internet）之后，在桌面任务栏的右边将显示已连入网络图标，同时显示连入网络的速度（见图 11-18）。

图 11-16　"拨号"对话框

图 11-17　"正在连接……"对话框

图 11-18　连入网络图标

11.2.4　安装并设置 TCP/IP

在创建新的拨号连接之后，还要根据 ISP 提供的信息来设置拨号连接，以使拨号连接能够更好地工作。

如果要设置拨号连接属性，可以按以下步骤进行。

（1）在"拨号网络"窗口中，用鼠标右击新创建的拨号连接，在弹出菜单中选择"属性"选项,将会弹出拨号连接属性对话框(见图 11-19)。在"常规"选项卡中,可以修改电话号码、区号与国家代码。如果要设置调制解调器属性,可以单击"设置"按钮。

(2) 单击"网络"标签,弹出"网络"选项卡(见图 11-20)。在"我正在呼叫的拨号服务器的类型"下拉列表框中选择"PPP: Windows 95/98/NT4/2000,Internet"选项;在"此连接使用下列选定的组件"列表框中选中"Internet 协议(TCP/IP)"复选框,然后单击"属性"按钮。

(3) 弹出"Internet 协议(TCP/IP)属性"对话框(见图 11-21)。选中"自动获得 IP 地址"单选按钮,由 ISP 的拨号服务器自动分配 IP 地址;然后选中"自动获得 DNS 服务器地址"单选按钮(大多数 ISP 不需要用户指定名称服务器地址)。完成设置后,单击"确定"按钮。

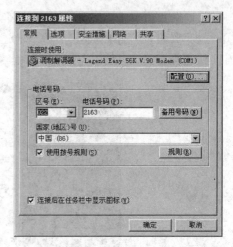

图 11-19　拨号连接属性的设置

图 11-20　"网络"选项卡

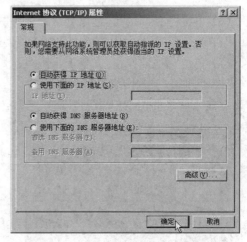

图 11-21　TCP/IP 属性的设置

 小结

通过本部分的学习,应掌握下列知识和技能:
- 了解拨号上网技术的启动方式。
- 掌握拨号上网的安装步骤。

11.3　宽 带 接 入

用户计算机宽带接入 Internet 的方式有很多种,接入方式包括电话拨号接入、通过局域网接入与无线接入,甚至通过有线电视电缆接入。

11.3.1 ISDN 接入

综合业务数字网(ISDN)是以电话综合数字网(integrated digital network,IDN)为基础发展而成的通信网,它以公用电话交换网作为通信网络,即利用电话线进行数据传输。它提供端到端的数字连接承载,包括语音和非语音在内的多种电信业务。它的基本特性是在各用户之间实现以 64kbps 或 128kbps 速率为基础的端到端的透明传输。ISDN 的速率和接口标准有两种:一种为基本速率接口,即 2B+D,其中 B 为 64kbps 的数字信道,D 为 16kbps 的控制数字信道;另一种为机群速率接口,即 30B+D 或 23B+D,其中 B 和 D 均为 64kbps 的数字信道。B 信道主要用于传送用户信息流,D 信道主要用于传送交换的信息或传送分组交换的数据信息。目前,电信部门采用的接口标准是 2B+D,即两个数字信道。由于 ISDN 完全采用数字信道,因而能获得较高的通信质量与可靠性。同时 ISDN 为今后可能出现的新的通信业务提供了可扩展性。

11.3.2 ADSL 接入

ADSL(asymmetric digital subscriber line)意为非对称数字用户线,它是运行在普通电话线上的一种新的高速、宽带技术,它可以被认为是专线接入方式的一种。所谓非对称主要体现在上行速率(目前最高为 768kbps)和下行速率(目前最高为 8Mbps)的非对称性上。ADSL 是目前接入 Internet 最常用的方式之一。

ADSL 有两种基本的接入方式:虚拟拨号入网方式与专线入网方式。

(1) 虚拟拨号入网方式——并非是真正的电话拨号,如 163 或 169,而是用户在计算机上运行的一个专用客户端软件,当通过身份验证时,获得一个动态的 IP,即可连通网络,也可以随时断开与网络的连接,费用也与电话服务无关。由于无须拨号,因而不会有接入等待。ADSL 接入 Internet 时,同样需要输入用户名与密码(与原有的 Modem 拨号和 ISDN 拨号接入相同)。

(2) 专线入网方式——用户获得分配固定的一个 IP 地址,且可以应用户的需求而不定量地增加,用户 24 小时在线。

虚拟拨号用户与专线用户的物理连接结构都是一样的,不同之处在于虚拟拨号用户每次上网前需要通过账号和密码验证;专线用户则只需一次设置好 IP 地址、子网掩码、DNS 与网关后即可一直在线。

专线方式即用户 24 小时在线,用户具有静态 IP 地址,可将用户局域网接入,主要面对的是中小型公司用户。虚拟拨号方式主要面对上网时间短、数据量不大的用户,如个人用户及中小型公司等。但与传统拨号不同,这里的"虚拟拨号"是指根据用户名与口令认证,接入相应的网络,并没有真正地拨电话号码,费用也与电话服务无关。

ADSL 接入方式具有如下优点。

(1) ADSL 是在一条电话线上同时提供了电话和高速数据服务,即可以同时打电话和上网,且互不影响。

(2) ADSL 提供高速数据通信能力,为交互式多媒体应用提供了载体。ADSL 的速率远高于拨号上网。

(3) ADSL 提供灵活的接入方式,支持专线方式与虚拟拨号方式。

(4) ADSL 可供多种服务。ADSL 用户可以选择 VOD 服务。ADSL 专线可以选择不同的接入速率，如 256kbps、512kbps、2Mbps。ADSL 接入网与 ATM 网配合，可为公司用户提供组建 VPN 专网及远程 LAN 互联的能力。

11.3.3 数字数据网 DDN 接入

DDN 实际上是我们常说的数据租用专线，有时简称专线。它也是近年来广泛使用的数据通信服务，我国的 DDN 网叫作 ChinaDDN。ChinaDDN 一般提供 $N \times 64$kbps 的数据速率，目前最高为 2Mbps，它由 DDN 交换机和传输线路（如光缆和双绞线）组成。现在，中国教育与科学计算机网（Cernet）的许多用户就是通过 ChinaDDN 实现跨省市连接的。

DDN 除了不提供虚拟租用线路外，在传输技术上与帧中继十分类似。它也是数字式的，传输介质可以是光纤、铜缆或微波等。它主要用于点到点的局域网连接。DDN 几乎不使用差错控制、流量控制等，性价比较高。

11.3.4 有线电视网络 cable Modem 接入

cable Modem 是近来发展起来的又一种家庭计算机入网的新技术，它是一种以有线电视使用的宽带同轴电缆作为传输介质，利用有线电视网（CATV）提供高速的数据传输的广域网连接技术。cable Modem 除了提供视频信号业务处，还能提供语音、数据等宽带多媒体信息业务。

cable Modem 是适用于电缆传输体系的调制解调器，其主要功能是将数字信号调制到射频信号，以及将射频信号中的数字信息解调出来，此外 cable Modem 还提供标准的以太网接口，可完成网桥、路由器、网卡和集线器的部分功能。因此，它的结构比传统 Modem 复杂得多。

cable Modem 与传统 Modem 在原理上基本相同，都是将数字信号调制成模拟信号在电缆的一个频率范围内传输，接收时再解调为数字信号。不同之处在于，cable Modem 是通过有线电视的某个传输频带而不是经过电话线进行解调。另外，普通 Modem 所使用的介质由用户独享，而 cable Modem 属于共享介质系统，其余空闲频段仍可用于传输有线电视信号。

cable Modem 也类似于 ADSL，提供非对称的双向信道。上行信道采用的载波频率范围在 5～42MHz，可实现 128kbps～10Mbps 的传输速率。下行通道的载波频率范围在 42～750MHz，可实现 27～36Mbps 的传输速率。

cable Modem 具有性价比高、非对称专线连接、不受连接距离限制、平时不占用带宽（只在下载和发送数据瞬间占用带宽）、上网看电视两不误等特点。

cable Modem 在一个频道的传输速率达 27～36Mbps。每个有线电视频道的频宽为 8MHz，HFC 网络的频宽为 750MHz，所以整个频宽可支持近 90 个频道。在 HFC 网络中，目前有大约 33 个频道（550～750MHz）留给数据传输，整个频宽相当可观。

11.3.5 无线接入

无线接入技术是基于 MPEG（运动图像压缩标准）技术，从 MUDS（微波视像分布系统）发展而来的，是为适应交互式多媒体业务和 IP 应用的一种双向宽带介入技术。无线接入网是由部分或全部采用无线电波传输介质连接业务接入节点和用户终端构成。

　　无线接入的方式有很多，如微波传输技术（包括一点多址微波）、卫星通信技术、蜂窝移动技术（包括 FDMA、TDMA、CDMA 和 S-CDMA）、CTZ、DECT、PHS 集群通信技术、无线局域网（WLAN）、无线异步转移模式（WATMA）等，尤其是 WLAN 以及刚刚兴起的 WATMA 将成为宽带无线本地接入（WWLL）的主要方式，与有宽带接入方式相比，虽然无线接入技术的应用还面临着开发新频段、完善调制和多址技术、防止信元丢失、时延等方面的问题，但它以其特有的无须铺设线路、建设速度快、初期投资小、受环境制约不大、安装灵活、维护方便等特点将成为接入网领域的新生力量。

 小结

　　通过本部分的学习，应掌握下列知识和技能：
- 了解 ISDN 接入技术。
- 了解 ADSL 接入技术。
- 了解数字数据网 DDN 接入技术。
- 了解有线电视网络 cable Modem 接入技术。
- 了解无线接入技术。

11.4　局域网接入 Internet

1. 安装 Microsoft 网络客户

　　打开"控制面板"，在"控制面板"中双击"网络和拨号连接"中的"本地连接"图标，得到如图 11-22 所示的"本地连接属性"对话框。在该对话框中单击"安装"按钮，得到如图 11-23 所示的对话框。

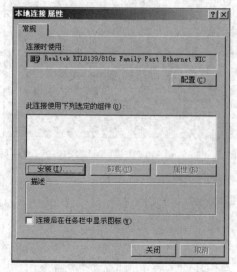

图 11-22　"本地连接 属性"对话框

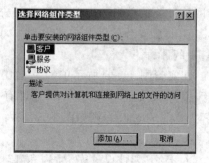

图 11-23　"选择网络组件类型"对话框

在图 11-24 中选定组件类型为"客户",单击"添加"按钮,得到"选择网络客户端"对话框,选择"Microsoft 网络用户",单击"确定"按钮后,屏幕此时出现的对话框栏中列出了"Microsoft 网络客户端",如图 11-25 所示,这表明该网络组件已经安装成功。

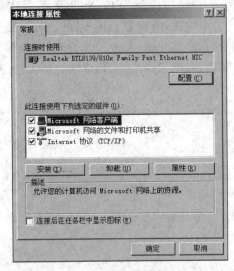

图 11-24 添加 Microsoft 网络用户

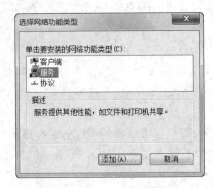

图 11-25 "添加"服务和协议

2. 安装 Internet 协议、文件和打印机共享

在图 11-23 所示的对话框中分别选中"服务"和"协议",单击"添加"按钮。在相应的对话框中的厂商中分别选中 Microsoft 所对应的相关选项,如图 11-25 所示。

3. 设置 TCP/IP 协议的属性

在 TCP/IP 协议安装完成后,在如图 11-25 所示对话框中选择"Internet 协议(TCP/IP)属性",单击"常规"按钮,得到如图 11-26 所示对话框,选中"使用下面的 DNS 服务器地址"选项,设置与域名服务有关的信息。在"首选 DNS 服务器"中的输入栏中输入 202.114.64.2。在图 11-26 所示的对话框中选择"默认网关",设置与网关有关的信息。输入一个新网关,地址为 10.0.1.1,已安装的网关中将出现 10.0.1.1,如图 11-27 所示。

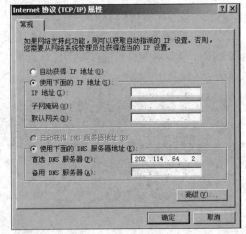

图 11-26 "Internet 协议(TCP/IP)属性"对话框

在实验图 11-26 所示的对话框中选择"使用下面的 IP 地址",设置与 IP 地址有关的信息,如输入"IP 地址"为 10.0.4.100,"子网掩码"为 255.255.0.0,则如图 11-28 所示。

4. 设置生效

TCP/IP 属性设置完毕后,单击"确定"按钮,在图 11-22 中单击"确定"按钮退出,新的 TCP/IP 属性生效,此时计算机即可通过局域网接入互联网上。

274

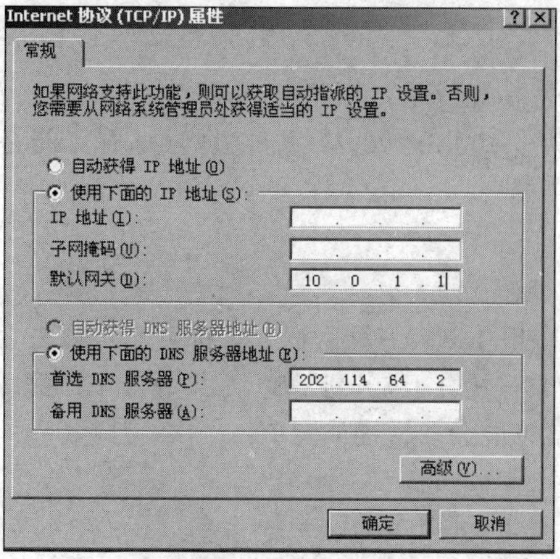

图 11-27　设置网关　　　　　　图 11-28　设置 IP 地址和子网掩码

 小结

　　本部分对教学环境要求不高，实现起来比较容易。对局域网中计算机接入 Internet 的方法做了说明。希望大家熟练掌握。

　　在本部分案例完成的过程中，要求参与实践的学生认真做好笔记。画出网络拓扑图、各种网络设备的型号、主要参数及连接方式。

11.5　社区宽带接入技术

　　对于一般的上网用户来讲，很容易将宽带拨号上网和社区宽带上网混淆，其实它们之间在本质上是有很大差别的，而且采用的技术也不一样。但是，我们作为普通的用户，没有必要去深究二者在技术上到底有什么优劣，只需从使用层面上了解一下就可以了。

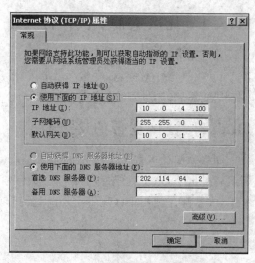

　　宽带拨号上网，宽带运营商会提供一组宽带账号、宽带密码给用户；上网时，需要使用计算机上的"宽带连接"程序来进行拨号，拨号成功后，就可以上网了。正常情况下，宽带拨号上网的宽带是固定的。也就是办理的是 8M 的宽带，那么拨号成功后，就可以独享 8M 的宽带流量了。

　　通常我们所说的宽带拨号上网，指的是用户端直接与宽带运营商之间建立拨号连接。因为有些社区宽带也是需要拨号的，如图 11-29 所示。但是，社区宽带的拨号，用户端并没有直接与宽带运营商服务器建立连接。

图 11-29　宽带拨号

11.5.1 社区宽带上网概述

社区宽带上网一般是本社区在宽带运营商(电信/联通)处办理了一根(几根)100M 或者 1000M 的光纤宽带,然后整个小区的用户共享这 100M/1000M 宽带上网(也有可能是 1 栋楼共享 100M/1000M 宽带,具体要看小区宽带的规划了)。

11.5.2 社区宽带的接入特点

如果采用社区宽带上网如图 11-30 所示的网络拓扑一样。因为白天大部分用户都去上班或者外出了,这个时候使用社区宽带上网,速度非常快。但是,到了晚上,大部分用户都回家了,大家都在使用小区宽带上网。这时候网速就可能会非常慢或变卡。

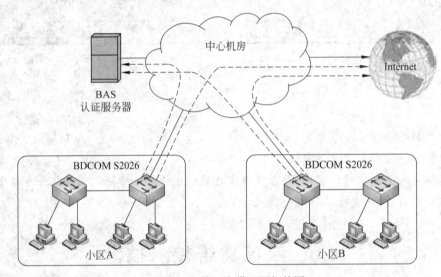

图 11-30　社区宽带上网拓扑图

另外,计算机连接社区宽带上网时,只需要把计算机的 IP 地址配置为自动获得(动态 IP),然后把小区宽带的网线连接到计算机上,计算机就能上网了,不需要进行拨号操作。

但是,现在社区宽带也可以为每位用户分配固定大小的宽带,从而实现合理宽带资源。具体情况,需要咨询所在社区宽带的管理者,询问一下是否有分配固定大小的宽带。

还有,现在有些社区宽带也是可以提供账号、密码给用户,让用户进行宽带拨号上网。这种只不过是在社区内放了一个验证服务器,本质上还是属于社区宽带的。

11.5.3 使用长城宽带上网的方法

如果用户办了一个长城宽带的套餐,要怎么才能连上网络呢? 其实长城宽带是可以直接插上端口网线,直接连接网络的,当然也可以通过路由器设置连接,下面我们先来看看,长城宽带要怎么设置连接网络。

1. 所需设备和原料

必要设备/原料包括计算机一台、宽带端口和长城宽带用户上网卡。

2. 方法/步骤

（1）先将宽带端口插好，就是那条网线，这是设置的必备步骤。

（2）右击"网上邻居"，选择"属性"命令，打开"网络连接界面"，如图 11-31 所示。

图 11-31　网络连接界面

当然也可以直接双击"网上邻居"并单击"查看网络连接"，打开"网络连接界面"，如图 11-32 所示。其效果都是一样的。

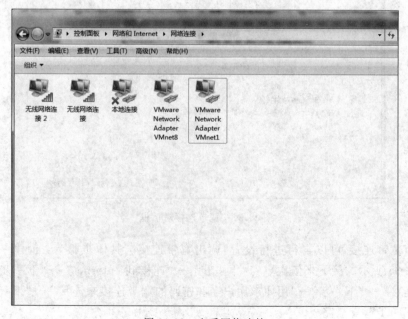

图 11-32　查看网络连接

（3）确认"本地连接"是否已连接上，如图 11-33 所示。如未出现"已连接上"字样，右击"本地连接"并选择"启用"命令。

图 11-33　确认本地连接是否连接

（4）双击"宽带连接"，出现如图 11-34 所示的对话框，填写"长城宽带用户卡"信息，单击"连接"按钮。这里的用户名即用户卡上的编号，密码即为用户卡背后的隐藏密码。

图 11-34　宽带连接对话框

如没有宽带连接，可以自行进行设置，调出宽带连接。具体步骤为：创建一个新的连接，如图 11-35 所示。接下来依次单点"下一步"→"连接到 Internet"→"下一步"→"手动设置我的连接"→"下一步"→"用要求用户名和密码的宽带连接来连接"→"下一步"→"下一步"→"下一步"，直至完成。

图 11-35　创建新的网络连接

小结

通过本部分的学习，应掌握下列知识和技能：

- 了解宽带拨号上网和社区宽带上网的区别。
- 了解社区宽带上网接入的特点。
- 掌握使用长城宽带上网的方法。

项目 12　无线网络技术

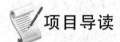

项目导读

　　无线网络,既包括允许用户建立远距离无线连接的全球语音和数据网络,也包括近距离无线连接的红外技术及射频技术,与有线网络的用途相似,不同之处主要在于传输媒介的不同,即利用无线电波取代网线。在网络接入方面,无线网络比有线网络更为灵活,在实际组网中,无线网络可与有线网络混合使用。无线网络主要分为无线个人区域网、无线局域网、无线城域网、无线广域网等。本项目主要讨论的是无线局域网、无线城域网和无线广域网。

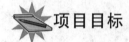

项目目标

知识目标:

* 了解无线网络的特性、标准及关键技术。
* 了解无线网络的产生、种类和发展。
* 了解无线网络的连接设备及典型的应用。
* 了解无线局域网的相关标准和分类
* 了解无线局域网的组网设备。
* 了解无线城域网的相关标准和 IEEE 802.16 参考模型。
* 了解无线广域网相关标准。
* 了解第二代移动通信系统和第三代移动通信系统。

能力目标:

* 能熟练掌握无线网卡和无线网桥的配置。
* 熟练掌握简单无线局域网的组建与配置方法。
* 熟悉典型的无线局域网的连接方案。
* 熟悉胖 AP 和瘦 AP 的组网方式。
* 熟练掌握常用的广域网接入技术。

素质目标:

* 具有勤奋学习的态度,严谨求实、创新的工作作风。
* 具有良好的心理素质和职业道德素质。
* 具有高度的责任心和良好的团队合作精神。
* 具有一定的科学思维方式和判断分析问题的能力。
* 具有较强的解决网络问题的能力。

12.1　无线网络概述

无线网络(wireless network)是采用无线通信技术实现的网络。无线网络既包括允许用户建立远距离无线连接的全球语音和数据网络,也包括为近距离无线连接进行优化的红外线技术及射频技术。其与有线网络的用途十分类似,最大的不同在于传输媒介的不同,即利用无线电技术取代网线,可以和有线网络互为备份。

主流应用的无线网络分为通过公众移动通信网实现的无线网络(如 4G、3G 或 GPRS)和无线局域网(Wi-Fi)两种方式。GPRS 手机上网方式,是一种借助移动电话网络接入 Internet 的无线上网方式,因此只要你所在城市开通了 GPRS 上网业务,你在任何一个角落都可以通过笔记本电脑来上网。

无线网络并不是何等神秘之物,可以说它是相对于我们普遍使用的有线网络而言的一种全新的网络组建方式。无线网络在一定程度上扔掉了有线网络必须依赖的网线。这样一来,你可以坐在家里的任何一个角落,抱着你的笔记本电脑,享受网络的乐趣,而不像从前那样必须要迁就于网络接口的布线位置。这样你的家里也不会被一根根的网线弄得乱七八糟了。

12.2　无线通信技术

无线通信(wireless communication)是利用电磁波信号可以在自由空间中传播的特性进行信息交换的一种通信方式。在移动中实现的无线通信又通称为移动通信,人们把二者合称为无线移动通信。

如图 12-1 所示,现代通信网的远距离传输手段中,无线通信主要包括微波通信和卫星通信。微波是一种无线电波,它传送的距离一般只有几十千米。但微波的频带很宽,通信容量很大。微波通信每隔几十千米要建一个微波中继站。卫星通信是利用通信卫星作为中继站在地面上两个或多个地球站之间或移动体之间建立微波通信联系。

微波是频率为 300MHz～300GHz 的电磁波。微波通信是在微波频段通过地面视距进行信息传播的一种无线通信手段。微波传播具有视距传播特性,在空气中是沿直线传播的,而地球表面是个曲面,为了延长通信距离,需要在通信两地之间设立若干中继站,进行电磁波转接。微波在传播过程中有损耗,在远距离通信时需要采用中继方式对信号逐段接收、放大和发送。微波通信的主要应用有:①干线光纤传输的备份及补充;②城市内的短距离支线连接;③边远地区和专用通信网中为用户提供基本业务;④无线宽带业务接入。

卫星通信是指利用人造地球卫星作为中继站转发无线电信号,在两个或者多个地面站之间进行的通信。卫星通信相比于地面微波通信的优点有:①覆盖面积大,便于实现多址连接;②通信距离远,且建站成本几乎与通信距离无关;③通信容量大,业务种类多,通信线路稳定可靠;④可以自发自收进行监测。

短距离无线通信技术能够实现近距离范围内各种设备之间的无线通信,且具有组网方

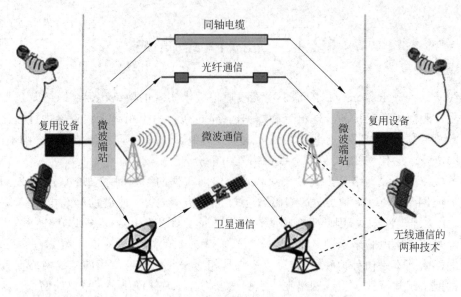

图 12-1　现代通信网中的传输手段

便快捷的特点,目前发展较成熟的短距离无线通信技术主要有 ZigBee、蓝牙(bluetooth)、红外(IrDA) 和无线局域网 802.11(Wi-Fi)。

蓝牙技术诞生于 1994 年,是一种低功耗、低成本的无线通信技术,其传输频段为全球公众通用的 2.4GHz ISM 频段,提供 1Mbps 的传输速率和 10m 的传输距离。蓝牙技术最初由电信巨头爱立信公司于 1994 年创制,当时是作为 RS-232 数据线的替代方案。

IEEE 将蓝牙技术列为 IEEE 802.15.1,但如今已不再维持该标准。蓝牙技术联盟负责监督蓝牙规范的开发,管理认证项目,并维护商标权益。制造商的设备必须符合蓝牙技术联盟的标准才能以"蓝牙设备"的名义进入市场。

相比于红外、无线 2.4G 等技术而言,蓝牙具有技术成熟、普及度高、售价合理、传输稳定的特点,非常适合于短距离无线音频传输。目前,我们常见的蓝牙技术为 EDR 2.0＋EDR 2.1＋EDR 3.0(或 4.0)。

IrDA 是一种利用红外线进行点对点通信的技术,是第一个实现无线个人局域网(PAN)的技术。目前它的软硬件技术都很成熟,在小型移动设备,如 PDA、手机上广泛使用。起初,采用 IrDA 标准的无线设备仅能在 1m 范围内以 115.2kbps 速率传输数据,很快发展到 4Mbps 以及 16Mbps 的速率。

IrDA 的主要优点是无须申请频率的使用权,因而红外通信成本低廉,并且还具有移动通信所需的体积小、功能低、连接方便、简单易用的特点。此外,红外线发射角度较小,传输上安全性高。

IrDA 的不足在于它是一种视距传输,两个相互通信的设备之间必须对准,中间不能被其他物体阻隔,因而该技术只能用于 2 台设备之间的连接。而蓝牙就没有此限制,且不受墙壁的阻隔。IrDA 目前的研究方向是如何解决视距问题及提高数据传输率。

Wi-Fi 是一种可以将个人计算机、手持设备(如 PDA、手机)等终端以无线方式互相连接的技术。Wi-Fi 是一个无线网路通信技术的品牌,由 Wi-Fi 联盟(Wi-Fi Alliance)所持有。

目的是改善基于 IEEE 802.11 标准的无线网络产品之间的互通性。现在一般人会把 Wi-Fi 及 IEEE 802.11 混为一谈,甚至把 Wi-Fi 等同于无线网际网络。

Wi-Fi 可以帮助用户访问电子邮件、Web 和流式媒体的互联网技术。它为用户提供了无线的宽带互联网访问。同时,它也是在家里、办公室或在旅途中上网的快速、便捷的途径。能够访问 Wi-Fi 网络的地方被称为热点。

Wi-Fi 是以太网的一种无线扩展,理论上只要用户位于一个接入点四周的一定区域内,就能用一定的速度接入 Web。但实际上,如果有多个用户同时通过一个点接入,带宽被多个用户分享,Wi-Fi 的连接速度一般将只有几百 kbps 的信号不受墙壁阻隔,但在建筑物内的有效传输距离小于户外。

ZigBee 技术是一种近距离、低复杂度、低功耗、低速率、低成本的双向无线通信技术。主要用于距离短、功耗低且传输速率不高的各种电子设备之间进行数据传输以及典型的有周期性数据、间歇性数据和低反应时间数据传输的应用。ZigBee 名字来源于蜂群使用的赖以生存和发展的通信方式,蜜蜂通过跳 ZigZag 形状的"舞蹈"来分享新发现的食物源的位置、距离和方向等信息。

与蓝牙相比,ZigBee 更简单、速率更慢、功率及费用也更低。它的基本速率是 250kbps,当降低到 28kbps 时,传输范围可扩大到 134m,并获得更高的可靠性。

另外,它可与 254 个节点联网,可以比蓝牙更好地支持游戏、消费电子、仪器和家庭自动化应用。人们期望能在工业监控、传感器网络、家庭监控、安全系统和玩具等领域拓展 ZigBee 的应用。

与 IrDA 相比,ZigBee 有大的网络容量,每个 ZigBee 网络最多可支持 255 个设备,也就是说每个 ZigBee 设备可以与另外 254 台设备相连接。

ZigBee 的有效范围小。有效覆盖范围为 10～75m,具体依据实际发射功率的大小和各种不同的应用模式而定,基本上能够覆盖普通的家庭或办公室环境。

ZigBee 的工作频段灵活。使用的频段分别为 2.4GHz、868MHz(欧洲)及 915MHz(美国),均为免执照频段。

根据 ZigBee 联盟目前的设想,ZigBee 的目标市场主要有 PC 外设(鼠标、键盘、游戏操控杆)、消费类电子设备(TV、VCR、CD、VCD、DVD 等设备上的遥控装置)、家庭内智能控制(照明、煤气计量控制及报警等)、玩具(电子宠物)、医护(监视器和传感器)、工控(监视器、传感器和自动控制设备)等非常广阔的领域。

与 Wi-Fi 相比,ZigBee 低功耗和低成本有非常大的优势,在低耗电待机模式下,两节普通 5 号干电池可使用 6 个月以上。这也是 ZigBee 的支持者所一直引以为豪的独特优势。因为 ZigBee 数据传输速率低,协议简单,所以大大降低了成本。

小结

通过本部分的学习,应掌握下列知识和技能:

- 了解远距离无线通信技术卫星和微波等。
- 了解短距离无线通信技术蓝牙、红外、Wi-Fi、ZigBee 等。
- 能配置短距离无线通信相关设备,实现联网。

12.3　无线局域网

在无线局域网 WLAN 发明之前,人们要想通过网络进行联络和通信,必须先用物理线缆—铜绞线组建一个电子运行的通路,为了提高效率和速度,后来又发明了光纤。当网络发展到一定规模后,人们又发现,这种有线网络无论组建、拆装还是在原有基础上进行重新布局和改建都非常困难,且成本和代价也非常高,于是 WLAN 的组网方式应运而生。

12.3.1　无线局域网概述

无线局域网 WLAN(wireless local area network)是利用射频的技术取代原有的有线网络所构成的局域网,具有更好的灵活性和移动性。网络设备的布设更加灵活,在无线信号覆盖区域内即可接入网络且移动性能强,连到无线局域网的用户可以移动地与网络保持连接。无线局域网以微波、激光与红外线等无线电波作为传输介质,来部分或全部代替传统局域网中的有线传输介质,实现了移动计算机网络中移动节点的物理层与数据链路层功能,并为移动计算机网络提供物理接口。无线局域网的发展速度相当快。目前,300Mbps 传输速率的系统已经成熟,而速率更高的系统正在发展中。

无线局域网不仅能满足移动和特殊应用领域的需求,还能覆盖有线网络难以覆盖的地方,如受保护的建筑物、不能或不方便铺设有线介质的地方、临时性场所等。

12.3.2　无线局域网的相关标准

1998 年,IEEE 制定出无线局域网的协议标准 802.11,其射频传输标准采用跳频扩频(FHSS)和直接序列扩频(DSSS),工作在 2.4000～2.4835GHZ。在 MAC 层则使用载波侦听多路访问/冲突避免(CSMA/CA)协议。802.11 标准主要用于解决办公室局域网和校园网中,用户与用户终端的无线接入,业务主要限于数据存取,速率最高只能达到 2Mbps。由于 802.11 在速率和传输距离上都不能满足人们的需要,此后 IEEE 又推出了 802.11b、802.11a 和 802.11g 等,作为 802.11 标准的扩充,其主要差别在于 MAC 子层和物理层。现在使用最多的应该是 802.11n 标准,工作在 2.4GHz 或 5GHz 频段,可达 600Mbps(理论值)。常见标准如下。

- IEEE 802.11:1997 年,原始标准(2Mbps,工作在 2.4GHz)。
- IEEE802.11a:1999 年,物理层补充(54Mbps,工作在 5GHz)。
- IEEE 802.11b:1999 年,物理层补充(11Mbps 工作在 2.4GHz)。
- IEEE 802.11g:2003 年,物理层补充(54Mbps,工作在 2.4GHz)。
- IEEE 802.11n:2009 年 9 月通过正式标准,WLAN 的传输速率由 802.11a 及 802.11g 提供的 54Mbps、108Mbps,提高到 350Mbps 甚至到 475Mbps。
- IEEE 802.11ac,802.11n 之后的版本:工作在 5G 频段,理论上可以提供高达 1Gbps 的数据传输能力。

IEEE 最初制定的一个无线局域网标准,主要用于解决办公室局域网和校园网中用户与用户终端的无线接入,业务主要限于数据存取,速率最高只能达到 2Mbps。由于它在速率和传输距离上都不能满足人们的需要，因此，IEEE 小组又相继推出了 802.11b 和 802.11a 两个新标准。

IEEE 802.11n，2004 年 1 月 IEEE 宣布组成一个新的单位来发展新的 802.11 标准。资料传输速度估计将达 475Mbps（需要在物理层产生更高速度的传输率），此项新标准应该要比 802.11b 快 45 倍，而比 802.11g 快 8 倍左右。802.11n 也将会比之前的无线网络传送到更远的距离。

802.11n 得益于将 MIMO（多入多出）与 OFDM（正交频分复用）技术相结合而应用的 MIMO OFDM 技术，提高了无线传输质量，增加了传输范围，也使传输速率得到极大提升。

802.11ac 是在 802.11n 标准之上建立起来的，包括将使用 802.11n 的 5GHz 频段。在通道的设置上，802.11ac 将沿用 802.11n 的 MIMO（多进多出）技术，为它的传输速率达到 Gbps 量级打下基础，第一阶段的目标达到的传输速率为 1Gbps，目的是达到有线电缆的传输速率。

802.11ac 每个通道的工作频宽将由 802.11n 的 40MHz，提升到 80MHz 甚至是 160MHz，再加上大约 10% 的实际频率调制效率提升，最终理论传输速度将由 802.11n 最高的 600Mbps 跃升至 1Gbps。当然，实际传输率可能在 300～400Mbps，接近目前 802.11n 实际传输率的 3 倍（目前 802.11n 无线路由器的实际传输率为 75～150Mbps），完全足以在一条信道上同时传输多路压缩视频流。

此外，802.11ac 还将向后兼容 802.11 全系列现有和即将发布的所有标准和规范，包括即将发布的 802.11s 无线网状架构以及 802.11u 等。安全性方面，它将完全遵循 802.11i 安全标准的所有内容，使无线连接能够在安全性方面达到企业级用户的需求。根据 802.11ac 的实现目标，未来 802.11ac 将可以帮助企业或家庭实现无缝漫游，并且在漫游过程中能支持无线产品相应的安全、管理以及诊断等应用。

12.3.3　无线局域网的结构

基于 IEEE 802.11 标准的无线局域网允许在局域网络环境中使用可以不必授权的 ISM 频段中的 2.4GHz 或 5GHz 射频波段进行无线连接。它们被广泛应用，从家庭到企业再到 Internet 接入热点。

1. 简单的家庭无线 WLAN

使用家庭 ADSL 无线路由器接入 Internet 就是无线局域网最通用和最便宜的例子，使用一台 ADSL 设备可作为防火墙、路由器、交换机和无线接入点。ADSL 无线路由器可以提供广泛的功能，通过防火墙保护家庭网络远离外界的入侵；允许家庭多台计算机使用交换式以太网相互连接，为多个移动终端提供无线接入点，还可以共享一个 ISP（Internet 服务提供商）的单一 IP 地址访问 Internet。家用普通无线路由器使用 2.4GHz 的扩频通信，802.11b/g 标准，而更高端的无线路由器提供双波段的 2.4GHz 的 802.11b/g/n Wi-Fi 和 5.8GHz 的 802.11a 性能、高速 MIMO 性能，最高速度可达到 150Mbps 或 300Mbps。

2. 无线桥接

有时候需要为有线网络建立一条冗余链路时，或者使用有线网络很难实现或成本很高的情况下，如连接桥梁两次的网络，都可以使用无线网络实现，而无线的桥接技术就可以解决这个问题。使用无线桥接的优点是简单、易实现，缺点是速度慢和存在干扰。

无线桥接设备主要有无线网桥、高增益室外定向或者全向天线、避雷接地设施。对于室外远距离站点的无线网络互联需要配合使用高增益室外定向或者全向天线，定向天线可实现点对点连接，全向天线可实现点对多点连接。无线桥接示意图如图 12-2 所示。

无线桥接

综合楼A   综合楼B

图 12-2　无线桥接示意图

3. 中型 WLAN

中等规模的企业网络适合采用无线网络方式构建。这种网络设计简单、布设灵活方便，只需在相应区域内设置无线接入设施即可，根据有效覆盖范围进行设计和安装。无线覆盖区域合理安排和提供多个接入点。但接入点的数量超过一定的限度，网络会变得难以管理。大部分的这类无线局域网允许用户在接入点之间漫游，因为具有相同的以太网和 SSID 配置，比如，在校园内利用 WLAN 接入校园主干网。从管理的角度看，每个接入点以及连接到它的接口都被分开管理，使用 VLAN 通道来连接多个访问点，但需要以太网连接具有可管理的交换端口。在交换机上进行相应的配置，实现在单一端口上支持多个 VLAN。

尽管使用一个模板配置多个接入点是可能的，但是当固件和配置需要进行升级时，管理大量的接入点仍会变得困难。从安全的角度来看，每个接入点必须被配置为能够处理其自己的接入控制和认证。RADIUS 服务器将这项任务变得更轻松，因为接入点可以将访问控制和认证委派给中心化的 RADIUS 服务器，这些服务器可以轮流和诸如 Windows 活动目录这样的中央用户数据库进行连接。但是即使如此，仍需要在每个接入点和每个 RADIUS 服务器之间建立一个 RADIUS 关联，如果接入点的数量很多会变得很复杂。

4. 大型 WLAN

交换式无线局域网是无线网络最新的进展，简化的接入点通过几个中心无线控制器进行控制。数据通过中心化无线控制器进行传输和管理。这种情况下的接入点具有更简单的设计，复杂的逻辑被嵌入在无线控制器中。接入点通常没有物理连接到无线控制器，但是它们逻辑上通过无线控制器交换和路由。

无线控制器要支持 VLAN 技术，多个 VLAN 数据以某种形式被封装在隧道中，所以即使设备处在不同的子网中，但从接入点到无线控制器有一个直接的逻辑连接。从管理的角度来看，管理员只需要管理可以轮流控制数百接入点的无线局域网控制器。

交换无线局域网的另一个好处是低延迟漫游。这允许 VoIP 和 Citrix 这样的对延迟敏感的应用。切换时间会发生在通常不明显的大约 50ms 内。传统的每个接入点被独立配置的无线局域网有 1000ms 范围内的切换时间，这会破坏电话呼叫并丢弃无线设备上的应用会话。交换无线局域网的主要缺点是由于无线控制器的附加费用而导致的额外成本。但是在大型无线局域网配置中,这些附加成本很容易被易管理性所抵消。

12.3.4 无线局域网的组网设备

目前市场上已有一些无线局域网设备可供选择。这些设备使用的接口可能并不相同,可能是串行口、并行口,也可能像一般的网卡一样。常见的无线网络器件有以下几种。

1. 无线网卡

无线网卡多数与有线网卡不兼容,但也有一些公司生产的无线以太网卡与普通的有线网卡兼容。无线网卡通常集成了通信处理器和高速扩频无线电单元,它采用多种总线、800k～45Mbps 的传送速率,发射功率为 1VA。在有障碍的室内通信,距离为 60m 左右,而在无障碍的室内通信距离为 150m 左右。

图 12-3 PCI 接口无线网卡

- PCI 无线网卡适用于普通的台式机使用;PCI 接口的无线网卡插在主板的 PCI 插槽上,无须外置电源,如图 12-3 所示。
- USB 接口无线网卡同时适用于笔记本和台式机,支持热插拔;这种网卡不管是台式机用户还是笔记本用户,只要安装了驱动程序,都可以使用。在选择时要注意的一点就是,只有采用 USB 2.0 接口的无线网卡才能满足 802.11g 无线产品或"802.11g＋无线产品"的需求,如图 12-4 所示。

图 12-4 USB 接口无线网卡

- PCMCIA 无线网卡仅适用于笔记本电脑,支持热插拔;PCMCIA 无线网卡造价比较低,比较适合"非迅驰"笔记本用户。但随着笔记本电脑的发展,相信以后的笔记本电脑都会预装 PCMCIA 无线网卡。PCMCIA 无线网卡对应 PCMCIA 接口,主要针对笔记本电脑,如图 12-5 所示。
- MiniPCI 无线网卡仅适用于笔记本电脑,MiniPCI 是笔记本电脑的专用接口;一种是笔记本内置的 MiniPCI 无线网卡(也称"迅驰"无线模块),目前这种无线网卡主要以 Intel 公司的"迅驰"模块为主(如 Intel PRO/无线 2100 网卡),很多笔记本厂商也有自己的无线模块,如图 12-6 所示。

图 12-5　PCMCIA 无线网卡　　　　　　　　图 12-6　MiniPCI 无线网卡

2. 天线

天线是将传输线中的电磁能转化为自由空间的电磁波，或将空间电磁波转化成传输线中的电磁能的专用设备。发射天线有两个基本功能，一是把从馈线取得的能量向周围空间辐射出去；二是把大部分能量朝所需的方向辐射，所以天线具有方向性。天线的增益指的是：在输入功率相等的条件下，实际天线与理想的辐射单元在空间同一点处所产生的信号的功率密度之比。增益定量地描述一个天线把输入功率集中辐射的程度。天线向周围空间辐射电磁波，电磁波由电场和磁场构成。人们规定：电场的方向就是天线极化方向。一般使用的天线为单极化的。有两种基本的单极化：垂直极化（是最常用的）和水平极化。常见的天线有全向天线、定向天线、机械天线、电调天线、双极化天线等。

3. 无线接入点（AP）

具备无线至有线的桥接功能的设备被称为接入点（access point，AP），也称为无线网桥。一个 AP 能够在几十米至上百米范围内连接多个无线用户，在同时具有有线与无线网络的情况下，AP 可以通过标准的 Ethernet 电缆与传统的有线网络连接，作为有线和无线网络之间的连接的桥梁。AP 可以桥接两个远距离的有线网络（相距 300m～30km），比较适合建筑物之间的网络连接。AP 支持 11～45Mbps 的点对点和点对多点的连接。无线 AP 有"胖"和"瘦"之分，所谓的"瘦"AP，相当于有线网络中的集线器，仅负责在无线局域网中不停地接收和传送数据；而"胖"AP，其学名应该称为无线路由器。无线路由器与纯 AP 不同，除无线接入功能外，一般具备 WAN、LAN 两个接口，大多支持 DHCP 服务器、DNS 和 MAC 地址克隆，以及 VPN 接入、防火墙以及支持 WEP 加密等安全功能，而且还包括了网络地址转换（NAT）功能，可支持局域网用户的网络连接共享。可实现家庭无线网络中的 Internet 连接共享，实现 ADSL 和小区宽带的无线共享接入。

4. 无线交换机

无线交换机是一种能够真正融合有线和无线网络，除了具备有线数据线速交换能力外，也具备超强无线数据转发能力。无线交换机最大的特征是有强大的无线数据处理能力，能够集中处理所关联 AP 上传的无线数据。

因为 802.11ac 标准 AP 的数据转发能力已经超过千兆，只有超强无线数据处理能力的无线交换机才能兼容此标准的 AP。市场上最新技术的无线交换机均具备这一特点，无线数据处理能力都超过了万兆。

其次,无线交换机还能实现真正的有线无线一体化,即通过一次配置,能够对无线端和有线端的数据转发同时生效,让用户的安全策略和 QoS 策略的设置更智能、更全面,同时也成倍提高了管理效率。与无线交换机配合使用的 AP 可以集中由无线交换机完成配置和管理,而 AP 本身实现了零配置,可以即插即用。

另外,为了满足中小企业对产品维护便捷化的要求,有些无线交换机在前面板上创新性地配置了无线状态指示灯,通过指示灯的状态,能够快速判断无线网络运行是否正常,降低了维护网络的技术门槛,同时也大幅提高了运维效率。

无线交换机能够快速完成一体化组网,具备优秀的扩展能力,将成为移动互联网时代组建园区网的主流设备。

无线交换机是以组建无线网络见长,但需要注意的是,无线交换机本身并不具备无线功能,它必须和无线 AP 配合,才能组建成一个有良好上网体验的无线网络。

12.3.5　典型的无线局域网连接方案

针对不同的应用场合,无线局域网有四种典型应用连接方式:室内对等连接、室内有线拓展、室外点对点桥接、室外分布式多点跨接。

对等连接采用无中心拓扑结构,只需无线网卡,不需要无线接入器即可连接,并且所有无线连接的计算机都能对等地相互通信。在这种连接方式中,一个工作站会自动设置为初始站,对网络进行初始化,使所有同域(即 SSID 相同)的工作站成为一个局域网,允许有多个站点同时发送信息。在 MAC 帧中,就同时有源地址、目的地址和初始站地址。这种对等连接由于不支持 TCP/IP 协议,因而需设置 NetBEUI 协议,适合未建网的用户,或组建临时性的网络,如野外作业、临时流动会议等。每台计算机仅需一个无线网卡,简单、成本低。

室内有线拓展连接方式以星形拓扑为基础,以无线接入器为中心,所有的无线站点通信要通过接入器接转,MAC 帧包含源地址、目的地址和接入点地址。通过各站点的响应信号,接入器能在内部建立一个像"路由表"那样的"桥连接表",将各个站点和端口联系起来。当接转信号时,接入器就通过查询"桥连接表"进行。由于接入器有以太网接口,这样,既能以接入器为中心独立建一个无线局域网,也可将接入器作为有线局域网的扩展部分,实现与有线局域网漫游功能。如图 12-7 所示。当室内布线不方便、原来的信息点不够用或有计算机的相对移动时,可以利用这种连接方式。这样就可以使插有无线网卡的客户共享有线网

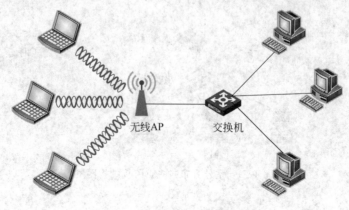

图 12-7　室内有线拓展连接结构图

资源,实现有线无线随时随地的共享连接。

如图12-8所示,A网与B网分别为两个有线局域网,在距离较远无法布线的情况下,可通过两台无线网桥将两个有线局域网连在一起,可通过网桥上的 RJ45 接口与有线的交换机或集线器相接。网桥的射频输出端口,通过线缆接到天线。这种连接方式适合于两点之间距离较远或中间有河流、马路等无法布线,专线、拨号成本又高的情况,可以传输图像、语音、数据等。

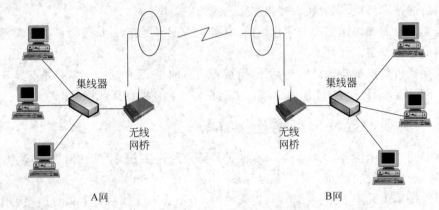

图 12-8 室外点对点桥接结构图

如图12-9所示,A、B、C网分别为三个有线网,A网为中心点,外围有B网和C网。其中,在中心点A网的无线网桥中需安装两块无线网卡,两块无线网卡通过线缆分别连接两部定向天线,两部天线分别指向B网和C网的定向天线。这种连接方式可将多个局域网连接起来,共享网络资源。当连接情况较为复杂时,中心点可采用全向天线与各子网互联。

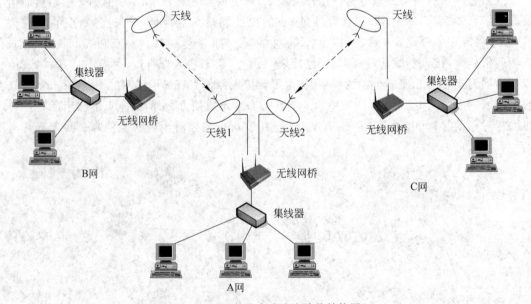

图 12-9 室外分布式多点跨接结构图

小结

通过本部分的学习，应掌握下列知识和技能：

- 熟悉无线局域网的特点。
- 熟悉无线局域网 802.11 系列标准。
- 熟悉无线局域网络的结构。
- 熟悉无线局域网常用的组网设备。
- 熟悉典型的无线局域网连接方案。

12.4　无线城域网

无线城域网（wireless metropolitan area network，WMAN）通常是指介于广域网和局域网之间，通过无线技术，以比局域网更高的速率在城市及郊区范围内实现信息传输与交换的宽带网络结构，在构成上，城域网是电信网络的重要组成部分，向上与国家骨干网络互联；向下则通过各种"最后一公里"接入技术完成用户的信息接入。

12.4.1　无线城域网概述

传统的城域网以传输面向话音的业务为主，但随着科技的快速发展，城域网向宽带化方向大步迈进。当前，宽带城域网以 IP 和 ATM 技术为基础，成为一种高效地传输话音、数据、图像和视频等信息，集合各种宽带多媒体业务需求的综合宽带网络。

与此同时，结合下一代宽带无线网络的无线连接、无缝覆盖的概念和要求，随着各种无线技术的迅速发展，移动办公的流行和便携设备的普及，用户对随时随地、永远在线的要求将不断增加，城域网建设也在向着无线化方向迈进。与蜂窝移动通信系统的大范围、低数据速率、高移动性以及无线局域网的小范围、高数据速率、低移动性相比较，宽带无线城域网主要定位在城市或郊区范围内汇聚宽、窄带用户的高速无线接入和传输，面向集团用户与个人高端用户，支持一定的移动性，从而满足各类客户特别是大客户的需求。从技术角度讲，与WLAN 类似，WMAN 也是计算机网络与无线通信技术相结合的产物。它以无线多址信道作为传输的媒介，用电磁频谱来传递信息。WMAN 起初是作为有线城域网的补充而提出来的，期望用于业务量较大或不便敷设线缆的场所。但随着技术的进步和应用的发展，WMAN 不仅可用于将 WLAN 无线接入热点链接到互联网，还可连接公司、家庭等接入网到有线骨干网络，同时具备为校园、家庭、酒店及各大企事业单位提供高速的无线接入能力，真正实现了宽带网络的无线接入。

12.4.2　无线城域网相关标准

IEEE 802.16 系列标准又称为无线城域网空中接口标准，对工作于不同频带的无线接入系统空中接口进行了规范。由于它所规定的覆盖范围在千米量级，因此，IEEE 802.16 规定的无线系统主要应用于城域网。根据使用频带高低的不同，IEEE 802.16 标准系列又可分为应用于视距和非视距两种。其中，使用 2～11GHz 频带的系统可以应用于非视距范围，而使用 10～66GHz 频带的系统应用于视距范围。根据是否支持移动特性，IEEE 802.16 系列标准又可分为固定宽带无线接入空中接口标准和移动宽带无线接入空中接口标准。

IEEE 802.16 标准系列到目前为止包括 IEEE 802.16、IEEE 802.16a、IEEE 802.16c、IEEE 802.16-2004、IEEE 802.16e-2005、IEEE 802.16f 和 IEEE 802.16g 共 7 个标准，其中，IEEE 802.16、IEEE 802.16a 和 IEEE 802.16-2004 属于固定宽带无线接入空中接口标准，而 IEEE 802.16e-2005 属于移动宽带无线接入空中接口标准。

有了这样一个全球标准，就能使通信公司和服务提供商通过建设新的无线城域网对仍然缺少宽带服务的企业与住宅提供服务。

符合 802.16 标准的设备可以在"最后一英里"宽带接入领域替代 Cable Modem、DSL 和 T1/E1，也可以为 802.11 热点提供回传。新标准规范了一个支持诸如话音和视频等低时延应用的协议，在用户终端和基站（BTS）之间允许非视距的宽带连接，一个基站可支持数百上千个用户，在可靠性和 QoS 方面提供电信级的性能。总之，它充分考虑了为全世界通信公司和服务提供商设计一个可扩展、长距离、大容量"最后一英里"无线通信系统的需要，可支持一整套的服务，从而使服务提供商能够在降低设备成本和投资风险的同时提高系统性能和可靠性，有助于加速无线宽带设备向市场的投放以及"最后一英里"宽带在世界各地的部署。

鉴于 Wi-Fi 组织对于无线局域网推广的作用，为了推动 IEEE 802.16 标准技术与产业的发展和业务应用，提高设备的互操作性，2001 年 4 月，由 Intel、富士通、诺基亚等公司共同组建了非营利性的全球微波接入互操作性——WiMAX 论坛，旨在推动与保证基于 IEEE 802.16 系列标准的宽带无线设备的兼容性和互操作性。至此，WiMAX 技术也成了基于 IEEE 802.16 系列标准技术的代名词。

WiMAX 论坛对基于 IEEE 802.16 系列标准和 ETSI HiperMAN 标准的宽带无线接入的产品进行兼容性和互操作性的测试和认证，发放 WiMAX 认证标志，致力于基于 IEEE 802.16 系列标准基础上的需求分析、应用推广、网络架构与完善等后续研究工作，促进 IEEE 802.16 无线接入产业的成熟和发展。该论坛目前已经发展成为全球极有影响力的组织，成为推动 IEEE 802.16 技术发展的主力军和领航者。

WiMAX 技术自诞生之日起就注定会以它独特的技术优势吸引众人的目光。WiMAX 技术除了具有距离长、速率高、部署简便、受地理环境等客观条件限制少的技术优势外，尤其是在此前传统宽带接入尚未覆盖的区域以及展会等需要临时性宽带接入的领域，有着得天独厚的优势。更重要的是，WiMAX 技术兼具了基于线缆的传统宽带接入的优势和无线接入的灵活性与移动性，并能够提供可满足话音和视频服务应用的服务质量支持。

小结

通过本部分的学习，应掌握下列知识和技能：

- 了解无线城域网的特点。
- 熟悉无线城域网的标准 IEEE 802.16。
- 熟悉 WiMAX 技术的特点。

12.5　无线广域网

WWAN(wireless wide area network)是采用无线网络把物理距离极为分散的局域网(LAN)连接起来的通信方式。WWAN 连接地理范围较大，常常是一个国家或是一个洲。其目的是让分布较远的各局域网互联，它的结构分为末端系统(两端的用户集合)和通信系统(中间链路)两部分。典型的无线广域网的例子就是 GSM 全球移动通信系统和卫星通信系统，以及 3G、4G 均属于 WWAN。

12.5.1　无线广域网标准

IEEE 802.20 是 WWAN 的重要标准，是一种适用于高速移动环境下的宽带无线接入系统空中接口规范。IEEE 802.20 是由 IEEE 802.16 工作组于 2002 年 3 月提出的，并为此成立专门的工作小组。IEEE 802.20 技术可以有效解决移动性与传输速率相互矛盾的问题，以弥补 IEEE 802.1x 协议族在移动性上的劣势。

IEEE 802.20 标准在物理层技术上，以正交频分复用技术(OFDM)和多输入多输出技术(MIMO)为核心，充分挖掘时域、频域和空间域的资源，大大提高了系统的频谱效率。在设计理念上，基于分组数据的纯 IP 架构适应突发性数据业务的性能优于 3G 技术，与 3.5G(HSDPA、EV-DO)性能相当。在实现和部署成本上也具有较大的优势。

IEEE 802.20 能够满足无线通信市场高移动性和高吞吐量的需求，具有性能好、效率高、成本低和部署灵活等特点。IEEE 802.20 移动性优于 IEEE 802.11，在数据吞吐量上强于 3G 技术，其设计理念符合下一代无线通信技术的发展方向，因而是一种非常有前景的无线技术。目前，IEEE 802.20 系统技术标准仍有待完善，产品市场还没有成熟、产业链有待完善，所以还很难判定它在未来市场中的位置。

12.5.2　第二代移动通信系统

第二代移动通信系统的典型代表就是 GSM/GPRS。相对于主要采用的是模拟技术和频分多址(FDMA)技术的第一代移动通信系统，GSM 全球移动通信系统是一种数字移动通信，有较多的优点。而 GPRS 通用无线分组业务，是一种基于 GSM 系统的无线分组交换技术，提供端到端的、广域的无线 IP 连接。相对原来 GSM 的拨号方式的电路交换数据传送方式，GPRS 是分组交换技术，具有"实时在线""按量计费""快捷登录""高速传输""自如切换"等优点。

12.5.3　第三代移动通信系统

第三代移动通信，简单地说，就是提供覆盖全球的宽带多媒体服务的新一代移动通信。3G 全称为第三代移动通信，它是将无线通信与国际互联网等多媒体结合的新一代移动通信系统。能够实现高速数据传输和宽带多媒体服务是第三代移动通信的一个主要特点。这就是说，用第三代手机除了可以进行普通的寻呼和通话外，还可以上网读报纸、查信息、下载文件和图片；由于带宽的提高，第三代移动通信系统还可以传输图像，提供可视电话业务。

ITU 确定 3G 通信的三大主流无线接口标准分别是 WCDMA（宽频码分多址）、CDMA2000（多载波分复用扩频调制）和 TD-SCDMA（时分同步码分多址接入）。其中 WCDMA 标准主要起源于欧洲和日本的早期第三代无线研究活动，该系统可在现有的 GSM 网络上使用，主要支持者有欧洲、日本、韩国。CDMA 2000 系统主要由美国高通北美公司为主导提出的，它的建设成本相对比较低廉，主要支持者包括日本、韩国和北美等地区和国家。TD-SCDMA 标准是由中国第一次提出并在此无线传输技术的基础上与国际合作，完成了 TD-SCDMA 标准，成为 CDMA TDD 标准的一员，是中国对第三代移动通信发展的贡献。在与欧洲、美国各自提出的 3G 标准的竞争中，中国提出的 TD-SCDMA 已正式成为全球 3G 标准之一，这标志着中国在移动通信领域已经进入世界领先之列。

12.5.4 第四代移动通信系统

4G 指的是第四代移动通信技术，它是集 3G 与 WLAN 于一体，能够传输高质量的视频图像，它的图像传输质量与高清晰度电视不相上下。网络两点之间的数据率可达 100Mbps，理论上是 3G 网络的 40～50 倍。可实现与异构网络的平滑切换、无缝的连通性以及跨网络漫游，是一种高网络容量、高校全 IP 分组交换网络。第四代移动通信可以在不同的固定、无线平台和跨越不同的频带的网络中提供无线服务，可以在任何地方用宽带接入互联网（包括卫星通信和平流层通信），能够提供定位定时、数据采集、远程控制等综合功能。此外，第四代移动通信系统是集成多功能的宽带移动通信系统，是宽带接入 IP 系统。4G 有着不可比拟的优越性和广阔的应用前景。

小结

通过本部分的学习，应掌握下列知识和技能：
- 熟悉无线广域网的特点。
- 熟悉第二代移动通信系统。
- 熟悉第三代移动通信系统。
- 熟悉第四代移动通信系统。

项目 13 网 络 管 理

项目导读

计算机网络是计算机技术和通信技术发展和结合的产物。计算机网络管理指的是初始化并监视一个活动的计算机网络，收集网络系统中的信息，然后做适当的处理，以便诊断问题，控制或者更好地调整网络的一系列操作。计算机网络管理的目的是提高网络效率，使之发挥最大效用。网络管理的基本目的就是确保一定范围内的网络及其网络设备能够稳定、可靠、高效地运行，使所有的网络资源处于良好的运行状态，达到用户预期的要求。过去有一些简单的工具用来帮助网管人员管理网络资源，但随着网络规模的扩大和复杂度的增加，对强大易用的管理工具的需求也日益显得迫切，管理人员需要依赖强大的工具完成各种各样的网络管理任务，而网络管理系统就是能够实现上述目的的系统。

网络管理的概念随着现代网络技术的发展而演变。对于网络管理，目前还没有严格统一的定义，可以将网络管理定义为以提高整个网络系统的工作效率、管理层次与维护水平为目标，主要涉及对网络系统的运行及资源进行监测、分析、控制和规划的行为与系统。

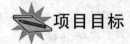

项目目标

知识目标：
- 了解网络管理的基本概念。
- 了解网络管理的基本功能。
- 理解网络管理的基本模型。
- 了解简单网络管理协议。
- 了解网络管理技术的新发展。

能力目标：
- 掌握 SNMP 服务的安装、配置与测试。
- 熟练掌握常用的网络管理命令。
- 能利用网络管理工具对小型企业网络进行管理。
- 能利用工具对网络进行查看、搜索和诊断分析。
- 能运营并维护小型企业网络的设备和系统。

素质目标：
- 具有勤奋学习的态度，严谨求实、创新的工作作风。
- 具有良好的心理素质和职业道德素质。

- 具有高度的责任心和良好的团队合作精神。
- 具有一定的科学思维方式和判断分析问题的能力。
- 具有较强的解决网络问题的能力。

13.1 网络管理的基本概念

13.1.1 网络管理的定义

网络管理是指对网络的运行状态进行监测和控制,并能提供有效、可靠、安全、经济的服务。网络管理应完成两个任务,一是对网络的运行状态进行监测;二是对网络的运行状态进行控制。通过监测可以了解当前网络状态是否正常,是否出现危机和故障;通过控制可以对网络状态进行合理分配,提供网络性能,保障网络应有的服务。监测是控制的前提,控制是监测的结果。所以,网络管理就是对网络的监测和控制。

13.1.2 网络管理的内容

规划网络发展和组建网络、新增或升级网络设备,都是网络管理的具体内容;一般的网络维护则包括网络故障检测和维修(包括硬件和软件)以及保障网络安全。另外,网站中主页的制作与更新、BBS 站台的建设与管理等也可纳入网络管理的内容。

简单地说,网络管理的工作主要包含 4 个方面:网络设备的管理、服务器的管理、资源的管理和用户的管理。

- 网络设备的管理:网络设备的管理是网管工作中的重点。要管理网络设备,就必须知道网络在物理上是如何连接起来的,网络中的终端如何与另一终端实现互访与通信,如何处理速率与带宽的差别等。要解决这些问题,就要首先了解路由器、交换机、网关等设备。网络系统由特定类型的传输介质和网络适配器(也称网卡)互联在一起,并由网络操作系统监控和管理。网络管理员对网络设备的管理主要是对路由器、交换机及线路的管理。
- 服务器的管理:服务器是一种特殊的计算机,它是网络中为终端提供各种服务的高性能计算机,它在网络操作系统的控制下,将与其相连的硬盘、磁带、打印机、Modem 及专用通信设备提供给网络上的客户站点共享,也能为网络用户提供集中计算、信息发表及数据管理等服务。一般来说,在一个网络中需要建立多个服务器方能提供不同的服务需求,一般网络需要的服务器主要有下面几种:Web 服务器、E-mail 服务器、FTP 服务器、DNS 服务器、Proxy(代理服务)器和数据库服务器等。
- 资源的管理:网络中的资源很多,如 IP 地址资源、域名资源和磁盘资源等,只有管理好这些资源才能够让网络为用户提供更好的服务。
- 用户的管理:对用户的管理包括添加或删除用户,授予用户一定的访问权限,分配不限级别的资源给不同的用户,并保证网络的安全。

13.1.3 网络管理系统基本模型

在网络管理中,一般采用管理站—代理的管理模型,如图 13-1 所示,它类似于客户机/

服务器模式,通过管理进程与一个远程系统相互作用实现对远程资源的控制。在这种简单的体系结构中,一个系统中的管理进程担当管理站角色,被称为网络管理站,而另一个系统中的对等实体担当代理者角色,被称为管理代理。网络管理站将管理要求通过管理操作指令传送给位于被管理系统中的管理代理,对网络内的各种设备、设施和资源实施监测和控制,管理代理则负责管理指令的执行,并且以通知的形式向网络管理站报告被管理对象发生的一些重要事件。

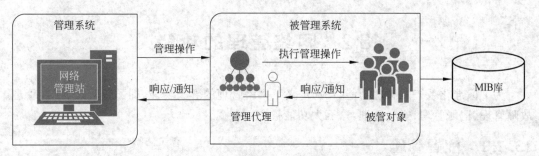

图 13-1   管理站—代理模型

1. 网络管理站

网络管理站(network manager)一般位于网络系统的主干或接近主干位置的工作站、微机等,负责发出管理操作的指令,并接受来自代理的信息。网络管理站要求管理代理定期收集重要的设备信息。网络管理站应该定期查询管理代理收集到的有关主机运行状态、配置及性能数据等信息,这些信息将被用来确定独立的网络设备、部分网络或整个网络运行的状态是否正常。

2. 管理代理

管理代理(network agent)位于被管理的设备内部。通常将主机和网络互联设备等所有被管理的网络设备称为被管设备。管理代理把来自网络管理站的命令或信息请求转换为本设备特有的指令,完成网络管理站的指示,或返回它所在设备的信息。管理代理也可以把在自身系统中发生的事件主动通知给网络管理站。

3. 网络管理协议

用于网络管理站和管理代理之间传递信息,并完成信息交换安全控制的通信规约称为网络管理协议。网络管理站通过网络管理协议从管理代理那里获取管理信息或向管理代理发送命令;管理代理也可以通过网络管理协议主动报告紧急信息。

目前最有影响的网络管理协议是 SNMP 和 CMIS/CMIP,它们代表了目前两大网络管理解决方案。其中 SNMP 流传最广、应用最多,获得支持也最广泛,已经成为事实上的工业标准。

4. 管理信息库

管理信息库(MIB)是一个信息存储库,是对通过网络管理协议可以访问信息的精确定义,所有相关的被管对象的网络信息都放在 MIB 上。MIB 库中的对象按层次进行分类和命名,整体表示为一种树型结构,所有被管对象都位于树的叶子节点,中间节点为该节点下的对象的组合。

小结

通过本部分的学习,应掌握下列知识和技能:

- 熟悉网络管理的定义。
- 掌握网络管理的内容、网络设备的管理、服务器的管理、资源的管理和用户的管理。
- 理解网络管理系统的基本模型。

13.2 网络管理的功能

为了标准化系统的管理功能,ISO定义了网络管理的五大功能,即配置管理、性能管理、故障管理、记账管理、安全管理,这五大功能被广泛接受。

13.2.1 配置管理

配置管理负责网络的建立、业务的开展以及配置数据的维护。配置管理的作用包括确定设备的地理位置、名称和有关细节,记录并维护设备参数表;设置参数值并配置设备的功能;初始化、启动和关闭网络及其相应设备;维护、增加和更新网络设备以及调整网络设备之间的关系。配置管理对资源的管理信息库(MIB)建立资源数据,并对其进行维护。配置管理可以根据网络管理人员的命令自动调整网络设备配置,以保证整个网络性能达到最优。

13.2.2 性能管理

性能管理的目的是维护网络服务质量(QoS)和网络运营效率。为此性能管理要提供性能监测功能、性能分析功能以及性能管理控制功能。同时,还要提供性能数据库的维护以及在发现性能严重下降时启动故障管理系统的功能。典型的网络性能管理可以分为性能监测和网络控制。其中性能监测是对网络工作状态信息的收集和整理;而网络控制则是为改善网络设备的性能而采取的动作和措施。

13.2.3 故障管理

故障管理主要是及时发现和排除网络故障,其目的是保证网络能提供连续、可靠、优质的服务。故障管理用于保证网络资源无障碍无错误的运营,它包括障碍管理、故障恢复和预防保障。故障管理的内容有警告、测试、诊断、业务恢复和故障设备更换等在系统可靠性下降,业务经常受到影响时,为网络提供治愈能力。如果设备状态发生变化或者发生故障的设备被替换,则要与资源MIB互通,以尽快修改MIB中的信息。

13.2.4 记账管理

记账管理又称计费管理,它的主要目的是正确地计算和收取用户使用网络服务的费用,同时,还要进行网络资源利用率的统计和网络的成本效益核算。其中,有账目记录、账单验证和费率折扣处理等。对于一个以营利为目的的网络经营者来说,资费政策是重要的,计费管理功能提供了对用户收费的依据。

13.2.5　安全管理

安全管理采用信息安全措施保护网络中的系统、数据和业务。安全管理与其他管理功能有着密切的关系。安全管理要调用配置管理中的系统服务对网络中的安全设施进行控制和维护。当网络发现有安全方面的故障时,要向故障管理通报安全故障事件以便进行故障诊断和恢复。

安全管理功能还要接收计费管理发来的与访问权限有关的计费数据和访问事件通报。安全管理的目的是提供信息的隐私、认证和完整性保护机制,使网络中的服务、数据以及系统免受入侵者的侵扰和破坏。一般的安全管理系统包含风险分析功能、安全服务功能、警告、日志和报告功能以及网络管理系统保护功能等。

 小结

通过本部分的学习,应掌握下列知识和技能:
掌握网络管理的五大功能,即配置管理、性能管理、故障管理、记账管理和安全管理。

13.3　简单网络管理协议 SNMP

13.3.1　网络管理协议

SNMP 是专门用来管理网络设备(服务器、工作站、路由器、交换机等)的一种标准协议,它是一种应用层协议。SNMP 使网络管理员能够管理网络运行,发现并解决网络问题以及规划网络发展。SNMP 利用 UDP 发送协议数据单元,报文长度不超过 484 字节。

13.3.2　SNMP 版本

SNMP 已经经历了三代,分别为 SNMPv1、SNMPv2 和 SNMPv3。

1. SNMPv1 的不足之处

(1) 由于轮询的效率问题,SNMP 并不适合真正的大型网络的管理。

(2) 不适合获取大量数据,如获得整张路由表的数据。

(3) Trap 是无应答的,所以有可能不被传送。

(4) 认证方法过于简单。

(5) 不支持管理工作站,不管理工作站之间的通信。

2. SNMPv2 的改进

(1) 增加了管理工作站(manager)之间的信息交换机制,从而支持分布式管理结构。

(2) 改进了管理信息结构,如提供了一次取回大量数据的能力,效率大大提高。

(3) 增强了管理信息通信协议的能力。可在多种网络协议上运行。

在 SNMPv2 消息中可以传送 7 类 PDU。

3. SNMPv3 的特点

SNMPv3 主要解决的是 SNMP 安全机制的问题。

SNMPv3 只是一个安全规范,没有定义其他新的功能。

换句话说,SNMPv3 只是在 SNMPv1 和 SNMPv2 的基础上增加了安全方面的功能。

13.3.3 SNMP 的协议数据单元

SNMP 有 5 种协议数据单元 PDU(SNMP 报文),用来在管理进程和代理之间的交换。

(1) GetRequest:从代理进程处提取一个或多个参数值。

(2) GetNextRequest 操作:从代理进程处提取紧跟当前参数值的下一个参数值。

(3) SetRequest 操作:设置代理进程的一个或多个参数值。

(4) GetResponse 操作:返回的一个或多个参数值。这个操作是由代理进程发出的,它是前面三种操作的响应操作。

(5) Trap 操作:代理进程主动发出的报文,通知管理进程有某些事情发生,如端口失败、掉电重启。前面的三种操作是由管理进程向代理进程发出的,后面的两个操作是代理进程发给管理进程的,为了简化,前面三个操作今后叫作 Get、GetNext 和 Set 操作。

如图 13-2 描述了 SNMP 的 5 种报文操作。请注意,在代理进程端是用熟知端口 161 来接受 Get 或 Set 报文,而在管理进程端是用熟知端口 162 来接收 Trap 报文。

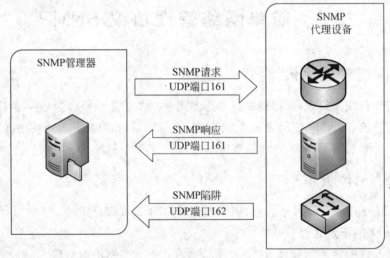

图 13-2　SNMP 的报文操作

SNMP 管理员使用 GetRequest 从拥有 SNMP 代理的网络设备中检索信息,SNMP 代理以 GetResponse 消息相应 GetRequest。可以交换的信息很多,如系统的名称、系统自启动后正常运行的时间、系统中的网络接口数等。

GetRequest 和 GetNextRequest 结合起来使用可以获得一个表中的对象。GetRequest 取回一个特定对象;而使用 GetNextRequest 则是请求表中的下一个对象。

使用 SetRequest 可以对一个设备中参数进行远程配置。SetRequest 可以设置设备的名字,关掉一个端口或清除一个地址解析表中的项。

Trap 即 SNMP 陷阱,是唯一的 SNMP 代理主动发送给管理站的非请求消息。这些消息告知管理站代理设备本身发生了一个特定事件,如端口失败、掉电重启等,管理站可相应地做出处理。

13.3.4 管理信息结构 SMI

经 SNMP 协议传输的所有管理信息都被收集到一个或多个管理信息库(MIB)中,被管对象类型按照 SMI 和标识定义。管理信息结构主要包括以下 3 个方面。

- 对象的标识,即对象的名字。SMI 采用的是层次型的对象命名规则,所有对象构成一棵命名树,连接树根节点至对象所在节点路径上所有节点标识便构成了该对象的对象标识符。

- 对象的语法,即如何描述对象的信息。对象的信息表示采用的是抽象语法表示的子集,同时也针对 SNMP 的需要做了一定的扩充。表示管理对象至少需要包括 4 个方面的属性:类型、存取方式、状态和对象标识。

- 对象的编码。代理和管理站之间进行通信必须对对象信息进行统一编码,为此,SMI 规定了对象信息的编码采用基本编码规则。

被管对象被定义为所代表的资源的管理视图。一个资源的管理视图不是对资源的简单观察结果,而要对它进行取舍和加工,即要对其进行管理说明,确定资源的哪些方面由管理者监控。因此,被管对象不是被管资源的代名词,而是定义了一个资源的一般操作之外的管理能力。

 小结

通过本部分的学习,应掌握下列知识和技能:
- 了解简单网络管理协议 SNMP。
- 了解 SNMP 的版本。
- 理解 SNMP 的协议数据单元。
- 了解管理信息结构 SMI。

13.4 网络管理平台

13.4.1 网络管理系统的运行机制

网络管理系统是用来管理网络、保障网络正常运行的软件和硬件的有机组合,是在网络管理平台的基础上实现的各种网络管理功能的集合,包括故障管理、性能管理、配置管理、安全管理和计费管理等功能。网络管理系统提供的基本功能通常包括网络拓扑结构的自动发现、网络故障报告和处理、性能数据采集和可视化分析工具、计费数据采集和基本安全管理工具。通过网络管理系统提供的管理功能和管理工具,网络管理员就可以完成日常的各种网络管理任务了。

虽然网络管理系统是用来管理网络、保障网络正常运行的关键手段,但在实际应用中,并不能完全依赖于现成的网络管理产品,由于网络系统复杂多变,现成的产品往往难以解决所有的网管问题。一项权威调查显示,真正直接使用现有的成熟的商业化管理系统的单位仅占受调查单位总数的 18%,其余大部分是在现有的网络管理平台上二次开发的系统。也就是说,一个好的网络管理系统是离不开自主开发的。换句话说,一个成功实用的网络管理系统建设经常伴随着在现有的网络管理平台上进行二次开发的过程。在开发设计网络管理系统时,要重点考虑网络管理的跨平台性、分布式特性和安全特性,以及新兴网络模式的管理和基于 Web 的网络管理。

13.4.2 常用的网络管理系统

网络管理系统提供了一组进行网络管理的工具,网络管理员对网络的管理水平在很大程度上依赖于这组工具的能力。网路管理软件可以位于主机中,也可以位于传输设备内(如交换机、路由器、防火墙等)。网络管理系统应具备 OSI 网络管理标准中定义的网络管理的五大功能,并提供图形化的用户界面。

针对网络管理的需求,许多厂商开发了自己的网络管理产品,并有一些产品形成了一定的规模,占有了大部分市场。他们采用了标准的网络管理协议,提供了通用的解决方案,形成了一个网络管理系统平台,网络设备生产厂商在这些平台的基础上又提供了各种管理工具。如表 13-1 所示,列举了一些具有较高性能和市场占有率的典型的网络管理工具。

表 13-1 常用的网络管理软件

网管软件	公 司	说 明
Cisco works	Cisco	Cisco works 建立在工业标准平台上,能监控设备状态,方便地维护配置信息,查找故障
Open-View	HP	一个兼容的、跨平台的网络管理系统,适合大型企业网络管理
Tivoli NetView	IBM	既可以作为一个跨平台的系统,也可以作为一个开发平台,适合大型、电信级规模企业的网络管理
NetManager	SUN	有众多第三方的支持,可与其他管理模块连用,可管理更多的异构环境。在国内电信网络管理领域应用较多
SiteView	游龙	采用集中、非代理检测方式,提供远程、跨平台监测不同平台的服务器,适用于各种复杂的网络环境

13.4.3 网络管理系统的发展趋势

计算机网络系统相关的软硬件发展极为迅速,特别是软件更新换代快,系统的性能、兼容性等都有很大提高,但是计算机网络系统本身的缺陷还未解决,软硬件兼容性的问题依然存在。计算机网络管理系统虽有发展,但发展方向模糊,不够明确。传统网络管理以“网络平台/应用程序”模式为主,主要针对数据的采集、事件管理、网络功能拓展等展开,如芯片节能技术能使 CPU 功耗得到很好的控制,集成内存控制器也是在计算机网络产品生产工艺提升的情况下实现的,但在计算机网络应用实践中,网络连接不稳定、文件丢失损坏等问题还不同程度的存在,并且网络应用的安全性随着计算机网络的发展得到了更多的关注和重视。在计算机网络信息技术迅速发展的大背景下,计算机网络管理系统应用的发展有以下3 个明显的趋势:

(1) 计算机网络管理系统的应用将会继续向综合化、集成化发展,网络为用户提供的各项服务将会更加可靠、安全、方便。例如,数据网络系统服务,在大数据的支持下,各行各业数据库的建设将避免重复的录入、整理,大数据为信息需求方提供了庞大的数据支持,可通过互联网共享整合各类信息资源,进行深入的数据挖掘,实现更大的利用价值。同时,计算机网络应用的安全性也会随着网络管理综合化进程得到极大发展。

(2) 计算机网络管理系统的应用将会实现分布式网络管理,届时网络的管理将实现跨平台连接,数据交互更加安全、可靠、方便,减少了核心网管节点的负荷,提高了网络运行的效率。

(3) 计算机网络管理系统的监控功能将会更加完善,计算机网络系统的运行也将更安全。Openview 系统对计算机网络的管理使由无序发展到了主动控制阶段,用户可以通过产品的应用迅速控制网络,并可根据需要增加其他解决方案,使网络管理及监控更加智能化。NetSight 网络管理系统也能实现网络安全的全网监控,使网络管理更为灵活,对于网络系统应用过程中的流量控制、警报指令等更为精准,并且能够自动调整网络设备配置、自动修复网络运行中的一些问题。对网络管理系统监控功能的进一步完善,能够使网络运行更加稳定、安全,实现了网络管理系统的智能化,使网络管理系统的应用更加简单、科学。此外,要重视网络软件开发的统一性、规范性,推进网络系统统一界面的发展。

小结

通过本部分的学习,应掌握下列知识和技能:

- 了解网络管理系统的运行机制。
- 熟悉常见的网络管理系统。
- 了解网络管理系统的发展趋势。

项目 14 网络安全

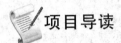

项目导读

计算机技术和网络技术的高速发展,对整个社会的发展起到了巨大的推动作用,尤其是近年来,计算机网络在社会生活各方面的应用更加广泛,已经成为人们生活中的重要组成部分,但同时也给我们带来许多挑战。随着我们对网络信息资源的需求日益增强,随之而来的信息安全问题也日趋严重,病毒、黑客、网络犯罪等给网络的信息安全带来很大挑战。因此计算机网络安全是一个十分重要且紧迫的任务。

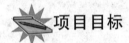

项目目标

知识目标:

- 了解计算机网络的拓扑结构及网络的分类。
- 了解常用通信介质的特性及适用场合。
- 理解网络的体系结构及分层原则。
- 了解局域网的拓扑结构;局域网标准;局域网的介质访问控制机制。
- 了解主流局域网技术及虚拟局域网技术。
- 了解常用的网络操作系统的特点,理解网络安全的概念。
- 了解常用网络杀毒软件的功能。
- 了解常用网络软件;理解 IP 地址的概念及子网与子网划分。
- 了解常用的广域网技术。

能力目标:

- 能熟练掌握网络传输介质制作及选取方法等
- 熟练掌握简单局域网的组建与配置。
- 熟练掌握常用广域网的接入技术。
- 熟练掌握常用网络操作系统的安装与配置。
- 掌握常用杀毒软件的安装与使用。
- 掌握常用网络应用软件的安装与使用。

素质目标:

- 具有勤奋学习的态度,严谨求实、创新的工作作风。
- 具有良好的心理素质和职业道德素质。
- 具有高度责任心和良好的团队合作精神。
- 具有一定的科学思维方式和判断分析问题的能力。

- 具有较强的解决网络问题的能力。

14.1 网络安全问题概述

14.1.1 网络安全的概念

网络安全是指网络系统的硬件、软件及其系统中的数据受到保护,不因偶然的或者恶意的原因而遭受到破坏、更改和泄露,系统连续可靠、正常地运行,网络服务不中断。网络安全包含网络设备安全、网络信息安全、网络软件安全。从广义上来说,凡是涉及网络信息的保密性、完整性、可用性、真实性和可控性的相关技术和理论都是网络安全研究的领域。网络安全是一门涉及计算机科学、网络技术、通信技术、密码技术、信息安全技术、应用数学、数论、信息论等多种学科的综合性学科。其包括如下含义:

- 网络运行系统安全。
- 网络系统信息的安全。
- 网络信息传播的安全,即信息传播后果的安全。
- 网络信息内容的安全。
- 网络实体的安全。
- 软件安全。
- 数据安全。
- 安全管理。
- 数据保密性。
- 数据完整性。
- 可用性。
- 可审查性。

所以,需要为数据处理系统建立和采用的技术和管理的安全保护,保护计算机硬件、软件和数据不因偶然和恶意的原因遭到破坏、更改和泄露。选择适当的技术和产品,制定灵活的网络安全策略,在保证网络安全的情况下,提供灵活的网络服务通道。采用适当的安全体系设计和管理计划,能够有效降低网络安全对网络性能的影响并降低管理费用。

14.1.2 网络安全面临的主要威胁

计算机网络上的通信面临以下 4 种威胁。

(1) 截获:攻击者从网络上窃听他人的通信内容。

(2) 中断:攻击者有意中断他人在网络上的通信。

(3) 篡改:攻击者故意篡改网络上传送的报文。

(4) 伪造:攻击者伪造信息在网络上传送。

上述 4 种威胁可划分为两大类,即被动攻击和主动攻击,见图 14-1。在上述情况中,截获信息的攻击称为被动攻击,而更改信息和拒绝用户使用资源的攻击称为主动攻击。

在被动攻击中,攻击者只是观察和分析某一协议数据单元 PDU,而不干扰信息源。即

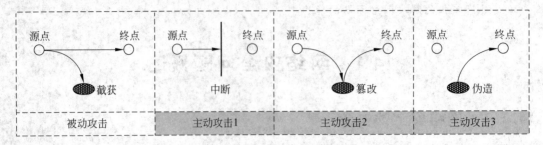

图 14-1   对网络的被动攻击和主动攻击

使这些数据对于攻击者来说是不易理解的,攻击者也可通过观察 PDU 的协议控制信息部分,了解正在通信的协议实体的地址和身份,研究 PDU 的长度和传输的频度,以便了解所交换的数据的性质。这种被动攻击又称为通行量分析。

主动攻击是指攻击者对某个连接中通过的 PDU 进行各种处理。如有选择地更改、删除、延迟这些 PDU(当然也包括记录和复制它们)。还可以在稍后的时间将以前录下的 PDU 插入这个连接(即重放攻击)。甚至还可以将合成的或伪造的 PDU 送入一个链接中去。

所有的主动攻击都是上述各种方法的某种组合。但从类型上看,主动攻击又可进一步划为 3 种。

(1) 更改报文流:包括对通过连接的 PDU 的真实性、完整性和有序性的攻击。

(2) 拒绝服务攻击:指攻击者或者删除通过某一连接的所有 PDU,或者将双方或单方的所有 PDU 加以延迟。2000 年 2 月 7 日至 9 日美国几个著名网站遭黑客袭击,使这些网站的服务器一直处于"忙"的状态,因而拒绝向发出请求的客户提供服务。这种攻击方式被称为拒绝服务 DoS(Denial of Service)。若让因特网上的成百上千的节点计算机集中攻击一个网站,则称为分布式拒绝服务 DDoS(Distributed Denial of Service)攻击。

(3) 伪造连接初始化:攻击者重放以前已被记录的合法连接初始化序列,或者伪造身份而企图建立连接。

对于主动攻击,可以采取适当措施加以检测。但对于被动攻击,通常却是检测不出来的。根据这些特点,可得出计算机网络通信安全的 5 个目标:①防止解析出报文内容;②防止通信量分析;③检测更改报文流;④检测拒绝报文服务;⑤检测伪造初始化连接。

对付被动攻击可采用各种数据加密技术,而对付主动攻击,则需要将加密技术与适当的鉴别技术相结合。

还有一种特殊的主动攻击就是恶意程序的攻击。恶意程序种类繁多,对网络安全威胁较大的主要有以下几种。

(1) 计算机病毒:一种会"传染"其他程序的程序,"传染"是通过修改其他程序来把自身或其变种复制进去完成的。

(2) 计算机蠕虫:一种通过网络的通信功能将自身从一个节点发送到另一个节点并启动运行的程序。

(3) 特洛伊木马:一种程序,它执行的功能超出所声称的功能。如一个编译程序除了执行编译任务以外,还把用户的源程序偷偷地复制下来,则这种编译程序就是一种特洛伊木马。计算机病毒有时也以特洛伊木马的形式出现。

（4）逻辑炸弹：一种当运行环境满足某种特定条件时执行其他特殊功能的程序。如一个编程程序，平时运行得很好，但当系统时间为 13 日又为星期五时，它删去系统中所有的文件，这种程序就是一种逻辑炸弹。

这里讨论的计算机病毒是狭义的，也有人把所有的恶意程序泛指为计算机病毒。例如1988 年 10 月的"Morris 病毒"入侵美国因特网。舆论说它是"计算机病毒入侵美国计算机网"，而计算机安全专家称为"因特网蠕虫事件"。还有 2017 年 5 月轰动全世界的WannaCry 勒索病毒，该恶意软件会扫描计算机上的 TCP 445 端口（Server Message Block/SMB），以类似于蠕虫病毒的方式传播，攻击主机并加密主机上存储的文件，然后要求以比特币的形式支付赎金。WannaCry 造成至少有 150 个国家受到网络攻击，已经影响到金融，能源，医疗等行业，造成严重的危机管理问题。中国部分 Windows 操作系统用户遭受感染，校园网用户首当其冲，受害严重，大量实验室数据和毕业设计被锁定加密。

14.1.3　网络安全的内容

计算机网络安全主要有以下一些内容。

1. 保密性

为用户提供安全可靠的保密通信是计算机网络安全最为重要的内容。尽管计算机网络安全不仅仅局限于保密性，但不能提供保密性的网络肯定是不安全的。网络的保密性机制除为用户提供保密通信以外，也是许多其他安全机制的基础。例如，接入控制中登录口令的设计、安全通信协议的设计以及数字签名的设计等，都离不开密码机制。

2. 安全协议的设计

人们一直希望能设计出安全的计算机网络，但不幸的是，网络的安全性是不可判定的。目前在安全协议的设计方面，主要是针对具体的攻击（如假冒）设计安全的通信协议。但如何保证所设计出的协议是安全的，协议安全性的保证通常有两种方法，一种是用形式化方法证明；另一种是用经验来分析协议的安全性。形式化证明的方法是人们希望的，但一般意义上的协议安全性也是不可判定的，只能针对某种特定类型的攻击来讨论其安全性。对复杂的通信协议的安全性，形式化的证明比较困难，所以主要采用找漏洞的分析方法。对于简单的协议，可通过限制敌手的操作来对一些特定情况进行形式化的证明，当然，这种方法有很大的局限性。

3. 接入控制

接入控制也叫作访问控制或存取控制。必须对接入网络的权限加以控制，并规定每个用户的接入权限。由于网络是个非常复杂的系统，其接入控制机制比操作系统的访问控制机制更复杂，尤其在高安全性级别的多级安全性情况下更是如此。

14.1.4　网络安全的特征

网络安全应具有以下 5 个方面的特征。

（1）保密性：信息不泄露给非授权用户、实体或过程，或供其利用的特性。

（2）完整性：数据未经授权不能进行改变的特性。即信息在存储或传输过程中保持不被修改、不被破坏和丢失的特性。

（3）可用性：可被授权实体访问并按需求使用的特性。即当需要时能否存取所需的信息。如网络环境下拒绝服务、破坏网络和有关系统的正常运行等都属于对可用性的攻击。

（4）可控性：对信息的传播及内容具有控制能力。

（5）可审查性：出现安全问题时提供依据与手段。

从网络运行和管理者角度说，他们希望对本地网络信息的访问、读写等操作受到保护和控制，避免出现"陷门"、病毒、非法存取、拒绝服务和网络资源非法占用和非法控制等威胁，制止和防御网络黑客的攻击。对于安全保密部门来说，他们希望对非法的、有害的或涉及国家机密的信息进行过滤和防堵，避免机要信息泄露，避免对社会产生危害，对国家造成巨大损失。从社会教育和意识形态角度来讲，网络上不健康的内容，会对社会的稳定和人类的发展造成阻碍，必须对其进行控制。

随着计算机技术的迅速发展，在计算机上处理的业务也由基于单机的数学运算、文件处理，基于简单连接的内部网络的内部业务处理、办公自动化等发展到基于复杂的内部网（Intranet）、企业外部网（Extranet）、全球互联网（Internet）的企业级计算机处理系统和世界范围内的信息共享和业务处理。在系统处理能力提高的同时，系统的连接能力也在不断地提高。但在连接能力信息、流通能力提高的同时，基于网络连接的安全问题也日益突出，整体的网络安全主要表现在以下几个方面：网络的物理安全、网络拓扑结构安全、网络系统安全、应用系统安全和网络管理的安全等。

14.1.5 网络安全体系和措施

计算机网络安全体系结构是由硬件网络、通信软件以及操作系统构成的，对于一个系统而言，首先要以硬件电路等物理设备为载体；其次才能运行载体上的功能程序。通过使用路由器、集线器、交换机、网线等网络设备，用户可以搭建自己需要的通信网络，如图14-2所示。

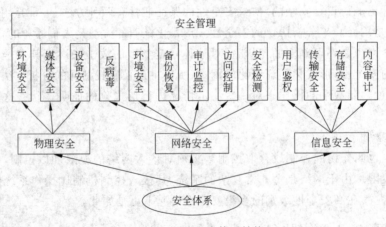

图 14-2　网络安全体系结构

保护计算机网络系统的措施可以分为以下几个部分。

1. 创建安全的网络环境

创建安全的网络环境包括监控用户，设置用户权限，采用访问控制、身份识别/授权、监视路由器、使用防火墙程序以及其他的一些方法。

2. 数据加密

由于网络黑客可能入侵系统，偷窃数据或窃听网络中的数据，而通过数据的加密可以使被窃的数据不会被简单地打开，从而减少一定的损失。

3. 灾难和意外计划

应该事先制订好对付灾难的意外计划、备份方案和其他方法，如果有灾难或安全问题威胁时，能及时和有效地应对。

4. 系统计划和管理

在网络系统的管理中，应适当地计划和管理网络，以备发生任何不测。

5. 使用防火墙技术

防火墙技术可以防止通信威胁，与 Internet 有关的安全漏洞可能会让入侵者进入系统进行破坏。

 小结

通过本部分的学习，应掌握下列知识和技能：

- 熟悉网络安全的概念。
- 掌握网络安全面临的主要威胁。
- 掌握计算机病毒的特点。
- 熟悉常见的安全防范措施。

14.2 网络安全加密技术

14.2.1 对称加密技术

对称加密（也叫私钥加密）指加密和解密使用相同密钥的加密算法。有时又叫传统密码算法，就是加密密钥能够从解密密钥中推算出来，同时解密密钥也可以从加密密钥中推算出来。而在大多数的对称算法中，加密密钥和解密密钥是相同的，所以也称这种加密算法为秘密密钥算法或单密钥算法。它要求发送方和接收方在安全通信之前，商定一个密钥。对称算法的安全性依赖于密钥，泄露密钥就意味着任何人都可以对他们发送或接收的消息解密，所以密钥的保密性对通信的安全性至关重要。

对称加密算法的特点是算法公开、计算量小、加密速度快、加密效率高。不足之处是，交易双方都使用同样钥匙，安全性得不到保证。

常见的对称加密算法有 DES 算法、3DES 算法、AES 算法、Blowfish 算法、RC5 算法、IDEA 算法等。

14.2.2 非对称加密/公开密钥加密

对称加密算法在加密和解密时使用的是同一个密钥；而非对称加密算法需要两个密钥来进行加密和解密，这两个密钥是公开密钥（public key，简称公钥）和私有密钥（private key，简称私钥）。

如图 14-3 所示，甲乙之间使用非对称加密的方式完成了重要信息的安全传输。

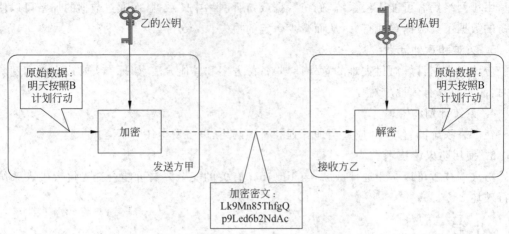

图 14-3　非对称加密工作过程简要示意图

(1) 乙方生成一对密钥(公钥和私钥)并将公钥向其他方公开。

(2) 得到该公钥的甲方使用该密钥对机密信息进行加密后再发送给乙方。

(3) 乙方再用自己保存的另一把专用密钥(私钥)对加密后的信息进行解密。乙方只能用其专用密钥(私钥)解密由对应的公钥加密后的信息。

在传输过程中，即使攻击者截获了传输的密文，并得到了乙的公钥，也无法破解密文，因为只有乙的私钥才能解密密文。

同样，如果乙要回复加密信息给甲，那么需要甲先公布甲的公钥给乙用于加密，甲自己保存甲的私钥用于解密。

非对称加密与对称加密相比，其安全性更好：对称加密的通信双方使用相同的秘钥，如果一方的密钥遭泄露，那么整个通信就会被破解。而非对称加密使用一对秘钥，一个用来加密，一个用来解密，而且公钥是公开的，私钥是自己保存的，不需要像对称加密那样在通信之前要先同步密钥。

非对称加密的缺点是加密和解密花费时间长、速度慢，只适合对少量数据进行加密。

在非对称加密中使用的主要算法有 RSA、Elgamal、背包算法、Rabin、D-H、ECC(椭圆曲线加密算法)等。

14.2.3　不可逆加密

不可逆加密算法的特征是加密过程中不需要使用密钥，输入明文后由系统直接经过加密算法处理成密文，这种加密后的数据是无法被解密的，只有重新输入明文，并再次经过同样不可逆的加密算法处理，得到相同的加密密文并被系统重新识别后，才能真正解密。

不可逆加密算法不存在密钥保管和分发问题，非常适合在分布式网络系统上使用，但因加密计算复杂，工作量相当繁重，通常只在数据量有限的情形下使用，如广泛应用在计算机系统中的口令加密，利用的就是不可逆加密算法。近年来，随着计算机系统性能的不断提高，不可逆加密的应用领域正在逐渐增大。常见的不可逆加密算法有 MD5、SHA 等。MD5 将任意长度的"字节串"变换成一个 128bit 的大整数(报文摘要)，而对于长度小于 2^{64} 位的消息,SHA1 会产生一个 160 位的消息摘要。

14.2.4 数字签名技术

数字签名(又称公钥数字签名、电子签章)是一种类似写在纸上的普通的物理签名,但是使用了公钥加密领域的技术实现,用于鉴别数字信息的方法。一套数字签名通常定义两种互补的运算:一个用于签名;另一个用于验证。数字签名,就是只有信息的发送者才能产生的别人无法伪造的一段数字串,这段数字串同时也是对信息的发送者发送信息真实性的一个有效证明。数字签名是非对称密钥加密技术与数字摘要技术的应用。签名过程如图 14-4 所示。

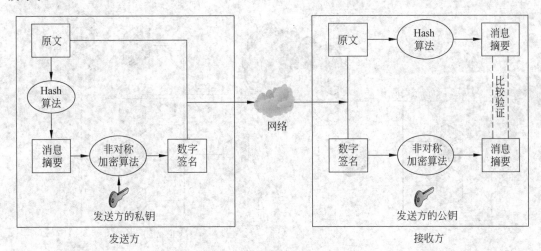

图 14-4 数字签名的基本过程

14.3 防火墙技术

在电子信息的的世界里,人们借助古代防火墙的概念,用先进的计算机系统构成防火墙,犹如一道护栏隔在被保护的内部网与不安全的非信任网络之间,用来保护敏感的数据不被窃取和篡改,保护计算机网络免受非授权人员的骚扰和黑客的入侵,同时允许合法用户不受妨碍地访问网络资源。

目前广泛使用的因特网便是世界上最大的不安全网络,黑客攻击一般都是通过 Internet 进行攻击的,对于与 Internet 相连的公司或校园的内部局域网必须要使用防火墙技术保证内部网络的安全性。

防火墙是位于两个(或多个)网络间实施网间访问控制的一组组件的集合,内部和外部网络之间的所有网络数据流必须经过防火墙,而只有符合安全策略的数据流才能通过防火墙。

14.3.1 防火墙功能

防火墙主要用于保护内部安全网络免受外部不安全网络的侵害,但也可用于企业内部各部门之间。当一个公司的局域网连入因特网后,此公司的网管肯定不希望让全世界的人随意翻阅公司内部的工资单、个人资料或客户数据库。通过设置防火墙,可以允许公司内部员工使用电子邮件,进行 Web 浏览及文件传输等工作所需的应用,但不允许外界随意访问公司内部计算机。

即使在公司内部,同样也存在这种数据非法存取的可能性,如对公司不满的员工恶意修改工资表或财务数据信息等。因此,部门与部门之间的互相访问也需要控制。防火墙也可以用在公司不同部门的局域网之间,限制其互相访问,称为内部防火墙。

防火墙在网络中的部署如图 14-5 所示。

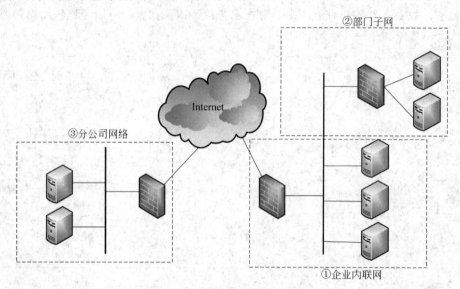

图 14-5   防火墙在网络中的部署

防火墙的功能具体包括以下几个方面。

1. 访问控制功能

访问控制功能是防火墙设备最基本的功能,其作用是对经过防火墙的所有通信进行连通或阻断的安全控制,以实现连接到防火墙的各个网段的边界的安全性。为实施访问控制,可以根据网络地址、网络协议及 TCP、UDP 端口进行过滤;可以实施简单的内容过滤,如电子邮件附件的文件类型等;可以将 IP 于 MAC 地址绑定以防止盗用 IP 现象的发生;可以对上网时间段进行控制,不同时段执行不同的安全策略;可以对 VPN 通信的安全进行控制;可以有效地对用户进行带宽流量控制。

防火墙实现访问控制的功能是通过防火墙中预设一定的安全规则来实现的,安全规则由匹配条件与处理方式两个部分共同组成,如果数据流满足这个匹配条件,则按规则中对应的处理方式进行处理。大多数防火墙规则中的处理方式主要包括如下几种。

① accept:允许数据包或信息通过。

② reject:拒绝数据包或信息通过,并且通知信息源信息被禁止。

③ drop:直接将数据包或信息丢弃,并且不通知信息源。

所有防火墙在规则匹配的基础上都会采用如下两种基本策略的一种。

(1)没有明确允许的行为都是禁止的

该原则又称为"默认拒绝"原则,当防火墙采用这条基本策略时,规则库主要由处理方式为 accept 的规则构成,通过防火墙的信息逐条与规则进行匹配,只要与其中任何一条匹配,则允许通过;如果不能与任何一条规则匹配,则认为该信息不能通过防火墙。

采用这种策略的防火墙具有很高的安全性,但在确保安全性的同时也限制了用户所能使用的服务的种类,缺乏使用的方便性。

(2) 没有明确禁止的行为都是允许的

该原则又称为"默认允许"原则,基于该策略时,防火墙中的规则主要由处理手段为 Reject 或 Drop 的规则组成,通过防火墙的信息逐条与规则进行匹配,一旦与规则匹配就会被防火墙丢弃或禁止,如果信息不能被任何规则匹配,则可以通过防火墙。基于该规则的防火墙产品使用较为方便,规则配置较为灵活,但是缺乏安全性。

比较上述两种基本策略,前者比较严格,是一个在设计安全可靠的网络时应该遵循的安全原则,而后者则相对比较宽松。

如图 14-6 所示,在防火墙上可以根据不同的条件,如时间、IP 地址、端口、用户等灵活地定制访问控制策略,有效地满足安全的访问需求。

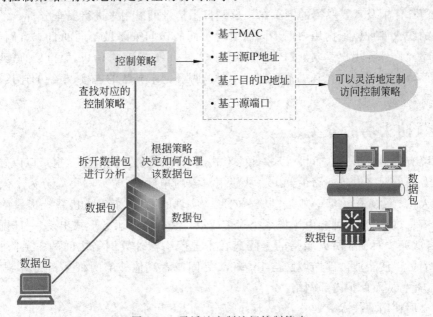

图 14-6 灵活地定制访问控制策略

2. 地址转换功能

防火墙拥有灵活的地址转换(network address transfer,NAT)能力,同时支持正向、反向地址转换。正向地址转换用于使用保留 IP 地址的内部网用户通过防火墙访问公网中的地址时对源地址进行转换,能有效地隐藏内部网络的拓扑结构等信息。同时内部网用户共享使用这些转换地址,使用保留 IP 地址可以正常访问公众网,有效解决了全局 IP 地址不足的问题。

内部用户对公网提供访问服务(如 Web、E-mail 服务等)的服务器。如果保留 IP 地址或者想隐藏服务器的真实 IP 地址,都可以使用反向地址转换来对目的地址进行转换。公网访问防火墙的反向转换地址,由内部使用保留 IP 地址的服务器提供,同样既可以解决全局 IP 地址不足的问题,又能有效地隐藏内部服务器的信息,对服务器进行保护。

3. 身份认证

防火墙支持基于用户身份的网络访问控制，不仅具有内置的用户管理及认证接口，同时也支持用户进行外部身份认证。防火墙可以根据用户认证的情况动态地调整安全策略。

4. 入侵检测

防火墙的内置黑客入侵检测与防范机制可以通过检查 TCP 连接中的数据包的序号来保护网络免受数据包的注入、SYN flooding attack（同步洪泛）、DoS（拒绝服务）和端口扫描等黑客攻击。针对黑客攻击手段的不断变化，防火墙软件也能像杀毒软件一样动态升级，以适应新的变化。

5. 日志与报警

防火墙具有实时在线监视内外网络间 TCP 连接的各种状态及 UDP 协议包能力，用户可以随时掌握网络间发生的各种情况。在日志中记录所有对防火墙的配置操作、上网通信时间、源地址、目的地址、源端口、目的端口、字节数、是否允许通过。各个应用层命令及其参数，如 HTTP 请求及其要取得的网页名。这些日志信息可以用来进行安全分析。

新型的防火墙可以根据用户的不同需要对不同的访问策略做不同的日志。例如，有一条访问策略允许外界用户读取 FTP 服务器上的文件，用户从日志信息就可以知道到底是哪些文件被读取。在线监视和日志信息还能实时监视和记录异常的连接、拒绝的连接、可能的入侵等信息。

14.3.2 防火墙的分类

防火墙有很多种形式，它可以以软件的形式运行在普通的计算机上，也可以以硬件的形式设计在专门的网络设备如路由器中。从使用对象的角度看，防火墙可以分为个人防火墙和企业防火墙。个人防火墙一般是以软件的形式实现的，它为个人主机系统提供简单的访问控制和信息过滤功能，可能由操作系统附带或以单独的软件服务形式出现，一般配置较为简单，价格低廉。而企业防火墙指的是隔离在本地网络与外界网络之间的一道防御系统。企业防火墙可以使企业内部局域网与 Internet 之间或者其他外部网络互相隔离，限制网络间的互相访问，从而保护内部网络。

从防火墙使用的技术上划分，防火墙可以分为以下几种。

1. 包过滤防火墙

在基于 TCP/IP 协议的网络上，所有往来的信息都是以一定格式的数据包的形式传送的，数据包中包含发送者和接收者的 IP 地址、端口号等信息。包过滤防火墙会在系统进行 IP 数据包转发时设定访问控制列表，对 IP 数据包进行防护控制和过滤。包过滤防火墙可以由一台路由器来实现，路由器采用包过滤功能以增强网络的安全性。

包过滤防火墙规则的排列顺序是非常重要的，错误的顺序可能允许某些本想拒绝的服务或数据包通过，这会给安全带来极大的威胁。另外，正确良好的顺序可以提高防火墙处理数据包的速度。采用包过滤技术的防火墙经历了静态包过滤和动态包过滤两个发展阶段。

静态包过滤防火墙事先定义好过滤规则，然后根据这些过滤规则审查每个数据包是否与某一条过滤规则匹配，并采取相应的处理。过滤规则基于数据包的报头信息进行制定，包括 IP 源地址、IP 目标地址、传输协议（TCP、UDP、ICMP 等）、TCP/UDP 目标端口、ICMP

消息类型等,图 14-7 所示为静态包过滤防火墙过滤流程。

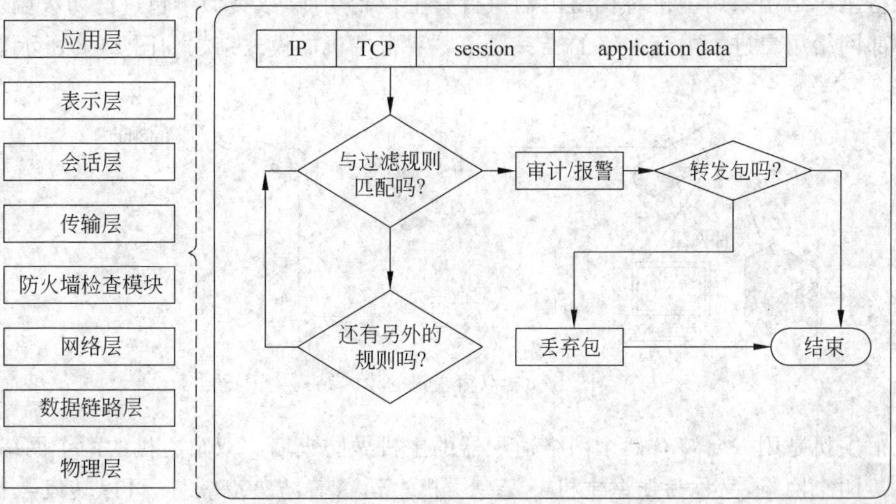

图 14-7　静态包过滤防火墙过滤流程

动态包过滤防火墙又称状态检测型防火墙,这种防火墙可以动态地根据实际应用需求,自动生成或删除包过滤规则,它不但能根据数据包的源地址、目标地址、协议类型、源端口、目标端口等对数据包进行控制,而且能提取相关通信和状态信息,跟踪其建立的每一个连接和会话状态,动态更新状态连接表,并根据状态连接表的信息动态地在过滤规则中增加或更新条目。

2. 代理服务器型防火墙

代理服务器型防火墙主要工作在 OSI 的应用层,也称为应用型防火墙。其核心是运行于防火墙主机上的代理服务器程序。代理服务在确认客户端连接请求有效后接管连接,代为向服务器发出连接请求。代理型防火墙可以允许或拒绝特定的应用程序或服务,还可以实施数据流监控、过滤、记录和报告等功能。代理服务器通常具有高速缓存功能,最大的缺点是速度较慢。

3. 混合型防火墙

当前的防火墙产品已不是单一的包过滤型或代理服务器型防火墙,而是将各种安全技术结合起来,综合各类防火墙的优点,形成一个混合的多级防火墙。

不同的防火墙侧重点不同。从某种意义上来说,防火墙实际上代表了一个网络的访问原则。如果某个网络确定设立防火墙,那么首先需要决定本网络的安全策略,即确定哪些类型的信息允许通过防火墙,哪些类型的信息不允许通过防火墙。防火墙的职责就是根据本单位的安全策略,对外部网络与内部网络交流的数据进行检查,对符合安全策略的数据予以放行,将不符合的拒之门外。

14.3.3　防火墙结构

最简单的防火墙架构,就是直接在内部网和外部网之间加装一个包过滤路由器或者应用网关。为更好地实现网络安全,有时还要将几种防火墙技术组合起来构建防火墙系统。目前比较流行的有如下三种防火墙架构:双宿主机模式、屏蔽主机模式和屏蔽子网模式。

1. 双宿主机模式

双宿主机结构采用主机替代路由器执行安全控制功能，故类似于包过滤防火墙，双宿主机是外部网络用户进入内部网络的唯一通道。双宿主机的模式结构如图 14-8 所示。

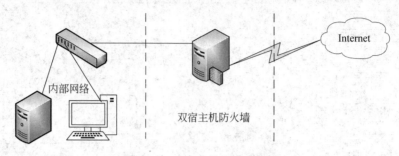

图 14-8　双宿主机的模式结构

双宿主机是用一台装有两个网络适配器的主机做防火墙。双宿主机的两个网络适配器分别连接两个网络，又称为堡垒主机。堡垒主机上运行着防火墙软件，可以转发数据、提供服务等。

双宿主机模式中内部网络和外部网络的某些节点之间可以通过双宿主机上的共享数据传递信息，但内部网络与外部网络之间却不能直接通信，从而达到保护内部网络的作用。这种防火墙的特点是主机的路由功能是被禁止的，两个网络之间的通信通过双宿主机的共享来完成。双宿主机有一个致命的弱点，一旦入侵者侵入堡垒主机并使该主机只有路由器功能，则任何网上用户均可以随便访问有保护的内部网络。

2. 屏蔽主机模式

在屏蔽主机模式下，一个包过滤路由器连接外部网络，堡垒主机安装在内部网络上。屏蔽主机模式结构如图 14-9 所示。

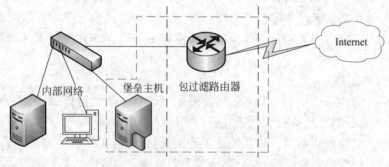

图 14-9　屏蔽主机模式结构

通常在路由器上设立过滤规则，并使逐个堡垒主机成为从外部网络唯一可直接到达的主机，这确保了内部网络不受未被授权的外部用户的攻击。屏蔽主机防火墙实现了网络层和应用层的安全，因此比单独的包过滤或应用网关代理更安全。

这种模式下，过滤路由器是否配置正确是这种防火墙安全与否的关键，如果路由表遭到破坏，堡垒主机就可能被越过，使内部网络完全暴露。

3. 屏蔽子网模式

屏蔽子网模式是目前较流行的一种防火墙结构，采用了两个包过滤路由器和一个堡垒主机,在内外网络之间建立了一个被隔离的子网,定义为"隔离区",又称为"非军事化区"(demilitarized zone,DMZ)。屏蔽子网模式结构如图 14-10 所示。

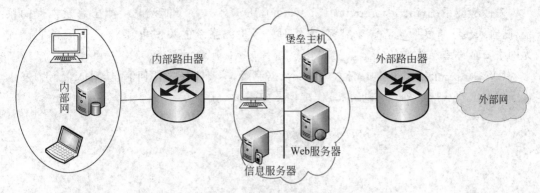

图 14-10　屏蔽子网模式的结构

　　屏蔽子网模式是为了解决安装防火墙后,外部网络不能访问内部网络服务器的问题,从而设立一个非安全系统与安全系统之间的缓冲区,这个缓冲区位于企业内部网络和外部网络之间的小网络区域内。在这个小网络区域内可以放置一些必须向 Internet 公开的服务器设施,如 Web 服务器、FTP 服务器和论坛等,这样无论是外部用户还是内部用户都可以访问。

　　两个包过滤路由器分别放在子网的两端,其中一个路由器控制 Intranet 数据流,而另一个控制 Internet 数据流,Intranet 和 Internet 均可访问屏蔽子网,但禁止它们穿过屏蔽子网直接通信。在 DMZ 区域可以根据需要安装堡垒主机,为内部网络和外部网络的互相访问提供代理服务,但是来自两个网络之间的访问都必须通过两个包过滤路由器的检查。

　　屏蔽子网模式安全性高,具有很强的抗攻击能力,能更加有效地保护内部网络。比起一般的防火墙方案,对攻击者来说又多了一道关卡。即使堡垒主机被入侵者控制,内部网络仍受到内部包过滤路由器的保护。但其需要的设备相对多,造价相对高。

 小结

通过本部分的学习,应掌握下列知识和技能:
- 掌握防火墙的概念和功能。
- 熟悉防火墙的分类。
- 了解防火墙的常用结构。

14.4　主动防御技术

　　防火墙等网络安全技术属于传统的静态安全技术,受限于技术发展,采用被动防御方式,无法全面彻底解决动态发展网络中的安全问题。主动防御就是在入侵行为对信息系统发生影响之前,能够及时精准预警,实时构建弹性防御体系,避免、转移或降低信息系统面临的风险。

14.4.1 入侵检测技术 IDS

入侵检测系统(intrusion detection system, IDS)就是一个能及时检测出恶意入侵的系统,随着入侵事件实际危害越来越多,人们对入侵检测系统的关注也越来越多,目前它已成为网络安全体系结构中的一个重要环节。

IDS 使用一个或多个监听端口"嗅探"数据流量,本身不转发任何流量,对入侵行为发出告警但不进行相应的处理,IDS 的工作结构图如图 14-11 所示。

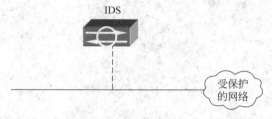

图 14-11　IDS 的旁路结构图

IDS 对收集到的报文,提取相应的流量统计特征值,并利用内置的特征库,与这些流量特征进行比较、分析、匹配,再根据系统预设的阀值,匹配度较高的报文流量将被认为是攻击,IDS 将根据相应的配置进行报警或进行有限度的反击。

14.4.2 入侵防御技术 IPS

入侵防御系统(intrusion prevention system, IPS)继承和发展了 IDS 的深层分析技术,采用了类似防火墙的在线部署方式来实现对攻击行为的阻断,IPS 提供了主动性的防护,预先对入侵活动和攻击性网络流量进行拦截,IPS 的串行部署结构如图 14-12 所示。

图 14-12　IPS 串行部署结构

根据数据来源的不同,IPS 常被分为基于主机的入侵防护系统(HIPS)和基于网络的入侵防护系统(NIPS)。HIPS 通过在主机或服务器上安装软件代理程序,防止网络攻击入侵操作系统以及应用程序,它可以阻断缓冲区溢出、改变登录口令、改写动态链接库以及其他试图从操作系统夺取控制权的入侵行为。NIPS 通过检测流经的网络流量,提供对网络系统的安全保护,NIPS 必须基于特定的硬件平台,才能实现千兆级网络流量的深度数据包检测和阻断功能。

14.4.3 云安全技术

云安全(cloud security)技术是网络时代信息安全的最新体现,它融合了并行处理、网格计算、未知病毒行为判断等新兴技术和概念,通过网状的大量客户端对网络中软件行为的异常监测,获取互联网中木马、恶意程序的最新信息,推送到 Server 端进行自动分析和处理,再把病毒和木马的解决方案分发到每一个客户端。

　　未来杀毒软件将无法有效地处理日益增多的恶意程序。来自互联网的主要威胁正在由计算机病毒转向恶意程序及木马，在这样的情况下，采用的特征库判别法显然已经过时。云安全技术应用后，识别和查杀病毒不再仅仅依靠本地硬盘中的病毒库，而是依靠庞大的网络服务，实时进行采集、分析以及处理。整个互联网就是一个巨大的"杀毒软件"，参与者越多，每个参与者就越安全，整个互联网就会越安全。

　　要想建立"云安全"系统，并使之正常运行，需要解决四大问题：第一，需要海量的客户端（云安全探针）；第二，需要专业的反病毒技术和经验；第三，需要大量的资金和技术投入；第四，必须是开放的系统，而且需要大量合作伙伴的加入。

14.4.4　蜜罐和蜜网技术

　　蜜罐好比是情报收集系统。蜜罐好像是故意让人攻击的目标，引诱黑客前来攻击。所以攻击者入侵后，你就可以知道他是如何得逞的，随时了解针对服务器发动的最新的攻击和漏洞。还可以通过窃听黑客之间的联系，收集黑客所用的种种工具，并且掌握他们的社交网络。如图 14-13 所示。

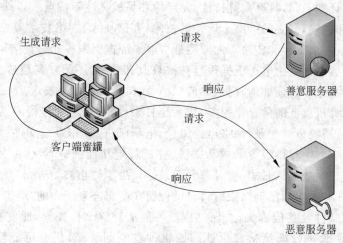

图 14-13　蜜罐技术原理图

　　蜜罐可以被分为高交互的或低交互的。模拟系统或服务的低交互蜜罐通常是运行在安全服务器上的应用程序。攻击者与应用程序交互并不是托管服务器本身。而高交互蜜罐不运行任何模拟应用程序，相反是一个真实服务的操作系统。

　　两种类型的蜜罐各有优势和复杂性。但是，对不同种类蜜罐的选择常常是基于风险与潜在收益比进行考量的。高交互蜜罐能造成极大的安全风险，因为当他们被攻陷时，攻击者完全控制了操作系统。然后受控制的系统可能被用来参与进一步的恶意活动。然而，潜在的收益可能是通过这样的蜜罐观察了老练而目标明确的攻击者的惯常做法，进而保护了整个的生产系统。

　　密网是严格控制并被高度监视的网络上的一组高交互蜜罐的集合。密网是用两层桥接提供需要的严格控制和监视。这种控制和监视是必需的，因为高交互蜜罐毕竟是一个完整的操作系统。

密网中使用的两层桥接器被称为密墙,它是密网项目必不可少的组成部分。密墙对进入或流出密网的数据类型和数量进行监视和限制。通过使用密墙,可以限制被攻破蜜罐对密网之外网络的损害。

14.4.5　计算机取证技术

随着计算机犯罪网络化和职能化的发展,计算机取证技术正日益受到各国和科研机构的重视和研究。

计算机取证也称数字取证、电子取证,是指对取证人员如何按照符合法律规范的方式,对能够成为合法、可靠、可信的,存在于计算机、相关外设和网络中的电子证据的识别、获取、传输、保存、分析和提交数字证据的过程。数字证据一般情况下是指关键的文件、图片和邮件,有时候则应要求重现计算机在过去工作中的细节,如入侵取证,网络活动状态取证等。

计算机取证主要是围绕电子证据进行的。电子证据也称为计算机证据,是指在计算机或计算机系统运行过程中产生的,以其记录的内容来证明案件事实的电磁记录。多媒体技术的发展,电子证据综合了文本、图形、图像、动画、音频及视频等多种类型的信息。与传统证据一样,电子证据必须是可信、准确、完整、符合法律法规的,是法庭所能够接受的。同时,电子证据与传统证据不同,具有高科技性、无形性和易破坏性等特点。高科技性是指电子证据的产生、储存和传输,都必须借助于计算机技术、存储技术、网络技术等,离开了相应技术设备,电子证据就无法保存和传输。无形性是指电子证据肉眼不能够直接可见的,必须借助适当的工具。易破坏性是指电子证据很容易被篡改、删除而不留任何痕迹。计算机取证要解决的重要问题是电子物证如何收集、如何保护、如何分析和如何展示。

可以用作计算机取证的信息源很多,如系统日志,防火墙与入侵检测系统的工作记录、反病毒软件日志、系统审计记录、网络监控流量、电子邮件、操作系统文件、数据库文件和操作记录、硬盘交换分区、软件设置参数和文件、完成特定功能的脚本文件、Web 浏览器数据缓冲、书签、历史记录或会话日志、实时聊天记录等。为了防止被侦查到,具备高科技作案技能犯罪嫌疑人,往往在犯罪活动结束后将自己残留在受害方系统中的"痕迹"擦除掉,如尽量删除或修改日志文件及其他有关记录。但是,一般的删除文件操作,即使在清空了回收站后,如果不是对硬盘进行低级格式化处理或将硬盘空间装满,仍有可能恢复已经删除的文件。

根据电子证据的特点,在进行计算机取证时,首先要尽早搜集证据,并保证其没有受到任何破坏。在取证时必须保证证据连续性,即在证据被正式提交给法庭时,必须能够说明在证据从最初的获取状态到在法庭上出现状态之间的任何变化,当然最好是没有任何变化。特别重要的是,计算机取证的全部过程必须是受到监督的,即由原告委派的专家进行的所有取证工作,都应该受到由其他方委派的专家的监督。计算机取证的通常步骤如下。

1. 保护目标计算机系统

计算机取证时首先必须冻结目标计算机系统,不给犯罪嫌疑人破坏证据的机会。避免出现任何更改系统设置、损坏硬件、破坏数据或病毒感染的情况。

2. 确定电子证据

在计算机存储介质容量越来越大的情况下,必须根据系统的破坏程度,在海量数据中区分哪些是电子证据,哪些是无用数据。要寻找那些由犯罪嫌疑人留下的活动记录作为电子证据,确定这些记录的存放位置和存储方式。

3. 收集电子证据

记录系统的硬件配置和硬件连接情况,以便将计算机系统转移到安全的地方进行分析。

对目标系统磁盘中的所有数据进行镜像备份。备份后可对计算机证据进行处理,如果将来出现对收集的电子证据发生疑问时,可通过镜像备份的数据将目标系统恢复到原始状态。用取证工具收集的电子证据,对系统的日期和时间进行记录归档,对可能作为证据的数据进行分析。对关键的证据数据用光盘备份,也可直接将电子证据打印成文件证据。利用程序的自动搜索功能,将可疑为电子证据的文件或数据列表,确认后发送给取证服务器。对网络防火墙和入侵检测系统的日志数据,由于数据量特别大,可先进行光盘备份,保全原始数据,然后进行犯罪信息挖掘。各类电子证据汇集时,将相关的文件证据存入取证服务器的特定目录,将存放目录、文件类型、证据来源等信息存入取证服务器的数据库。

4. 保护电子证据

对调查取证的数据镜像备份介质加封条存放在安全的地方。对获取的电子证据采用安全措施保护,无关人员不得操作存放电子证据的计算机。不轻易删除或修改文件以免引起有价值的证据文件的永久丢失。

 小结

通过本部分的学习,应掌握下列知识和技能:

* 掌握入侵检测技术 IDS 的技术特点。
* 掌握入侵防御技术 IPS 的技术特点。
* 了解云安全技术。
* 了解蜜罐和密网技术。
* 了解计算机取证技术。

14.5　虚拟专用网(VPN)

虚拟专用网络(virtual private network,VPN)指的是在公用网络上建立专用网络的技术。其之所以称为虚拟网,主要是因为整个 VPN 网络的任意两个节点之间的连接并没有传统专网所需的端到端的物理链路,而是架构在公用网络服务商所提供的网络平台上,如 Internet、ATM(异步传输模式)、Frame Relay(帧中继)等之上的逻辑网络,用户数据在逻辑链路中传输。它涵盖了共享网络或公共网络的封装、加密和身份验证链接的专用网络的扩展。VPN 主要采用了隧道技术、加解密技术、密钥管理技术和使用者与设备身份认证技术。

14.5.1　VPN 的特点

在传统的企业网络配置中,要进行异地局域网之间的互联,传统的方法是租用 DDN(数字数据网)专线或帧中继。这样的通信方案必然导致高昂的网络通信和维护费用。对于移动用户(移动办公人员)与远端个人用户而言,一般通过拨号线路(Internet)进入企业的局域网,而这样必然带来安全上的隐患。

虚拟专用网的提出就是来解决这些问题：

(1) 使用 VPN 可降低成本——通过公用网来建立 VPN,就可以节省大量的通信费用,而不必投入大量的人力和物力去安装和维护 WAN(广域网)设备和远程访问设备。

(2) 传输数据安全可靠——虚拟专用网产品均采用加密及身份验证等安全技术,保证连接用户的可靠性及传输数据的安全和保密性。

(3) 连接方便灵活——用户如果想与合作伙伴联网,如果没有虚拟专用网,双方的信息技术部门就必须协商如何在双方之间建立租用线路或帧中继线路;有了虚拟专用网之后,只需双方配置安全连接信息即可。

(4) 完全控制——虚拟专用网使用户可以利用 ISP 的设施和服务,同时又完全掌握着自己网络的控制权。用户只利用 ISP 提供的网络资源,对于其他的安全设置、网络管理变化可由自己管理。在企业内部也可以自己建立虚拟专用网。

14.5.2　VPN 安全技术

实现 VPN 的最关键部分是在公网上建立虚信道,而建立虚信道是利用隧道技术实现的,IP 隧道的建立可以是在链路层和网络层。第二层隧道主要是 PPP 连接,如 PPTP、L2TP,其特点是协议简单,易于加密,适合远程拨号用户;第三层隧道是 IPinIP,如 IPSec,其可靠性及扩展性优于第二层隧道,但没有前者简单直接。

隧道是利用一种协议传输另一种协议的技术,即用隧道协议来实现 VPN 功能。为创建隧道,隧道的客户机和服务器必须使用同样的隧道协议。

VPN 的隧道协议主要有三种,PPTP、L2TP 和 IPSec,其中 PPTP 和 L2TP 协议工作在 OSI 模型的第二层,又称为二层隧道协议;IPSec 是第三层隧道协议,也是最常见的协议。L2TP 和 IPSec 配合使用是目前性能最好,应用最广泛的一种。

(1) PPTP(点到点隧道协议)：这是一种用于让远程用户拨号连接到本地的 ISP,通过因特网安全远程访问公司资源的新型技术。它能将 PPP(点到点协议)帧封装成 IP 数据包,以便能够在基于 IP 的互联网上进行传输。PPTP 使用 TCP(传输控制协议)连接的创建、维护,与终止隧道,并使用 GRE(通用路由封装)将 PPP 帧封装成隧道数据。被封装后的 PPP 帧的有效载荷可以被加密、压缩或者同时被加密与压缩。

(2) L2TP 协议：L2TP 是 PPTP 与 L2F(第二层转发)的一种综合,这是由思科公司所推出的一种技术。

(3) IPSec 协议：是一个标准的第三层安全协议,这是在隧道外面再封装,保证了隧道在传输过程中的安全。IPSec 的主要特征在于它可以对所有 IP 级的通信进行加密。

14.5.3　VPN 技术的实际应用

1. 公司内部安全 VPN 实例

以一个大型公司内部构建的虚拟专用网 VPN 为例。如图 14-14 所示,A 为此公司总部的局域网,B 为该公司某一个分部的局域网,各网内均使用私有的 IP 地址,Ra、Rb 分别为局域网 A、B 与公用网络连接的实现 IPSec 的路由器。局域网 A、B 内的用户可以通过路由器访问各自网外的 Internet 或 Intranet。但 A、B 两个局域网的内部对外却是屏蔽的,各局域网内部用户就不能够接受外部的访问,如 A 中的 A1 就不能被 B 中的 B1 访问,同样 A 中的 A1 也访问不了 B 中的 B1。为了在局域网 A、B 之间实现企业内部的信息交流和资源共享,则需要在局域网 A、B 之间建立 VPN 连接。

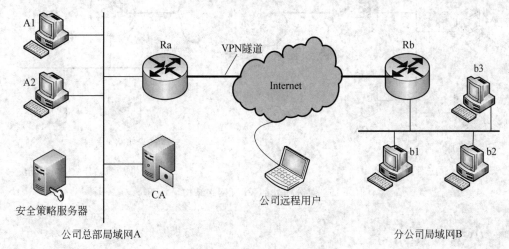

图 14-14　某公司内部 VNP 网络构建示意图

在局域网 A、B 的路由器 Ra、Rb 上安装基于 IPSec 的 VPN 服务器,同时在两端的路由器上建立 VPN 连接客户端,并设置对方局域网的静态路由,使局域网 A、B 共享一个证书机构 CA(certificate authty)和安全策略服务器。这样,当 A 网内的某一计算机需要访问 B 网内的某一计算机时,路由器 Ra 就作为 VPN 的客户端向 VPN 服务器 Rb 发出呼叫连接请求,在用户的身份得到认证后,VPN 服务器 Rb 就响应连接请求,同时,Rb 以客户端的身份向 VPN 服务器 Ra 发出连接请求。当两个连接建立之后,Ra 和 Rb 之间就拥有了一条进行数据传输的专用虚拟通道,A、B 两局域网就可以通过各自路由器上的静态路由访问对方。由于隧道中传输的是加密数据,因此,企业不必担心内部的重要数据在传输的过程中被其他用户窃取,从而使企业内部的信息和资源得到保护。同样,Internet 上的公司内部远程员工(既远程客户)也可以通过直接拨号或 ISP 二次拨号来对企业的局域网进行 VPN 连接访问。

2. 公司外部安全 VPN 实例

一个公司和它的有信任关系的组织(如它的客户、供应商及合作伙伴)之间也可以建立一种可扩充的 VPN 网络,即外部安全 VPN 网络。图 14-15 给出了这种网络的实现模型。

不同组织局域网 A、B 的路由器上都安装了基于 IPSec 的 VPN 服务器,并且它们分别拥有自己的证书机构 CA 和安全策略服务器(它们也可以拥有自己的分支机构和移动用户)。这两个组织要进行安全的数据传输,首先要建立一种相互间的"交叉"信任关系,只有建立了这种信任关系,一方才会响应另一方的连接请求,建立一条传输数据的虚拟通道。这种信任关系由证书机构 CA 实现,实现"交叉"信任关系的机构,彼此就可以认证由对方 CA 发放证书的用户。这样就可以将多个内部 VPN 连在一起构建外部 VPN。通过不同组织之间自有的 CA 建立这种信任关系并对安全策略数据库进行适当的配置,不需任何额外的软、硬件投入,就可建立方便的安全"隧道"。当组织之间终止彼此的合作时,只需解除这种信任关系,重新配置安全策略数据库即可。

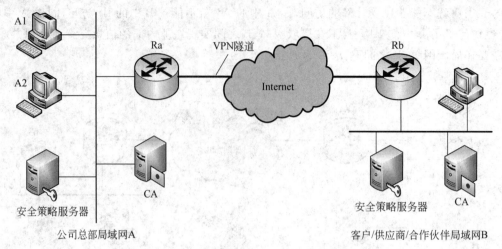

图 14-15 某公司外部 VPN 网络结构示意图

小结

通过本部分的学习,应掌握下列知识和技能:

- 熟悉 VPN 的特点。
- 熟悉常见的 VPN 技术。
- 熟悉 VPN 的应用场景。

14.6 网络防病毒技术

网络防病毒技术包括预防病毒、检测病毒和消除病毒三种技术。网络防病毒技术的具体实现方法包括对网络服务器中的文件进行频繁的扫描和监测。工作站上采用防病毒芯片和对网络目录及文件设置访问权限等。防病毒必须从网络整体考虑,从方便管理人员的工作着手,通过网络环境管理网络上的所有机器,例如,利用网络唤醒功能,在夜间对全网的客户机进行扫描,检查病毒情况。利用在线报警功能,网络上每一台机器出现故障、病毒侵入时,网络管理人员都能及时知道,从而从管理中心处予以解决。

14.6.1 计算机病毒及危害

计算机病毒(computer virus)在《中华人民共和国计算机信息系统安全保护条例》中被明确定义,病毒指"编制者在计算机程序中插入的破坏计算机功能或者破坏数据,影响计算机使用并且能够自我复制的一组计算机指令或者程序代码的集合"。

计算机病毒与医学上的"病毒"不同,计算机病毒不是天然存在的,是人们利用计算机软件和硬件所固有的脆弱性编制的一组指令集或程序代码。它能潜伏在计算机的存储介质(或程序)里,条件满足时即被激活,通过修改其他程序的方法将自己的精确复制或者可能演化的形式放入其他程序中。从而感染其他程序,对计算机资源进行破坏,所谓的病毒就是人为造成的,对其他用户的危害性很大。

1. 计算机病毒具有的特性

- 繁殖性：计算机病毒可以像生物病毒一样进行繁殖，当正常程序运行时，它也可以运行自身复制，是否具有繁殖、感染的特征是判断某段程序为计算机病毒的首要条件。
- 破坏性：计算机中毒后，可能会导致正常的程序无法运行，把计算机内的文件删除或受到不同程度的损坏。破坏引导扇区及 BIOS，甚至使硬件环境遭到破坏。
- 传染性：计算机病毒传染性是指计算机病毒通过修改别的程序将自身的复制品或其变体传染到其他无毒的对象上，这些对象可以是一个程序也可以是系统中的某一个部件。
- 潜伏性：计算机病毒潜伏性是指计算机病毒可以依附于其他媒体寄生的能力，侵入后的病毒潜伏到条件成熟才发作，会使计算机变慢。
- 隐蔽性：计算机病毒具有很强的隐蔽性，可以通过病毒软件检查出来少数，隐蔽性计算机病毒时隐时现、变化无常，这类病毒处理起来非常困难。
- 可触发性：编制计算机病毒的人，一般都为病毒程序设定了一些触发条件，例如，系统时钟的某个时间或日期、系统运行了某些程序等。一旦条件满足，计算机病毒就会"发作"，使系统遭到破坏。

2. 计算机病毒主要的危害性

- 破坏计算机数据：计算机病毒激发后会通过格式化、改写、删除、加密、破坏设置等破坏计算机储存数据。窃取用户隐私信息（如银行密码、账户密码），盗用用户财产或利用被病毒控制的用户计算机进行非法行为。
- 占用计算机空间、抢占内存资源：计算机病毒自我复制、传播会占用磁盘扇区。同时会抢占内存空间，影响计算机运行速度，影响正常的系统运行和软件使用，造成系统运行不稳定或瘫痪。

14.6.2 网络防病毒措施

在全球网络病毒日益猖獗的今天，采取必要的网络安全防范措施是非常重要的，它有利于保障计算机系统和数据信息的安全，因此也成了局域网建设必不可少的重要内容。这里以企业网络为例，介绍防病毒的一些具体措施。

1. "加高"防火墙，防止非法人员投放病毒木马

在企业网络中，防火墙所起的作用是非常重要的。但是，只有当防火墙成为内部和外部网络之间通信的唯一通道时，它才可以全面、有效地保护企业内网不受侵害，最大限度地阻止网络中的黑客来访，避免企业内网遭受外部网络的攻击和感染。

2. 提升邮件服务器防病毒能力

企业邮件服务器病毒防范能力薄弱，病毒邮件量、垃圾邮件量越来越多，企业员工就需要花费大量的时间去接收、识别、清理邮件，而且一不小心就会中了邮件带来的病毒，这些都将严重影响企业的信息安全和工作效率。一个完整的企业邮箱服务系统应该包含邮件收发系统、反垃圾邮件系统、反病毒系统和邮件归档备份系统，这些是邮件服务器所必备的，也是企业需加强和改进的。

3. 提高网络杀毒软件性能

防火墙是一种网络隔离控制技术，它不能有效地防御来自网络内部的病毒攻击。当企业内网已感染病毒时，则需要靠杀毒软件来查杀。故如何及时有效地防治、控制、清除企业局域网中的病毒，这也是企业对网络病毒防范的一个重点。安全软件是主动防御系统的一个发展方向，它能够自动实现对未知威胁的拦截和清除，而不需要用户去关注防御的具体细节，它还能够进行杀毒软件的主动更新、主动漏洞扫描和修复，以及对病毒的自动处理等。企业有一套安全可靠的网络版杀毒软件，就能对整个网络进行集中管理，及时地掌握网络中各个节点的病毒监测状态，及时发现病毒并加以清除。这样，在实际工作中既可方便网络管理员，又能在很大程度上减少整个网络的安全漏洞。

4. 加强企业网络安全管理能力

（1）建立病毒预警、漏洞管理机制：病毒传播途径主要是网络，所以需主动地去发现通过网络传播的恶意病毒代码，并对传播这种代码的源头进行处理。对代码的种类进行收集、分析和统计，借助于网络病毒预警系统掌握病毒疫情分布情况，这样可以为企业网络管理员提供准确的病毒疫情，从而保证病毒防治具有针对性和科学性，减少盲目性。针对漏洞型病毒，最根本的办法就是安装补丁以消除漏洞，因此，补丁管理也需要十分及时。如果补丁管理工作晚于病毒的攻击，那么企业就有可能因此而遭受伤害。值得指出的是，在实际的企业局域网中，计算机配置的档次高低各异，操作系统和应用软件千差万别，网络管理员要想同时对几十甚至几百台计算机及时快速地打上新补丁几乎是不可能的，因此，建立一整套的病毒预警体系和漏洞管理机制是十分必要的。

（2）阻断网络资源滥用：在对企业的调查中发现，员工的上网速度变慢，其原因除了计算机感染病毒和外部攻击外，也有一部分是由于员工自身不良的上网行为，如上班时经常浏览跟工作无关的网站，占用了大量的网络带宽，严重影响了整个网络的运行。同时，不良的上网行为也增加了病毒的侵入机会，可能造成企业网络病毒感染率的上升。所以对企业员工的上网行为也需要通过阻断对网络资源的滥用来加强管理。

5. 提高企业员工防病毒能力

虽然很多企业都有一套较完整的计算机防病毒管理制度，但有的员工防病毒意识仍然不强，有的制度形同虚设。针对这种情况，企业应着重加强对员工计算机防病毒意识的教育，培养员工使用计算机的良好习惯，自觉地在使用外来移动介质（U 盘、移动硬盘等）之前进行检查，不轻易使用网上下载的软件。另外，在企业局域网中使用的软件，也应做到统一规范管理，企业还应加强对员工使用权限的管理，严格做到一人一权限。

14.6.3　木马病毒的清除

木马病毒技术发展迅速，使之防不胜防，已成为互联网发展中的一个顽疾。目前，几乎所有优秀的杀毒软件和防火墙都存在着一些不能检测出的或是即使能够检测出也不能清除的木马病毒。所以在选用优秀的防火墙和杀毒软件之外，还需要有相应的对策以实现对木马病毒的监控、检测和清除。

1. 通过进程来监测木马病毒

可以使用相应的工具软件方便地完成这项任务，如选用 hacker eliminator 软件监测计算机运行过程中启动的进程。该软件可动态监控计算机运行过程中用户选定的文件、注册表的变化以及启动的进程。每当有新进程启动,可按窗口提示选择接受进程或是关闭进程。此外还可选用软件 Process Explorer 追踪与进程相关的文件(如可执行文件及 DLL 文件),中止可疑的进程。在 Process Explorer 主窗口中会显示目前系统中正在运行的进程,选中某个进程再单击窗口上部的 Process 菜单下的 Kill Process 子菜单就可以中止进程的运行。此软件还能中止那些在 Windows 任务管理器中不能被中止的进程。单击主窗口中的 View→Lower Pane View 菜单下的 DLLs 和 Handles 子菜单还可以查看与选中进程相关的文件信息,如相关的可执行文件及 dll 文件的名称和所在目录等信息,以实现对木马病毒的监测。

2. 定期对系统目录及子目录下的文件校验,快速检测可疑的木马病毒文件

由于木马病毒的发展速度极快,研究人员很难跟上它的发展速度,所以用户的计算机中常会出现未知的木马病毒,使用杀毒软件和防火墙也无法检测出来。对此,也可以使用相应的工具软件方便地完成这一任务,如使用工具软件 Beyond Compare 对某些目录进行校验来寻找病毒文件。该软件能够对硬盘上的指定目录拍快照,利用快照文件与原目录相比较,目录中的新增文件以蓝色显示,内容发生变化的文件以红色显示。借此就可以实现对硬盘中新增的木马病毒文件进行排查。

3. 利用 DOS/Windows PE 启动盘清除木马病毒文件

有些运行在系统内核模式下的程序利用了驱动程序技术的木马病毒,及有些嵌入重要系统进程中的 DLL 木马病毒,在运行的系统中都难以彻底清除。对这些木马病毒文件可以采用 DOS 或 Windows PE 启动盘重新启动计算机,再删除木马病毒文件的方法予以清除。总之,虽然木马病毒种类繁多、发展迅速,但只要我们能够认清其本质及技术特点,使用正确的方法就一定能够战胜它,确保网络安全。

 小结

通过本部分的学习,应掌握下列知识和技能:

- 掌握计算机病毒的特点。
- 了解计算机病毒的危害。
- 了解常见网络防病毒的措施。
- 了解常见木马病毒的清除方法。

项目 15 云计算运维管理

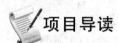

项目导读

现代信息中心已成为人们日常生活中不可缺少的部分，因此信息中心机房设备的运行正常与否就非常关键。在数据中心生命周期中，数据中心运维管理是数据中心生命周期中最后一个、也是历时最长的一个阶段。加强对云计算运维管理的要点以及相应改进方面措施的研究与探讨，以此不断提高 IT 运维质量，实现高效的运维管理。这就给运维是否到位提出了严格，运维管理主要肩负合规性、可用性、经济性、服务性四大目标。基于云计算的要求弹性、灵活快速扩展、降低运维成本、自动化资源监控、多租户环境等特性，除基于 ITIL（IT 基础设施库）的常规数据中心运维管理理念之外，以下运维管理方面的内容，需要我们加以重点学习和关注。

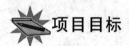

项目目标

知识目标：

- 了解云计算的定义及特征。
- 了解云计算的研究方向。
- 了解云计算的体系结构。
- 了解云计算的服务模式。
- 了解云计算自动化运维的概念。

能力目标：

- 能熟练掌握云计算自动化运维的特点。
- 能熟练掌握云计算自动化运维的体系架构。
- 能熟练掌握云计算自动化运维的技术要点。
- 能熟练掌握云计算自动化运维的管理流程。

素质目标：

- 具有刻苦钻研、勤学好问的学习精神。
- 具有良好的心理素质和职业道德素质。
- 具有高度责任心和良好的团队合作精神。
- 具有一定的科学思维方式和判断分析问题的能力。
- 具有一定的团队意识和团队协作能力。

15.1 云计算自动化运维

云计算在企业运营中的基本工作原理是将计算分布在大量分布式计算机中,从而使企业数据中心的运行和互联网更为相似。通过云计算的运维管理,企业不仅能够实现对 IT 资源的统一,根据用户的需求提供可量化的存储服务与计算,而且还能有效将资源切换到实际需要的应用中,提高了 IT 资源的利用率,降低了系统的成本。因而加强对云计算运维管理的要点和改进方式的研究,从而使云计算在企业运营中能发挥出更大的效力,在当前有着重要的现实意义。

15.1.1 云计算的概念及特征

云计算的概念云计算(cloud computing)是一种通过 Internet 以服务的方式提供动态可伸缩的虚拟化资源的计算模式,这种模式提供可用的、便捷的、按需的网络访问,进入可配置的计算资源(资源主要包括网络、服务器、应用软件、存储及服务等)共享池,这些资源能够被快速提供,用户可根据个人或团体的需要对云计算的资源进行租赁。继个人计算机变革、互联网变革之后,云计算也被看作第三次技术浪潮,是中国战略性新兴产业的重要组成部分,它不仅实现了信息时代商业模式上的创新,而且也为人们生产和生活带来了根本性的改变,必将成为当前全社会所关注的焦点。

15.1.2 云计算的特征

(1) 多元化的应用服务云计算可将大量计算资源在一个公共资源池中集中,并通过租用的方式以实现计算资源的共享,所提供的资源网络被称为云。云计算不仅能够使用户对资源能随时获取与存储,并按需使用,而且利用其庞大的计算机群以及数据挖掘技术,为用户反馈出准确、详尽的结果,确保了用户服务的多元化与高效性。

(2) 高可扩展性当前主流的云计算平台均根据 SPI 架构,在各层集成功能各异的软硬件设备与中间件软件。大量中间件软件和设备提供针对该平台的通用接口,允许用户添加本层的扩展设备。部分云与云之间提供对应接口,允许用户在不同云之间进行数据迁移。类似功能更大程度上满足了用户需求,并对计算资源实现了有效集成。

(3) 服务的安全性云计算中的分布式数据中心,可将云端的用户信息备份到地理上相互隔离的数据库主机中,甚至用户自己也无法判断信息的确切备份地点。该特点不仅仅提供了数据恢复的依据,也使网络病毒和网络黑客的攻击失去目的性而变成徒劳,大大提高了系统服务的安全性与容灾能力。

(4) 使用的便捷性云计算管理软件将整合的计算资源根据应用访问的具体情况进行动态调整,包括增大或减少资源的要求。因此云计算对于在非恒定需求的应用,如对需求波动很大、阶段性需求等,具有非常好的应用效果。

小结

通过本部分的学习，应掌握下列知识和技能：
- 了解云计算自动化运维的概念。
- 掌握云计算自动化运维的特点。

15.2 云计算自动化运维管理

15.2.1 云计算自动化运维管理的要点

云计算自动化运维管理的要点是云计算在运维管理中其所涵盖的范围非常广泛，其中主要包括了对环境管理、网络管理、软件管理、设备管理、日常操作管理、用户密码管理以及员工管理等多个方面。要良好实现以上的管理目标，则应着重从云计算运维管理中的运行监控、IT 规范化和自动化处理这三个要点出发。

1. 运行监控

云计算的运维管理应从数据中心的日常监控入手，对日常维护管理、事件管理、变更管理以及应急预案管理等进行全方位的日常监控，以提前发现问题并消除隐患。通过对云计算良好的运行监控，从而实现对各个系统服务的统一管理，以及对各服务操作系统应用程序信息的统一收集，并实现对各层面信息的综合分析、归纳和总结。而且通过有效地运行监控，在系统出现问题时能及时地向系统管理员预警，从而提前解决问题，有效避免了因系统故障而导致企业蒙受经济和信誉上的损失。

2. IT 规范化

主要是指通过对企业 IT 的规范化，从而有效实现对企业 IT 资产的管理，包括了对企业重要文件资料的跟踪与审计、对可能出现泄密或病毒蔓延的介质与设备进行有效控制、对客户端安全分级管理、恢复性操作以及非法软件的禁用等。通过实现 IT 规范化，有效解决了因云服务所引发的安全问题，并且强化了服务中运营管理与安全技术保障，增强了企业和用户对使用云服务的信心。

3. 自动化处理

随着当前 IT 建设的不断深入，以及云计算能力和规模的扩大，云计算运维管理的难度与复杂度也日益增加，如果只是依靠人工的运维管理将无法满足当前企业的发展需求。这些新特性都对 IT 管理的自动化能力提出了更高的要求，企业需要更高程度自动化处理来以此实现运维管理的专业化、流程化与标准化。自动化管理已然成为当前云计算运维管理的一个必然发展趋势。

对当前云计算运维管理的改进研究为促进当前云计算运维管理的优化与改进，应从打造一体化的运维管理模式，并将业务导向放在首位，从而有效实现完善、成熟的 IT 运维服务体系的构建。

15.2.2 云计算一体化的管理模式

一体化是指云计算的数据中心运维管理，是数据中心生命周期中最后一个也是历时最长的一个阶段,从前期应用架构设计、软硬件资源配置评估、应用服务性能瓶颈评估到安全防护和系统优化等工作,都需运维人员全程参与。因此在对云计算运维管理的改进中,应从日常监控、周期巡检、服务受理、故障处理、平台维护、配置管理、安全管理等方面着手,利用自动化运维工具,实现对物理资源、虚拟资源的统一管理,提供资源管理、统计、监控、调度、服务管控等端到端的综合管理能力,从而实现对云数据中心统一、便捷、高效、智能的一体化运维管理。

运行维护服务能力的四个关键要素分别是人员、资源、技术和过程。每个要素通过关键指标反映运行维护服务的条件和能力。将业务导向放在首位,就是对人员、资源、技术和过程这四个关键要素的提升。从而有效实现云计算运维管理的改进。首先,应通过现代化与自动化的运维工具完成系统预备、配置管理以及监控报警等功能,降低故障发生率,提升故障发生后的响应处理效率,实现企业业务的快速恢复;其次,应做好在运维管理中新业务的快速部署、系统容量的平滑扩容以及资源分配等各个方面的业务项目,从而保证服务达到相应的等级标准,并能根据业务目标形成相关服务的管理目标;最后,还应当通过改进运行维护服务能力与管理过程中的不足,以持续提升运行维护服务能力。

云计算为现代化的运维管理体系带来了新的理念,将传统运维工作中的大量重复性、简单的手工工作通过软件实现,从而使运维人员能有更多精力、条件投入整个服务的生命周期当中。我们应当加强对云计算运维管理的要点以及相应改进方面措施的研究与探讨,以此不断提高 IT 运维质量,实现高效的运维管理。

 ## 小结

通过本部分的学习,应掌握下列知识和技能:
- 了解云计算自动化运维的要点。
- 掌握云计算自动化运维的管理。
- 掌握云计算自动化运维的过程。

参 考 文 献

[1] 周晶.计算机网络基础[M].北京:电子工业出版社,2016.

[2] 刘勇,邹广慧.计算机网络基础[M].北京:清华大学出版社,2016.

[3] 武春岭.王文网络安全管控与运维[M].北京:电子工业出版社,2014.

[4] 王梅.云上运维及应用实践教程[M].北京:高等教育出版社,2016.

[5] 唐文.海量运维、运营规划之道[M].北京:电子工业出版社,2014.